ライブラリ情報学コア・テキスト＝2

離散数学
―グラフ・束・デザイン・離散確率―

浅野孝夫 著

サイエンス社

「ライブラリ情報学コア・テキスト」によせて

　コンピュータの発達は，テクノロジ全般を根底から変え，社会を変え，人間の思考や行動までをも変えようとしている．これらの大きな変革を推し進めてきたものが，情報技術であり，新しく生み出され流通する膨大な情報である．変革を推し進めてきた情報技術や流通する情報それ自体も，常に変貌を遂げながら進展してきた．このように大きな変革が進む時代にあって，情報系の教科書では，情報学の核となる息の長い概念や原理は何かについて，常に検討を加えることが求められる．このような視点から，このたび，これからの情報化社会を生きていく上で大きな力となるような素養を培い，新しい情報化社会を支える人材を広く育成する教科書のライブラリを企画することとした．

　このライブラリでは，現在第一線で活躍している研究者が，コアとなる題材を厳選し，学ぶ側の立場にたって執筆している．特に，必ずしも標準的なシラバスが確定していない最新の分野については，こうあるべきという内容を世に問うつもりで執筆している．

　全巻を通して，「学びやすく，しかも，教えやすい」教科書となるように努めた．特に，分かりやすい教科書となるように以下のようなことに注意して執筆している．

- テーマを厳選し，メリハリをつけた構成にする．
- なぜそれが重要か，なぜそれがいえるかについて，議論の本筋を省略しないで説明する．
- 可能な限り，図や例題を多く用い，教室で講義を進めるように議論を展開し，初めての読者にも感覚的に捉えてもらえるように努める．

　現代の情報系分野をカバーするこのライブラリで情報化社会を生きる力をつけていただきたい．

2007 年 11 月

編者　丸岡　章

まえがき

　離散数学は有限集合と可算無限集合（あわせて可算集合と呼ばれる）を対象とする数学である．可算集合とは，すべての要素に $1, 2, 3, \cdots$ と番号をつけることのできる集合であり，可付番集合とも呼ばれている．もちろん，有限集合も要素数が n ならば，すべての要素に $1, 2, 3, \cdots, n$ と番号付けできるので可算集合であり，自然数の集合 $\mathbf{N}$ もすべての要素に $1, 2, 3, \cdots$ と番号付けできるので可算集合である．可算集合のほかの例としては，整数の集合 $\mathbf{Z}$ や有理数の集合 $\mathbf{Q}$ が挙げられる．一方，実数の集合 $\mathbf{R}$ は，すべての要素を $1, 2, 3, \cdots$ と番号付けすることができない（ほど多くの要素を含む）ので，非可算集合である．従来の（連続性や微分や積分を取り上げる）伝統的な数学の解析学は，主として，この非可算集合を対象とする数学である．可算集合は非可算集合の真部分集合であるので，可算集合は解析学で十分議論できるように思うかもしれないが，実はこれは全く正反対なのである．連続性が保証されず微分や積分の可能でない可算集合に対して，従来の伝統的な数学では本質的な成果は何も得られないと言っても過言ではないのである．

　それでは，なぜ離散数学がいま取り上げられるようになってきたのであろうか？　それは離散数学が現在と将来の情報通信技術に必要不可欠なものであると認識されるようになってきたからである．実際，コンピューターによる情報の高速処理とインターネットによる高速情報通信に基づく高度情報化の社会システムでは，本質的には，離散的な情報のみが扱われている．したがって，（非可算集合の）連続数を扱う従来の伝統的な数学では対応できず，（可算集合の）離散数を扱う数学が必要不可欠である．すなわち，基盤情報通信技術の基礎数学として，従来の連続数を扱う解析学以上に，離散数を扱う離散数学が重要であると認識され，大学の情報科学科・情報工学科の標準的なカリキュラムでは，離散数学が情報の数学と見なされて，必修科目として指定されている．

　離散数を取り上げる離散数学は，このように情報通信技術と密接に関係して

いるが，具体的には，以下の分野を主に取り上げている．すなわち，数え上げの基礎理論としての組合せ理論，インターネットを介して高速にかつ安全に通信を行うための基礎理論としての整数論を含む有限代数，コンピューター設計や情報科学の基礎理論としての論理と命題，問題のモデル化とアルゴリズム設計の基礎としてのグラフ理論，乱数を使用するランダム化アルゴリズムの設計と解析のための離散確率，誤り訂正符号やスケジューリングの基礎としてのブロックデザイン，などが離散数学の代表的な分野と見なされている．

このように離散数学で取り上げる分野は多岐にわたるので，紙面の都合で，本書ですべてをカバーすることはできない．そこで，本書では，グラフ理論を主として取り上げている．さらに，グラフ理論の観点から理解するとわかりやすい有限代数の半順序と同値関係，および半順序集合の特殊化である束と束と関連する論理と命題を取り上げている．また，グラフ理論の応用とも見なせて，クイズやアルゴリズムとも密接に関係するラテン方陣とブロックデザイン，および最近実用面からも注目されているランダム化アルゴリズムのための離散確率も取り上げている．一方，離散数学の主分野である組合せ理論や整数論は，本書では議論していない．これらに関しては，拙著『情報数学：組合せと整数およびアルゴリズム解析の数学』（コロナ社）などを参考にしていただきたい．なお，これらの概念も含めて，離散数学の予備的な基本概念として，集合，関数，順列，組合せ，行列，群，体を本書の第0章にまとめている．

本書は，このような点から，離散数学をクイズやアルゴリズムと関連づけて，基礎的な概念から高度な概念まで段階的に学びやすくなるように，具体的な例題を挙げながら系統的に解説している．とくに，離散数学は論理的な思考の訓練には最適であるので，以下の点に心がけた．ウォーミングアップクイズをすべての章で配置して，その章で取り上げる新しい概念がイメージしやすくなるようにしてある（これらのクイズは，基本的には，少し考えればわかる問題にしてあるので，できるだけ読者が考えて解答を出すようにと，基本的には解答の配置を裏のページへと心がけてみたが，紙面の関係でそのようにはなっていないことをお詫びする）．さらに，章の中でも例題を多く取り上げて，その章の概念が自然に理解できるように努めている．また，その章で学んだことを確認するための問題および関連する問題を章末の問題で取り上げ，その解答を巻末に与えている．発展的な内容も演習問題として取り上げ，その証明も与えて

まえがき

いる（一部はサイエンス社のWebに掲載している）．もちろん，本文および演習問題解答の証明は，基本的には飛躍のないものにしているので，十分時間をかけて考えれば，誰もが理解できるものになっている．さらに，読者が現れる定理の美しさやその証明の簡潔さを堪能できるように，表現には工夫を施している．とくに，直観とそれをサポートする思考の重要性を自然に吸収できるように解説している．したがって，情報や数学の分野に興味をもつ学生や研究者および教育や企業の現場で情報と数学関係の仕事に従事している人々には，本書が離散数学を楽しく学べて，論理的な思考力の訓練に適したテキストになっていると信じている．

本書の完成までに多くの人にお世話になった．本書の題材は，東京大学名誉教授の伊理正夫先生の中央大学情報工学科における「離散システム基礎」の講義に基づいている．さらに，伊理先生には，本書に対する温かい励ましのお言葉もいただいた．恩師の東北大学名誉教授（現関西学院大学）の西関隆夫先生には，離散アルゴリズムを含む研究の諸分野で，全面的なご指導をいただいた．また，本「ライブラリ情報学コア・テキスト」の編者である東北大学名誉教授（現石巻専修大学教授）の丸岡章先生には，大局的な観点から本書を読んでいただき貴重なコメントをいただいた．とくに，第15章で取り上げた確率的方法の重要性を指摘していただくとともに，必要な文献も教えていただいた．茨城大学情報工学科の加納幹雄教授からは本書に対する率直な感想をいただいた．また，個別に挙げることはしないが，参考文献の本およびそれらの著者や訳者からも多くのことを学んだ．サイエンス社の田島伸彦氏と足立豊氏には執筆に関してご指導と温かい激励をいただくとともに，著者からの個性的な依頼も認めていただいた．足立豊氏には校正においても的確なご指摘をいただいた．以上の方々に心から感謝の意を表したい．なお，本書は，文部科学省の科学研究費と中央大学の特定課題研究費からの援助による研究調査に基づいて執筆されたものである．

最後に，日頃から支えてくれる妻（浅野眞知子）に感謝する．そして，父の坂田等（2009年没，享年89才）と母の坂田はしめに本書を捧げる．

2010年6月

浅野　孝夫

目　　次

第0章　離散数学の予備的な基本概念　　1
- 0.1　集　　合 ... 1
- 0.2　関　　数 ... 3
- 0.3　順　　列 ... 3
- 0.4　組 合 せ ... 4
- 0.5　行　　列 ... 5
- 0.6　群　　 ... 7
- 0.7　体　　 ... 8

第1章　一筆書きとオイラーグラフ　　9
- 1.1　グラフの定義 ... 10
  - 1.1.1　パスと閉路 ... 12
- 1.2　部分グラフと連結成分 ... 14
- 1.3　次数と握手定理 ... 17
- 1.4　一筆書きとオイラーグラフ ... 18
- 1.5　本章のまとめ ... 21
- 演習問題 ... 21

第2章　二部グラフとマッチング　　23
- 2.1　二 部 グ ラ フ ... 24
  - 2.1.1　行列と二部グラフ ... 24
- 2.2　マッチングと増加パス ... 26
  - 2.2.1　増加パスによる最大マッチングの特徴付け ... 27
- 2.3　二部グラフのマッチング ... 29
- 2.4　集合システムと異なる代表元の系 ... 32

目次

2.5	ラテン方陣完成問題	34
2.6	一般のグラフのマッチング	37
2.7	本章のまとめ	38
	演習問題	38

第3章　木とデータ構造　　39

3.1	木と有向木	40
	3.1.1　木の性質	40
	3.1.2　有向木の性質	42
3.2	根付き木	43
3.3	正則な二分木の個数とカタラン数	45
3.4	集合システムの木表現	47
3.5	本章のまとめ	49
	演習問題	50

第4章　有向無閉路グラフとトポロジカルソート　　51

4.1	有向無閉路グラフのトポロジカルソート	52
4.2	ネットワークの最短パスと最長パス	53
	4.2.1　有向無閉路ネットワークでの最長パス	54
	4.2.2　有向無閉路ネットワークでの最短パス	55
4.3	本章のまとめ	56
	演習問題	56

第5章　グラフの行列　　57

5.1	隣接行列と接続行列	58
	5.1.1　無向グラフの隣接行列と接続行列	58
	5.1.2　有向グラフの隣接行列と接続行列	59
5.2	隣接行列と接続行列の性質	60
	5.2.1　縮約グラフ	61
	5.2.2　既約接続行列とその変形	62

5.3		カット	68
	5.3.1	カット関数の性質	69
	5.3.2	カットとカットセット	72
5.4		基本閉路と基本カットセット	72
5.5		基本閉路行列と基本カットセット行列	75
5.6		本章のまとめ	77
演習問題			78

第6章　グラフの連結性　　　79

6.1	グラフの連結性	80
	6.1.1 　切断点とその性質	81
	6.1.2 　橋とその性質	82
6.2	2-連結グラフ	83
	6.2.1 　2-連結グラフの特徴付け	84
	6.2.2 　耳分解	84
	6.2.3 　2-連結成分	86
	6.2.4 　2-辺連結グラフの特徴付け	87
6.3	k-連結グラフ	87
	6.3.1 　グラフの連結度	88
6.4	メンガーの定理	89
6.5	点と辺の分離操作	94
	6.5.1 　3-連結グラフの特徴付け	95
6.6	本章のまとめ	96
演習問題		96

第7章　半順序と同値関係　　　97

7.1	二項関係	98
7.2	半順序集合	100
7.3	同値関係	101
	7.3.1 　同値類による分割	102

	7.3.2 同値類を縮小して得られる商構造	103
7.4	半順序集合における最小最大関係	105
7.5	本章のまとめ	109
演習問題		109

第8章 束 — 110

8.1	束の定義	111
8.2	部分束	116
8.3	代表的な束の禁止部分束による特徴付け	117
8.4	有限束	119
8.5	発展：セミモジュラー束の特徴付け	123
8.6	本章のまとめ	124
演習問題		124

第9章 論理と命題 — 125

9.1	命題	126
9.2	論理の基礎概念	126
9.3	証明の原理	128
9.4	述語の基礎概念	129
9.5	論理関数	130
9.6	本章のまとめ	131
演習問題		131

第10章 正多面体と平面グラフ — 132

10.1	平面的グラフ	133
	10.1.1 オイラーの公式	133
	10.1.2 極大平面的グラフ	134
10.2	クラトフスキーの定理	135
10.3	双対グラフ	137
	10.3.1 2-同形性	139

10.3.2　抽象的双対グラフ 141
　　　10.3.3　正多面体定理 141
　　　10.3.4　極大外平面的グラフ 142
　　　10.3.5　発展：種数 142
　10.4　本章のまとめ 143
　演習問題 144

第11章　グラフの彩色　　145

　11.1　グラフの彩色：定義と基本的性質 146
　　　11.1.1　グラフの点彩色の基本的な性質 148
　　　11.1.2　ブルックスの定理の証明 150
　　　11.1.3　平面的グラフの彩色と面彩色 151
　11.2　グラフの辺彩色 152
　　　11.2.1　補題 11.6 の証明 157
　　　11.2.2　定理 11.10 と定理 11.11 の証明 160
　　　11.2.3　グラフの 1-因子分解 161
　11.3　グラフのリスト彩色 162
　　　11.3.1　ガルビンの定理の証明 168
　11.4　本章のまとめ 169
　演習問題 169

第12章　ラテン方陣とブロックデザイン　　170

　12.1　直交ラテン方陣 171
　12.2　直交ラテン方陣によるスケジューリング 174
　12.3　ブロックデザイン 176
　　　12.3.1　ブロックデザインの接続行列 176
　　　12.3.2　ブロックデザインの存在 177
　12.4　可解デザイン 179
　12.5　有限アフィン平面 181
　12.6　有限射影平面 184

	12.7 本章のまとめ 186
	演習問題 186

第13章　パーフェクトグラフ　　187

13.1 パーフェクトグラフの定義 188
13.2 交差グラフ 192
  13.2.1 区間グラフと円弧グラフと円グラフ 192
13.3 本章のまとめ 194
演習問題 194

第14章　離散確率　　195

14.1 有限確率空間 196
14.2 積事象と和事象 197
  14.2.1 和事象の確率 198
  14.2.2 積事象の確率と独立性 200
  14.2.3 独立試行 200
14.3 確率変数と確率分布 201
  14.3.1 二項分布 201
  14.3.2 幾何分布 201
  14.3.3 ポアソン分布 202
  14.3.4 一様分布 202
  14.3.5 正規分布 202
14.4 期待値と分散 203
  14.4.1 期待値の線形性 204
  14.4.2 期待値の計算：期待値の線形性の応用 205
14.5 マルコフの不等式とチェルノフ限界 207
14.6 本章のまとめ 210
演習問題 210

第15章 確率的方法 —— 211

- 15.1 確率的方法 …… 212
  - 15.1.1 充足可能性問題 …… 213
  - 15.1.2 ハイパーグラフの 2-彩色問題 …… 216
  - 15.1.3 ラムゼー数の下界と上界 …… 218
  - 15.1.4 短い閉路を含まないグラフの彩色数 …… 221
- 15.2 競合の解消 …… 223
  - 15.2.1 競合解消に対するランダム化戦略 …… 224
- 15.3 負荷均等化 …… 226
  - 15.3.1 ランダム配分戦略 …… 227
- 15.4 充足する真偽割当てを求めるアルゴリズム …… 228
- 15.5 本章のまとめ …… 230
- 演習問題 …… 230

演習問題解答 —— 231

参考文献 —— 256

索引 —— 260

第0章

離散数学の予備的な基本概念

　本章では，本書で取り上げる離散数学の予備的な基本概念を与える．集合と関数は数学の最も基本的な概念であるので，離散数学でも頻繁に用いられる．そこで，本書で必要となる集合と関数の基礎的な概念をまとめておく．一方，離散数学の分野は広範にわたるので，本書ですべてを取り上げることはできない．とくに，離散数学の一大分野である組合せ理論の詳細は他書に譲ることにして，離散確率の章で必要となる組合せ理論の基本的な結果のみを記しておく．なお，行列に関する基本的な概念も本書の離散数学の理解にはきわめて役に立つので，行列に関する基本的な概念も本章でまとめておく．群と体の定義と簡単な例も挙げておく．

0.1 集合

　集合は"ものの集まり"であり，数学的には，その集合に属するものと属さないものが明確に識別できることが必要である．整数の集合を $\mathbf{Z}$ と表記する．同様に，自然数（正の整数）の集合を $\mathbf{N}$，有理数の集合を $\mathbf{Q}$，実数の集合を $\mathbf{R}$ と表記する．さらに，非負に限定した整数（有理数，実数）の集合を $\mathbf{Z}_+$ ($\mathbf{Q}_+$, $\mathbf{R}_+$) と表記する．集合 A に属する a を A の**元**あるいは**要素**といい，$a \in A$ と表記する．A に属さない a に対しては $a \notin A$ と表記する．集合 A に属する元 a の個数を A の**元数**あるいは**要素数**といい，$|A|$ と表記する．要素が一つもない集合を**空集合**といい，$\emptyset$ と書く．したがって，$|\emptyset| = 0$ である．要素数が有限の集合 A を**有限集合**といい，要素数が無限の集合 A を**無限集合**という．

　自然数の集合 $\mathbf{N}$ を $\mathbf{N} = \{1, 2, 3, \cdots\}$ や $\mathbf{N} = \{i \mid i \text{ は正整数}\}$ と書くこともある．このように，集合 A を，A の要素を列挙して表すときもあるし，あるいは，ある性質を満たすものの集合として表すときもある．本書では，両方の形式を用いる．たとえば，10以下の奇数の集合 A は，

$$A = \{1, 3, 5, 7, 9\} \quad \text{あるいは} \quad A = \{2i - 1 \mid i \in \mathbf{N} \text{ かつ } i \leq 5\}$$

と書く．集合 A のすべての要素の和を $\sum_{a \in A} a$ と表記し，A のすべての要素の積

を $\prod_{a \in A} a$ と表記する．なお，1 から n までの和や積は $\sum_{i=1}^{n} i$ や $\prod_{i=1}^{n} i$ と表記する．

二つの集合 A, B に対して，**和集合** $A \cup B$ と**共通集合** $A \cap B$ は

$$A \cup B = \{x \mid x \in A \text{ または } x \in B\}, \quad A \cap B = \{x \mid x \in A \text{ かつ } x \in B\}$$

として定義される．**差集合** $A - B$ と**対称差集合** $A \triangle B$ は

$$A - B = \{x \mid x \in A \text{ かつ } x \notin B\}, \quad A \triangle B = (A - B) \cup (B - A)$$

として定義される．$A \cap B = \emptyset$ のときは，集合 A, B は**互いに素**であるといい，このとき，和集合 $A \cup B$ を**直和集合**といい，$A + B$ と表記する．すなわち，$A + B$ は互いに素である A, B の和集合を表す．和集合，共通集合，直和集合を二つの集合で定義したが，3個以上の集合 $A_1, A_2, \cdots, A_k$ に対しても，一般化して和集合 $\bigcup_{i=1}^{k} A_i = A_1 \cup A_2 \cup \cdots \cup A_k$，共通集合 $\bigcap_{i=1}^{k} A_i = A_1 \cap A_2 \cap \cdots \cap A_k$，直和集合 $\sum_{i=1}^{k} A_i = A_1 + A_2 + \cdots + A_k$ が自然に定義できる．$A = A_1 + A_2 + \cdots + A_k$ のとき，$\{A_1, A_2, \cdots, A_k\}$ を集合 A の**分割**という．

二つの集合 A, B に対して，A の要素がすべて B の要素であるとき，$A \subseteq B$ と表記し，A は B の**部分集合**であるという．さらに，A が B の部分集合でありかつ $A \neq B$ であるとき，$A \subset B$ と書き，A は B の**真部分集合**であるという．A のすべての部分集合を要素とする集合を A の**べき集合**といい，2^A と表記する．すなわち，$2^A = \{S \mid S \subseteq A\}$ である．集合 A の部分集合を要素とする集合 $\mathcal{F} \subseteq 2^A$ を A の部分集合の**族**という．

固定した集合 U の部分集合 $A \subseteq U$ を議論するときには，U を**普遍集合**あるいは**全体集合**という．全体集合 U の部分集合 A に対して**補集合** $\overline{A}$ は

$$\overline{A} = \{x \in U \mid x \notin A\}$$

として定義される．二つの集合 A, B に対して，**直積集合** $A \times B$ は

$$A \times B = \{(a, b) \mid a \in A, b \in B\}$$

として定義される．もちろん，一般には，$A \times B \neq B \times A$ である．

0.2 関　数

二つの集合 A, B に対して，A の各要素 a を B の要素 b に $f(a) = b$ として対応させる f は $f : A \to B$ と表記され，A から B への**関数**あるいは**写像**と呼ばれる．このとき，A は f の**定義域**，B は f の**値域**と呼ばれる．さらに，$b \in B$ に対応される A の要素集合を $f^{-1}(b)$ と書き，b の**逆像**という．すなわち，

$$f^{-1}(b) = \{a \in A \mid f(a) = b\}$$

である．さらに，拡張して $B' \subseteq B$ に対して $f^{-1}(B')$ を

$$f^{-1}(B') = \bigcup_{b \in B'} f^{-1}(b) = \{a \in A \mid f(a) \in B'\}$$

と定義する．すべての $b \in B$ に対して $f^{-1}(b) \neq \emptyset$ であるとき，f は**全射**であると呼ばれる．また，A のすべての異なる 2 要素 $a, a' \in A$ に対して $f(a) \neq f(a')$ であるとき，f は**単射**であると呼ばれる．全射でありかつ単射である関数 f は，**全単射**であると呼ばれる．二つの有限集合 A, B における関数 $f : A \to B$ に対して，f が全単射ならば $|A| = |B|$ であり，f が単射ならば $|A| \leq |B|$ であり，f が全射ならば $|A| \geq |B|$ である．

0.3 順　列

異なる n 個の要素を，一直線上に並べることを**順列**といい，円周上に並べることを**円順列**という．たとえば，$\{1, 2, 3\}$ に対して，順列は，$(1, 2, 3), (1, 3, 2), (2, 1, 3), (2, 3, 1), (3, 1, 2), (3, 2, 1)$ の $3! = 6$ 通りあり，円順列は，$(1, 2, 3), (1, 3, 2)$ の 2 通りある．全単射関数 $f : A \to B$ は，$A = B$ であるとき，**置換**と呼ばれる．$A = \{1, 2, \cdots, n\}$ のとき，置換 $f : A \to A$ は，

$$\begin{pmatrix} 1 & 2 & \cdots & n \\ f(1) & f(2) & \cdots & f(n) \end{pmatrix}$$

と書かれることも多い．そこで，下段の部分を $(f(1), f(2), \cdots, f(n))$ と並べると，順列が得られる．したがって，順列と置換は同一視できる．なお，どの $i \in A$ でも $f(i) \neq i$ のとき，置換（順列）f は**乱列**と呼ばれる．2 個の要素からなる乱列を**互換**という．任意の置換は互換の積で書ける．たとえば，

$$\begin{pmatrix} 1 & 2 & 3 \\ 2 & 3 & 1 \end{pmatrix} = \begin{pmatrix} 1 & 2 \\ 2 & 1 \end{pmatrix} \begin{pmatrix} 1 & 3 \\ 3 & 1 \end{pmatrix}$$

と書ける．このように偶数個の互換の積で書ける置換を**偶置換**といい，奇数個の置換で書ける置換を**奇置換**という．偶置換でありかつ奇置換であるという置換は存在しない．すなわち，任意の置換は偶置換あるいは奇置換のいずれかに一意的に定まる．

n 個の要素の順列の個数を表す記法を導入する．非負整数 n に対して $n!$ を

$$n! = \begin{cases} n(n-1)(n-2)\cdots(2)(1) & (n \geq 1) \\ 1 & (n = 0) \end{cases}$$

として定義して，n の**階乗**と呼ぶ．二つの非負整数 n, k に対して，$n^{\underline{k}}$ を

$$n^{\underline{k}} = n(n-1)\cdots(n-k+2)(n-k+1)$$

と定義する．すなわち，$n^{\underline{k}}$ は n から $n-k+1$ までの下降する k 個の整数の積である（したがって，$n! = n^{\underline{n}}$ である）．なお，$k=0$ のときは $n^{\underline{k}} = 1$ と考える．また，$n^{\underline{k}}$ は ${}_n P_k$ と書かれることも多い．

順列と乱列および要素の一部を選んで並べる順列に関して以下が成立する．

(a) 異なる n 個の数の順列の個数は $n!$ であり，異なる n 個の数の円順列の個数は $(n-1)!$ である．

(b) 異なる n 個の数の乱列の個数は，$\sum_{k=0}^{n} (-1)^k n^{\underline{n-k}}$ である．

(c) 異なる n 個の要素から重複を許さないで k 個選んで並べる順列の個数は，$n^{\underline{k}}$ である．

(d) 異なる n 個の要素から重複を許して k 個選んで並べる順列の個数は，n^k である

0.4 組合せ

n 個の異なる要素から重複を許さないで k 個選ぶ**組合せ**の個数を ${}_n C_k$ と表記する．${}_n C_k$ は，

$$_n C_k = \frac{n^{\underline{k}}}{k!} = \frac{n(n-1)(n-2)\cdots(n-k+1)}{k!} = \frac{n!}{(n-k)!k!}$$

である．したがって，$_nC_k = {}_nC_{n-k}$ が成立する．$(x+y)^n$ を展開すると $x^k y^{n-k}$ の項が現れる．実際，$x^k y^{n-k}$ の係数が $_nC_k$ である．すなわち，正整数 n に対して，$(x+y)^n = \sum_{k=0}^{n} {}_nC_k x^k y^{n-k}$ である．これは，**二項展開**あるいは**二項定理**と呼ばれる．$_nC_k$ が**二項係数**とも呼ばれるのはこのためである．

n 個の異なる要素から重複を許して k 個選ぶ組合せ（**重複組合せ**と呼ばれる）の個数を $_nH_k$ と表記する．一般に，$_nH_k$ は以下のように書ける．

$$_nH_k = \frac{n(n+1)\cdots(n+k-1)}{k!} = \frac{(n+k-1)^{\underline{k}}}{k!}$$

有限集合 S, T $(n = |S|, m = |T|)$ に対して，関数 $f : S \to T$ を考える．このとき，以下が成立する．

(a) （全単射関数の個数） $m = n$ のとき S から T への異なる全単射関数の個数は，n 個の数の順列の個数になり，$n!$ である．

(b) （単射関数の個数） S から T への異なる単射関数の個数は $m^{\underline{n}}$（m 個から重複を許さないで n 個を選んで並べる順列の個数）に等しい．

(c) （関数の個数） S から T への異なる関数の個数は m^n である．これは，m 個から重複を許して n 個を選んで並べる順列の個数に等しい．

(d) （部分集合の個数） S の異なる部分集合の個数は 2^n である．これは，$|T| = m = 2$ のときの S から T への異なる関数の個数に等しい．

(e) （全射関数の個数） S から T への異なる全射関数の個数は，$m > n$ のときは 0 であり，$m \leq n$ のときは $\sum_{k=0}^{m} (-1)^k {}_mC_k (m-k)^n$ である．

0.5 行　列

mn 個の要素 a_{ij} $(i = 1, 2, \cdots, m,\ j = 1, 2, \cdots, n)$ を長方形状に並べた $A = (a_{ij})$，すなわち，

$$A = \begin{pmatrix} a_{11} & a_{12} & \cdots & a_{1n} \\ a_{21} & a_{22} & \cdots & a_{2n} \\ \vdots & \vdots & \ddots & \vdots \\ a_{m1} & a_{m2} & \cdots & a_{mn} \end{pmatrix}$$

を $\boldsymbol{m \times n}$ **行列**という．通常，a_{ij} としては，整数，実数，複素数，多項式など

が挙げられる．a_{ij} を行列 $A = (a_{ij})$ の **ij 成分**あるいは **ij 要素**という．

$$a_{i\cdot} = (a_{i1}\, a_{i2}\, \cdots\, a_{in})$$

を A の第 **i 行**といい，

$$a_{\cdot j} = \begin{pmatrix} a_{1j} \\ a_{2j} \\ \vdots \\ a_{mj} \end{pmatrix}$$

を A の第 **j 列**という．A の第 i 行 $a_{i\cdot} = (a_{i1}\, a_{i2}\, \cdots\, a_{in})$ は**行ベクトル**（**横ベクトル**），A の第 j 列 $a_{\cdot j}$ を**列ベクトル**（**縦ベクトル**）ということも多い．行ベクトル，列ベクトルを単に**ベクトル**ということも多い．すなわち，$1 \times n$ 行列を **n 次元ベクトル**（あるいは $m \times 1$ 行列を m 次元ベクトル）という．

$m \times n$ 行列 $A = (a_{ij})$ に対して（行と列を入れ替えて）$b_{ij} = a_{ji}$ として定まる $n \times m$ 行列 $B = (b_{ij})$ を A の**転置行列**といい，$B = A^{\mathrm{T}}$ と表記する．なお，紙面の関係で，縦ベクトルは転置 ^{T} を用いて $a_{\cdot j} = (a_{1j}\, a_{2j}\, \cdots\, a_{mj})^{\mathrm{T}}$ のように書くことも多い．$I \subseteq \{1, 2, \cdots, m\}$，$J \subseteq \{1, 2, \cdots, n\}$ に対して $i \in I$，$j \in J$ の a_{ij} からなる行列を A の**小行列**（あるいは**部分行列**）といい，A_{IJ} と表記する．$m \times n$ 行列 A は $m = n$ のとき n 次の**正方行列**と呼ばれる．$n \times n$ の正方行列 A の**行列式** $\det A$ は，$\det(A)$ と書くことも多いが，

$$\det A = \sum_{\pi \in \mathrm{S}_n} \mathrm{sgn}(\pi) a_{1\pi(1)} a_{2\pi(2)} \cdots a_{n\pi(n)}$$

として定義される．ただし，S_n は $\{1, 2, \cdots, n\}$ のすべての置換の集合であり，$\pi \in \mathrm{S}_n$ の $\mathrm{sgn}(\pi)$ は，π が偶置換（すなわち，偶数個の互換の積）ならば 1 であり，π が奇置換（すなわち，奇数個の互換の積）ならば -1 である．この定義から A の行列式と転置行列 A^{T} の行列式は等しく，$\det A = \det A^{\mathrm{T}}$ である．$\det A \neq 0$ のとき，行列 A は**正則**であると呼ばれる．

$n \times n$ の正方行列 A の第 i 行を定数の α 倍して得られる行列 B の行列式は A の行列式の α 倍になる．すなわち，$\det B = \alpha \det A$ である．一方，$n \times n$ の正方行列 A の第 i 行と第 j 行 $(i \neq j)$ を交換して得られる行列 C の行列式は符号が変わる．すなわち，$\det C = -\det A$ である．さらに，A の第 i 行に第 j 行 $(i \neq j)$ を定数の α 倍して加えて得られる行列 D の行列式は不変である．

すなわち，$\det D = \det A$ である．列に関しても同様である．

$m \times n$ 行列 A の任意の正方小行列 A_{IJ} の行列式を A の**小行列式**という．小行列式 $\det A_{IJ}$ が 0 でない最大サイズの正方小行列の行数を A の**ランク**あるいは**階数**といい，$\operatorname{rank} A$ と表記する．

0.6 群

集合 G の二つの元 a, b に定義された二項演算 $\circ$ が以下の四つの条件を満たすとき，二項組 $(G, \circ)$ は**群**と呼ばれる．

(G1) G のすべての a, b に対して，$a \circ b$ は G の元である．
(G2) G のすべての a, b, c に対して，$(a \circ b) \circ c = a \circ (b \circ c)$ である．
(G3) G のすべての a に対して，$a \circ e = e \circ a = a$ となる唯一の元 e が G に存在する．
(G4) G の各元 a に対して，$a \circ a^{-1} = a^{-1} \circ a = e$ となる唯一の元 a^{-1} が G に存在する．

G が有限集合のとき，群 $(G, \circ)$ は**有限群**と呼ばれ，$|G|$ を $(G, \circ)$ の**位数**という．なお，条件 (G1) は二項演算 $\circ$ が G で閉じていること（**閉包性**とも呼ばれる）を示している．条件 (G2) は二項演算 $\circ$ が**結合則**を満たすことを示している．条件 (G3) は**単位元** e の存在を示している．条件 (G4) は各元 a の**逆元** a^{-1} の存在を示している．なお，以下の交換則を考えることも多い．

（**交換則**）G のすべての a, b に対して，$a \circ b = b \circ a$ である．

交換則が成立する二項演算 $\circ$ は**可換**と呼ばれ，可換な群は**可換群**と呼ばれる．群 $(G, \circ)$ から群 $(H, \diamond)$ への全単射関数 $f : G \to H$ が存在して，すべての $a, b \in G$ に対して $f(a \circ b) = f(a) \diamond f(b)$ であるとき，$(G, \circ)$ と $(H, \diamond)$ は**同形**であると呼ばれる．

正整数 n に対する集合 $\mathbf{Z}_n = \{0, 1, \cdots, n-1\}$ 上の二つの演算 $+_n, \times_n$ を

$$a +_n b = (a + b) \bmod n, \quad a \times_n b = (a \times b) \bmod n \tag{1}$$

として定義する（$a \bmod n$ は a を n で割ったときの余りを表す）．すると，$(\mathbf{Z}_4, +_4)$, $(\mathbf{Z}_5, +_5)$, は，いずれも群（可換群）となる．一方，$(\mathbf{Z}_4, \times_4)$ と $(\mathbf{Z}_5, \times_5)$ は，いずれも群でない．そこで，正整数 n に対して，$\mathbf{Z}_n^*$ を

$$\mathbf{Z}_n^* = \mathbf{Z}_n - \{0\} = \{1, 2, \cdots, n-1\} \tag{2}$$

として定義する．すると，$(\mathbf{Z}_5^*, \times_5)$ は可換群になることが確かめられる．これに対して，$(\mathbf{Z}_4^*, \times_4)$ は群にはならない．$2 \times_4 2 = 0$ が $\mathbf{Z}_4^*$ の元ではないからである．一般には，任意の正整数 n に対して以下が成立する．

(a) $(\mathbf{Z}_n, +_n)$ は可換群である．
(b) $(\mathbf{Z}_n^*, \times_n)$ が可換群であるための必要十分条件は，n が素数であることである．

0.7 体

集合 F と 2 種類の二項演算 $\oplus, \odot$ で規定される三項組 $(F, \oplus, \odot)$ は，以下の三つの条件を満たすとき，**体**と呼ばれる．

(F1) $(F, \oplus)$ は可換群である．
(F2) $(F - \{0\}, \odot)$ は可換群である（0 は可換群 $(F, \oplus)$ の単位元）．
(F3) 任意の $a, b, c \in F$ に対して，$a \odot (b \oplus c) = (a \odot b) \oplus (a \odot c)$ かつ $(b \oplus c) \odot a = (b \odot a) \oplus (c \odot a)$ である．

なお，$\oplus$ は加法演算，$\odot$ は乗法演算と呼ばれる．(F3) は**分配則**と呼ばれる．上記のように，可換群 $(F, \oplus)$ の単位元を 0 と書き，各元 a の逆元を $-a$ と書くことにする．同様に，群 $(F - \{0\}, \odot)$ の単位元を 1 と書き，各元 a の逆元を a^{-1} と書くことにする．体 $(F, \oplus, \odot)$ では，0 は**零元**，1 は**単位元**と呼ばれる．F が有限集合のとき，体 $(F, \oplus, \odot)$ は**有限体**と呼ばれ，$|F|$ を $(F, \oplus, \odot)$ の**位数**という．

体 $(F, \oplus, \odot)$ から体 $(H, \boxplus, \boxdot)$ への全単射関数 $f : G \to H$ が存在して，すべての $a, b \in G$ に対して $f(a \oplus b) = f(a) \boxplus f(b)$ かつ $f(a \odot b) = f(a) \boxdot f(b)$ であるとき，$(F, \oplus, \odot)$ と $(H, \boxplus, \boxdot)$ は**同形**であると呼ばれる．

有理数の集合 $\mathbf{Q}$ や実数の集合 $\mathbf{R}$ において，$(\mathbf{Q}, +, \times)$ と $(\mathbf{R}, +, \times)$ は（加法演算 $\oplus = +$，乗法演算 $\odot = \times$ のもとで）体である．さらに，$(\mathbf{Z}_5, +_5, \times_5)$ も（加法演算 $\oplus = +_5$，乗法演算 $\odot = \times_5$ のもとで）体である．一方，$(\mathbf{Z}_4, \times_4)$ は群ではないので，$(\mathbf{Z}_4, +_4, \times_4)$ は体ではない．より一般的には，n が素数ならば，$(\mathbf{Z}_n, +_n, \times_n)$ は体である．

位数 n の有限体はすべて同形で，n はある素数 p と正整数 k を用いて $n = p^k$ と書ける．位数 $n = p^k$ の有限体は**ガロア体**と呼ばれ，$\mathrm{GF}[p^k]$ と表記される．

第1章

一筆書きとオイラーグラフ

本章の目標　ケーニヒスベルクの七つの橋をどの橋もちょうど1回通って出発点に戻ってくることは可能かという問題が17世紀に提起された．これは，グラフを用いると一筆書きできるかという問題に帰着されることが，オイラー (L. Euler) により示された．そして，これがグラフ理論の研究の起源と言われている．本章では，一筆書きをとおして，離散数学の一大分野であるグラフ理論の基礎概念を理解する．

本章のキーワード　一筆書き，オイラーグラフ，ケーニヒスベルクの七つの橋の問題，グラフ，有向グラフ，無向グラフ，単純グラフ，点，辺，パス，閉路，ハミルトン閉路，連結グラフ，強連結グラフ，ウォーク，トレイル，部分グラフ，誘導部分グラフ，辺誘導部分グラフ，連結成分，強連結成分，次数，握手定理，オイラーの定理

ウォーミングアップクイズ

以下の (a)〜(c) の図において一筆書きできる図はどれかを答えよ．また，一筆書きできて書き始めに戻ってこれるものはあるかどうかを答えよ．

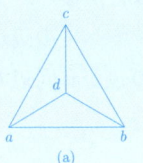 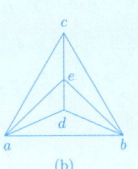 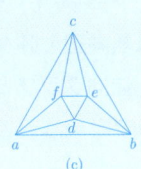

ウォーミングアップクイズの解説

(a) は一筆書きできない．(b) と (c) の図は以下のように $1, 2, 3, \cdots$ と一筆書きできる．さらに，(c) は書き始めに戻ってくるような一筆書きができる．なお，(b) と (c) に対する一筆書きは，ほかにも何通りか存在する．　□

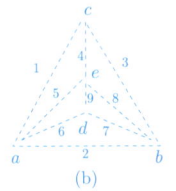 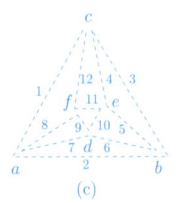

1.1 グラフの定義

グラフ理論は，この一筆書きから生まれたとも言われている．線が交わる交点を誇張して以下のような図を考える．

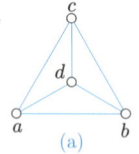
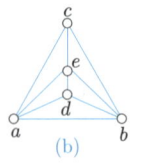
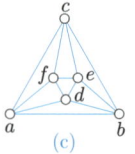

このようなものがグラフと呼ばれる．交点がグラフの点と呼ばれ，グラフの 2 点を結ぶ線が辺と呼ばれる．より正確には，グラフは次のように定義される．

グラフ G は，有限個の点の集合 $V(G)$ と $V(G)$ の 2 点を結ぶ**辺**の有限集合 $E(G)$ からなる数理的モデルである．点集合を V，辺集合を E と指定して $G = (V, E)$ と書いて表すことも多い．各辺 $e \in E$ で結ばれる 2 点 u, v を e の**端点**といい，$e = (u, v)$ と表記する．辺 e に u から v への向きがあるときは，e を**有向辺**といい，u を e の**始点**，v を e の**終点**という．このとき，始点を先に終点を後にして $e = (u, v)$ と書き，$e = (v, u)$ とは書かない．なお，辺 e に向きのないときは**無向辺**と呼び区別することもある．すべての辺が無向辺であるようなグラフを**無向グラフ**という．一方，すべての辺が有向辺であるようなグラフを**有向グラフ**という（図 1.1）．

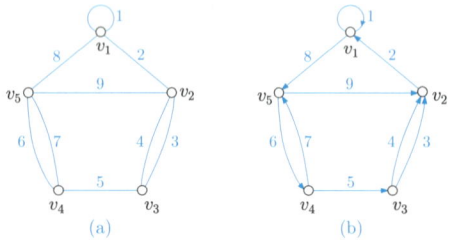

図 1.1 (a) 無向グラフ，(b) 有向グラフ

グラフの辺 $e = (u, v)$ において，$u = v$ のとき，辺 e を**自己ループ**という．グラフの異なる 2 辺 e, e' において，$u \neq v$，$e = (u, v)$ かつ $e' = (u, v)$ のとき（有向グラフでは，ともに始点が等しく，ともに終点も等しいとき），辺 e, e' を**並**

列辺あるいは**多重辺**という．したがって，有向グラフでは，$u \neq v$, $e = (u,v)$, $e' = (v,u)$ のとき，辺 e, e' は並列辺ではない．並列辺も自己ループももたないグラフを**単純である**といい，**単純グラフ**という．並列辺や自己ループも許すようなグラフを**多重グラフ**という．図 1.1 の (a) の無向グラフでは，辺 1 は自己ループで辺 3,4 は並列辺（辺 6,7 も並列辺）である．一方，(b) の有向グラフでは，辺 1 は自己ループで辺 3,4 は並列辺であるが，辺 6,7 は並列辺ではない．

どの 2 点間にも辺が存在する単純な無向グラフを**完全グラフ**という．点数 n の完全グラフを K_n と表記する．以下の図は，4 点の完全グラフ K_4 と 5 点の完全グラフ K_5 である．

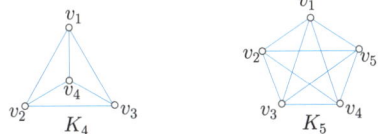

並列辺があるときには，より正確性を期して，辺 e で結ばれる端点を $\partial(e)$ で表す．すなわち，無向グラフ G の辺 $e = (u,v) \in E$ では $\partial(e)$ は $\{u,v\}$ であり，∂ は関数 $\partial : E \to \{X \subseteq V \mid |X| \leq 2\}$ である．この無向グラフを $G = (V, E, \partial)$ と書く．一方，有向グラフ G の辺 $e = (u,v) \in E$ では $\partial(e)$ は (u,v) であり，$\partial : E \to V \times V$ である．より詳しくは，二つの関数 $\partial^+, \partial^- : E \to V$ を用いて，$\partial^+(e)$ を e の始点，$\partial^-(e)$ を e の終点として $\partial(e) = (\partial^+(e), \partial^-(e))$ と考えて，この有向グラフを $G = (V, E, \partial^+, \partial^-)$ と表す（図 1.2）．

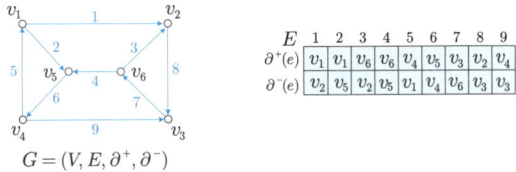

図 1.2 点集合 $V = \{v_1, v_2, \cdots, v_6\}$ と辺集合 $E = \{1, 2, \cdots, 9\}$ の有向グラフ $G = (V, E, \partial^+, \partial^-)$

厳密な議論が必要なときには，$G = (V, E, \partial)$ や $G = (V, E, \partial^+, \partial^-)$ の記法を用いるが，通常は，グラフ G を $G = (V, E)$ で表しても誤解が生じないと思われるので，本書では，とくに断らない限り，$G = (V, E)$，あるいはさらに単

純化して, G (このときは点集合は $V(G)$ で辺集合は $E(G)$ である) を用いる. またこのとき, $\partial(e) = (u,v)$ を単に $e = (u,v)$ と書くことにする.

1.1.1 パスと閉路

グラフ G において, 点 v_0 から点 v_k への点の系列 $P = (v_0, v_1, \cdots, v_k)$ で, $v_0, v_1, \cdots, v_k$ がすべて異なり, 各 (v_i, v_{i+1}) $(i = 0, 1, \cdots, k-1)$ が G の辺であるようなものを**パス**という. また, $k \geq 1$ である点 v_0 から点 v_k への点の系列 $C = (v_0, v_1, \cdots, v_k)$ で, $v_0, v_1, \cdots, v_{k-1}$ がすべて異なり, $v_0 = v_k$ かつ各 (v_i, v_{i+1}) $(i = 0, 1, \cdots, k-1)$ が G の異なる辺であるようなものを**閉路**という. このとき, パス P と閉路 C の**長さ**は含まれる辺の本数, すなわち, k と定義される. なお, 長さ 0 のパスはありうるが, 長さ 0 の閉路は存在しないことに注意しよう. 点 v_0, v_k をパス $P = (v_0, v_1, \cdots, v_k)$ の**端点**といい, P を $\boldsymbol{v_0}$-$\boldsymbol{v_k}$-**パス**という. さらに, すべての点を通る (含む) パスを**ハミルトンパス**といい, すべての点を通る閉路を**ハミルトン閉路**という. ハミルトン閉路をもつグラフを**ハミルトングラフ**という (図 1.3).

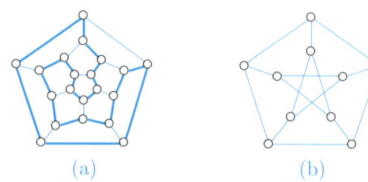

図 1.3 (a) ハミルトン閉路 (太線) をもつハミルトングラフ, (b) ハミルトン閉路をもたないグラフ

無向グラフ G は, どの 2 点 u, v に対しても u と v を結ぶパスがあるとき**連結**であると呼ばれ, そうでないときは**非連結**であると呼ばれる (図 1.4).

パスと閉路を点や辺の重複を許して一般化する. 点 v_0 から点 v_k への点の系列 $W = (v_0, v_1, \cdots, v_k)$ で, 各 (v_i, v_{i+1}) $(i = 0, 1, \cdots, k-1)$ が G の辺であるようなものを**ウォーク**という. したがって, ウォークの定義では点や辺の重複を許している. ウォーク $W = (v_0, v_1, \cdots, v_k)$ の点 v_0, v_k を W の**端点**といい, W に含まれる辺の本数 k を W の**長さ**という. さらに, $v_0 = v_k$ のとき, ウォーク W は**閉じている**という. とくに, ウォーク $W = (v_0, v_1, \cdots, v_k)$ で, すべての (v_i, v_{i+1}) $(i = 0, 1, \cdots, k-1)$ が G の異なる辺であるとき, W を**辺**

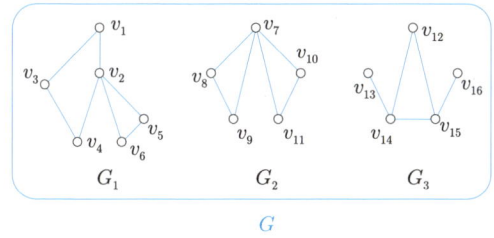

図 1.4 非連結グラフ G と連結なグラフ G_1, G_2, G_3

の重複のないウォークあるいは**トレイル**という．

例 1.1 図 1.4 のグラフ G において，$W = (v_1, v_2, v_5, v_6, v_2, v_4, v_3)$ は v_1 と v_3 を端点とするトレイル（辺の重複のないウォーク）であるが，点の重複があるのでパスではない．同様に，$W' = (v_1, v_2, v_5, v_6, v_2, v_4, v_3, v_1)$ は閉じたトレイルであるが，閉路ではない．これに対して，$P = (v_1, v_2, v_5, v_6)$ は v_1 と v_6 を端点とするパスであり，$Q = (v_1, v_2, v_4, v_3, v_1)$ は閉路である．グラフ G は v_1 と v_{12} を結ぶパスをもたないので非連結であるが，グラフ G_1 は連結である．G_1 はハミルトンパス $(v_1, v_3, v_4, v_2, v_5, v_6)$ をもつが，ハミルトン閉路はもたないので，ハミルトングラフではない． □

有向グラフに対しても同様の定義ができる．とくに，**有向パス**，**有向閉路**と"有向"とつけて区別することもある．有向グラフ G からすべての有向辺の向きを無視して無向辺で置き換えて得られる無向グラフを，G の**無向基礎**グラフという．有向グラフは，無向基礎グラフが連結なとき，**連結**であると呼ばれる．さらに，有向グラフ G のどの 2 点 u, v に対しても，u から v への有向パスと v から u への有向パスがあるとき，すなわち，どの 2 点間にも両方行の有向パスがあるとき，G は**強連結**であると呼ばれる（図 1.5）．

例 1.2 図 1.5(a) の有向グラフ G において，$W = (v_1, v_2, v_3, v_6, v_5, v_4, v_3)$ は v_1 から v_3 への有向トレイル（辺の重複のない有向ウォーク）であるが有向パスではない．$P = (v_1, v_2, v_3, v_6, v_5, v_4)$ は v_1 から v_4 への G の有向パスでハミルトンパスである．$Q = (v_3, v_6, v_5, v_4, v_3)$ や $Q' = (v_1, v_2, v_3, v_6, v_5, v_4, v_1)$ は G の有向閉路である．Q' はすべての点を通るのでハミルトン閉路である．した

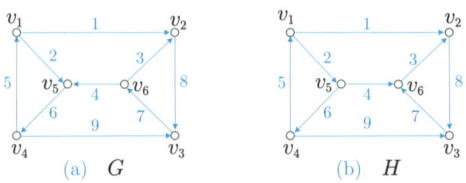

図 1.5 (a) 強連結グラフ G と (b) 強連結でないグラフ H

がって G は強連結である．一方，図 1.5(b) の有向グラフ H では，v_2 から v_1 への有向パスが存在しないので，H は強連結ではない． □

例 1.3 下図の多重グラフでは，(a) のグラフは (b) の有向グラフの無向基礎グラフである． □

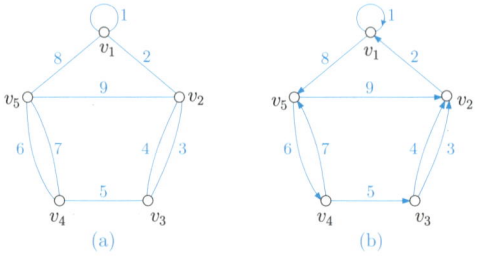

補足と繰り返しであるが，グラフ G の 2 点 u, v に対して辺 $e = (u, v)$ が存在するとき，u と v は**隣接している**といい，辺 e は点 u と点 v を**結ぶ**という．また，辺 $e = (u, v)$ と点 u（点 v）は**接続している**という．u と v は e の端点である．有向辺 $e = (u, v)$ では，$u = \partial^+(e)$ は e の始点，$v = \partial^-(e)$ は e の終点であり，e は u から出て，v に入るという．

本書では，ウォークを点列 $W = (v_0, v_1, \cdots, v_k)$ で定義したが，辺 $e_i = (v_{i-1}, v_i)$ を用いて，点辺列 $W = (v_0, e_1, v_1, e_2, \cdots, e_k, v_k)$ あるいは辺列 $W = (e_1, e_2, \cdots, e_k)$ と書くことも多い．パスや閉路に関しても同様である．

1.2 部分グラフと連結成分

二つのグラフ G_1, G_2 に対して，$V(G_2) \subseteq V(G_1)$ かつ $E(G_2) \subseteq E(G_1)$ のとき，G_2 は G_1 の**部分グラフ**であるという．このとき，G_1 は G_2 を**含む**ともいう．とくに，$V(G_2) \subset V(G_1)$ あるいは $V(G_1) = V(G_2)$ かつ $E(G_2) \subset E(G_1)$

のとき，G_2 を G_1 の**真部分グラフ**という．さらに，G_1 の部分グラフ G_2 は，$V(G_2) = V(G_1)$ のとき，**スパンニング**あるいは**全点**であると呼ばれる（**全域**あるいは**全張**と呼ばれることも多い）．また，$V(G_2)$ の 2 点間を結ぶ G_1 のすべての辺が G_2 に含まれるとき，すなわち，

$$E(G_2) = \{(x,y) \in E(G_1) \mid x, y \in V(G_2)\}$$

であるとき，G_1 の部分グラフ G_2 を G_1 の**誘導部分グラフ**という．このとき，G_2 は $V(G_2)$ で**誘導される** G_1 の部分グラフともいい，$G_2 = G_1[V(G_2)]$ と書くこともある．グラフ G の点の部分集合 $U \subseteq V(G)$ に対して，U（と U の点に接続するすべての辺）を除去して得られるグラフを $G - U$ と表記する．同様に，辺の部分集合 $F \subseteq E(G)$ に対して，F を除去して得られるグラフを $G - F$ と表記する．したがって，$G - U$ は $V(G) - U$ で誘導される部分グラフ $G[V(G) - U]$ であり，$G - F$ は点集合 $V(G)$，辺集合 $E(G) - F$ の G の全点部分グラフ $(V(G), E(G) - F)$ である．なお，$G - F$ から孤立点をすべて除いて得られるグラフを $G|(E(G) - F)$ と書き，辺集合 $E(G) - F$ で誘導される G の**辺誘導部分グラフ**という．

例 1.4 下の図は，左のグラフ G に対して，$\{v_1, v_2, v_4, v_6\}$ で誘導される部分グラフ $G - \{v_3, v_5\} = G[\{v_1, v_2, v_4, v_6\}]$ と辺 $\{2, 3, 8, 9\}$ を除去して得られる全点部分グラフ $G - \{2, 3, 8, 9\}$ を示している． □

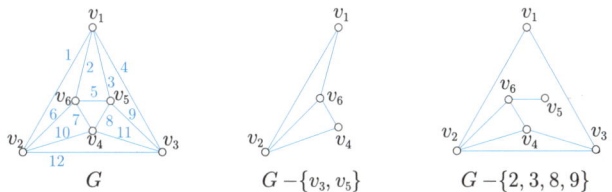

集合の族 $\mathcal{F}$ において，集合 $F \in \mathcal{F}$ は，F を真部分集合として含む F'（すなわち $F \subset F'$ となるような F'）が $\mathcal{F}$ に存在しないとき，**極大**であると呼ばれる．すべての $F' \in \mathcal{F}$ に対して $|F'| \leq |F|$ となるような $F \in \mathcal{F}$ は $\mathcal{F}$ で**最大**であると呼ばれる．同様に，$F' \subset F$ となるような F' が $\mathcal{F}$ に存在しないとき，$F \in \mathcal{F}$ は**極小**であると呼ばれる．すべての $F' \in \mathcal{F}$ に対して $|F'| \geq |F|$ となるような $F \in \mathcal{F}$ は $\mathcal{F}$ で**最小**であると呼ばれる．もちろん，最大な F は極大

でもある（最小な F は極小でもある）．逆は一般には成立しない．すなわち，極大な集合が最大である（極小な集合が最小である）とは言えないこともある．

連結成分，強連結成分は，極大性の概念を用いて定義される．無向グラフ G の連結な部分グラフの族に関して極大なもの（極大な連結部分グラフ）を G の**連結成分**という．すなわち，G の連結な部分グラフ H を真部分グラフとして含む G の連結な部分グラフが存在しないとき，H は G の連結成分と呼ばれる．同様に，有向グラフ G の強連結な部分グラフの族に関して極大なもの（極大な強連結部分グラフ）を G の**強連結成分**という．すなわち，G の強連結な部分グラフ H を真部分グラフとして含む G の強連結な部分グラフが存在しないとき，H は G の強連結成分と呼ばれる．

例 1.5 下図の無向グラフ G は三つの連結成分 G_1, G_2, G_3 からなる． □

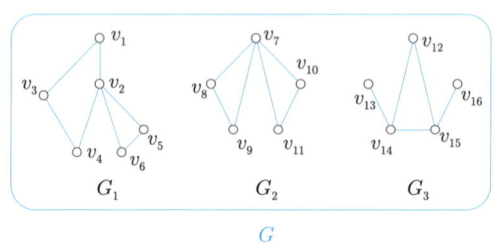

例 1.6 下図の有向グラフ G は三つの強連結成分 G_1, G_2, G_3 からなる． □

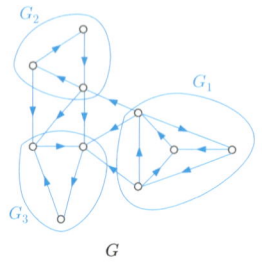

連結成分によるグラフの分割は，点集合の分割であるとともに，辺集合の分割でもある．一方，有向グラフの強連結成分による分割は，点集合の分割ではあるが，辺集合の分割にはならない．

1.3 次数と握手定理

グラフ G で点 v に接続している辺の（多重）集合を $\delta_G(v)$ と表記する．ただし，v に接続している各自己ループは $\delta_G(v)$ に二度含まれるものとする．点 v に接続している辺の本数 $|\delta_G(v)|$ を v の**次数**といい，$\deg_G(v)$ と表記する．なお，次数 0 の点は**孤立点**と呼ばれる．さらに，G が有向グラフのときには，v を始点とする辺の集合を $\delta_G^+(v)$，v を終点とする辺の集合を $\delta_G^-(v)$ と表記する．また，v を始点とする辺の本数を v の**出次数**といい $\deg_G^+(v)$ と書き，v を終点とする辺の本数を v の**入次数**といい $\deg_G^-(v)$ と書く．すなわち，$\deg_G^+(v) = |\delta_G^+(v)|$，$\deg_G^-(v) = |\delta_G^-(v)|$ である．したがって，有向グラフのときには，点 v の次数 $\deg_G(v)$ は v の出次数 $\deg_G^+(v)$ と入次数 $\deg_G^-(v)$ の和になる．

本書では，対象とするグラフ G が明らかで混乱が生じないと思われるときは，添え字の G を省略する．したがって，$\deg_G(v)$ などは通常 $\deg(v)$ などと書く．

例 1.7 図 1.6 を用いて具体的に説明する．図 1.6(a) の無向グラフでは，

$$(\deg(v_1), \deg(v_2), \deg(v_3), \deg(v_4), \deg(v_5)) = (4, 4, 3, 3, 4)$$

である．同様に，図 1.6(b) の有向グラフでは，

$$(\deg^+(v_1), \deg^+(v_2), \deg^+(v_3), \deg^+(v_4), \deg^+(v_5)) = (2, 1, 2, 2, 2),$$

$$(\deg^-(v_1), \deg^-(v_2), \deg^-(v_3), \deg^-(v_4), \deg^-(v_5)) = (2, 3, 1, 1, 2),$$

$$(\deg(v_1), \deg(v_2), \deg(v_3), \deg(v_4), \deg(v_5)) = (4, 4, 3, 3, 4)$$

である． □

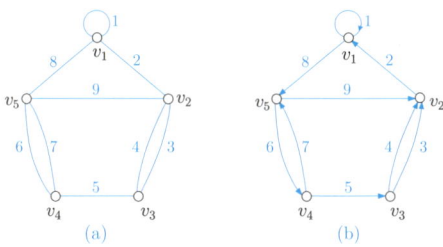

図 1.6 (a) 無向グラフ，(b) 有向グラフ

グラフについて最も基本的な以下の定理は，**握手定理**とも呼ばれている．

定理 1.1（握手定理） グラフ G に対して，

$$\sum_{v \in V(G)} \deg(v) = 2|E(G)| \tag{1.1}$$

が成立する．さらに，有向グラフ G では以下が成立する．

$$\sum_{v \in V(G)} \deg^+(v) = \sum_{v \in V(G)} \deg^-(v) = |E(G)| \tag{1.2}$$

証明： 最初の式 (1.1) では左辺の和で各辺が（両端点で）2 回数えられるので成立することがわかるし，2 番目の式 (1.2) の和では各辺が出て行く点の側と入ってくる点の側で 1 回ずつ数えられるので成立することがわかる． □

握手定理から，次数が奇数の点は偶数個であることが得られる．

系 1.1 無向グラフ G では，次数が奇数の点は偶数個である． □

例 1.8 図 1.6(a) の無向グラフでは，

$$\sum_{v \in V(G)} \deg(v) = 4 + 4 + 3 + 3 + 4 = 18 = 2 \cdot 9 = 2|E(G)|$$

である．また，図 1.6(b) の有向グラフでは以下が成立する．

$$\sum_{v \in V(G)} \deg^+(v) = 2 + 1 + 2 + 2 + 2 = 9 = |E(G)|$$

$$= 2 + 3 + 1 + 1 + 2 = \sum_{v \in V(G)} \deg^-(v),$$

$$\sum_{v \in V(G)} \deg(v) = 4 + 4 + 3 + 3 + 4 = 18 = 2 \cdot 9 = 2|E(G)|$$

□

1.4 一筆書きとオイラーグラフ

ケーニヒスベルク (Königsberg) の七つの橋の問題をグラフとして取り上げたオイラー (L. Euler) にちなんで，グラフ G のすべての辺をちょうど 1 回ずつ通るトレイルを**オイラートレイル**という．すなわち，一筆書きはオイラートレイルに対応する．さらに，出発点に戻ってくる閉じたオイラートレイルを**オイラーツアー**といい，オイラーツアーをもつグラフを**オイラーグラフ**という．

1.4 一筆書きとオイラーグラフ 19

例題 1.1 オイラーグラフでないグラフとオイラーグラフの例を挙げよ．

解答： 下図の (a) はケーニヒスベルクの七つの橋のグラフ表現で，一筆書きできない．(b) は点 x から点 y へのオイラートレイルをもつ（一筆書きできる）が，閉じた一筆書きはできない．(c) はウォーミングアップクイズでも取り上げたように，出発点に戻る一筆書きができる（オイラーツアーをもつ）ので，オイラーグラフである． □

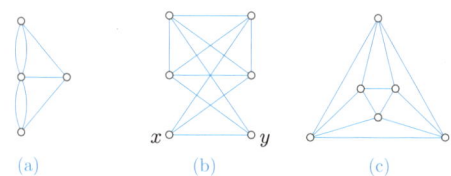

(a)　　　　(b)　　　　(c)

　一般には，G のオイラートレイルを考えると，各点を通過するごとに 2 本の辺を用いるので，オイラートレイルをもつグラフでは，奇数本の辺が接続する可能性のある点は，最初の点と最後の点のみであることになる．したがって，オイラーツアーでは最初と最後の点が一致するので，オイラーグラフでは，すべての点に接続する辺の本数（すなわち，次数）は偶数である．

　一筆書きできるかどうかは，以下のように正確に特徴付けすることができる．

定理 1.2（オイラーの定理） 無向グラフ G に対して以下が成立する．
(a) G がオイラーグラフであるための必要十分条件は，G が連結であり，かつすべての点の次数が偶数であることである．
(b) G がオイラートレイルをもつための必要十分条件は，G が連結であり，かつ次数が奇数となる点は高々 2 点であることである．

証明： 非連結なグラフは一筆書きできないので，必要性は，上記の説明より，明らかである．すなわち，G がオイラーグラフ（オイラートレイルをもつ）ならば，G は連結であり，すべての点の次数が偶数である（次数が奇数となる点は高々 2 点である）．一方，十分性は，以下のように実際に一筆書きすることにより，得られる．
　(a) を示す．G は連結であり，すべての点の次数が偶数であるとする．任意に 1 点 u を選び，u から出発して辺をたどりながらトレイル T を拡大していく．ある点 x にトレイル T が到着すると，$x = u$ でない限り，x の次数が偶数であるので，まだたどっていない辺が x に接続していることになる．したがって $x = u$ でない限り，トレイル T を確実に拡大できる．$x = u$ でもまだたどっていない辺が $x = u$ に接続しているときはトレイル T を確実に拡大できる．そこで，$x = u$ に到達して，$x = u$ に接続している辺はすべてたどってしまっているとする．このときはこのトレイル T は u から出発して u で終了しているので閉じている．G のすべての辺をたどってしまって

いるときには，このトレイル T がオイラーツアーになるので終了できる．

そこで，T は G のすべての辺をまだたどりきれていないとする．そして T の出発点を u 以外の点に変更できないかと考える．そこでこれまでたどったトレイルを u から戻りながら，まだたどっていない辺が接続している最初の点 x まで戻る．そして，(いま戻った) トレイル T の x から u の部分を T_2，最初の u から x までの T の部分を T_1 とすると，$T = T_1 T_2$ であるが，それを $T = T_2 T_1$ とつなぎかえる．すなわち，トレイル T は x から出発していると考える．こうして点 x からまたトレイル T を拡大していく．これを繰り返して，G のすべての辺をトレイル T がたどるようにできる．したがって，最終的に T はオイラーツアーとなり一筆書きが得られる．

(b) は (a) からすぐに得られる．次数が奇数となる点が存在しなければ (a) そのものである．そこで次数が奇数となる点が存在するとする．すると，握手定理（定理 1.1）より，次数が奇数となる点は 2 点となる．そこで，それらの 2 点を u と v とし，その 2 点を辺 e を加えて結ぶ．こうして得られるグラフ G' では，すべての点の次数が偶数となり，(a) より，オイラーツアーが存在する．したがって，このツアーから後から加えた辺 e を除けば，u から v への G のオイラートレイルが得られる．□

例題 1.2 オイラーツアーを求める定理 1.2 の証明で述べたアルゴリズムを 19 ページの例題 1.1 の図 (c) のグラフに対して適用せよ．

解答： 図 1.7 に解答例を与えている．便宜上，トレイルを点列ではなく辺の列で表している．図 1.7(a) は点 u までトレイル $T = (e_1, e_2, e_3, e_4, e_5, e_6)$ を拡大して，u からたどれなくなった時点を表している．そこで，T を e_6 に沿ってまだたどっていない辺のある点 x まで戻る（$T_2 = (e_6)$，$T_1 = (e_1, e_2, e_3, e_4, e_5)$，$T = T_1 T_2$ となる）．図 1.7(b) は，閉じたトレイル T の出発点を x に変更して $T = T_2 T_1 = (e_6, e_1, e_2, e_3, e_4, e_5)$ としていることを示している．そして図 1.7(c) は，トレイル $T = (e_6, e_1, e_2, e_3, e_4, e_5)$ を拡大して，$T = (e_6, e_1, e_2, e_3, e_4, e_5, e_7, e_8, e_9, e_{10}, e_{11}, e_{12})$ となり，x からたどれなくなった時点を表している．こうして，すべての辺がトレイル T でたどられてオイラーツアー T が得られる．□

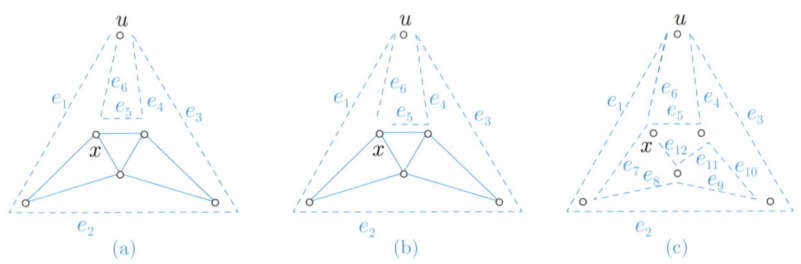

図 1.7　(a) トレイル $(e_1, e_2, e_3, e_4, e_5, e_6)$,
　　　　(b) トレイル $(e_6, e_1, e_2, e_3, e_4, e_5)$,
　　　　(c) オイラーツアー $(e_6, e_1, e_2, e_3, e_4, e_5, e_7, e_8, e_9, e_{10}, e_{11}, e_{12})$

有向グラフに対しても同様の結果が得られる．証明は演習問題 1.6 とする．

定理 1.3（オイラーの定理） 有向グラフ G に対して以下が成立する．
(a)　G がオイラーグラフであるための必要十分条件は，G が連結であり，かつすべての点 v で v の出次数と入次数が等しいことである．
(b)　G がオイラートレイルをもつための必要十分条件は，G が連結であり，かつすべての点 v で v の出次数と入次数の差は高々 1 以下であり，さらに，出次数と入次数の異なる点は高々 2 点であることである．　　□

1.5　本章のまとめ

　一筆書きを例にとり，グラフの定義とグラフ理論の基本概念を説明した．さらに，基本的な性質の握手定理とオイラーの定理を示した．これらは，後続の章でも頻繁に利用される基礎概念である．なお，本章の内容は巻末の参考文献のグラフ理論のどの本でも取り上げられている．

=== 演習問題 ===

1.1　以下のグラフがオイラーグラフであるかどうかを判定し，オイラーグラフであるときには，オイラーツアーを求めよ．

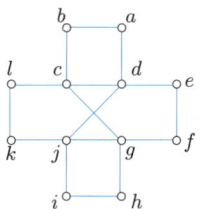

1.2　グラフ G において，$V(G)$ のすべての点の次数を並べたものを G の**次数列**という．たとえば，次の図のグラフ G では $(3,3,2,2,2)$ が次数列である（次数はどのような順番で並べてもよいので $(2,3,3,2,2)$ も G の次数列である）．

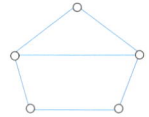

　非負整数の列 $(d_1, d_2, \cdots, d_n)$ を次数列としてもつ単純なグラフが存在するとき，

この $(d_1, d_2, \cdots, d_n)$ をグラフ的であるという．三つの非負整数の列

$$A = (5,5,5,5,3,3), \quad B = (5,5,4,3,3,2), \quad C = (5,5,4,3,2,2,1,1,1)$$

に対して，それぞれグラフ的であるかどうかを判定し，グラフ的なものに対しては，それを次数列として実現する単純なグラフを与えよ．

1.3 以下の出次数列 $D^+ = (d_1^+, d_2^+, \cdots, d_n^+)$，入次数列 $D^- = (d_1^-, d_2^-, \cdots, d_n^-)$ に対して，それを実現する単純な有向グラフが存在するかどうかを判定し，存在するときにはその有向グラフを与えよ．

$$D_1^+ = (1,3,2,2), \quad D_1^- = (3,2,1,2)$$

$$D_2^+ = (4,4,4,3,3,3), \quad D_2^- = (4,3,3,4,2,5)$$

1.4 無向グラフ G の 2 点 u, v を結ぶ二つの異なるパス P_1, P_2 の辺からなる G の辺誘導部分グラフ $G|(E(P_1) \cup E(P_2))$ は閉路を含むことを証明せよ．

1.5 図 1.3(b) のグラフがハミルトン閉路をもたないことを説明せよ．

1.6 定理 1.3 を証明せよ．

ティータイム

　オイラーの定理（定理 1.2）より，与えられた図を一筆書きできる（与えられたグラフにオイラートレイルが存在する）かどうかを判定し，一筆書きできると判定したときには実際に一筆書きをする効率的なアルゴリズムが存在する．
　一方，似たような概念であるハミルトンパスやハミルトン閉路についてはどうだろうか？ 実は，与えられたグラフにハミルトンパスやハミルトン閉路が存在するかどうかを判定することは，きわめて困難なのである．アルゴリズムや計算量理論の分野の専門用語を借りると，この問題は NP-完全問題であり，現在のところ，効率的なアルゴリズムは知られていない．むしろ，効率的なアルゴリズムは存在しないであろうと確信されている．しかしながら，与えられたグラフにハミルトン閉路が存在するときには，実際にハミルトン閉路を示すことで，誰もがハミルトン閉路の存在を確認することができる．このように，正しい答えを確認することが効率的にできるような問題からなるクラスが **NP** と呼ばれる．これに対して，オイラートレイルの存在判定のように，正しい答えを求めることも効率的にできるような問題からなるクラスは **P** と呼ばれる．

第2章

二部グラフとマッチング

本章の目標 きわめて広範な応用を有し，行列とも深く関係する二部グラフとマッチングをとおして，グラフ理論の基礎概念を理解する．

本章のキーワード 二部グラフ，正則グラフ，独立集合，彩色，点カバー，カット，マッチング，最大マッチング，完全マッチング，1-因子，交互パス，増加パス，集合システム，ハイパーグラフ，異なる代表元の系，ホールの定理，横断集合，ラテン方陣，魔方陣，ラテン方陣完成問題

ウォーミングアップクイズ

$n \times n$ 行列 $A = (a_{ij})$ は，どの行でもどの列でも 1 から n がちょうど 1 回現れるとき，位数 n のラテン方陣と呼ばれる．また，$n \times n$ 行列 $A = (a_{ij})$ は，$\{a_{ij} \mid i,j = 1,2,\cdots,n\} = \{1,2,\cdots,n^2\}$ であり，各列，各行の和が，いずれも $\frac{n(n^2+1)}{2}$ となるとき，位数 n の魔方陣と呼ばれる．以下は，位数 $n=3$ のラテン方陣 L と位数 $n=3$ の魔方陣 M の例である．

$$L = \begin{pmatrix} 1 & 2 & 3 \\ 3 & 1 & 2 \\ 2 & 3 & 1 \end{pmatrix} \quad M = \begin{pmatrix} 8 & 1 & 6 \\ 3 & 5 & 7 \\ 4 & 9 & 2 \end{pmatrix}$$

以下の部分的に与えられたラテン方陣を適当な数字を入れて完成せよ．

$$L_1 = \begin{pmatrix} 1 & 2 & 3 & 4 \\ 3 & 4 & 1 & 2 \\ 4 & 3 & 2 & 1 \\ - & - & - & - \end{pmatrix} \quad L_2 = \begin{pmatrix} 1 & 2 & 3 & 4 \\ 4 & 3 & 2 & 1 \\ - & - & - & - \\ - & - & - & - \end{pmatrix}$$

さらに，位数 5 の魔方陣の例を挙げよ．

ウォーミングアップクイズの解説

以下のように完成できる．L_2 に対しては他の解もある．

$$L_1 = \begin{pmatrix} 1 & 2 & 3 & 4 \\ 3 & 4 & 1 & 2 \\ 4 & 3 & 2 & 1 \\ 2 & 1 & 4 & 3 \end{pmatrix} \quad L_2 = \begin{pmatrix} 1 & 2 & 3 & 4 \\ 4 & 3 & 2 & 1 \\ 2 & 1 & 4 & 3 \\ 3 & 4 & 1 & 2 \end{pmatrix}$$

位数 $n=5$ の魔方陣の例として以下の行列 M が挙げられる．

$$M = \begin{pmatrix} 17 & 24 & 1 & 8 & 15 \\ 23 & 5 & 7 & 14 & 16 \\ 4 & 6 & 13 & 20 & 22 \\ 10 & 12 & 19 & 21 & 3 \\ 11 & 18 & 25 & 2 & 9 \end{pmatrix}$$

このクイズでは，位数 $n=4$ のラテン方陣の完成問題であったのできわめて簡単であった．また魔方陣も位数 5 であったのでそれほど困難ではなかった．しかし，n が大きくなったときはどうであろうか． □

ラテン方陣は，対戦スケジュールや組合せなどを作成する上で，重要な役割を果たしている．さらに，ラテン方陣は魔方陣とも関係している．詳細は第 12 章で取り上げる．本章では，ラテン方陣完成と密接に関係する二部グラフとマッチングをとおして，グラフ理論の基本的な概念を解説する．

2.1 二部グラフ

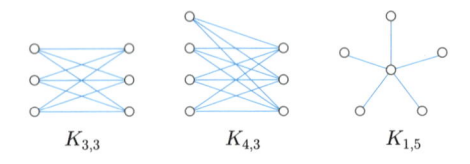

無向グラフ G の点部分集合 U に対して，U のどの 2 点間にも G の辺がないとき，U を**独立集合**という．グラフ G の点集合 $V(G)$ が二つの互いに素な独立集合 V_1 と V_2 に分割できるとき (V_1, V_2 のいずれか一方が空集合であってもよい)，G を**二部グラフ**という．このとき，G の辺集合 $E = E(G)$ は V_1 の点と V_2 の点を結ぶものから構成されているので，この二部グラフ G を $G = (V_1, V_2, E)$ と表記することも多い．V_1 のすべての点と V_2 のすべての点を結ぶ辺が存在する単純な二部グラフ $G = (V_1, V_2, E)$ は，**完全二部グラフ**と呼ばれ，$n_1 = |V_1|$，$n_2 = |V_2|$ を用いて K_{n_1, n_2} と表記される．とくに，一方の点集合が 1 点からなるような n 点の完全二部グラフ $K_{1, n-1}$ は**スターグラフ**と呼ばれる（図 2.1）．

図 2.1 完全二部グラフ $K_{3,3}$, $K_{4,3}$ およびスターグラフ $K_{1,5}$

2.1.1 行列と二部グラフ

行列は二部グラフで表現できる．たとえば，図 2.1 の完全二部グラフ $K_{3,3}$ とスターグラフ $K_{1,5}$ はそれぞれ

$$A = \begin{pmatrix} 1 & 1 & 1 \\ 1 & 1 & 1 \\ 1 & 1 & 1 \end{pmatrix} \qquad B = \begin{pmatrix} 1 & 1 & 1 & 1 & 1 \end{pmatrix}$$

に対応する．すなわち，各成分が 0 あるいは 1 の行列 $A = (a_{ij})$ の行 i を二部グラフ G の左端点の集合 V_1 の点 u_i に対応させ，列 j を右端点の集合 V_2 の点 v_j に対応させ，$a_{ij} = 1$ のときそしてそのときのみ辺 $(u_i, v_j) \in E$ を対応させる．すると，0-1 行列 A と二部グラフ $G = (V_1, V_2, E)$ が一対一対応する．

グラフ G の各辺 $e = (u_i, v_j) \in E$ に重み $w(e)$ の付随するグラフをネットワークといい，$N = (G; w)$ と表記する．一般の行列 $A = (a_{ij})$ は辺に重みの付随する二部グラフ（ネットワーク）に一対一対応する．たとえば，以下の左の行列 A は右のネットワーク $N = (G; w)$ に対応する．

$$A = \begin{pmatrix} 6 & 7 & 5 & 0 & 0 & 8 \\ 8 & 0 & 8 & 6 & 0 & 6 \\ 9 & 6 & 0 & 8 & 7 & 6 \end{pmatrix} \qquad \Leftrightarrow \qquad N = (G; w)$$

すなわち，一般の行列 $A = (a_{ij})$ に対しても，行 i を二部グラフ G の左端点の集合 V_1 の点 u_i に対応させ，列 j を右端点の集合 V_2 の点 v_j に対応させ，$a_{ij} \neq 0$ のときそしてそのときのみ辺 $(u_i, v_j) \in E$ を対応させる．こうして対応する二部グラフ $G = (V_1, V_2, E)$ が得られる．さらに，G の各辺 $e = (u_i, v_j) \in E$ に対して e の重み $w(e)$ を $w(e) = a_{ij}$ とするとネットワーク $N = (G; w)$ が得られる．

二部グラフにおいて，閉路は，たとえば，左の点から出発すれば，次は右の点，その次は左の点，と左右の点が交互に現れ，最後に左の点で終わる．したがって，どの閉路も長さは偶数となる．逆も言えて，二部グラフの特徴付けが以下のように与えられる．

定理 2.1　グラフ G が二部グラフであるための必要十分条件は，G のすべての閉路の長さが偶数であることである．

証明：　必要性（すなわち，G が二部グラフならば G のすべての閉路の長さが偶数であること）は，上記の説明より，明らかである．そこで十分性のみを示す．

G のすべての閉路の長さが偶数であるとする．さらに，簡単のため G は連結であるとする．G の 1 点を任意に選びその点を v_0 とする．v を G の任意の点とし，v_0 から v へのパスを $P(v_0, v) = (v_0, v_1, \cdots, v_k = v)$ とする．さらに，v_0 から v への任意のパスを $P'(v_0, v) = (v_0, v'_1, \cdots, v'_{k'} = v)$ とする．そして $P'(v_0, v)$ を逆向きにたどるパスを $Q(v, v_0) = (v'_{k'}, \cdots, v'_1, v_0)$ とし，辺と点の重複を許す閉ウォーク $W = P(v_0, v) Q(v, v_0)$ を考える．このとき，W の長さ $k + k'$ は偶数であることが言える．実際，以下のようにして示せる（第 1 章の演習問題 1.4 の解答でも同様の議論をしている）．

$P(v_0, v)$ と $Q(v, v_0)$ はパスであるので，G の各点と各辺は最大でも W に 2 回しか現れず，W の各点に接続する W の辺は（重複を許して数えて）2 本か 4 本である．W 上にある点と辺からなるグラフから，W に 2 回現れる辺（すなわち重複して現れる辺）をすべて除去したものを W' とすると，W' 上のどの点でも接続する辺に重複はなくその本数は偶数となる．したがって，W' は孤立点と長さ 2 以上の閉路からなることが言える．もちろんこれらの閉路は G の閉路であるのですべて偶数の長さであり，除去した辺の総数も偶数である．したがって，これらの閉路上の辺の総数と除去した辺の総数の和である W の長さ $k + k'$ は偶数であることが得られる．したがって，k が偶数ならば k' も偶数であり，k が奇数ならば k' も奇数である．

そこで，v_0 から v へのパス $P(v_0, v) = (v_0, v_1, \cdots, v_k = v)$ で，k が偶数ならば $v \in V_1$ とし，k が奇数ならば $v \in V_2$ とする．v が V_1 に属するか V_2 に属するかどうかは，上述の理由により，異なるパス $P'(v_0, v) = (v_0, v'_1, \cdots, v'_{k'} = v)$ を選んだとしても不変である．すなわち，G のすべての閉路の長さが偶数であるときには，連結なグラフ G の点は V_1 と V_2 に分割でき，V_1 の点どうしも V_2 の点どうしも結ぶ辺は存在しないこと（すなわち，G が二部グラフであること）が得られた．

G が連結でないときは，それぞれの連結成分に上記の議論を適用すればよい．したがって，G のすべての閉路の長さが偶数であるときには，G は二部グラフである．□

2.2 マッチングと増加パス

グラフ G の辺の部分集合 $M \subseteq E(G)$ に対して，M のどの 2 辺も端点を共有しないとき，すなわち，M のどの異なる 2 辺 $e = (u, v)$, $e' = (u', v')$ でも，$|\{u, v\} \cup \{u', v'\}| = 4$ であるとき，M を G のマッチングという．G の点 v は，マッチング M の辺の端点となっているとき M で**マッチされている**といい，そうでないとき**マッチされていない**という．すべての点がマッチング M でマッチされているとき，M は**完全マッチング**，あるいは，**1-因子**と呼ばれる．グラフ G の辺数最大のマッチングを**最大マッチング**という．

G の点の部分集合 $U \subseteq V(G)$ に対して，G のどの辺 $e = (u, v) \in E(G)$ でも少なくとも一方の端点が U に含まれる（すなわち $u \in U$ あるいは $v \in U$ で

ある）とき，U を G の**点カバー**という．一方，2.1 節で眺めたように，G のどの辺 $e = (u, v) \in E(G)$ でも高々一方の端点のみが U に含まれる（$u \notin U$ あるいは $v \notin U$ である）とき，U を G の**独立集合**という．G の独立集合のうちで点数が最大となるものを G の**最大独立集合**といい，G の点カバーのうちで点数が最小となるものを G の**最小点カバー**という．G の最大マッチングの辺数を $\nu(G)$，最大独立集合の点数を $\alpha(G)$，最小点カバーの点数を $\tau(G)$ と表記する．

たとえば，右のグラフ G では，$\nu(G) = 6$，$\alpha(G) = 4$，$\tau(G) = 8$ である．$\{(a,b),(c,j),(d,l),(e,f),(g,k),(h,i)\}$ は最大マッチング（かつ完全マッチング）であり，$\{a,c,e,f,h,j,k,l\}$ は最小点カバーであり，$\{b,d,g,i\}$ は最大独立集合であるからである．

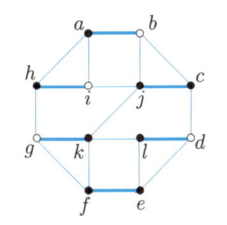

次の補題は，点カバーと独立集合の定義から明らかである（演習問題 2.1）．

補題 2.1 グラフ G において，$U \subseteq V(G)$ が点カバーであるときそしてそのときのみ $V(G) - U$ が独立集合である．したがって，U が最小点カバーであることと $V(G) - U$ が最大独立集合であることは等価であり，$\alpha(G) + \tau(G) = |V(G)|$ が成立する． □

最大マッチングの辺数と最小点カバーの点数には，次の関係がある．

補題 2.2 G の最大マッチングの辺数 $\nu(G)$ は最小点カバーの点数 $\tau(G)$ 以下である．すなわち，$\nu(G) \leq \tau(G)$ である．

証明： G のマッチング M の各辺 $e = (u, v)$ に対して，点カバー $U \subseteq V(G)$ は，u あるいは v の少なくとも一方を含む．さらに，M の任意の 2 辺 $e = (u, v), e' = (u', v')$ に対して u, v, u', v' はすべて異なるので重複はなく，$|M| \leq |U|$ が成立する．もちろん，M を最大マッチング，U を最小点カバーと選んでもこの不等式は成立する． □

2.2.1 増加パスによる最大マッチングの特徴付け

グラフ G のマッチング M に含まれる辺と $E(G) - M$ の辺が交互に出現する G のパス P を M に関する**交互パス**という．同様に，M に含まれる辺と $E(G) - M$ の辺が交互に出現する G の閉路 C を M に関する**交互閉路**という．

マッチング M に関する交互パス $P = (v_0, v_1, v_2, \cdots, v_k)$ の両端点 v_0 と v_k がいずれも M でマッチされていないとき，P を **M に関する増加パス**という（図2.2）．パス P に含まれる辺の集合を $E(P)$ と表記する．グラフ G のマッチング M に関する増加パス P に対して，$M' = M \triangle E(P)$ とする．すなわち，M' は M と $E(P)$ の対称差集合であり，P に含まれない M のすべての辺の集合 $M - E(P)$ と M に含まれない P のすべての辺の集合 $E(P) - M$ の和集合である．すると，図2.2 からもわかるように，$M' = M \triangle E(P)$ は G のマッチングであり，$|M'| = |M| + 1$ となる（$M - E(P)$ の辺を太い点線で示している）．

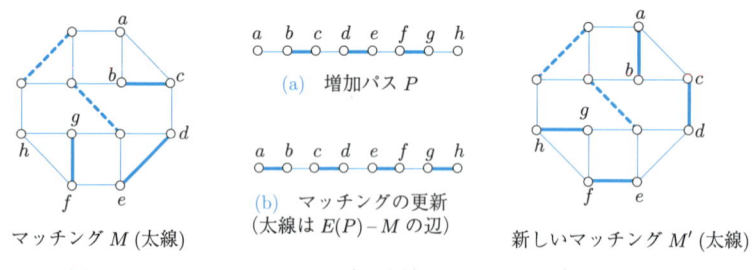

図 2.2 マッチング M に関する増加パス P と $M' = M \triangle E(P)$

これから，M が G の最大マッチングならば，M に関する増加パスは存在しないことが言える．逆に，M に関する増加パスが G に存在しないならば，M は G の最大マッチングになることも言えるので，次の定理が得られる．

定理 2.2　G のマッチング M に対して，M が G の最大マッチングであるための必要十分条件は，M に関する増加パスが G に存在しないことである．

証明：　M に関する増加パスが G に存在するならば，上述のようにマッチングの辺の個数を増加できるので，M は最大マッチングではない．そこで，以下では逆を示す．
　M に関する増加パスが G に存在しないとする．さらに，M^* を G の任意の最大マッチングとする．そして，$M \triangle M^* = (M - M^*) \cup (M^* - M)$ とおく（図 2.3(a)）．ここで，$|M - M^*| = |M^* - M|$ ならば，$|M| = |M^*|$ となり，M も G の最大マッチングとなる．したがって，$|M - M^*| = |M^* - M|$ が示せれば十分である．
　辺集合 $M \triangle M^*$ で誘導される G の辺誘導部分グラフ $G|(M \triangle M^*)$ の各点に接続する辺は明らかに 1 本以上 2 本以下である．したがって，$G|(M \triangle M^*)$ の各連結成分はパス P か閉路 C である（図 2.3(b)）．さらに，それらのパス P と閉路 C は M と M^* の辺が交互に現れる．したがって，$G|(M \triangle M^*)$ の閉路 C の長さは偶数であり，C に含まれる M の辺の個数と M^* の辺の個数は等しい．また，M に関する増加パ

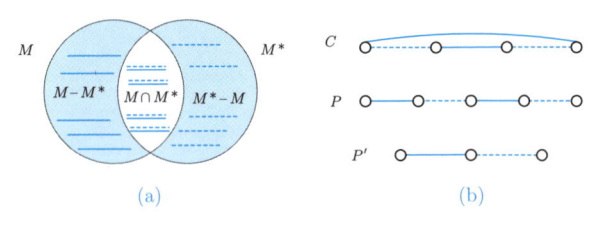

図 2.3 (a) $M \triangle M^* = (M - M^*) \cup (M^* - M)$, (b) $G|(M \triangle M^*)$

スは存在しないので，$G|(M \triangle M^*)$ のパス P で M の辺の個数は M^* の辺の個数以上である．同様に，M^* は最大マッチングであるので，M^* に関する増加パスも存在しないことになり，$G|(M \triangle M^*)$ のパス P で M^* の辺の個数は M の辺の個数以上である．したがって，$G|(M \triangle M^*)$ のパス P に含まれる M の辺の個数と M^* の辺の個数は等しい．以上により，$G|(M \triangle M^*)$ における M の辺の個数と M^* の辺の個数は等しくなり，$|M - M^*| = |M^* - M|$ であることが言えた． □

定理 2.2 より，最大マッチングを求めるアルゴリズムは次のように書ける．

> **最大マッチングを求めるアルゴリズム**
> 1. $M = \emptyset$ とする．
> 2. M に関する増加パス P を求める．そのようなパスが存在しなければ，M は最大マッチングであるので終了する．そのようなパス P が存在したときには，$M = M \triangle E(P)$ と更新し，2. へ戻る．

増加パスを求めることは，二部グラフでは容易であるが，一般のグラフではかなり複雑になる[45]．ここでは，二部グラフの増加パスを求めることに限定する．

2.3 二部グラフのマッチング

二部グラフ $G = (V_1, V_2, E)$ の左端点集合 V_1 のすべての点をマッチするようなマッチングについて議論する．イメージがわくように具体例から始める．

例題 2.1 図 2.4 の二部グラフ $G = (V_1, V_2, E)$ に対して以下の問いに答えよ．なお，紙面の都合で，左端点 V_1 を上に，右端点 V_2 を下に書いている．
1. 最大マッチング M を求めよ．
2. 1. で求めた最大マッチング M に対して，M でマッチされていない V_1 の点から M に関する交互パスで到達できる点の集合 X を求めよ．

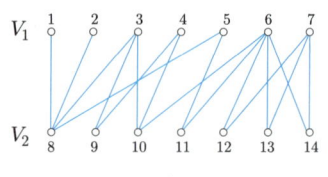

図 2.4　二部グラフ G

3. $U = (V_1 - X) \cup (V_2 \cap X)$ とすれば，U は G の最小点カバーになり，$V(G) - U$ は最大独立集合になることを説明せよ．

解答： 以下の図のように，二部グラフ G の最大マッチング M（太線）を選ぶ．

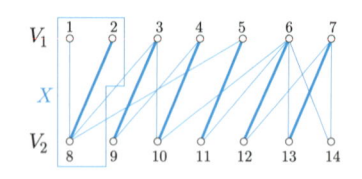

すると，M でマッチされていない V_1 の点から M に関する交互パスで到達できる点の集合 X は $X = \{1, 2, 8\}$ となり，$V_1 - X = \{3, 4, 5, 6, 7\}$，$V_2 \cap X = \{8\}$，$U = (V_1 - X) \cup (V_2 \cap X) = \{3, 4, 5, 6, 7, 8\}$ となる．したがって，U が点カバーであることは容易に確認できる．また，$|M| = |U| = 6$ より，U は最小点カバーである．なぜなら，補題 2.2 により，一般に点カバー U' とマッチング M' に対して，$|M'| \leq |U'|$ が成立するからである．さらに，U は最小点カバーであるので，補題 2.1 より，$V(G) - U = \{1, 2, 9, 10, 11, 12, 13, 14\}$ は最大独立集合になる．　□

この例題から，二部グラフ G の最大マッチングの辺数と最小点カバーの点数は等しいのではないかと類推できる．以下ではそれを示すことにする．

定理 2.3　二部グラフの最大マッチングの辺数と最小点カバーの点数は等しい．

証明：　図 2.5 の二部グラフ $G = (V_1, V_2, E)$ を参考にしながら証明する．
　最大マッチング M（太線で表示）でマッチされていない V_1 の点から M に関する交互パスで到達できる点の集合を X とする．すると，$V_1 \cap X$ のマッチされている点 v_1 は，V_1 のマッチされていない点から交互パスでマッチング M の辺 (v_2, v_1) $(v_2 \in V_2 \cap X)$ を最後にたどって到達できたことになる．たとえば図 2.5 の二部グラフ G では，$v_1 = 3$ は $v_2 = 10$ からマッチング M の辺 $(10, 3)$ をたどって，また $v_1 = 5$ は $v_2 = 11$ からマッチング M の辺 $(11, 5)$ をたどって到達できている．そこで，

$$U_1 = V_1 - X, \quad U_2 = V_2 \cap X, \quad U = U_1 \cup U_2$$

とする．U が G の点カバーになることは容易に確認できる．実際，X の定義から，

2.3 二部グラフのマッチング

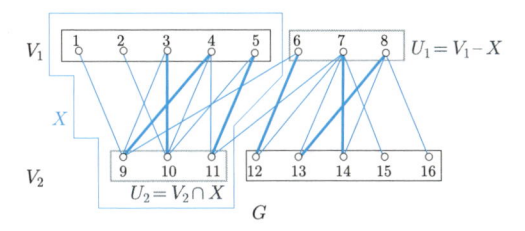

図 2.5 定理 2.3 の証明の説明図

$V_1 \cap X = V_1 - U_1$ の点 v_1 と $V_2 - X = V_2 - U_2$ の点 v_2 を結ぶ辺は存在しない（そのような辺 (v_1, v_2) が存在したとすると，上記の議論より，(v_1, v_2) はマッチング M に含まれない辺となって v_2 も V_1 のマッチされていない点から交互パスで到達できることになり X の定義に反する）ので，どの辺も少なくとも一方の端点は，$V_1 - X = U_1$ あるいは $U_2 = V_2 \cap X$ の点となるからである．

また，M が最大マッチングであるので，定理 2.2 より，増加パスは存在しない．したがって，M でマッチされていない V_1 の点から M に関する交互パスで到達できる V_2 の点，すなわち，U_2 の点はすべてマッチされている．同様に，X の定義から，U_1 の点もすべてマッチされている．さらに，X の定義から，U_1 と U_2 の点を結ぶマッチングの辺は存在しない．したがって，$|M| = |U| = |U_1| + |U_2|$ となり，U は最小点カバーであることが得られる．なぜなら，補題 2.2 により，一般に点カバー U' とマッチング M' に対して，$|M'| \leq |U'|$ が成立するからである． □

二部グラフ $G = (V_1, V_2, E)$ の点の部分集合 $X_1 \subseteq V_1$ に対して X_1 に隣接する点の集合を $\Gamma(X_1)$ とする．すなわち，

$$\Gamma(X_1) = \{v \in V_2 \mid (u, v) \in E \text{ となる } u \in X_1 \text{ が存在する}\}$$

である．$X_1 \subseteq V_1$ に対して $\Gamma(X_1) \subseteq V_2$ であるが，**非マッチ数** $\text{def}_1(V_1)$ を

$$\text{def}_1(V_1) = \max\{0, \max\{|X_1| - |\Gamma(X_1)| \mid X_1 \subseteq V_1\}\}$$

と定義する．例題 2.1 の図 2.4 の二部グラフ G では，解答の中で $X_1^* = V_1 \cap X$ とすれば，$X_1^* = \{1, 2\}$，$\Gamma(X_1^*) = \{8\}$ となり，

$$\text{def}_1(V_1) = \max\{0, \max\{|X_1| - |\Gamma(X_1)| \mid X_1 \subseteq V_1\}\}$$
$$= |X_1^*| - |\Gamma(X_1^*)| = 1 = |V_1| - |M| = 7 - 6$$

となる．一般に，$\text{def}_1(V_1)$ は，V_1 の点で最大マッチングでマッチされていない点の個数に等しい．すなわち，以下の定理が成立する．

定理 2.4 二部グラフ $G = (V_1, V_2, E)$ の最大マッチング $M \subseteq E$ に対して，$|M| = |V_1| - \mathrm{def}_1(V_1)$ である．

証明： M でマッチされない V_1 の点の集合を S_1 とし，$p = |S_1|$ とする．すると，$p = |V_1| - |M|$ である．S_1 の点から M に関する交互パスで到達できる点の集合を X とし，$X_1 = X \cap V_1$, $U_2 = X \cap V_2$ とする．すると，定理 2.3 の証明から，$\Gamma(X_1) = U_2$ となり，$|X_1| - |\Gamma(X_1)| = p$ が得られる．

一方，任意の $Y_1 \subseteq V_1$ に対して，M でマッチされていない Y_1 の点の集合を Y_1' とし，$p' = |Y_1'|$ とする．すると，$Y_1'' = Y_1 - Y_1'$ のどの点も V_2 の 1 点とマッチング M の辺で結ばれているので，$|Y_1''| \leq |\Gamma(Y_1'')|$ である．したがって，$|Y_1| = |Y_1'| + |Y_1''| = p' + |Y_1''| \leq p' + |\Gamma(Y_1'')| \leq p' + |\Gamma(Y_1)|$ である．すなわち，任意の $Y_1 \subseteq V_1$ に対して，$|Y_1| - |\Gamma(Y_1)| \leq p' \leq p$ であり，$\mathrm{def}_1(V_1) = \max\left\{0, \max\{|Y_1| - |\Gamma(Y_1)| \mid Y_1 \subseteq V_1\}\right\} \leq p$ である．

さらに，$|X_1| - |\Gamma(X_1)| = p$ であるので，$\mathrm{def}_1(V_1) = p = |V_1| - |M|$ となり，$|M| = |V_1| - \mathrm{def}_1(V_1)$ が得られる． □

定理 2.4 より，$\mathrm{def}_1(V_1) = 0$ として以下のホール (P. Hall) の定理が得られる．

系 2.1（ホールの定理） 二部グラフ $G = (V_1, V_2, E)$ が V_1 のすべての点をマッチするようなマッチングをもつための必要十分条件は，すべての $X_1 \subseteq V_1$ に対して $|\Gamma(X_1)| \geq |X_1|$ であることである． □

すべての点の次数が等しいグラフは**正則**であると呼ばれる．とくに，次数 r の正則なグラフは **r-正則グラフ**と呼ばれる．

系 2.2 次数が $r \geq 1$ の正則な単純二部グラフ $G = (V_1, V_2, E)$ は，V_1 のすべての点をマッチするようなマッチングをもつ．

証明： $G = (V_1, V_2, E)$ を次数 r の正則な単純二部グラフとする．G では，任意の $X_1 \subseteq V_1$ に対して $r|X_1|$ 本の辺が接続していて，それらはすべて $\Gamma(X_1)$ の点につながっている．一方，$\Gamma(X_1)$ の各点に接続している辺の本数は r であるので，$\Gamma(X_1)$ に接続する辺は $r|\Gamma(X_1)|$ 本である．これから $r|\Gamma(X_1)| \geq r|X_1|$ となり，$|\Gamma(X_1)| \geq |X_1|$ が得られる．したがって，系 2.1 より，V_1 のすべての点をマッチするようなマッチングが存在する． □

2.4 集合システムと異なる代表元の系

有限集合 U と U の部分集合の族 $\mathcal{S} = \{S_1, S_2, \cdots, S_m\}$ の対 $H = (U, \mathcal{S})$

2.4 集合システムと異なる代表元の系

を**集合システム**という．一般には，$\mathcal{S} = \{S_1, S_2, \cdots, S_m\}$ は多重集合であり，ある $i \neq j$ で $S_i = S_j$ であることもありうるとする．また，どの $S_i \in \mathcal{S}$ も $|S_i| \leq 2$ であるときは，集合システム $H = (U, \mathcal{S})$ は多重グラフに一致することに注意しよう．したがって，集合システムは，グラフの一般化であると見なせて，**ハイパーグラフ**とも呼ばれる．

さらに，集合システム $H = (U, \mathcal{S})$ は，二部グラフ $G = (V_1, V_2, E)$ で表現することもできる．G の点集合 $V(G)$ は U と $\mathcal{S}$ に対応し，$V_1 = \mathcal{S}$, $V_2 = U$ である．G の辺集合 $E = E(G)$ は，$u \in S_i \in \mathcal{S}$ であるとき，そしてそのときのみ，$e = (S_i, u) \in E(G)$ として定義される．すなわち，**集合システム $H = (U, \mathcal{S})$ を表現する二部グラフ** $G = (V_1, V_2, E)$ は，

$$V_1 = \mathcal{S}, \quad V_2 = U, \quad E = \{(S, u) \mid S \in \mathcal{S}, u \in U, u \in S\} \qquad (2.1)$$

として定義される．集合システム $H = (U, \mathcal{S})$ において，各 $S_i \in \mathcal{S}$ から代表元 $s_i \in S_i$ $(i = 1, 2, \cdots, m)$ を選ぶとする．そして，$i \neq j$ ならば $s_i \neq s_j$ であるとき，すなわち，すべての異なる二つの S_i, S_j の代表元 s_i, s_j が異なるとき，$\{s_1, s_2, \cdots, s_m\}$ を $\mathcal{S} = \{S_1, S_2, \cdots, S_m\}$ の**異なる代表元の系**，あるいは単に，**SDR** (System of Distinct Representatives) という．

例題 2.2 集合システム $H = (U, \mathcal{S})$ の具体例を用いて，$H = (U, \mathcal{S})$ を表現する二部グラフ $G = (V_1, V_2, E)$ と異なる代表元の系を説明せよ．

解答： $U = \{1, 2, 3, 4, 5\}$, $\mathcal{S} = \{S_1, S_2, S_3, S_4\}$ で
$$S_1 = \{1, 4, 5\}, \quad S_2 = \{1\}, \quad S_3 = \{2, 3, 4\}, \quad S_4 = \{2, 4\}$$
のとき，集合システム $H = (U, \mathcal{S})$ を表現する二部グラフ $G = (V_1, V_2, E)$ は

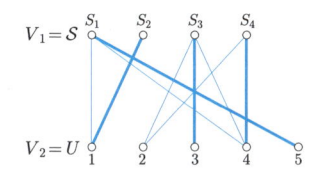

となる．$5 \in S_1, 1 \in S_2, 3 \in S_3, 4 \in S_4$ より，$\{1, 3, 4, 5\}$ は SDR であるが，それは G のマッチング $M = \{(S_1, 5), (S_2, 1), (S_3, 3), (S_4, 4)\}$ に対応する．

一方，$U = \{1, 2, 3, 4, 5, 6\}$, $\mathcal{S} = \{S_1, S_2, S_3, S_4, S_5\}$ で
$$S_1 = \{1, 2\}, \ S_2 = \{1, 2\}, \ S_3 = \{2, 3\}, \ S_4 = \{2, 3\}, \ S_5 = \{1, 4, 5, 6\}$$
のとき，集合システム $H = (U, \mathcal{S})$ を表現する二部グラフ $G = (V_1, V_2, E)$ は

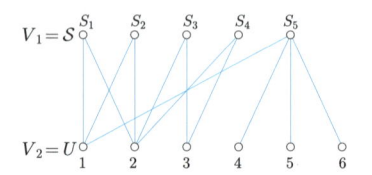

となる．このグラフ G は $\mathcal{S} = \{S_1, S_2, \cdots, S_5\}$ の点をすべてマッチするマッチングをもたないので，$\mathcal{S} = \{S_1, S_2, \cdots, S_5\}$ は SDR をもたない．実際，$S_1 \cup S_2 \cup S_3 \cup S_4 = \{1, 2, 3\}$ であるので，系 2.1 より，$\{S_1, S_2, S_3, S_4\}$ の点をすべてマッチするマッチングは存在しない． □

この例題からもわかるように，系 2.1 より，以下の定理が得られる．

定理 2.5 有限集合 U と U の部分集合の族 $\mathcal{S} = \{S_1, S_2, \cdots, S_m\}$ からなる集合システム $(U, \mathcal{S})$ が SDR（異なる代表元の系）をもつための必要十分条件は，$(U, \mathcal{S})$ を表現する二部グラフ $G = (V_1, V_2, E)$ が V_1 の点をすべて含むようなマッチングをもつことである．したがって，$(U, \mathcal{S})$ が SDR をもつために必要十分条件は，任意の $I \subseteq \{1, 2, \cdots, m\}$ に対して

$$|\bigcup_{i \in I} S_i| \geq |I| \tag{2.2}$$

であることである． □

有限集合 U と U の部分集合の族 $\mathcal{S} = \{S_1, S_2, \cdots, S_m\}$ において，部分集合 $S \subseteq U$ が $\mathcal{S}$ の異なる代表元の系になるとき，S を $\mathcal{S}$ の **横断集合** という．したがって，U の部分集合の族 $\mathcal{S}$ が横断集合 S をもつことと，$\mathcal{S}$ が異なる代表元の系をもつことは，等価である．なお，横断集合 S の任意の部分集合 S' を $\mathcal{S}$ の **部分横断集合** という．

2.5 ラテン方陣完成問題

$n \times n$ 行列 $A = (a_{ij})$ の各行 i $(i = 1, 2, \cdots, n)$ および各列 j $(j = 1, 2, \cdots, n)$ に，$\{1, 2, \cdots, n\}$ のすべての数が出現するとき，すなわち，

$$\{a_{i1}, a_{i2}, \cdots, a_{in}\} = \{a_{1j}, a_{2j}, \cdots, a_{nj}\} = \{1, 2, \cdots, n\}$$

であるとき，$A = (a_{ij})$ を **位数 n のラテン方陣** という．$k \times n$ 行列 $A = (a_{ij})$

2.5 ラテン方陣完成問題

$(0 \leq k \leq n)$は,$1 \leq i \leq k$のすべての行iで$\{a_{i1}, a_{i2}, \cdots, a_{in}\} = \{1, 2, \cdots, n\}$であり,すべての列$j$ $(j = 1, 2, \cdots, n)$で$|\{a_{1j}, a_{2j}, \cdots, a_{kj}\}| = k$である(すなわち,$1, 2, \cdots, n$から$k$個の数字が選ばれてそれぞれがちょうど1回含まれる)とき,$A = (a_{ij})$を**ラテン長方形**という.より一般には,$n \times n$行列$A = (a_{ij})$のどの行にもまたどの列にも1からnのどの数字も高々1回しか含まれないとき,$A = (a_{ij})$を**部分ラテン方陣**という.部分ラテン方陣の残りの部分に$1, 2, \cdots, n$を適切に入れてラテン方陣にすることを**ラテン方陣完成問題**という.

$k \times n$のラテン長方形$A = (a_{ij})$をラテン方陣に完成するために,まず,各列jでラテン長方形で使用されていない数字の集合S_jを求める.次に,$U = \{1, 2, \cdots, n\}$,$\mathcal{S} = \{S_1, S_2, \cdots, S_n\}$からなる集合システム$(U, \mathcal{S})$を表現する二部グラフ$G$を構成する.すると,$G$は次数$(n - k)$の正則な単純二部グラフになるので,系2.2より,$(U, \mathcal{S})$はSDR(異なる代表元の系)をもつ.そこで,そのようなSDR $\{s_1, s_2, \cdots, s_n\}$ $(s_j \in S_j)$を求めて,$k + 1$行目の各列jにs_jを入れる.こうして$(k+1) \times n$のラテン長方形$A' = (a'_{ij})$が得られる.これを繰り返せば,$k \times n$のラテン長方形$A = (a_{ij})$をラテン方陣に完成することができる.

例題 2.3 以下の2×5のラテン長方形L_5をラテン方陣に完成せよ.

$$L_5 = \begin{pmatrix} 1 & 2 & 3 & 4 & 5 \\ 5 & 4 & 2 & 3 & 1 \\ - & - & - & - & - \\ - & - & - & - & - \\ - & - & - & - & - \end{pmatrix}$$

解答: 各列jでラテン長方形で使用されていない数字の集合S_jを求める.すると,
$S_1 = \{2, 3, 4\}$,$S_2 = \{1, 3, 5\}$,$S_3 = \{1, 4, 5\}$,$S_4 = \{1, 2, 5\}$,$S_5 = \{2, 3, 4\}$
となる.次に,$U = \{1, 2, 3, 4, 5\}$,$\mathcal{S} = \{S_1, S_2, S_3, S_4, S_5\}$からなる集合システム$(U, \mathcal{S})$を表現する二部グラフ$G = (V_1, V_2, E)$を式 (2.1) に基づいて

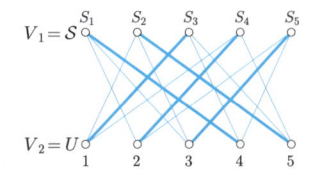

と構成する.このグラフGは次数3の正則な単純二部グラフになるので,系2.2よ

り, $(U, \mathcal{S})$ は SDR（異なる代表元の系）をもつ. 太線の完全マッチングに対応する

$$4 \in S_1,\ 5 \in S_2,\ 1 \in S_3,\ 2 \in S_4,\ 3 \in S_5$$

を SDR として求めて, 3 行目の各列 j に $s_j \in S_j$ を入れる. こうして 3×5 のラテン長方形

$$L_5' = \begin{pmatrix} 1 & 2 & 3 & 4 & 5 \\ 5 & 4 & 2 & 3 & 1 \\ 4 & 5 & 1 & 2 & 3 \\ - & - & - & - & - \\ - & - & - & - & - \end{pmatrix}$$

が得られる.

これを繰り返す. 各列 j でラテン長方形で使用されていない数字の集合 S_j は

$$S_1 = \{2,3\},\ S_2 = \{1,3\},\ S_3 = \{4,5\},\ S_4 = \{1,5\},\ S_5 = \{2,4\}$$

となる. そして, $U = \{1,2,3,4,5\}, \mathcal{S} = \{S_1, S_2, S_3, S_4, S_5\}$ からなる集合システム $(U, \mathcal{S})$ を表現する二部グラフ $G = (V_1, V_2, E)$ は

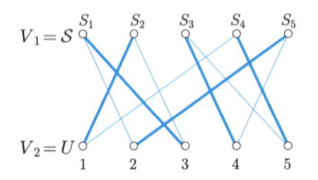

となる. このグラフ G は次数 2 の正則な単純二部グラフになるので, 系 2.2 より, $(U, \mathcal{S})$ は SDR（異なる代表元の系）をもつ. 太線の完全マッチングに対応する

$$3 \in S_1,\ 1 \in S_2,\ 4 \in S_3,\ 5 \in S_4,\ 2 \in S_5$$

を SDR として求めて, 4 行目の各列 j に $s_j \in S_j$ を入れる. こうして 4×5 のラテン長方形 L_5'' が得られる. 最後に各列 j で使用されていない数字 $s_j \in S_j$ は

$$2 \in S_1,\ 3 \in S_2,\ 5 \in S_3,\ 1 \in S_4,\ 4 \in S_5$$

となるので, これを 5 行目に入れて 5×5 のラテン方陣 L が得られる.

$$L_5'' = \begin{pmatrix} 1 & 2 & 3 & 4 & 5 \\ 5 & 4 & 2 & 3 & 1 \\ 4 & 5 & 1 & 2 & 3 \\ 3 & 1 & 4 & 5 & 2 \\ - & - & - & - & - \end{pmatrix}, \quad L = \begin{pmatrix} 1 & 2 & 3 & 4 & 5 \\ 5 & 4 & 2 & 3 & 1 \\ 4 & 5 & 1 & 2 & 3 \\ 3 & 1 & 4 & 5 & 2 \\ 2 & 3 & 5 & 1 & 4 \end{pmatrix} \qquad \square$$

この例題からもわかるように, 以下の系が得られる.

系 2.3 任意の $k \times n$ ラテン長方形は, 残りの部分に $1, 2, \cdots, n$ を適切に入れてラテン方陣に完成することができる. $\qquad \square$

2.6 一般のグラフのマッチング

一般のグラフ G の最大マッチングも 29 ページの最大マッチングを求めるアルゴリズムで得ることができるが，マッチング M に関する増加パスを求める部分がアルゴリズム的にかなり複雑であり，本書のレベルを超えるので省略する．

グラフ G の完全マッチングの辺で誘導される部分グラフは，2.2 節でも述べたように，すべての点の次数が 1 の全点部分グラフになるので，G の **1-因子**とも呼ばれる．以下では，グラフ G が 1-因子をもつかどうかについて議論する．

グラフ G の点部分集合 $S \subset V(G)$ に対して，$G - S$ の連結成分で奇数個の点からなるものを $G - S$ の**奇数連結成分**という（図 2.6）．$G - S$ の奇数連結成分の個数を $\mathrm{comp}_{odd}(G - S)$ と表記する．G が完全マッチング M をもつとすると，$G - S$ の各奇数成分は奇数個の点をもつので，少なくとも 1 点は S の点と M でマッチされることになり，$\mathrm{comp}_{odd}(G - S) \leq |S|$ である．したがって，G のある点部分集合 $S \subset V(G)$ で $\mathrm{comp}_{odd}(G - S) > |S|$ が成立するとき，G は完全マッチングをもたない．

たとえば，図 2.6(a) のグラフ G では $S = \{v\}$ とすると $G - S$ が 3 個の奇数連結成分をもち，図 2.6(b) のグラフ G でも S を黒点の 3 点とすれば $G - S$ が 4 個の奇数連結成分をもつので，いずれのグラフも完全マッチングをもたない．

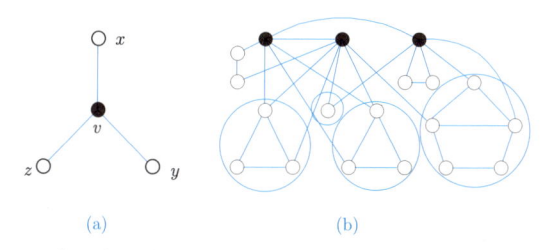

図 2.6 (a) 点 v を除去すると 3 個の奇数連結成分が得られる，
(b) 黒い 3 個の点を除去すると 4 個の奇数連結成分が得られる

実は逆も成立することがタット (W. Tutte) により示されている[3, 5, 34]．

定理 2.6（**タットの定理**） グラフ G が 1-因子をもつための必要十分条件は，G のすべての点部分集合 $S \subset V(G)$ に対して，$\mathrm{comp}_{odd}(G - S) \leq |S|$ が成立することである． □

2.7 本章のまとめ

二部グラフとマッチングの定義を与え，関係するグラフ理論の基本概念を説明した．さらに，集合システムの定義および異なる代表元の系の定義を与え，集合システムは二部グラフ表現できることを示し，異なる代表元の系は，二部グラフの一方の点をすべてマッチするマッチングに対応することを示した．また，最大マッチングの増加パスによる特徴付けを与え，それに基づいたアルゴリズムの枠組みを説明した．なお，本章の内容は巻末の参考文献のグラフ理論の本や文献 [1] などで取り上げられている．

演習問題

2.1 補題 2.1 を証明せよ．すなわち，グラフ G において，$U \subseteq V(G)$ が点カバーであることと $V(G) - U$ が独立集合であることは等価であることを示せ．

2.2 次の部分ラテン方陣を完成せよ．

$$L_1 = \begin{pmatrix} 1 & 2 & 3 & 4 & 5 \\ 4 & 5 & 2 & 3 & 1 \\ - & - & - & - & - \\ - & - & - & - & - \\ - & - & - & - & - \end{pmatrix} \qquad L_2 = \begin{pmatrix} 1 & 2 & 3 & 4 & 5 \\ 5 & 3 & 4 & 2 & 1 \\ - & 1 & - & - & 2 \\ 2 & - & - & - & 3 \\ - & 5 & - & - & 4 \end{pmatrix}$$

2.3 次の図の多角形領域 P と Q をそれぞれ最小個数の長方形に分割せよ．

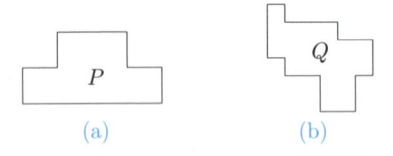

(a) P

(b) Q

ティータイム

ホップクロフト (J.E. Hopcroft) とカープ (R.M. Karp) は，二部グラフ G に対して，グラフの辺数を m，点数を n とすると，$m\sqrt{n}$ に比例する時間で G の最大マッチングを求めるアルゴリズムを提案している．したがって，一般のグラフでは NP-困難である最小点カバーを求めることも，二部グラフに限定すると，定理 2.3 の証明に基づいて効率的に解ける．さらに，$n \times n$ の係数行列 A，n 個の変数ベクトル $\boldsymbol{x}$ および n 個の定数ベクトル $\boldsymbol{b}$ を用いて書ける線形システム $A\boldsymbol{x} = \boldsymbol{b}$ を解くのに，最小点カバーが有効であることも知られている．

カープとホップクロフトは，これらの業績も含めて，情報科学の分野の発展にきわめて大きい貢献をしたとして，この分野のノーベル賞とも言われるチューリング (A. Turing) 賞をそれぞれ，1985 年と 1986 年に受賞している．

第3章

木とデータ構造

本章の目標 データ構造とアルゴリズムでよく用いられる木と有向木をとおして，グラフ理論と組合せ理論の基礎概念を理解する．さらに，集合システム（集合の部分集合の族）の木表現について理解する．

本章のキーワード 木，森，有向木，有向森，根付き木，根，親，子，祖先，子孫，外点，葉，内点，深さ，順序木，二分木，完全二分木，正則な木，カタラン数，凸多角形，集合システム，ハイパーグラフ，ラミナー族，クロスフリー族，入れ子構造

ウォーミングアップクイズ

下の図のような○と□からなる構造を考える．なお，○は左下と右下に○か□をもち，□は下に何ももたない．

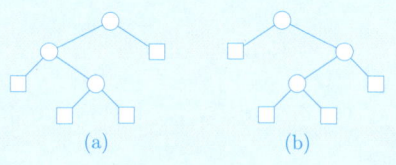

(a)　(b)

(a) 3個の○と4個の□がある構造は，図の (a) と (b) で異なると考える．3個の○と4個の□でこれらとは異なる構造をすべて列挙せよ．
(b) 3個の○と5個の□でこのような構造が存在するかどうかを答えよ．
(c) さらに，一般に，m 個の○と n 個の□に対して，このような構造が存在するときに成立する m と n の間の関係式を記せ．

ウォーミングアップクイズの解説

(a) 以下のように，他に3個ある．

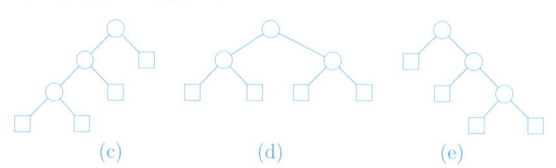

(c)　(d)　(e)

(b) 3個の○と5個の□でこのような構造は存在しない．
(c) 一般に，このような構造が存在するときには，m 個の○と n 個の□に対して $m = n - 1$ の関係式が成立する．　□

本章では，このような構造を木と呼び（より正確には二分木と呼ばれる），木をとおして，グラフの基本的な概念と組合せ理論の概念を解説する．

3.1 木と有向木

閉路をもたない無向グラフを**森**といい，連結な森，すなわち閉路のない連結な無向グラフを**木**という（図3.1(a),(b)）．木と森は，閉路をもたないので，自己ループや並列辺をもたず，単純グラフになる．

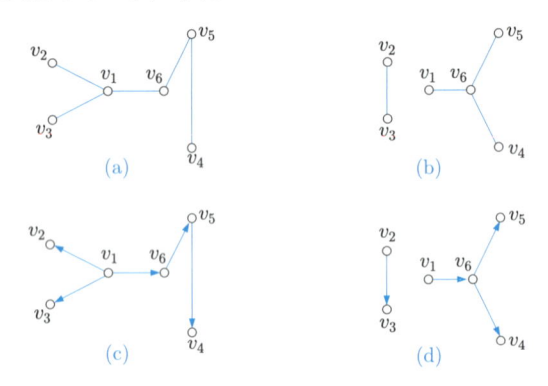

図 3.1　(a) 木，(b) 森，(c) 有向木，(d) 有向森

第1章でも述べたように，有向グラフ G からすべての有向辺の向きを無視して無向辺で置き換えて得られる無向グラフは G の**無向基礎**グラフと呼ばれ，無向基礎グラフが連結なとき有向グラフは**連結**であると呼ばれる．たとえば，図3.1において，(c) の有向グラフの無向基礎グラフは (a) の無向グラフである．無向基礎グラフが森でありかつどの点 v でも入ってくる辺が高々1本である有向グラフを**有向森**といい，連結な有向森を**有向木**という（図3.1(c),(d)）．

本節では，木と有向木に関する性質を述べる．

3.1.1 木の性質

はじめに，木の基本的な性質を挙げる．

補題 3.1　n 点からなる木 $T = (V(T), E(T))$ では以下が成立する．

(a) T のどの辺 e に対しても，T から e を除いて得られるグラフ $T - \{e\}$ は非連結になり，2個の木からなる．

3.1 木と有向木

(b) T のどの 2 点 u, v に対しても，u と v を結ぶパスが唯一存在する．
(c) T のどの 2 点に対しても，新しく辺を加えると閉路が生じる．
(d) T は $n-1$ 本の辺からなる．

証明： 図 3.2 を参考にしながら証明する．

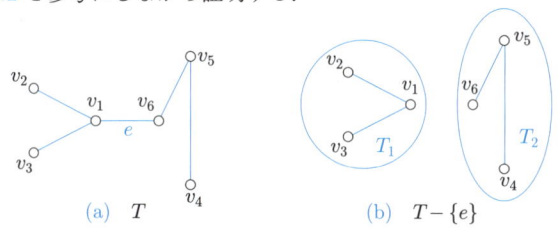

(a) T (b) $T - \{e\}$

図 3.2 (a) 木 T, (b) $T - \{e\}$ の二つの連結成分 T_1, T_2

(a) $e = (u, v)$ を T の任意の辺とする．$T - \{e\}$ に e の両端点の u と v を結ぶパス P が存在したとすると，$E(P) \cup \{e\}$ の辺からなる閉路が T に存在することになってしまい，T が木であることに反する．すなわち，$T - \{e\}$ は非連結になる．

辺 e を加えても $T - \{e\}$ の 2 個の連結成分がつながるだけであるので，$T - \{e\}$ が 3 個以上の連結成分からなるとすると T が非連結になってしまい，T が木であることに反する．したがって，$T - \{e\}$ は 2 個の連結成分からなり，各連結成分は，T が閉路をもたないので，木になる（図 3.2）．

(b) 任意の 2 点 $u, v \in V(T)$ に対して，木 T は連結であるので u と v を結ぶ u-v-パスが存在する．そこで，異なる u-v-パスが P_1 と P_2 の二つあったとする．すると，u からパス P_1 に沿って v に行き，その後 v からパス P_2 に沿って u に戻ってこれて，$H = T|(E(P_1) \cup E(P_2))$ は閉路を含むことが言える（第 1 章演習問題 1.4）．しかし，H は T の部分グラフであるので，閉路をもつことはできず，矛盾が得られる．

(c) T のどの 2 点 $u, v \in V(T)$ に対しても，u と v を結ぶ T のパス P が存在するので，u と v を結ぶ新しい辺 $e = (u, v)$ を T に加えると閉路が生じる．

(d) n についての帰納法で証明する．$n = 1$ のときは $T = K_1$ となるので，$|E(T)| = |V(T)| - 1 = n - 1 = 0$ は自明である．そこで，$n = k \geq 1$ まで成立したと仮定して $n = k + 1$ のときを考える．

$n = k + 1$ 個の点からなる木 $T = (V(T), E(T))$ と辺 $e \in E(T)$ に対して，$T - \{e\}$ の連結成分を T_1, T_2 とする．もちろん T_1 と T_2 はともに木である（図 3.2）．$|V(T_1)| + |V(T_2)| = n$, $|V(T_1)| < n$, $|V(T_2)| < n$ であるので，帰納法の仮定から，$|E(T_1)| = |V(T_1)| - 1$, $|E(T_2)| = |V(T_2)| - 1$ となる．さらに，$|E(T_1)| + |E(T_2)| = |E(T)| - 1$ であるので，

$$|E(T)| = |E(T_1)| + |E(T_2)| + 1 = |V(T_1)| - 1 + |V(T_2)| - 1 + 1 = n - 1$$

が得られる．すなわち，$n = k + 1$ でも成立することが得られる． □

このように木は様々な性質を満たす．以下の定理は木の等価な定義を与えている．証明は容易であるので演習問題とする（演習問題 3.5）．

定理 3.1 n 点の無向グラフ G に対して，以下の (a)〜(f) は互いに等価である．
(a) G は木である（すなわち，G は連結であり閉路をもたない）．
(b) G は閉路をもたず，$n-1$ 本の辺をもつ．
(c) G は連結で，$n-1$ 本の辺をもつ．
(d) G は連結で，どの辺も除くと非連結になる．
(e) G は閉路をもたず，どの 2 点に対しても新しく辺を加えると閉路が生じる．
(f) G のどの 2 点 u,v に対しても，u と v を結ぶパスが唯一存在する． □

したがって，2 点以上の木は次数 1 の点を 2 個以上もち（演習問題 3.1），連結なグラフは**全点木**（木となる全点部分グラフ）をもつことが言える．

3.1.2 有向木の性質

木の有向版とも言える有向木に対して，互いに等価な複数の特徴付けを与えることにする．有向木 T の定義より，T の無向基礎グラフは連結で閉路をもたない．さらに，定理 3.1 より，n 点の有向木 T は $n-1$ 本の辺をもつので，各点 $v \in V(T)$ の入次数を $\deg^-(v)$ とすると，定理 1.1 より，

$$\sum_{v \in V(T)} \deg^-(v) = |E(T)| = n-1$$

が成立する．一方，有向木の定義より，$\deg^-(v)$ は 1 以下である．したがって，ちょうど 1 点のみが入次数 0 で，残りの点はすべて入次数 1 であることが得られる．有向木 T の入次数 0 の点 r は T の**根**と呼ばれる．このとき，T は r を**根とする有向木**あるいは**外向木**と呼ばれる．また外向木の辺の向きをすべて逆にしたものは**内向木**とも呼ばれる．任意の $v \in V(T)$ に対して，v から出発して r に到達するまで各点に入ってくる唯一の辺を逆にたどれば，r-v-パスの辺の向きを逆にしたものになるので，r-v-パスが T に存在する．

上記の議論と補題 3.1 の有向版を考えれば，以下がすぐに得られる．

補題 3.2 r を根とする n 点の有向木 $T = (V(T), E(T))$ では以下が成立する．

(a) T は $n-1$ 本の辺からなり,有向閉路をもたない.
(b) $\deg^-(r) = 0$ であり,かつすべての $v \in V(T) - \{r\}$ で $\deg^-(v) = 1$ である.
(c) 任意の $v \in V(T)$ に対して,r から v への r-v-パスが唯一存在する.
(d) T から辺 $e = (u,v) \in E(T)$ を除去すると,$(T - \{e\})$ で) v は r から到達不可能になる. □

これを用いて,有向木の互いに等価な複数の特徴付けが以下のように与えられる.証明は,定理 3.1 の証明とほぼ同様にできる(演習問題 3.6).なお,有向グラフ G のどの点も入次数が 1 以下のとき,G が有向閉路をもつことと G の無向基礎グラフが閉路をもつことは等価である(演習問題 3.3).

定理 3.2 n 点の有向グラフ G と G の点 r に対して,以下の (a)〜(f) は互いに等価である.
(a) G は r を根とする有向木($\deg^-(r) = 0$ の連結な有向森)である.
(b) G は $n-1$ 本の辺からなる $\deg^-(r) = 0$ の有向森である.
(c) G は $n-1$ 本の辺からなり,どの点も r から到達可能である.
(d) G のすべての点が r から到達可能であるが,任意に 1 辺除去するとこの性質は満たされなくなる.
(e) G は有向閉路をもたず,$\deg^-(r) = 0$ である.さらに,任意の $v \in V(G) - \{r\}$ に対して,r から v への r-v-パスが G に唯一存在する.
(f) G は有向閉路をもたない.さらに,$\deg^-(r) = 0$ であり,かつすべての $v \in V(G) - \{r\}$ で $\deg^-(v) = 1$ である. □

3.2 根付き木

前節で述べたように,閉路のない連結な無向グラフを **木** という.また,定理 3.1 より,n 個の点をもつ木 T は $n-1$ 本の辺をもち,木 T の任意の 2 点 u, v に対して u から v へのパスは唯一に定まる.**根** と呼ばれる 1 個の特別視された点をもつ木を **根付き木** という(図 3.3).根付き木においては,点は通常ノードと呼ばれることが多い.根 r から各ノード v へのパスは唯一であるが,そのパスに沿って v の直前のノード w を v の **親** といい,$w = p(v)$ と表す.v を w

の子ともいう（親は一意に定まるが，子は一般に複数個ある）．根 r の親はないので $p(r) = \Lambda$（空であることを意味する）と定める．ノード v から根 r へのパス上にあるノードを（v 自身も含めて）v の**祖先**という．同じ親をもつ子どうしを**兄弟**という．ノード v から子を次々とたどって到達できるノードを（v 自身も含めて）v の**子孫**という．すなわち，ノード v を祖先とするようなノード w が v の子孫である．子をもたないノードを**葉**あるいは**外点**という．葉以外のノードを**内点**という．根付き木におけるノード v の**深さ** depth(v) は

$$\mathrm{depth}(v) = \begin{cases} 0 & (v \text{ が根のとき}) \\ \mathrm{depth}(p(v)) + 1 & (\text{それ以外のとき}) \end{cases}$$

として定義される（図 3.3）．なお，$p(v)$ は v の親であることを注意しておく．**根付き木の深さ**は木に含まれるノードの最大の深さであると定義する．

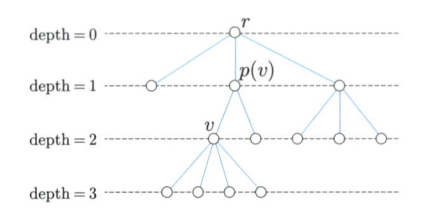

図 3.3 r を根とする根付き木と深さ depth

子に順序があるときには，**順序木**といい，図示するときには早い子ほど左寄りに書く．子に順序のない根付き木を**順序なし木**という．各ノードが高々二つの子をもつような根付き木を**二分木** (binary tree) という．葉以外の各ノード v が 2 個の子をもち，それらが**左の子** left(v) と**右の子** right(v) と順序づけられている二分木を**正則な二分木**という．

例 3.1 次の図 (a) は正則な二分木の例を示している．なお，葉は□で，葉以外のノードは○で示している．図 (b) のように葉を省略することも多い． □

(a) 正則な二分木 (b) 葉を省略した正則な二分木

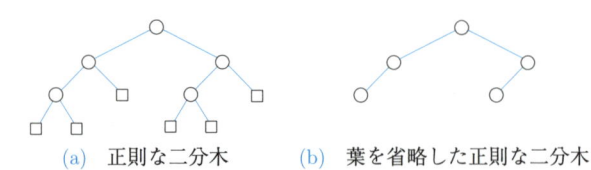

完全二分木は，根から深さの小さい順に，また同じ深さのところでは左から右へ順番にノードをできるだけつめて得られる二分木の順序木である．**k 分木**，**完全 k 分木**なども同様に定義される．以下の図は完全 4 分木の例である．

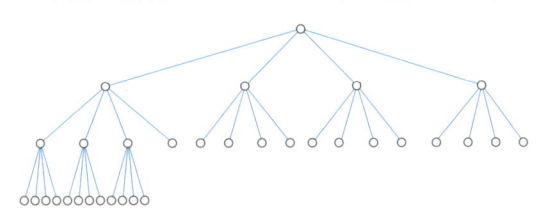

根付き木と順序木はアルゴリズムやデータ構造で頻繁に用いられている[46]．

3.3 正則な二分木の個数とカタラン数

$n+1$ 個の文字列上の n 回の二項演算における演算で等価でない演算の総数を**カタラン数**といい，C_n と表記する．なお，便宜上，$C_0 = 1$ と考える．

例 3.2 a, b, c, d が文字列で二項演算が $+$ とすれば，$a+b+c+d$ は，

$$(a+(b+c))+d, \quad a+((b+c)+d),$$
$$((a+b)+c)+d, \quad (a+b)+(c+d), \quad a+(b+(c+d)),$$

の 5 通りで計算できる．すなわち，$C_3 = 5$ である．これらの等価でない計算順序は，正則な二分木を用いて図 3.4 のようにも表現できる． □

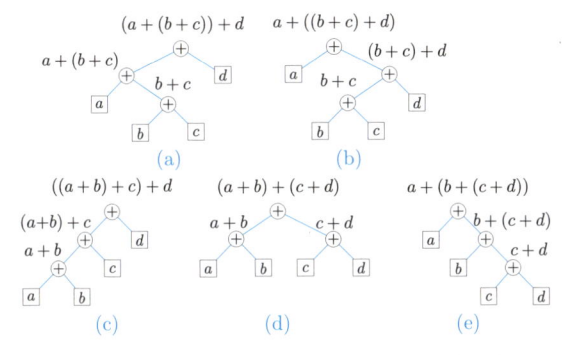

図 3.4 $a+b+c+d$ の等価でない計算順序を表現する二分木

この図はウォーミングアップクイズで取り上げた正則な二分木の各内点（○

で表示された部分）に + が付随し，各外点（□で表示された部分）に文字が付随している図である．+ が付いている各内点でその左右の子の和が計算される．最終的な計算結果は二分木の根で得られる．なお，$(a+b)+(c+d)$ では，$(a+b)$ を先に計算してもよいし，$(c+d)$ を先に計算してもよい．括弧は計算順序を一意的に決めるわけではないことに注意しよう．この例からもわかるように，$n+1$ 個の文字で n 回の加算を行うときの括弧の付け方の個数は，$n+1$ の外点をもつ（n 個の内点をもつ）異なる正則な二分木の個数に等しい．すなわち，カタラン数 C_n は n 個の内点をもつ異なる正則な二分木の個数である．

どの内角も 180 度未満の多角形を**凸多角形**という．凸多角形の三角形分割も二項演算に対応する．たとえば，以下の図の凸五角形の交差しない対角線による三角形分割において，引いた対角線はそれでできる三角形の二辺の和をとると見なすことにより，4 個の文字 a, b, c, d での 3 回の加算 $a+b+c+d$ を行うときの計算順序に対応することになる．ただし，下の図では底辺を除いた辺が時計回りに a, b, c, d に対応し，底辺が最後の答えになると考える．この図の各三角形分割には点線で表示している二分木が付随し，それは（上下反対になっているが）図 3.4 の二分木にそれぞれ対応していることに注意しよう．

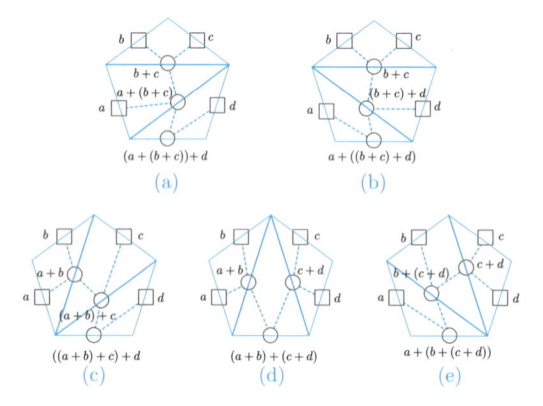

すなわち，$n+1$ 個の文字で n 回の加算を行うときの括弧の付け方の個数は，凸 $(n+2)$ 角形の異なる三角形分割の個数に等しい．カタラン数 C_n は以下のように書ける．証明は文献 [47] などに記載されている．

$$C_n = \frac{(2n)!}{(n+1)!n!} = \frac{(2n)(2n-1)\cdots(n+2)}{n(n-1)\cdots 1} \tag{3.1}$$

3.4 集合システムの木表現

2.4 節でも述べたように，空でない有限集合 U と U の部分集合の族 $\mathcal{F}$ の対 $H = (U, \mathcal{F})$ は**集合システム**あるいは**ハイパーグラフ**と呼ばれる．2.4 節では，集合システムが二部グラフで表現できることを示した．本節では，木を用いて表現できる集合システムを，文献 [34] に基づいて議論する．

集合システム $H = (U, \mathcal{F})$ において，どの二つの集合 $X, Y \in \mathcal{F}$ に対しても，三つの集合 $X - Y$, $Y - X$, $X \cap Y$ のうち少なくとも一つが空ならば，$H = (U, \mathcal{F})$ は**ラミナー族**，あるいは**ラミナー**であると呼ばれる（図 3.5(a)）．どの二つの集合 $X, Y \in \mathcal{F}$ に対しても，四つの集合 $X - Y$, $Y - X$, $X \cap Y$, $U - (X \cup Y)$ のうち少なくとも一つが空ならば，$H = (U, \mathcal{F})$ は**クロスフリー族**，あるいは**クロスフリー**であると呼ばれる（図 3.5(b)）．ラミナーという用語の代わりに，**入れ子構造**や**入れ子構造族**という用語も用いられている．

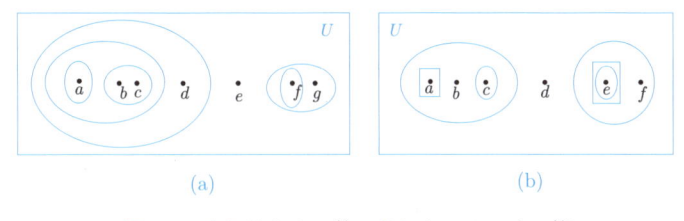

図 3.5 (a) ラミナー族, (b) クロスフリー族

例 3.3 図 3.5(a) はラミナー族 $H = (U, \mathcal{F})$ ($U = \{a, b, c, d, e, f, g\}$, $\mathcal{F} = \{\{a\}, \{b, c\}, \{a, b, c\}, \{a, b, c, d\}, \{f\}, \{f, g\}\}$) の例であり，図 3.5(b) はクロスフリー族 $H = (U, \mathcal{F})$ ($U = \{a, b, c, d, e, f\}$, $\mathcal{F} = \{\{b, c, d, e, f\}, \{c\}, \{a, b, c\}, \{e\}, \{a, b, c, d, f\}, \{e, f\}\}$) の例である（長方形で囲んでいる部分は外部にあるすべての要素からなる集合（すなわち補集合）に対応している）．□

ラミナー族とクロスフリー族の有向グラフ表現を考える．T を無向基礎グラフが木となる点集合 U 上の有向グラフとする．有向辺 $e = (x, y) \in E(T)$ に対して e の終点 y を含む $T - \{e\}$ の（無向基礎グラフの）連結成分の点集合を X_e とし，族 $\mathcal{F} = \{X_e \subseteq U \mid e \in E(T)\}$ を考える．このとき，T が有向木ならば，$\mathcal{F}$ の任意の 2 要素は共通部分をもたないか，あるいは一方が他方に含まれるこ

とになり，$H = (U, \mathcal{F})$ はラミナー族になる．T が有向木でないときでも $\mathcal{F}$ はクロスフリー族にはなる．逆も言える．すなわち，(少し一般化しているが) ラミナー族とクロスフリー族は以下のような意味で木で表現できる．

定義 3.1 T を無向基礎グラフが木となる有向グラフとする．U を有限集合とし，φ を関数 $\varphi : U \to V(T)$ とする．各有向辺 $e = (x, y) \in E(T)$ に対して，

$$S_e = \{s \in U \mid \varphi(s) \text{ と辺 } e \text{ の終点 } y \text{ は } T - \{e\} \text{ で同じ連結成分に属する}\}$$

と定義して，$\mathcal{F} = \{S_e \subseteq U \mid e \in E(T)\}$ とする．このとき，(T, φ) を集合システム $(U, \mathcal{F})$ の**木表現**という． □

例 3.4 例 3.3 のラミナー族とクロスフリー族は図 3.6 のように木表現できる．図 3.6(a) の有向木は，図 3.5(a) のラミナー族 $H = (U, \mathcal{F})$ ($U = \{a, b, c, d, e, f, g\}$，$\mathcal{F} = \{\{a\}, \{b, c\}, \{a, b, c\}, \{a, b, c, d\}, \{f\}, \{f, g\}\}$) の木表現である．実際，$\varphi(a) = x$, $\varphi(b) = \varphi(c) = y$, $\varphi(d) = u$, $\varphi(e) = v$, $\varphi(f) = t$, $\varphi(g) = w$, $S_{(z,x)} = \{a\}$, $S_{(z,y)} = \{b, c\}$, $S_{(u,z)} = \{a, b, c\}$, $S_{(v,u)} = \{a, b, c, d\}$, $S_{(v,w)} = \{f, g\}$, $S_{(w,t)} = \{f\}$ である．

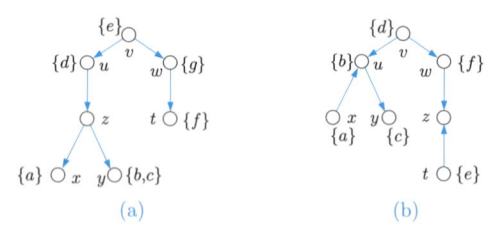

図 3.6 (a) ラミナー族の木表現，(b) クロスフリー族の木表現

一方，図 3.6(b) は，図 3.5(b) のクロスフリー族 $H = (U, \mathcal{F})$ ($U = \{a, b, c, d, e, f\}$，$\mathcal{F} = \{\{b, c, d, e, f\}, \{c\}, \{a, b, c\}, \{e\}, \{a, b, c, d, f\}, \{e, f\}\}$) の木表現である．実際，$\varphi(a) = x$, $\varphi(b) = u$, $\varphi(c) = y$, $\varphi(d) = v$, $\varphi(e) = t$, $\varphi(f) = w$, $S_{(x,u)} = \{b, c, d, e, f\}$, $S_{(u,y)} = \{c\}$, $S_{(v,u)} = \{a, b, c\}$, $S_{(v,w)} = \{e, f\}$, $S_{(w,z)} = \{e\}$, $S_{(t,z)} = \{a, b, c, d, f\}$ である． □

集合システム $H = (U, \mathcal{F})$ がラミナーであるかどうかは U に依存しないの

で，単に $\mathcal{F}$ がラミナー族であるということも多い．一方，集合システム $(U, \mathcal{F})$ がクロスフリーであるかどうかは全体集合の U に依存する．$\mathcal{F}$ のどの集合にも属さない要素を U が含むならば，$\mathcal{F}$ がクロスフリーであることとラミナーであることは等価である．一方，任意の $r \in U$ に対して，集合システム $(U, \mathcal{F})$ がクロスフリーであることと

$$\mathcal{F}' = \{X \in \mathcal{F} \mid r \notin X\} \cup \{U - X \mid X \in \mathcal{F}, r \in X\} \tag{3.2}$$

がラミナーである（r は $\mathcal{F}'$ のどの集合にも属さないので $(U, \mathcal{F}')$ がクロスフリーである）ことは等価になることが定義からすぐに得られる（演習問題 3.7）．したがって，クロスフリー族とラミナー族は似たイメージで描かれる．

たとえば，例 3.3 の図 3.5(b) のクロスフリー族 $H = (U, \mathcal{F})$ ($U = \{a, b, c, d, e, f\}$, $\mathcal{F} = \{\{b, c, d, e, f\}, \{c\}, \{a, b, c\}, \{e\}, \{a, b, c, d, f\}, \{e, f\}\}$) で $r = d$ とすると，式 (3.2) より，

$$\mathcal{F}' = \{\{c\}, \{a, b, c\}, \{e\}, \{e, f\}, \{a\}, \{e\}\}$$

となり，$\mathcal{F}'$ はラミナーであることがわかる．

一般に，ラミナー族とクロスフリー族の木表現については，以下の定理が成立する（証明は演習問題 3.8）．

定理 3.3 $(U, \mathcal{F})$ は木表現 (T, φ) をもつ集合システムであるとする．すると，$(U, \mathcal{F})$ はクロスフリーである．さらに，T が有向木ならば $(U, \mathcal{F})$ はラミナーである．一方，逆も言えて，クロスフリー族は木表現でき，ラミナー族は有向木を用いて木表現できる． □

3.5 本章のまとめ

本章では，木と有向木（森と有向森）の互いに等価な複数の定義を与え，それらに関係するグラフの基本概念を説明した．さらに，アルゴリズムで頻繁に現れる木構造のデータ構造で用いられる根付き木と順序木を説明した．そして，正則な二分木や凸多角形の三角形分割の個数が組合せ論の基礎的な概念のカタラン数であることを解説した．最後に，集合システムの特殊なクラスが無向基礎グラフが木となる有向グラフで表現できることを説明した．これらは，組合せ最適化の分野でも頻繁に利用される基礎概念でもある．なお，本章の内容は巻末の参考文献のグラフ理論の本や文献 [34, 46, 47] などでも取り上げられている．

演習問題

3.1 2点以上の木は次数1の点を2個以上もつことを示せ.

3.2 n 個の点, m 個の辺, p 個の連結成分からなる森では, $n = m + p$ が成立することを示せ.

3.3 有向グラフ G のどの点も入次数が1以下のとき, G が有向閉路をもつことと G の無向基礎グラフが閉路をもつことは等価であることを示せ.

3.4 n 個のノードの完全二分木の深さは $\lfloor \log_2 n \rfloor$ であることを示せ($\lfloor 2.3 \rfloor = 2$ のように $\lfloor x \rfloor$ は x の整数部分を表す).

3.5 定理 3.1 を証明せよ.

3.6 定理 3.2 を証明せよ.

3.7 集合システム $(U, \mathcal{F})$ がクロスフリーであることと式 (3.2) で定義される $\mathcal{F}'$ がラミナーであることは等価であることを示せ.

3.8 定理 3.3 を証明せよ.

ティータイム

$n+1$ 個の外点をもつ正則な二分木の個数であるカタラン数 C_n は, 式 (3.1) より, $C_n = \frac{(2n)!}{(n+1)!n!}$ であるので, $n = 3$ のとき $C_3 = \frac{6 \cdot 5}{3 \cdot 2 \cdot 1} = 5$, $n = 4$ のとき $C_4 = \frac{8 \cdot 7 \cdot 6}{4 \cdot 3 \cdot 2 \cdot 1} = 14$ となる. それでは, n 個の点からなる木の個数はどうなるであろうか. たとえば, $n = 4$ のとき以下の図 (a) のような K_4 の全点木の個数はいくらか. K_4 の全点木は図 (b) のように列挙できて, 全部で 16 個存在する.

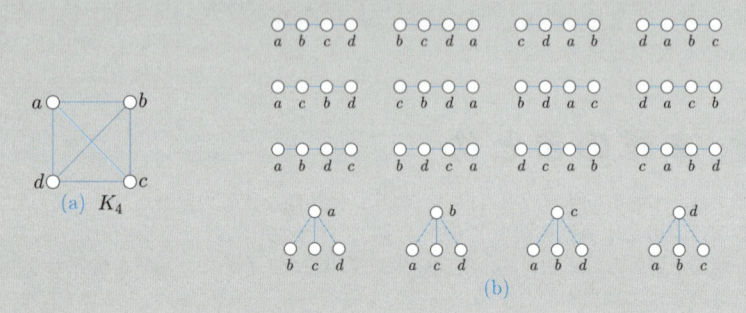

一般に, n 個の点にラベルのついた完全グラフ K_n の異なる全点木は n^{n-2} 個存在すると言われている. $n = 4$ のときは $n^{n-2} = 4^2 = 16$ となり, 上で列挙したものに一致する. これについても後の系 5.1 で取り上げることにする.

第4章

有向無閉路グラフとトポロジカルソート

本章の目標 データ構造とアルゴリズムでよく用いられる有向無閉路グラフとトポロジカルソートをとおして，グラフ理論の基礎概念を理解する．

本章のキーワード 有向無閉路グラフ，トポロジカルソート，最長パス，最短パス，動的計画法

ウォーミングアップクイズ

以下の図 (a) の辺に長さの付随するグラフ（ネットワーク）において，始点 s から残りの点への最短パスと最長パスを s を根とする有向木で表したものが，それぞれ図の (b) と (c) である．

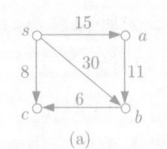

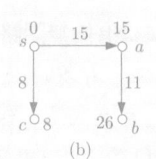

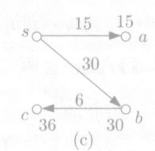

以下のネットワークで始点 s から残りの点への最短パスと最長パスを表す s を根とする有向木をそれぞれ求めよ．

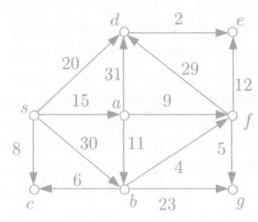

ウォーミングアップクイズの解説

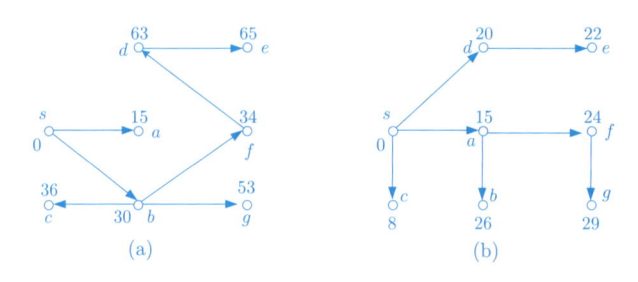

上の図 (a) は始点 s から残りの点への最長パスを s を根とする有向木で表したものであり，図 (b) は始点 s から残りの点への最短パスを s を根とする有向木で表したものである．　　□

本章では，このようなネットワークで始点 s から残りの点への最短パスと最長パスを表す s を根とする有向木を求めるための道具となるトポロジカルソートについて説明する．

4.1　有向無閉路グラフのトポロジカルソート

有向閉路をもたない有向グラフは**有向無閉路グラフ**と呼ばれる（非巡回的グラフあるいは **DAG** と呼ばれることも多い）．n 点の有向グラフ $G = (V, E)$ に対して，どの有向辺 $a = (u, v) \in E$ でも，$\mathrm{tsort}[u] < \mathrm{tsort}[v]$ となるような点へのラベリング $\mathrm{tsort} : V \to \{1, 2, \cdots, n\}$ を G の**トポロジカルソート**という．すなわち，トポロジカルソートとは，すべての辺で，始点のラベルが終点のラベルよりも常に小さくなるような点へのラベル付けである．

図 4.1 は有向無閉路グラフ G のトポロジカルソートの例である．

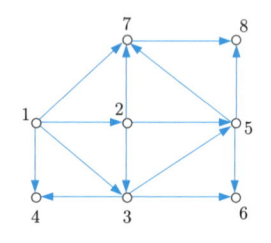

図 4.1　トポロジカルソート tsort

有向グラフ $G = (V, E)$ がトポロジカルソートできるならば，明らかに G は

有向閉路をもたない．実際，長さ 3 の有向閉路 $C = (v_1, v_2, v_3, v_1)$ を考えてみればよいだろう．トポロジカルソートできたと仮定してそのラベルを tsort とすれば，$\text{tsort}[v_1] < \text{tsort}[v_2] < \text{tsort}[v_3] < \text{tsort}[v_1]$ となり，矛盾が得られるからである．逆も成立する．したがって，以下の定理が得られる．

定理 4.1 有向グラフ $G = (V, E)$ がトポロジカルソートできるための必要十分条件は，G が有向無閉路グラフであることである．

証明： 必要性（G がトポロジカルソートできるならば G は有向閉路をもたないこと）は上記のとおりである．

十分性は，有向無閉路グラフ G の点数 n についての帰納法で示せる．点数 $n = 1, 2, 3$ のときの有向無閉路グラフがトポロジカルソートできるのは明らかである．そこで点数 $n = k$ の有向無閉路グラフがトポロジカルソートできると仮定して，点数 $n = k+1$ の有向無閉路グラフ G を考える．G には入次数 0 の点 s が存在する（演習問題 4.1）．そこで $\text{tsort}[s] = 1$ とラベル付けして，さらに s を除去して得られる $G' = G - \{s\}$ を考える．G' は明らかに有向無閉路グラフである．したがって，帰納法の仮定より，G' はトポロジカルソートできる．G' のトポロジカルソートを tsort' とする．そして，任意の $v \in V(G) - \{s\}$ に対して $\text{tsort}[v] = \text{tsort}'[v] + 1$ とする．すると，s は G の入次数 0 の点であるので，s を始点とする辺はあっても s を終点とする辺は存在しない．したがって，点 s を含む辺 a は s を始点としてある点 v を終点とする $a = (s, v)$ となり，$\text{tsort}[s] < \text{tsort}[v]$ が成立する．s を含まない辺 $a = (u, v)$ に対しては $\text{tsort}'[u] < \text{tsort}'[v]$ であるので，$\text{tsort}[u] = \text{tsort}'[u] + 1 < \text{tsort}'[v] + 1 = \text{tsort}[v]$ が成立する．したがって，tsort は G のトポロジカルソートである（G はトポロジカルソートできる）． □

定理 4.1 の証明より，有向無閉路グラフ G のトポロジカルソートは効率的に求めることができる．さらに，深さ優先探索と呼ばれるグラフ探索を用いると，点数 n，辺数 m の有向無閉路グラフ G のトポロジカルソートは，$m + n$ に比例する手間で求めることができると言われている[46]．

4.2 ネットワークの最短パスと最長パス

グラフ G は，各辺 $e \in E(G)$ に長さ $\text{length}(e)$ が付随するときネットワークと呼ばれ，$N = (G; \text{length})$ と表記される．N の点 u から点 v へのパス $P = (v_0, e_1, v_1, e_2, \cdots, e_k, v_k)$ $(u = v_0, v = v_k)$ の**長さ**は P の辺の長さの総和 $\sum_{i=1}^{k} \text{length}(e_i)$ として定義される．u から v へのパスで長さが最小のパスを u から v への**最短パス**という．同様に，u から v へのパスで長さが最大のパス

を u から v への**最長パス**という．一般の有向閉路があるネットワークで，最短パスは効率的に求めることができるが，最長パスを効率的に求めることはできない（最長パスを求める問題は NP-困難である）と言われている．

しかし，**有向無閉路ネットワーク**と呼ばれる有向閉路を含まないネットワーク $N = (G; \text{length})$ において，始点 s から他の点への最短パスと最長パスは，G の点数を n，辺数を m とすると，$m+n$ に比例する手間で容易に計算できる．どちらも本質的にはトポロジカルソートに基づいている．ここでは，はじめに最長パスを求めるアルゴリズムを述べる．その後，このアルゴリズムの一部を修正して，最短パスを求めるアルゴリズムに変更できることを述べる．

4.2.1 有向無閉路ネットワークでの最長パス

有向無閉路ネットワーク $N = (G; \text{length})$ において，始点 s からすべての点への有向パスが存在するものとする．そこで，s から各点 v までの最長パスの長さを $d_{\max}(v)$ とおく．また，1.3 節で述べたように，グラフ G の点 v を終点とする辺の集合を $\delta^-(v)$ とする．すると，$d_{\max}(s) = 0$ であり，s から $v \neq s$ への最長パスは必ず v を終点とする辺を最後に用いているので，$d_{\max}(v)$ は

$$d_{\max}(v) = \max\{d_{\max}(u) + \text{length}(u,v) \mid (u,v) \in \delta^-(v)\} \quad (4.1)$$

を満たす．これがキーとなる．そこで，グラフ G をトポロジカルソートし，どの辺 $e = (u,v)$ においても $\text{tsort}(u) < \text{tsort}(v)$ となるようにまず点にラベル tsort をつける．そしてそのラベル $\text{tsort}(v)$ の小さい順に $d_{\max}(v)$ を計算して表に記憶していく．すると，$d_{\max}(v)$ の計算は以下のように単純にできる．すなわち，v を終点とする辺の始点 $u \in \{\partial^+(e) \mid e \in \delta^-(v)\}$ に対して $\text{tsort}(u) < \text{tsort}(v)$ であり，$d_{\max}(u)$ はすでに計算されて表に記憶されているので，$d_{\max}(v)$ は単に表を引きながら式 (4.1) の最大値を求めるだけでよい．この手間は v に入ってくる辺の個数 $\deg^-(v) = |\delta^-(v)|$ に比例する．したがって，G の点数を n，辺数を m とすると，全体でも $m+n$ に比例する手間で N の最長パスの長さを計算できる．各点 v への最長パスにおいて v の 1 つ前の点を $\text{path}(v)$ として記憶しておけば実際の最長パスも復元できる．

以下は上記をまとめたものである．なお，s を終点とする辺は G に存在せず，s からすべての点への有向パスが存在するものと仮定している．

4.2 ネットワークの最短パスと最長パス **55**

> 有向無閉路ネットワークの最長パスを求めるアルゴリズム
> 1. ネットワーク $N = (G; \text{length})$ のグラフ G のトポロジカルソート tsort を求める．(tsort$[s] = 1$ に注意しよう．)
> 2. distmax$[s] = 0$, path$[s] = 0$ とする．(distmax$[\cdot]$ は $d_{\max}(\cdot)$ に対応)
> 3. $i = 2$ から 1 ずつ増やしていきながら n まで以下を繰り返す．
>   (a) tsort$[v] = i$ となる v を求める．
>   (b) v を終点とする G の各辺 $e = (u, v)$ に対して
> $$\text{distmax}[u] + \text{length}(u, v)$$
>   を計算し，その中で最大となるような辺 $e = (u, v)$ の始点 u_v を求める．
>   (c) distmax$[v] = $ distmax$[u_v] + \text{length}(u_v, v)$, path$[v] = u_v$ とする．

図 4.2(a) の有向無閉路ネットワーク N に上記のアルゴリズムを適用して得られる $s = 1$ からの最長パスを表現する有向木 T を図 4.2(b) に示している．

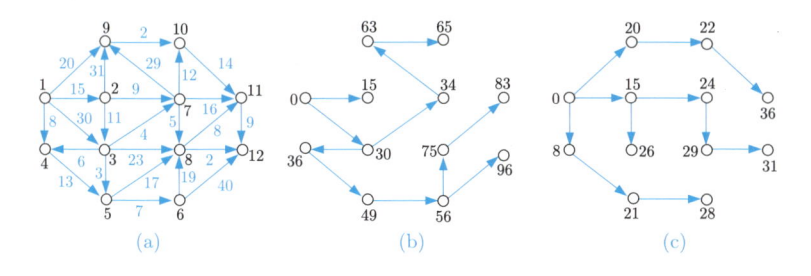

図 4.2 (a) 有向無閉路ネットワーク N，(b) 最長パスを表現する有向木，(c) 最短パスを表現する有向木

4.2.2 有向無閉路ネットワークでの最短パス

s から v までの最短パスの長さを $d_{\min}(v)$ とおけば，$v \neq s$ の $d_{\min}(v)$ は

$$d_{\min}(v) = \min\{d_{\min}(u) + \text{length}(u, v) \mid (u, v) \in \delta^-(v)\} \tag{4.2}$$

を満たす（$d_{\min}(s)$ は 0 である）．したがって，最長パスのときと同様に，最短

パスの長さと最短パスそのものも求めることができる．すなわち，点数 n，辺数 m の有向無閉路ネットワーク $N = (G; \text{length})$ の始点 s からすべての点 v への最短パスは，$m+n$ に比例する手間で計算できる．

図 4.2(a) の有向無閉路ネットワーク N に上記のアルゴリズムを適用して得られる $s=1$ からの最短パスを表現する有向木 T を図 4.2(c) に示している．

4.3 本章のまとめ

本章では，有向無閉路グラフのトポロジカルソートを与え，それを用いて有向無閉路ネットワークの最長パスと最短パスを求めるアルゴリズムを与えた．これらのアルゴリズムはきわめて効率的であり，プログラムの実装も容易であることから，多くのネットワークアルゴリズムで幅広く用いられている．式 (4.1) のような漸化式に基づいて，ある適切な順番で漸化式の解を表に記憶していきながら求める方法は，**動的計画法**と呼ばれている．動的計画法は，アルゴリズム設計の代表的な手法で，文献 [16] などでも紹介されているが，多くの問題に適用できる．さらに，動的計画法で解けるような問題には，有向無閉路グラフの最長パスや最短パスを求める問題に帰着できるものも多い．なお，本章の内容は巻末の参考文献 [46] などでも取り上げられている．

演習問題

4.1 有向無閉路グラフ G は入次数 0 の点をもつことを示せ．

4.2 図 4.2(a) の有向無閉路ネットワーク N でトポロジカルソートを求め，それを用いて，始点 1 からすべての点への最長パスを表現する有向木と始点 1 からすべての点への最短パスを表現する有向木がそれぞれ図 4.2(b) と図 4.2(c) に示したものになることを確かめよ．

4.3 以下のネットワーク N_1 で，始点 s からすべての点への最長パスを表現する有向木と始点 s からすべての点への最短パスを表現する有向木を求めよ．

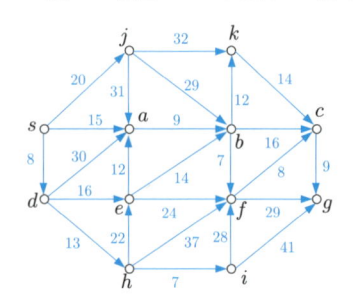

第5章

グラフの行列

本章の目標 第 2 章でも述べたように,行列と二部グラフは密接に関係する.また,グラフをコンピューターで処理するための簡単なデータ構造としても行列は用いられる.さらに,グラフ構造を有する回路やシステムを記述する方程式の係数行列としても行列が用いられる.本章では,グラフと関連して生じる行列をとおして,グラフ理論の代数的な側面を理解する.

本章のキーワード 隣接行列,接続行列,既約接続行列,縮約,無向全点木,無向閉路,ランク,完全ユニモジュラー,ビネー-コーシーの公式,直交性,カット,カットセット,隣接点集合,劣モジュラー関数,優モジュラー関数,モジュラー関数,基本閉路,基本カットセット,無向カット,有向カット

ウォーミングアップクイズ

二つの $n \times n$ 行列 $A = (a_{ij})$, $B = (b_{ij})$ が

$$a_{ij} = \begin{cases} j & (i \leq j) \\ 0 & (i > j) \end{cases}, \quad b_{ij} = \begin{cases} \frac{1}{j} & (i \leq j) \\ 0 & (i > j) \end{cases}$$

と与えられている.このとき,それぞれの行列のすべての要素の和

$$S_A = \sum_{i=1}^{n} \sum_{j=1}^{n} a_{ij}, \quad S_B = \sum_{i=1}^{n} \sum_{j=1}^{n} b_{ij}$$

を求めよ.以下は,$n = 4$ のときの行列 A, B の例である.

$$A = \begin{pmatrix} 1 & 2 & 3 & 4 \\ 0 & 2 & 3 & 4 \\ 0 & 0 & 3 & 4 \\ 0 & 0 & 0 & 4 \end{pmatrix}, \quad B = \begin{pmatrix} 1 & \frac{1}{2} & \frac{1}{3} & \frac{1}{4} \\ 0 & \frac{1}{2} & \frac{1}{3} & \frac{1}{4} \\ 0 & 0 & \frac{1}{3} & \frac{1}{4} \\ 0 & 0 & 0 & \frac{1}{4} \end{pmatrix}$$

ウォーミングアップクイズの解説 $n = 4$ のとき,

$$S_A = \sum_{i=1}^{4} \left(\sum_{j=1}^{4} a_{ij} \right) = \sum_{i=1}^{4} \left(\sum_{j=i}^{4} j \right) = \sum_{i=1}^{4} \left(\frac{(4)(5)}{2} - \frac{i(i-1)}{2} \right)$$

$$S_B = \sum_{i=1}^{4} \left(\sum_{j=1}^{4} b_{ij} \right) = \sum_{i=1}^{4} \left(\sum_{j=i}^{4} \frac{1}{j} \right) = \sum_{i=1}^{4} \left(\frac{1}{i} + \frac{1}{i+1} + \cdots + \frac{1}{4} \right)$$

となるが，正しい値を計算するのは難しい．一方，和の計算順序を交換すると

$$S_A = \sum_{j=1}^{4}\left(\sum_{i=1}^{4} a_{ij}\right) = \sum_{j=1}^{4}\left(\sum_{i=1}^{j} j\right) = \sum_{j=1}^{4} j^2 = \frac{(4)(5)(9)}{6} = 30$$

$$S_B = \sum_{j=1}^{4}\left(\sum_{i=1}^{4} b_{ij}\right) = \sum_{j=1}^{4}\left(\sum_{i=1}^{j} \frac{1}{j}\right) = \sum_{j=1}^{4} 1 = 4$$

と簡単に得られる．このように行列の要素の総和を求めるとき，行に沿って和をとるか，列に沿って和をとるかによって和の計算の見通しが大きく変化することもある．和の順序の交換は離散数学において根本的な問題である．

このウォーミングアップクイズでは，各列において和をとり，最後にそれらの和を計算すれば計算しやすい．実際，一般の n では

$$S_A = \sum_{j=1}^{n}\left(\sum_{i=1}^{n} a_{ij}\right) = \sum_{j=1}^{n}\left(\sum_{i=1}^{j} j\right) = \sum_{j=1}^{n} j^2 = \frac{n(n+1)(2n+1)}{6}$$

$$S_B = \sum_{j=1}^{n}\left(\sum_{i=1}^{n} b_{ij}\right) = \sum_{j=1}^{n}\left(\sum_{i=1}^{j} \frac{1}{j}\right) = \sum_{j=1}^{n} 1 = n$$

となる． □

本章では，単純グラフの行列を議論する．一般の多重グラフにも容易に拡張できるが，細部で少し複雑になるので，単純グラフに限定する．さらに，とくに断らない限り，連結なグラフに限定する．非連結なグラフでは，各連結成分に対して本章の議論を単に適用すればよいからである．

5.1 隣接行列と接続行列

グラフ G の点と辺にラベルがつけられていて点集合 $V(G)$ と辺集合 $E(G)$ が

$$V(G) = \{v_1, v_2, \cdots, v_n\}, \qquad E(G) = \{1, 2, \cdots, m\}$$

であるとする．

5.1.1 無向グラフの隣接行列と接続行列

無向グラフの G の**隣接行列** $M = (m_{ij})$ は，

$$m_{ij} = \begin{cases} 1 & (点 v_i と点 v_j を結ぶ辺があるとき) \\ 0 & (点 v_i と点 v_j を結ぶ辺がないとき) \end{cases}$$

として定義される $n \times n$ 行列である．定義から，$M = (m_{ij})$ は対称行列

($M^{\mathrm{T}} = M$) である．一方，**接続行列** $A = (a_{ik})$ は，

$$a_{ik} = \begin{cases} 1 & (\text{点 } v_i \text{ が辺 } k \text{ の端点であるとき}) \\ 0 & (\text{点 } v_i \text{ が辺 } k \text{ の端点でないとき}) \end{cases}$$

として定義される $n \times m$ 行列である．

例題 5.1 以下の図の無向グラフの隣接行列 M と接続行列 A を求めよ．

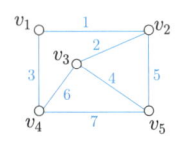

解答： 隣接行列 $M = (m_{ij})$ と接続行列 $A = (a_{ik})$ は，

$$M = \begin{array}{c} \\ 1 \\ 2 \\ 3 \\ 4 \\ 5 \end{array} \begin{array}{c} \begin{matrix} 1 & 2 & 3 & 4 & 5 \end{matrix} \\ \begin{pmatrix} 0 & 1 & 0 & 1 & 0 \\ 1 & 0 & 1 & 0 & 1 \\ 0 & 1 & 0 & 1 & 1 \\ 1 & 0 & 1 & 0 & 1 \\ 0 & 1 & 1 & 1 & 0 \end{pmatrix} \end{array} \qquad A = \begin{array}{c} \\ 1 \\ 2 \\ 3 \\ 4 \\ 5 \end{array} \begin{array}{c} \begin{matrix} 1 & 2 & 3 & 4 & 5 & 6 & 7 \end{matrix} \\ \begin{pmatrix} 1 & 0 & 1 & 0 & 0 & 0 & 0 \\ 1 & 1 & 0 & 0 & 1 & 0 & 0 \\ 0 & 1 & 0 & 1 & 0 & 1 & 0 \\ 0 & 0 & 1 & 0 & 0 & 1 & 1 \\ 0 & 0 & 0 & 1 & 1 & 0 & 1 \end{pmatrix} \end{array}$$

である． □

定義とこの例題からもわかるように，無向単純グラフ G の隣接行列 $M = (m_{ij})$ と接続行列 $A = (a_{ik})$ では，各行 i に含まれる 1 の個数は点 v_i の次数 $\deg(v_i)$ に等しい．さらに，A の各列 k に含まれる 1 の個数は 2 である．

5.1.2 有向グラフの隣接行列と接続行列

有向グラフ G の隣接行列 M と接続行列 A も同様に定義される．

$$m_{ij} = \begin{cases} 1 & (\text{点 } v_i \text{ から点 } v_j \text{ への辺があるとき}) \\ 0 & (\text{点 } v_i \text{ から点 } v_j \text{ への辺がないとき}) \end{cases}$$

として定義される $n \times n$ 行列 $M = (m_{ij})$ が隣接行列であり，

$$a_{ik} = \begin{cases} 1 & (\text{点 } v_i \text{ が辺 } k \text{ の始点であるとき}) \\ -1 & (\text{点 } v_i \text{ が辺 } k \text{ の終点であるとき}) \\ 0 & (\text{点 } v_i \text{ が辺 } k \text{ の始点でも終点でもないとき}) \end{cases}$$

として定義される $n \times m$ 行列 $A = (a_{ik})$ が接続行列である．

例題 5.2 以下の図の有向グラフの隣接行列 M と接続行列 A を求めよ．

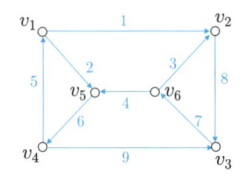

解答： 隣接行列 $M = (m_{ij})$ と接続行列 $A = (a_{ik})$ は，

$$
M = \begin{pmatrix} & 1 & 2 & 3 & 4 & 5 & 6 \\ 1 & 0 & 1 & 0 & 0 & 1 & 0 \\ 2 & 0 & 0 & 1 & 0 & 0 & 0 \\ 3 & 0 & 0 & 0 & 0 & 0 & 1 \\ 4 & 1 & 0 & 1 & 0 & 0 & 0 \\ 5 & 0 & 0 & 0 & 1 & 0 & 0 \\ 6 & 0 & 1 & 0 & 0 & 1 & 0 \end{pmatrix} \quad A = \begin{pmatrix} & 1 & 2 & 3 & 4 & 5 & 6 & 7 & 8 & 9 \\ 1 & 1 & 1 & 0 & 0 & -1 & 0 & 0 & 0 & 0 \\ 2 & -1 & 0 & -1 & 0 & 0 & 0 & 0 & 1 & 0 \\ 3 & 0 & 0 & 0 & 0 & 0 & 0 & 1 & -1 & -1 \\ 4 & 0 & 0 & 0 & 0 & 1 & -1 & 0 & 0 & 1 \\ 5 & 0 & -1 & 0 & -1 & 0 & 1 & 0 & 0 & 0 \\ 6 & 0 & 0 & 1 & 1 & 0 & 0 & -1 & 0 & 0 \end{pmatrix}
$$

である． □

定義とこの例題からもわかるように，有向単純グラフ G の隣接行列 $M = (m_{ij})$ と接続行列 $A = (a_{ik})$ では以下が成立する．隣接行列 M の各行 i に含まれる 1 の個数は点 v_i の出次数 $\deg^+(v_i)$ に等しく，各列 j に含まれる 1 の個数は点 v_j の入次数 $\deg^-(v_j)$ に等しい．さらに，接続行列 A の各行 i に含まれる 1 の個数と -1 の個数はそれぞれ点 v_i の出次数 $\deg^+(v_i)$ と入次数 $\deg^-(v_i)$ に等しく，各列 k に含まれる 1 と -1 の個数はともに 1 である．

5.2 隣接行列と接続行列の性質

行列 $A = (a_{ij})$ のランク（**階数**とも呼ばれる）$\mathrm{rank}\, A$ は，A の正則な正方部分行列の最大サイズと定義される．すなわち，A の正則な $k \times k$ 部分行列が存在し，かつ A のどの $(k+1) \times (k+1)$ 部分行列も正則でないとき，$\mathrm{rank}\, A = k$ である．本節では，グラフの隣接行列と接続行列が満たす性質を議論する．

定理 5.1 点数 n のグラフ G の隣接行列と接続行列に対して以下が成立する．
(a) グラフ G の隣接行列 $M = (m_{ij})$ に対して，$M^k = (m_{ij}^{(k)})$ の ij 要素 $m_{ij}^{(k)}$ は，点 v_i から点 v_j への長さ k のウォークの個数に一致する．
(b) 有向グラフ G の接続行列 $A = (a_{ik})$ に対して，A の正方部分行列の行列式（小行列式）は，$0, 1, -1$ のいずれかである．さらに，G が連結ならば A のランクは $n-1$ である． □

5.2 隣接行列と接続行列の性質

定理 5.1(a) の証明は演習問題 5.1 とする．定理 5.1(b) の証明はあとの 5.2.2 項で取り上げる．ここでは，具体例を挙げて定理の主張を眺めてみる．まず，隣接行列の性質を確かめる．

例題 5.3 例題 5.1 で取り上げた次の無向グラフと隣接行列 $M = (m_{ij})$ に対して，M^2 と M^3 を求め，定理 5.1 の (a) を確認せよ．

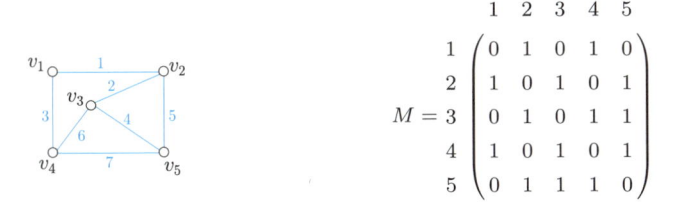

$$M = \begin{pmatrix} & 1 & 2 & 3 & 4 & 5 \\ 1 & 0 & 1 & 0 & 1 & 0 \\ 2 & 1 & 0 & 1 & 0 & 1 \\ 3 & 0 & 1 & 0 & 1 & 1 \\ 4 & 1 & 0 & 1 & 0 & 1 \\ 5 & 0 & 1 & 1 & 1 & 0 \end{pmatrix}$$

解答： M^2 と M^3 は

$$M^2 = \begin{pmatrix} & 1 & 2 & 3 & 4 & 5 \\ 1 & 2 & 0 & 2 & 0 & 2 \\ 2 & 0 & 3 & 1 & 3 & 1 \\ 3 & 2 & 1 & 3 & 1 & 2 \\ 4 & 0 & 3 & 1 & 3 & 1 \\ 5 & 2 & 1 & 2 & 1 & 3 \end{pmatrix}, \quad M^3 = \begin{pmatrix} & 1 & 2 & 3 & 4 & 5 \\ 1 & 0 & 6 & 2 & 6 & 2 \\ 2 & 6 & 2 & 7 & 2 & 7 \\ 3 & 2 & 7 & 4 & 7 & 5 \\ 4 & 6 & 2 & 7 & 2 & 7 \\ 5 & 2 & 7 & 5 & 7 & 4 \end{pmatrix}$$

となる．たとえば，v_2 から v_4 への長さ 2 のウォークは (v_2, v_1, v_4), (v_2, v_3, v_4), (v_2, v_5, v_4) の 3 本であり，M^2 の $(2, 4)$ 要素 $m_{24}^{(2)}$ は 3 になっている．また，v_2 から v_4 への長さ 3 のウォークは (v_2, v_3, v_5, v_4), (v_2, v_5, v_3, v_4) の 2 本であり，M^3 の $(2, 4)$ 要素 $m_{24}^{(3)}$ は 2 になっている．同様に，v_i から v_j への長さ k ($k = 2, 3$) のウォークの本数が実際に $M^k = (m_{ij}^{(k)})$ の (i, j) 要素 $m_{ij}^{(k)}$ となっていることも確かめられる． □

有向グラフの隣接行列 M に対して，$M^k = (m_{ij}^{(k)})$ の ij 要素 $m_{ij}^{(k)}$ は，点 v_i から点 v_j への長さ k の有向ウォークの個数に一致することが同様に確かめられる．次に，接続行列の性質を確かめる．そのために，グラフの基本的な変形操作である辺の縮約について，まず説明する．

5.2.1 縮約グラフ

グラフ G において，辺 $e = (u, v) \in E(G)$ の**縮約**とは，辺 e の両端点 u, v を同一視してから，辺 e を除去する操作である．すなわち，グラフ G の辺 $e = (u, v)$ を縮約して得られるグラフを $G/\{e\}$ と表すと，

$$V(G/\{e\}) = (V(G) - \{u, v\}) \cup \{v_e\}, \quad E(G/\{e\}) = E(G) - \{e\}$$

である．なお，v_e は辺 e の両端点を同一視して得られる点を表している（u, v は除去される）．また，$e' \in E(G) - \{e\}$ の端点が u あるいは v となるときはそれを v_e で置き換えたものを $E(G/\{e\})$ の辺 e' と考える．グラフ G の辺の部分集合 $F \subseteq E(G)$ に対して F に含まれる辺をすべて縮約して得られるグラフを**縮約**グラフといい，G/F と表記する．なお，F の辺はどのような順番で縮約しても同一の（同形な）グラフになるので，G/F と書けることを注意しておく．

有向グラフ G に対して，G の全点部分グラフ T の無向基礎グラフが木となるとき，T を G の**無向全点木**という．同様に，有向グラフ G の無向基礎グラフの閉路に対応する部分グラフを，G の**無向閉路**という．

例 5.1 以下の図の左の有向グラフ G で太い実線で示している無向全点木 T に含まれる辺の部分集合 $\{3, 4, 7\}$ を縮約して得られるグラフ $G/\{3, 4, 7\}$ が右のグラフであり，太い実線で示しているのがその無向全点木 $T/\{3, 4, 7\}$ である．

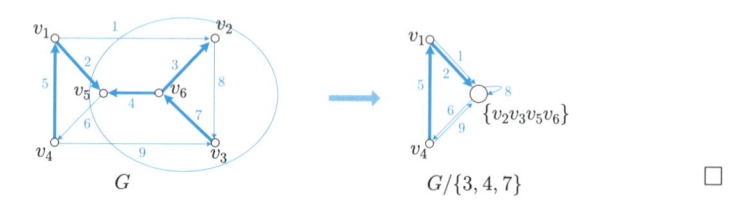

この例からもわかるように以下の定理が成立する（証明は演習問題 5.2）．

定理 5.2 グラフ G の辺部分集合 F を含む G の全点木（G が有向グラフのときは無向全点木）を T とする．すると，$F \subseteq E(T)$ を縮約して得られる G/F で T/F は全点木（G が有向グラフのときは無向全点木）である． □

5.2.2 既約接続行列とその変形

定理 5.1(b) の接続行列の性質を確かめるために，既約接続行列とその変形を考える．連結な有向グラフ G に対して，接続行列 $A = (a_{ik})$ は各列に 1 と -1 をそれぞれちょうど 1 個もつので，A のすべての行ベクトルの和をとるとすべての要素が 0 の行ベクトルが得られる．したがって，A のどの $n \times n$ 部分行列も正則でなくなり，A のランクは $n - 1$ 以下である．そこで，連結な有向グラフの接続行列 $A = (a_{ik})$ から任意に 1 行除いて得られる $(n - 1) \times m$ 行列 $A^{(r)}$

5.2 隣接行列と接続行列の性質

を G の**既約接続行列**といい,そのランクを考える.もちろん,A のランクと $A^{(r)}$ のランクは等しくなる.イメージが湧くように具体例から始める.

例題 5.4 定理 5.1(b) の接続行列の性質を具体例を挙げて確かめよ.

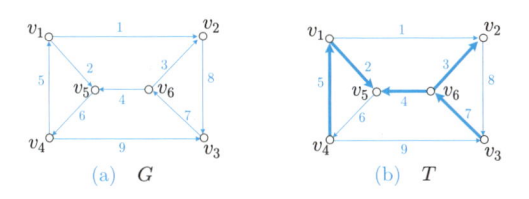

図 5.1 (a) 有向グラフ G, (b) G の無向全点木 T

解答: 図 5.1(a) の有向グラフ G と図 5.1(b) に太い実線で示している G の無向全点木 T を考える.第 6 行を除いて得られる G の既約接続行列 $A^{(r)}$ は,

$$A^{(r)} = \begin{pmatrix} & 1 & \mathbf{2} & \mathbf{3} & \mathbf{4} & \mathbf{5} & 6 & \mathbf{7} & 8 & 9 \\ 1 & 1 & \mathbf{1} & \mathbf{0} & \mathbf{0} & \mathbf{-1} & 0 & \mathbf{0} & 0 & 0 \\ 2 & -1 & \mathbf{0} & \mathbf{-1} & \mathbf{0} & \mathbf{0} & 0 & \mathbf{0} & 1 & 0 \\ 3 & 0 & \mathbf{0} & \mathbf{0} & \mathbf{0} & \mathbf{0} & 1 & \mathbf{-1} & 0 & -1 \\ 4 & 0 & \mathbf{0} & \mathbf{0} & \mathbf{0} & \mathbf{1} & -1 & \mathbf{0} & 0 & 1 \\ 5 & 0 & \mathbf{-1} & \mathbf{0} & \mathbf{-1} & \mathbf{0} & 1 & \mathbf{0} & 0 & 0 \end{pmatrix}$$

となる.なお,$A^{(r)}$ の太字の部分は T の辺集合 $E(T) = \{2, 3, 4, 5, 7\}$ に対応する行列 $A^{(r)}(T)$ である.すなわち,

$$A^{(r)}(T) = \begin{pmatrix} & 2 & 3 & 4 & 5 & 7 \\ 1 & 1 & 0 & 0 & -1 & 0 \\ 2 & 0 & -1 & 0 & 0 & 0 \\ 3 & 0 & 0 & 0 & 0 & 1 \\ 4 & 0 & 0 & 0 & 1 & 0 \\ 5 & -1 & 0 & -1 & 0 & 0 \end{pmatrix}$$

である.この例からわかるように,点 v_6 に接続している辺 3, 4, 7 に対応する各列ベクトルは非零要素をちょうど 1 個もち,それらは互いに異なる行にある.さらに,$A^{(r)}(T)$ からそれらの列ベクトルとそれらの列が非零要素をもつ行ベクトルを除去する.すなわち,列 3, 4, 7 と行 2, 3, 5 を除去する.すると,

$$\begin{pmatrix} & 2 & 5 \\ 1 & 1 & -1 \\ 4 & 0 & 1 \end{pmatrix}$$

が得られる.なお,この操作は,辺 3, 4, 7 の縮約に対応し,縮約グラフ $G/\{3, 4, 7\}$(例 5.1 の右図)の全点木 $T' = T/\{3, 4, 7\}$ は $E(T') = \{2, 5\}$ となることに注意しよう.得られた行列 $A^{(r)}(T')$ に対して同様のことを行う.すなわち,点 v_5(正確には縮約して得られた点 $\{v_2 v_3 v_5 v_6\}$)に接続している辺 2 に対応する列ベクトルは非零要素をちょうど 1 個もつ.さらに,$A^{(r)}(T')$ からその列ベクトルとその列が非零要素をもつ行ベクトルを除去する.すなわち,列 2 と行 1 を除去する.すると,

が得られる．この操作は，辺2の縮約に対応する．こうして最終的に2個の点からなるグラフとその無向全点木 T'' ($E(T'') = \{5\}$) が得られる．これらの操作により，$A^{(r)}(T)$ の行列式 $\det(A^{(r)}(T))$ の絶対値は保存される．したがって，$\det(A^{(r)}(T)) = \pm 1$ である．

すなわち，第6行を除いて得られる既約接続行列 $A^{(r)}$ はランクが $n-1=5$ となり，接続行列 A のランクも $n-1=5$ となる． □

この例題からも推測できるように，一般に，有向グラフ G が連結ならば G の無向全点木 T が存在し，T に対応する既約接続行列 $A^{(r)}$ の $(n-1)\times(n-1)$ 部分行列 $A^{(r)}(T)$ は正則である（A と $A^{(r)}$ のランクは $n-1$ である）．逆に，$A^{(r)}$ の正則な $(n-1)\times(n-1)$ 部分行列 A' に対応する G の部分グラフ T' は G の無向全点木になる．したがって，$A^{(r)}$ の正則な $(n-1)\times(n-1)$ 部分行列 $A' = A^{(r)}(T')$ の行列式 $\det A'$ は ± 1 である．

一方，例題5.4でグラフ G の有向閉路をなす辺3,7,8に対応する $A^{(r)}$ の列3,7,8からなる行列 $A^{(r)}(3,7,8)$ と無向閉路をなす辺1,2,3,4に対応する $A^{(r)}$ の列1,2,3,4からなる行列 $A^{(r)}(1,2,3,4)$ は，それぞれ，

$$A^{(r)}(3,7,8) = \begin{array}{c} \\ 1 \\ 2 \\ 3 \\ 4 \\ 5 \end{array} \begin{array}{ccc} 3 & 7 & 8 \\ \left(\begin{array}{ccc} 0 & 0 & 0 \\ -1 & 0 & 1 \\ 0 & 1 & -1 \\ 0 & 0 & 0 \\ 0 & 0 & 0 \end{array}\right) \end{array}, \quad A^{(r)}(1,2,3,4) = \begin{array}{c} \\ 1 \\ 2 \\ 3 \\ 4 \\ 5 \end{array} \begin{array}{cccc} 1 & 2 & 3 & 4 \\ \left(\begin{array}{cccc} 1 & 1 & 0 & 0 \\ -1 & 0 & -1 & 0 \\ 0 & 0 & 0 & 0 \\ 0 & 0 & 0 & 0 \\ 0 & -1 & 0 & -1 \end{array}\right) \end{array}$$

となる．有向閉路をなす辺3,7,8に対応する $A^{(r)}$ の列3,7,8の和をとるとすべての要素が0の列ベクトルが得られる．また，無向閉路をなす辺1,2,3,4に対応する $A^{(r)}$ の列1,2,3,4からなる行列では，辺1,4の向きを逆にすると有向閉路となり，逆にした辺1,4に対応する列1,4に -1 をかけて，その後に列1,2,3,4の和をとるとすべての要素が0の列ベクトルが得られる．すなわち，長さ k の無向閉路 C を含むときには，C の辺に対応する $A^{(r)}$ の k 個の列からなる行列のランクは $k-1$ 以下になる．

以上の議論をまとめると次の定理が得られる．なお，行列 A の列 $k_1, k_2, \cdots, k_n$ で定まる A の部分行列を $A(k_1, k_2, \cdots, k_n)$ と書くことにする．

5.2 隣接行列と接続行列の性質

定理 5.3 n 点の有向グラフ G の既約接続行列 $A^{(r)}$ の列 $k_1, k_2, \cdots, k_{n-1}$ が G のある無向全点木 T の辺集合に対応するときそしてそのときのみ，$\det(A^{(r)}(k_1, k_2, \cdots, k_{n-1})) = \pm 1$ である． □

二つの $n \times m$ 行列 A, B に対して，A と B の転置行列 B^{T} の積を $C = (c_{ij})$ とする．したがって，$C = AB^{\mathrm{T}}$ は $n \times n$ の正方行列で $c_{ij} = \sum_{k=1}^{m} a_{ik} b_{jk}$ である．このとき，C の行列式 $\det(C)$ は $n > m$ ならば 0 である．一方，$n \leq m$ ならば，n 個の任意の列 $k_1, k_2, \cdots, k_n$ $(1 \leq k_1 < k_2 < \cdots < k_n \leq m)$ で定まる A と B の部分行列を $A(k_1, k_2, \cdots, k_n)$ と $B(k_1, k_2, \cdots, k_n)$ とすると，C の行列式 $\det(C)$ は，文献 [49] にも記されているように，

$$\det(C) = \sum_{1 \leq k_1 < k_2 < \cdots < k_n \leq m} \det(A(k_1, k_2, \cdots, k_n)) \det(B(k_1, k_2, \cdots, k_n))$$

と書ける（**ビネ-コーシーの公式**とも呼ばれている）．これを用いると，以下の定理が得られる．

定理 5.4 連結な有向グラフ G の異なる無向全点木の個数は，G の既約接続行列を $A^{(r)}$ とすると，$\det(A^{(r)}(A^{(r)})^{\mathrm{T}})$ に等しい． □

定理 5.3 より，n 点の有向グラフ G の既約接続行列 $A^{(r)}$ の列 $k_1, k_2, \cdots, k_{n-1}$ が G のある無向全点木 T の辺集合に対応するときそしてそのときのみ，$\det(A^{(r)}(k_1, k_2, \cdots, k_{n-1})) = \pm 1$ であり，さらにビネ-コーシーの公式から

$$\det(A^{(r)}(A^{(r)})^{\mathrm{T}}) = \sum_{1 \leq k_1 < k_2 < \cdots < k_{n-1} \leq m} (\det(A^{(r)}(k_1, k_2, \cdots, k_{n-1})))^2$$

となるので，この定理の証明はほぼ明らかであろう．

定理 5.1(b) の有向グラフ G の接続行列の残りの性質も例題 5.4 と同様の議論で確かめることができる．選んできた列ベクトルに対応する辺集合で誘導される辺誘導部分グラフの各連結成分で例題 5.4 の議論をすればよい．すると，選んできた正方行列の行列式が 0 か -1 か 1 となることが得られる．このように，すべての正方部分行列の行列式が 0 か -1 か 1 となるような行列は，**完全ユニモジュラー行列**あるいは**完全単模行列**と呼ばれ，組合せ最適化の分野で重要な

役割を果たしている．

有向グラフのときと同様に，連結な無向グラフ G の接続行列 A から任意に1行除いて得られる行列 $A^{(r)}$ を G の**既約接続行列**という．無向グラフ G が連結ならば G の全点木 T が存在し，T に対応する $A^{(r)}$ の $(n-1) \times (n-1)$ 部分行列 $A^{(r)}(T)$ は $\det A^{(r)}(T) = \pm 1$ で正則である．

例題 5.5 上の有向グラフでの議論が無向グラフでもできることを確かめよ．

解答： 図 5.2 の無向グラフ G と太線で示している G の全点木 T を用いて議論する．

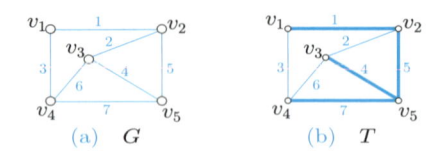

図 5.2 (a) 無向グラフ G，(b) G の全点木 T

G の接続行列 A から第 5 行を除いて得られる既約接続行列 $A^{(r)}$ と全点木 T に対応する行列 $A^{(r)}(T)$ は

$$A^{(r)} = \begin{pmatrix} 1 & 2 & 3 & 4 & 5 & 6 & 7 \\ 1 & 0 & 1 & 0 & 0 & 0 & 0 \\ 1 & 1 & 0 & 0 & 1 & 0 & 0 \\ 0 & 1 & 0 & 1 & 0 & 1 & 0 \\ 0 & 0 & 1 & 0 & 0 & 1 & 1 \end{pmatrix}, \quad A^{(r)}(T) = \begin{pmatrix} 1 & 4 & 5 & 7 \\ 1 & 0 & 0 & 0 \\ 1 & 0 & 1 & 0 \\ 0 & 1 & 0 & 0 \\ 0 & 0 & 0 & 1 \end{pmatrix}$$

となる．点 v_5 に接続している T の辺 $4, 5, 7$ に対応する各列ベクトルは非零要素をちょうど 1 個もち，それらは互いに異なる行にある．さらに，$A^{(r)}(T)$ からそれらの列ベクトルとそれらの列が非零要素をもつ行ベクトルを除去する．すなわち，列 $4, 5, 7$ と行 $2, 3, 4$ を除去する．すると，

$$\begin{pmatrix} 1 \\ 1 \end{pmatrix} \quad (1)$$

が得られる．なお，この操作は，辺 $4, 5, 7$ の縮約に対応する．したがって，T に対応する $A^{(r)}$ の正則な 4×4 部分行列 $A^{(r)}(T)$ は $\det A^{(r)}(T) = \pm 1$ である． □

注意： 無向グラフ G の既約接続行列 $A^{(r)}$ の正則な $(n-1) \times (n-1)$ 部分行列 A' が全点木に対応しないときもある．たとえば，以下の図のグラフ G を考える．G の接続行列 A から 4 行目を除去した既約接続行列 $A^{(r)}$ は以下のようになる．

$$A^{(r)} = \begin{pmatrix} 1 & 2 & 3 & 4 \\ 1 & 0 & 1 & 0 \\ 1 & 1 & 0 & 0 \\ 0 & 1 & 1 & 1 \end{pmatrix}$$

5.2 隣接行列と接続行列の性質

ここで,辺 1,2,3 の閉路 C に対応する列 1,2,3 からなる $A^{(r)}$ の 3×3 部分行列は

$$A' = \begin{matrix} 1 \\ 2 \\ 3 \end{matrix} \begin{pmatrix} 1 & 2 & 3 \\ 1 & 0 & 1 \\ 1 & 1 & 0 \\ 0 & 1 & 1 \end{pmatrix}$$

となり,$\det A' = 2$ となって正則である. □

閉路に対応する既約接続行列の正方部分行列が正則になるのはきわめて都合が悪い.そこで,これを避けるために,通常,無向グラフの接続行列を扱うときは,mod 2 の演算のもとで議論することが多い.この mod 2 の演算のもとでは,上記の注意で取り上げた

$$A' = \begin{pmatrix} 1 & 0 & 1 \\ 1 & 1 & 0 \\ 0 & 1 & 1 \end{pmatrix}$$

は正則でないことに注意しよう.同様に,接続行列 A のすべての行を mod 2 で和をとるとすべての要素が 0 の行ベクトルが得られる.したがって,接続行列 A のランクは,mod 2 の演算のもとで,既約接続行列 $A^{(r)}$ のランクに等しいことになり,以下が言える.

点数 n の無向グラフ G が連結ならば G の全点木 T が存在し,T に対応する G の既約接続行列 $A^{(r)}$ の $(n-1)\times(n-1)$ 部分行列 $A^{(r)}(T)$ は mod 2 の演算のもとで $\det A^{(r)}(T) = 1$ で正則である.逆に,mod 2 の演算のもとで $A^{(r)}$ の正則な $(n-1)\times(n-1)$ 部分行列 A' に対応する G の全点部分グラフ T' は G の全点木になる.したがって,有向グラフのときと同様に,定理 5.4 の無向版が得られる.さらにその系として,第 3 章のティータイムで取り上げた全点木の個数が得られる(演習問題 5.3).

定理 5.5 連結な無向グラフ G の異なる全点木の個数は,G のすべての辺に向きをつけて得られる有向グラフの既約行列を $A^{(r)}$ とすれば,$\det(A^{(r)}(A^{(r)})^{\mathrm{T}})$ に等しい. □

系 5.1 完全グラフ K_n に含まれる異なる全点木の個数は n^{n-2} である. □

5.3 カット

1.3 節で定義した点の次数の概念を，本節では点の部分集合にまで拡張する．無向グラフ G の点集合 $V(G)$ の任意の部分集合 X に対して，X の点と $V(G)-X$ の点を結ぶ辺の集合を $\delta(X)$ と表記する（必要ならばグラフ G を明記して $\delta_G(X)$ と書くことは前と同様である）．すなわち，

$$\delta(X) = \{(u,v) \in E(G) \mid u \in X, v \in V(G) - X\}$$

である．定義からわかるように，自己ループは完全に無視されることに注意しよう．$\emptyset \subset X \subset V(G)$ （すなわち $\emptyset \neq X \neq V(G)$）のとき，このような $\delta(X)$ を G の**カット**という．

同様に，有向グラフ G の任意の点部分集合 $X \subseteq V(G)$ に対して，X の点から $V(G)-X$ の点へ向かう辺の集合を $\delta^+(X)$，$V(G)-X$ の点から X の点へ向かう辺の集合を $\delta^-(X)$ と表記する．すなわち，

$$\delta^+(X) = \{(u,v) \in E(G) \mid u \in X, v \in V(G)-X\}, \quad \delta^-(X) = \delta^+(V(G)-X)$$

である．繰り返しになるが，ここでも定義からわかるように，自己ループは完全に無視されることに注意しよう．したがって，$X = \{v\}$ のとき，1.3 節の定義での $\delta^+(v)$ から v を始点とする自己ループをすべて除いたものがここでの $\delta^+(\{v\})$ になる．$\delta(\{v\})$ や $\delta^-(\{v\})$ についても同様である．$\emptyset \subset X \subset V(G)$ であり，かつ $\delta^-(X) = \emptyset$ のとき，$\delta^+(X)$ を G の**有向カット**という．$\delta^-(X) = \emptyset$ でない限り有向カットとはいわないことを注意しておく．なお，有向グラフ G の無向基礎グラフのカットに対応する $\delta(X) = \delta^+(X) \cup \delta^-(X)$ は，G の**無向カット**と呼ばれる．

カットの概念をさらに一般化する．グラフ G の任意の $X, Y \subseteq V(G)$ に対して，G が無向グラフのときは

$$E(X,Y) = \{(x,y) \in E(G) \mid x \in X-Y, y \in Y-X\},$$

G が有向グラフのときは

$$E^+(X,Y) = \{(x,y) \in E(G) \mid x \in X-Y, y \in Y-X\}$$

と定義する．G が無向グラフのときは，$E(X, V(G) - X) = \delta(X)$ であり，

$$E(X, Y) = E(X - Y, Y - X) = E(Y - X, X - Y) = E(Y, X)$$

である．G が有向グラフのときは，$E^+(X, V(G) - X) = \delta^+(X)$ であり，

$$E^+(X, Y) = E^+(X - Y, Y - X)$$

である．一般には，$E^+(X, Y) \neq E^+(Y, X)$ であることに注意しよう．

G が無向グラフのとき，点の部分集合 $X \subseteq V(G)$ に対して

$$\Gamma(X) = \{v \in V(G) - X \mid E(X, \{v\}) \neq \emptyset\}$$

を X の**隣接点集合**という．

5.3.1 カット関数の性質

カットと隣接点集合は，以下の定理を満たし，組合せ最適化とネットワークアルゴリズムで重要な役割を果たしている．

定理 5.6 有向グラフ G と任意の二つの点の部分集合 $X, Y \subseteq V(G)$ に対して，以下の (a), (b) が成立する．

(a) $|\delta^+(X)| + |\delta^+(Y)| = |\delta^+(X \cap Y)| + |\delta^+(X \cup Y)|$
$\qquad\qquad\qquad\qquad\qquad + |E^+(X, Y)| + |E^+(Y, X)|.$

(b) $|\delta^-(X)| + |\delta^-(Y)| = |\delta^-(X \cap Y)| + |\delta^-(X \cup Y)|$
$\qquad\qquad\qquad\qquad\qquad + |E^+(X, Y)| + |E^+(Y, X)|.$

無向グラフ G と任意の二つの点の部分集合 $X, Y \subseteq V(G)$ に対して，以下の (c), (d) が成立する．

(c) $|\delta(X)| + |\delta(Y)| = |\delta(X \cap Y)| + |\delta(X \cup Y)| + 2|E(X, Y)|.$

(d) $|\Gamma(X)| + |\Gamma(Y)| \geq |\Gamma(X \cap Y)| + |\Gamma(X \cup Y)|.$

証明： 単純な数え上げ議論で証明できる．図 5.3 を参照して (a) から証明しよう．図から $\delta^+(X) = A + B + C + D$, $\delta^+(Y) = B + D' + F' + H'$ であるので，

$$|\delta^+(X)| + |\delta^+(Y)| = |A| + 2|B| + |C| + |D| + |D'| + |F'| + |H'|$$

である．一方，$\delta^+(X \cup Y) = A + B + F'$, $\delta^+(X \cap Y) = B + C + H'$, $E^+(X, Y) = D$,

第 5 章　グラフの行列

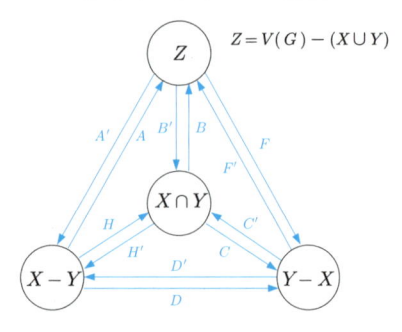

$Z = V(G) - (X \cup Y)$

図 5.3　有向グラフ G

$E^+(Y, X) = D'$ であるので,

$$|\delta^+(X \cup Y)| + |\delta^+(X \cap Y)| + |E^+(X, Y)| + |E^+(Y, X)|$$
$$= |A| + 2|B| + |C| + |D| + |D'| + |F'| + |H'|$$

である. したがって, (a) が得られた.

各辺 (v, w) の向きを逆向きにして (w, v) で置き換えれば, (b) は (a) と同じことになるので, (b) も言える.

(c) は (a) と同様の議論で得られるので, 演習問題 5.7 とする.

(d) は, $|\Gamma(X)| + |\Gamma(Y)| \geq |\Gamma(X \cup Y)| + |\Gamma(X) \cap \Gamma(Y)| + |\Gamma(X) \cap Y| + |\Gamma(Y) \cap X|$ と $\Gamma(X \cap Y) \subseteq (\Gamma(X) \cap \Gamma(Y)) \cup (\Gamma(X) \cap Y) \cup (\Gamma(Y) \cap X)$ に注意すれば, 得られる. □

例題 5.6　図 5.4 のグラフで補題 5.6 が成立することを確かめよ.

解答:　まず図 5.4(b) で考えてみる. $E^+(X, Y) = \{9\}$, $E^+(Y, X) = \emptyset$ かつ

$\delta^+(X) = \{3, 4, 9\},\ \delta^+(Y) = \{2\},\ \delta^+(X \cap Y) = \{3, 4\}\ \delta^+(X \cup Y) = \{2\}$

であるので,

$$|\delta^+(X)| + |\delta^+(Y)| = 3 + 1 = 2 + 1 + 1 + 0$$
$$= |\delta^+(X \cap Y)| + |\delta^+(X \cup Y)| + |E^+(X, Y)| + |E^+(Y, X)|$$

となり, (a) は確かに成立する. 同様に, $E^+(X, Y) = \{9\}$, $E^+(Y, X) = \emptyset$,

$\delta^-(X) = \{8\},\ \delta^-(Y) = \{5, 9\},\ \delta^-(X \cap Y) = \{5\},\ \delta^-(X \cup Y) = \{8\}$

であるので,

$$|\delta^-(X)| + |\delta^-(Y)| = 1 + 2 = 1 + 1 + 1 + 0$$
$$= |\delta^-(X \cap Y)| + |\delta^-(X \cup Y)| + |E^+(X, Y)| + |E^+(Y, X)|$$

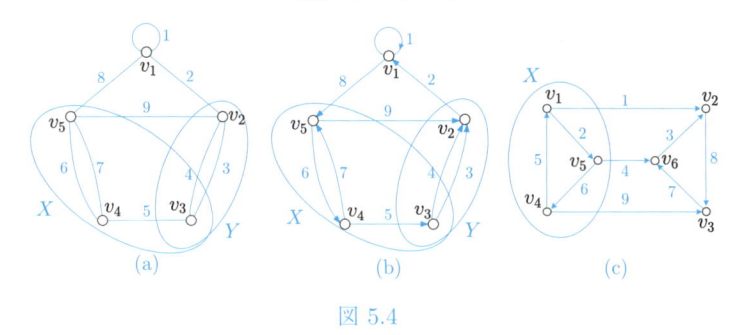

5.3 カット

図 5.4

となり，(b) も確かに成立する．

次に，図 5.4(a) で考えてみる．$E(X,Y) = \{9\}$ かつ

$$\delta(X)=\{3,4,8,9\},\ \delta(Y)=\{2,5,9\},\ \delta(X \cap Y)=\{3,4,5\},\ \delta(X \cup Y)=\{2,8\}$$

であるので，

$$|\delta(X)| + |\delta(Y)| = 4 + 3 = 3 + 2 + 2 \cdot 1 = |\delta(X \cap Y)| + |\delta(X \cup Y)| + 2|E(X,Y)|$$

となり，(c) は確かに成立する．同様に，

$$\Gamma(X)=\{v_1,v_2\},\ \Gamma(Y)=\{v_1,v_4,v_5\},\ \Gamma(X \cap Y)=\{v_2,v_4\},\ \Gamma(X \cup Y)=\{v_1\}$$

であるので，

$$|\Gamma(X)| + |\Gamma(Y)| = 2 + 3 = 5 \geq 3 = 2 + 1 = |\Gamma(X \cap Y)| + |\Gamma(X \cup Y)|$$

となり，(d) も確かに成立する． □

$|\delta^+|, |\delta^-|, |\delta|, |\Gamma|$ などの関数は，**集合関数**と呼ばれる．集合関数 $f : 2^U \to \mathbf{R}$ (U は有限集合で，2^U は U のすべての部分集合の族からなる U のべき集合である）のうちで，以下の三つの関数は，ネットワークアルゴリズムを含む組合せ最適化の分野で，現在重要な役割を果たしているきわめて大切な関数である．f は，すべての $X, Y \subseteq U$ に対して，

$f(X \cap Y) + f(X \cup Y) \leq f(X) + f(Y)$ ならば**劣モジュラー関数**，
$f(X \cap Y) + f(X \cup Y) \geq f(X) + f(Y)$ ならば**優モジュラー関数**，
$f(X \cap Y) + f(X \cup Y) = f(X) + f(Y)$ ならば**モジュラー関数**

と呼ばれる．したがって，定理 5.6 は，$|\delta^+|, |\delta^-|, |\delta|$ および $|\Gamma|$ が劣モジュラー関数であることを述べている．

5.3.2 カットとカットセット

極小なカットは，とくに，カットセットと呼ばれて，通常区別して用いられる．すなわち，無向グラフ G の極小なカットを G の**カットセット**という．また，有向グラフ G の極小な有向カットを G の**有向カットセット**という．

例題 5.7 下図のグラフ G と H のカットセットと（カットセットではない）カットの例を挙げよ．

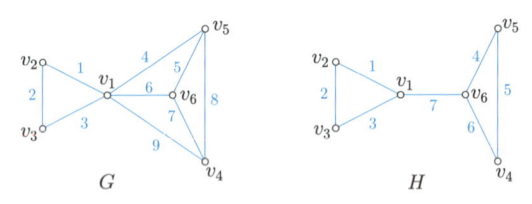

解答： $\delta(\{v_2, v_3\}) = \{1, 3\}$ は G のカットセットであり，$\delta(v_1) = \{1, 3, 4, 6, 9\}$ は G の（カットセットでない）カットである．$\delta(v_1) = \{1, 3, 4, 6, 9\}$ は G の二つのカットセット $\delta(\{v_2, v_3\}) = \{1, 3\}$ と $\delta(\{v_1, v_2, v_3\}) = \{4, 6, 9\}$ の直和で表せる．また，$\delta(\{v_2, v_3\}) = \{1, 3\}$ は H のカットセットであり，$\delta(\{v_1, v_6\}) = \{1, 3, 4, 6\}$ は H の（カットセットでない）カットである．$\delta(\{v_1, v_6\}) = \{1, 3, 4, 6\}$ は H の $\delta(\{v_2, v_3\}) = \{1, 3\}$ と $\delta(\{v_1, v_2, v_3, v_6\}) = \{4, 6\}$ の直和で表せる． □

閉路とカットセットには特殊な関係がある．閉ウォークとカットの間にも同様の関係が存在する．以下は，閉ウォークと閉路の関係，カットセットとカットの関係を特徴づけるものである．証明は演習問題 5.8 とする．

定理 5.7 無向グラフ（有向グラフ）G に対して以下が成立する．
(a) （有向）閉トレイルの辺集合はいくつかの（有向）閉路の辺集合に分割できる．
(b) （有向）カットはいくつかの（有向）カットセットに分割できる． □

5.4 基本閉路と基本カットセット

連結な無向グラフ $G = (V, E)$ の全点木 T に対して，T の辺集合も T で表すことにする．T に含まれない G の辺の集合，すなわち，$\overline{T} = E - T$ は**補木**と呼ばれる（図 5.5(a)）．補木 $\overline{T}$ に含まれる辺を**補木辺**と呼ぶ．

定理 3.1(a),(f) より，任意の補木辺 $e \in \overline{T}$ に対して，辺集合 $T \cup \{e\}$（で定

5.4 基本閉路と基本カットセット

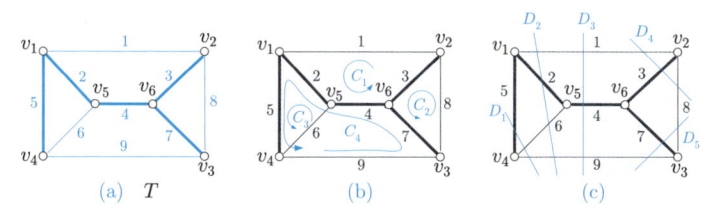

図 5.5 (a) グラフ G の全点木 $T = \{2, 3, 4, 5, 7\}$ と補木 $\overline{T} = \{1, 6, 8, 9\}$,
(b) T に関する基本閉路系 $\mathcal{C}(T) = \{C_1, C_2, C_3, C_4\}$,
(c) T に関する基本カットセット系 $\mathcal{D}(T) = \{D_1, D_2, D_3, D_4, D_5\}$

義される無向グラフ $(V, T \cup \{e\})$) は閉路を含む.このような閉路は唯一であることが簡単に言える.そこで,この閉路を木 T に関する補木辺 e の**基本閉路**といい,$C(e, T)$ と表記する.以下混乱が生じることはないと思われるので,この閉路の辺集合も $C(e, T)$ と表記する.もちろん,二つの異なる補木辺 e, e' に対して,$e \in C(e, T) - C(e', T)$ かつ $e' \in C(e', T) - C(e, T)$ であるので,$C(e, T) \neq C(e', T)$ である.したがって,$|\overline{T}| = |E - T|$ 個の基本閉路の集合 $\mathcal{C}(T) = \{C(e, T) \mid e \in \overline{T}\}$ が得られる.この集合 $\mathcal{C}(T)$ を木 T に関する**基本閉路系**という(図 5.5(b)).

同様に,全点木 T に含まれる辺を**木辺**と呼ぶ.補木 $\overline{T}$ および任意の木辺 $e \in T$ に対して,$\overline{T} \cup \{e\}$ は唯一のカットセット $D(e, T)$ を含む.これを木 T に関する木辺 e の**基本カットセット**という.もちろん,二つの異なる木辺 e, e' に対して,$e \in D(e, T) - D(e', T)$ かつ $e' \in D(e', T) - D(e, T)$ であるので,$D(e, T) \neq D(e', T)$ である.したがって,$|T|$ 個の基本カットセットの集合 $\mathcal{D}(T) = \{D(e, T) \mid e \in T\}$ が得られる.この集合 $\mathcal{D}(T)$ を木 T に関する**基本カットセット系**という(図 5.5(c)).

例題 5.8 図 5.5 のグラフ G の全点木 T を定め,T に関する基本閉路系と T に関する基本カットセット系を求めよ.

解答: グラフ G の全点木を図 (a) のように $T = \{2, 3, 4, 5, 7\}$ とする.すると,T に関する基本閉路系 $\mathcal{C}(T)$ は図 (b) のように,

$C_1 = \{1, 2, 3, 4\}, C_2 = \{8, 3, 7\}, C_3 = \{6, 2, 5\}, C_4 = \{9, 2, 4, 5, 7\}$

からなる.また,T に関する基本カットセット系 $\mathcal{D}(T)$ は図 (c) のように,

$D_1 = \{5, 6, 9\}, D_2 = \{2, 1, 6, 9\}, D_3 = \{4, 1, 9\}, D_4 = \{3, 1, 8\}, D_5 = \{7, 8, 9\}$

からなる. □

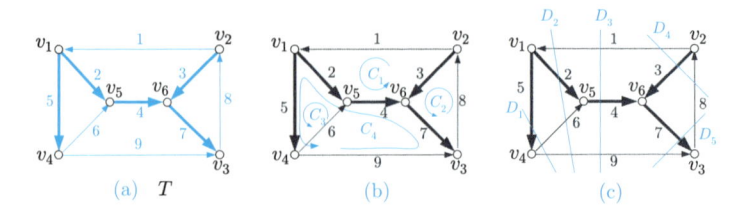

図 5.6 (a) 有向グラフ G の無向全点木 $T = \{2, 3, 4, 5, 7\}$ と補木 $\overline{T} = \{1, 6, 8, 9\}$,
(b) T に関する基本閉路系 $\mathcal{C}(T) = \{C_1, C_2, C_3, C_4\}$,
(c) T に関する基本カットセット系 $\mathcal{D}(T) = \{D_1, D_2, D_3, D_4, D_5\}$

有向グラフ G に対しても同様の定義ができる．まず，G の無向全点木 T に対して，G と T の辺の向きを無視して，上述のように，T に関する基本閉路系と基本カットセット系を考える．次に，それを有向グラフ G のものにするために向きを考慮する．補木 $\overline{T} = E - T$ の各補木辺 e に対して，無向閉路 $C(e, T)$ を e の向きに沿うように一巡する．そのとき無向閉路 $C(e, T)$ の辺集合は順方向にたどられる辺と逆方向にたどられる辺に分割される．順方向にたどられた辺には正の符号をつけ，逆方向にたどられた辺には負の符号をつけて，それを改めて T に関する $e \in \overline{T}$ の基本閉路といい，(混乱は生じないと思われるのでそれも) $C(e, T)$ と表記する．$\mathcal{C}(T) = \{C(e, T) \mid e \in \overline{T}\}$ を有向グラフ G の T に関する**基本閉路系**という (図 5.6(b))．

同様に，各辺 $e \in T$ に対して，無向カットセット $D(e, T)$ の各辺を e の向きに沿うように符号をつける．無向カットセット $D(e, T)$ が $\delta(X)$ と表されて，辺 $e = (u, v) \in T$ の始点 u が X に含まれているものとする．このとき，X に始点をもつような $D(e, T)$ の辺は正の符号をつけ，X に終点をもつような $D(e, T)$ の辺は負の符号をつけて，それを改めて T に関する $e \in \overline{T}$ の基本カットセットといい，(混乱は生じないと思われるのでそれも) $D(e, T)$ と表記する．$\mathcal{D}(T) = \{D(e, T) \mid e \in T\}$ を有向グラフ G の T に関する**基本カットセット系**という (図 5.6(c))．

例題 5.9 図 5.6 の有向グラフ G の無向全点木 T を定め，T に関する基本閉路系と T に関する基本カットセット系を求めよ．

解答： グラフ G の無向全点木を図 (a) のように $T = \{2, 3, 4, 5, 7\}$ とする．すると，

T に関する基本閉路系 $\mathcal{C}(T)$ は図 (b) のように，

$C_1 = \{1, 2, -3, 4\}$, $C_2 = \{8, 3, 7\}$, $C_3 = \{6, -2, 5\}$, $C_4 = \{9, -2, -4, 5, -7\}$

からなる．また，T に関する基本カットセット系 $\mathcal{D}(T)$ は図 (c) のように，

$D_1 = \{5, -6, -9\}$, $D_2 = \{2, -1, 6, 9\}$, $D_3 = \{4, -1, 9\}$, $D_4 = \{3, 1, -8\}$,
$D_5 = \{7, -8, 9\}$

からなる． □

5.5 基本閉路行列と基本カットセット行列

連結な有向グラフ $G = (V, E)$ の無向全点木 T に対して，T に関する基本閉路行列 $C = (c_{ij})$ は，すべての $i \in \overline{T} = E - T$, $j \in E$ に対して，

$$c_{ij} = \begin{cases} 1 & (j \in C(i, T)) \\ -1 & (-j \in C(i, T)) \\ 0 & (それ以外) \end{cases}$$

と定義される．同様に，基本カットセット行列 $D = (d_{ij})$ はすべての $i \in T$, $j \in E$ に対して，

$$d_{ij} = \begin{cases} 1 & (j \in D(i, T)) \\ -1 & (-j \in D(i, T)) \\ 0 & (それ以外) \end{cases}$$

と定義される．

連結な無向グラフ $G = (V, E)$ の全点木 T に対して，T に関する基本閉路行列 $C = (c_{ij})$ は，すべての $i \in \overline{T} = E - T$, $j \in E$ に対して，

$$c_{ij} = \begin{cases} 1 & (j \in C(i, T)) \\ 0 & (それ以外) \end{cases}$$

と定義される．同様に，基本カットセット行列 $D = (d_{ij})$ はすべての $i \in T$, $j \in E$ に対して，

$$d_{ij} = \begin{cases} 1 & (j \in D(i, T)) \\ 0 & (それ以外) \end{cases}$$

と定義される．

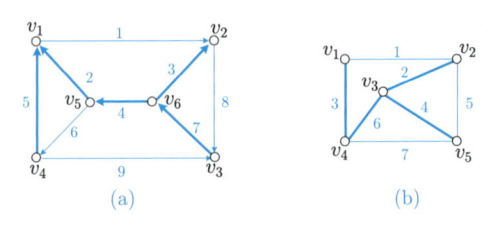

図 5.7 (a) 有向グラフ G の無向全点木 T (太線),
(b) 無向グラフ G の T (太線)

例題 5.10 図 5.7(a) の有向グラフ G の無向全点木 T を定め，T に関する基本閉路行列 $C=(c_{ij})$ と T に関する基本カットセット行列 $D=(d_{ij})$ を求めよ．さらに，$CD^{\mathrm{T}} = 0_{4,5}$ (すべての要素が 0 の 4×5 行列) であることを確かめよ．

解答： 有向グラフ G の無向全点木を太線で示したように $T=\{2,3,4,5,7\}$ とする．すると，T に関する基本閉路行列 $C=(c_{ij})$ と基本カットセット行列 $D=(d_{ij})$ は，

$$C = \begin{pmatrix} & 1 & 6 & 8 & 9 & 2 & 3 & 4 & 5 & 7 \\ 1 & 1 & 0 & 0 & 0 & 1 & -1 & 1 & 0 & 0 \\ 6 & 0 & 1 & 0 & 0 & -1 & 0 & 0 & 1 & 0 \\ 8 & 0 & 0 & 1 & 0 & 0 & 1 & 0 & 0 & 1 \\ 9 & 0 & 0 & 0 & 1 & 1 & 0 & 1 & -1 & 1 \end{pmatrix}$$

$$D = \begin{pmatrix} & 1 & 6 & 8 & 9 & 2 & 3 & 4 & 5 & 7 \\ 2 & -1 & 1 & 0 & -1 & 1 & 0 & 0 & 0 & 0 \\ 3 & 1 & 0 & -1 & 0 & 0 & 1 & 0 & 0 & 0 \\ 4 & -1 & 0 & 0 & -1 & 0 & 0 & 1 & 0 & 0 \\ 5 & 0 & -1 & 0 & 1 & 0 & 0 & 0 & 1 & 0 \\ 7 & 0 & 0 & -1 & -1 & 0 & 0 & 0 & 0 & 1 \end{pmatrix}$$

である．したがって，$CD^{\mathrm{T}}=0_{4,5}$ であることが容易に得られる． □

例題 5.11 図 5.7(b) の無向グラフ G の全点木 T を定め，T に関する基本閉路行列 $C=(c_{ij})$ と T に関する基本カットセット行列 $D=(d_{ij})$ を求めよ．さらに，mod 2 の演算のもとで，$CD^{\mathrm{T}}=0_{3,4}$ (すべての要素が 0 の 3×4 行列) であることを確かめよ．

解答： グラフ G の全点木を太線で示したように $T=\{2,3,4,6\}$ とする．すると，T に関する基本閉路行列 $C=(c_{ij})$ と基本カットセット行列 $D=(d_{ij})$ は，

$$C = \begin{pmatrix} & 1 & 5 & 7 & 2 & 3 & 4 & 6 \\ 1 & 1 & 0 & 0 & 1 & 1 & 0 & 1 \\ 5 & 0 & 1 & 0 & 1 & 0 & 1 & 0 \\ 7 & 0 & 0 & 1 & 0 & 0 & 1 & 1 \end{pmatrix}, \quad D = \begin{pmatrix} & 1 & 5 & 7 & 2 & 3 & 4 & 6 \\ 2 & 1 & 1 & 0 & 1 & 0 & 0 & 0 \\ 3 & 1 & 0 & 0 & 0 & 1 & 0 & 0 \\ 4 & 0 & 1 & 1 & 0 & 0 & 1 & 0 \\ 6 & 1 & 0 & 1 & 0 & 0 & 0 & 1 \end{pmatrix}$$

である．したがって，$CD^{\mathrm{T}}=0_{3,4}$ であることが容易に得られる． □

上記の例からもわかるように，一般に次の定理が成立する（演習問題 5.9）．

定理 5.8 I_n を $n \times n$ の単位行列（対角要素のみが 1 の 0, 1 行列）とする．有向グラフ G の無向全点木 T に関する基本閉路行列 $C = (c_{ij})$ と基本カットセット行列 $D = (d_{ij})$ は

$$C = \overline{T} \begin{pmatrix} \overline{T} & T \\ I_{|\overline{T}|} & F \end{pmatrix} \qquad D = T \begin{pmatrix} \overline{T} & T \\ F' & I_{|T|} \end{pmatrix}$$

と書け，$F' = -F^{\mathrm{T}}$ が成立する．したがって，$CD^{\mathrm{T}} = 0_{|\overline{T}|,|T|}$（すべての要素が 0 である $|\overline{T}| \times |T|$ 行列）となり，C のどの行ベクトルも D のすべての行ベクトルと直交する（このとき，行列 C, D は**直交する**と呼ばれる）．同様に，無向グラフ G の全点木 T に関する基本閉路行列 $C = (c_{ij})$ と基本カットセット行列 $D = (d_{ij})$ は，

$$C = \overline{T} \begin{pmatrix} \overline{T} & T \\ I_{|\overline{T}|} & F \end{pmatrix} \qquad D = T \begin{pmatrix} \overline{T} & T \\ F' & I_{|T|} \end{pmatrix}$$

と書け，$F' = F^{\mathrm{T}}$ が成立する．したがって，mod 2 の演算のもとで，$CD^{\mathrm{T}} = 0_{|\overline{T}|,|T|}$（すべての要素が 0 である $|\overline{T}| \times |T|$ 行列）となり，C のどの行ベクトルも D のすべての行ベクトルと直交する． □

5.6 本章のまとめ

本章では，グラフの隣接行列，接続行列，既約接続行列，基本閉路行列，基本カットセット行列を定義し，それらの性質を与えた．これらの行列は回路の解析でもしばしば用いられている．とくに，基本閉路行列は，補木の辺を流れる電流を独立変数として選び，キルヒホッフの電流則に基づいて木の辺を流れる電流の式を求め，オームの法則とキルヒホッフの電圧則に基づいて方程式を立てて回路を解析するときに用いられる．同様に，基本カットセット行列（と既約接続行列）は，木の辺の 2 端点間の電圧（電位差）を独立変数として選び，キルヒホッフの電圧則に基づいて補木の辺の 2 端点間の電圧（電位差）の式を求め，オームの法則とキルヒホッフの電流則に基づいて方程式を立てて回路を解析するときに用いられる．そのようなことから，グラフ理論は，回路解析とキルヒホッフの法則とともに発展してきたとも言われている．

カット関数の最小化，すなわち，グラフ（ネットワーク）の最小カットを求める問題は，組合せ最適化の代表的な問題である．これは，ネットワーク問題の代表とも言

える最大フロー問題を解くことで解決できる．また，定理 5.6 より，カット関数が劣モジュラー関数であることに注目すれば，劣モジュラー関数の最小化は，最小カット問題をさらに一般的した問題と言える．したがって，組合せ最適化の分野で，きわめて幅広い応用を有するものである．詳細はかなり専門的になり，本書のレベルをはるかに超えるので省略する．

なお，本章の内容は巻末の参考文献 [34, 50] などの本でも取り上げられている．

===== 演 習 問 題 =====

5.1 定理 5.1(a) を証明せよ．
5.2 定理 5.2 を証明せよ．
5.3 定理 5.5 を用いて系 5.1 を証明せよ．
5.4 図 5.1 の有向グラフ G の図 (b) の無向全点木 T に関する基本閉路行列と基本カットセット行列を求めよ．そしてそれらが直交することを確かめよ．
5.5 図 5.2 の無向グラフ G の図 (b) の全点木 T に関する基本閉路行列と基本カットセット行列を求めよ．それらが mod 2 の演算のもとで直交することを確かめよ．
5.6 既約接続行列と基本閉路行列は直交することを示せ．
5.7 定理 5.6(c) を証明せよ．
5.8 定理 5.7 を証明せよ．
5.9 定理 5.8 を説明せよ．

ティータイム

岩田覚と藤重悟とフライシャー (L. Fleischer) は，劣モジュラー関数の最小化に対して強多項式時間アルゴリズムを与えている（同時期に独立に，スクライファー (A. Schriver) も同様の結果を与えている）．彼らは，この業績により，国際数理計画法学会 (MPS) から組合せ最適化の分野の最高権威の賞とも言えるファルカーソン (D.R. Fulkerson) 賞を 2003 年に受賞している．

第6章

グラフの連結性

本章の目標 ネットワークの信頼性と耐故障性に関係するグラフの連結性の基礎概念を理解する．さらに，関連するグラフ理論の基本的な概念を理解する．

本章のキーワード 連結成分，強連結成分，切断点，橋，2-連結グラフ，耳分解，2-辺連結グラフ，ブロック，ブロック切断点グラフ，辺素パス，内素パス，点素パス，k-連結グラフ，k-辺連結グラフ，点連結度，辺連結度，3-連結グラフ，分離操作，辺の分離操作，車輪グラフ，マーダーのリフティング定理，メンガーの定理，ホイットニーの定理

ウォーミングアップクイズ

以下の (a), (b), (c), (d) の無向グラフは，それぞれ，点や辺が故障すると（除去されると）残りのグラフは通信不可能（非連結）になる．それぞれのグラフで，最低何個の点が故障すると通信不可能になるかを答えよ．また，それぞれのグラフで，最低何本の辺が故障すると通信不可能になるかを答えよ．

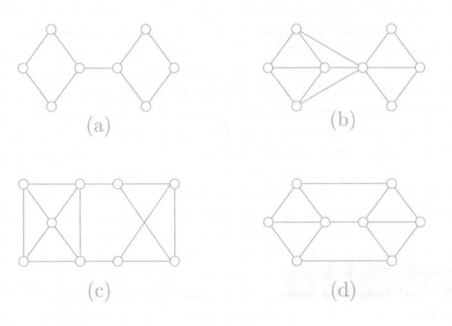

ウォーミングアップクイズの解説

点の故障に対しては次のページの左図の通りである．(a) のグラフでは点 v を除去すると非連結になる．(b) のグラフでも点 v を除去すると非連結になる．(c) のグラフでは点 u, v を除去すると非連結になる．(d) のグラフでは点 u, v, w を除去すると非連結になる．これらはいずれも非連結にするのに必要な除去しなければならない点の最小数である．

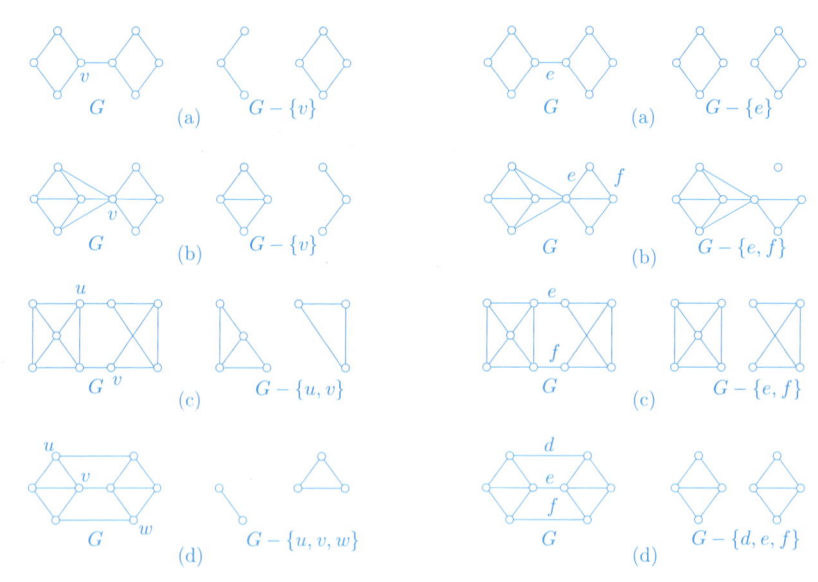

一方，辺の故障に関しては上の右図の通りである．(a) のグラフでは辺 e を除去すると非連結になる．(b) のグラフでは辺 e, f を除去すると非連結になる．(c) のグラフでも辺 e, f を除去すると非連結になる．(d) のグラフでは辺 d, e, f, を除去すると非連結になる．これらはいずれも非連結にするのに必要な除去しなければならない辺の最小数である． □

ネットワークの設計においては，設置費用を考慮しながら，故障に強いネットワークの構成が要求される．中継地（点）の故障や通信回線（辺）の故障が生じても，迂回路の存在することが必要である．本章では，このような耐故障性を考慮した高信頼ネットワーク設計に関係するグラフの基礎概念を学ぶ．したがって，自己ループのないグラフのみを対象とする．

6.1 グラフの連結性

1.1 節と 1.2 節で，連結グラフと連結成分，強連結グラフと強連結成分について説明した．すなわち，無向グラフ G は，どの 2 点 $u, v \in V(G)$ に対しても u と v を結ぶパスがあるとき，**連結**であると呼ばれ，そうでないとき，**非連結**であると呼ばれた．また，G の（点集合に関して）極大な連結誘導部分グラフを G の**連結成分**と呼んだ．一方，有向グラフ G は，どの 2 点 $u, v \in V(G)$ に対しても u から v への有向パスと v から u への有向パスがあるとき，**強連結**であると呼んだ．そして，G の（点集合に関して）極大な強連結誘導部分グラフを

G の**強連結成分**と呼んだ.

本節では,連結性に関するこれらの基本的な概念をさらに一般化する.なお,無向グラフ G の連結成分の個数を $\mathrm{comp}(G)$ と表記する.

6.1.1 切断点とその性質

G から点 v を除去して得られるグラフ $G-\{v\}$ の連結成分数 $\mathrm{comp}(G-\{v\})$ が G の連結成分数 $\mathrm{comp}(G)$ より真に大きくなるとき,v を**切断点**あるいは**関節点**という.たとえば,図 6.1 のグラフ G は連結で $\mathrm{comp}(G) = 1$ であるが,$G-\{v_1\}$ は非連結で $\mathrm{comp}(G-\{v_1\}) = 2$ であるので,点 v_1 は切断点である.

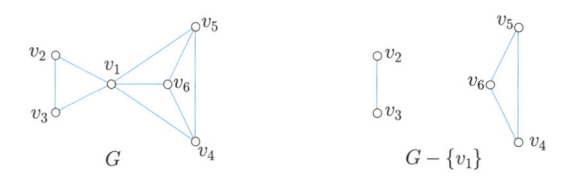

図 6.1 グラフ G の切断点 v_1 と $G-\{v_1\}$

切断点に関して以下の定理が成立する.

定理 6.1 連結な無向グラフ G の任意の点 v に関して以下の (a),(b),(c) は互いに等価である.
 (a) v は G の切断点である.
 (b) u と w を結ぶパスは必ず v を通るというような v と異なる 2 点 u,w が G に存在する.
 (c) 任意の $u \in U$ と $w \in W$ を結ぶ G のパスが必ず v を通るというような二つの非空集合 U,W による $V(G)-\{v\}$ の二分割が存在する.

証明: (a) $\Rightarrow$ (b):v を G の切断点とする.G は連結であるので,切断点の定義より,$G-\{v\}$ は非連結になる.したがって,$G-\{v\}$ には二つの異なる連結成分 C_1, C_2 が存在するので,u を C_1 の点,w を C_2 の点とする.もちろん,G は連結であるので,u と w を結ぶパス P が存在する.このパス P が v を通らないとすると,P は u と w を結ぶ $G-\{v\}$ のパスとなり,u と w がそれぞれ $G-\{v\}$ の二つの異なる連結成分 C_1, C_2 に属することに反する.したがって,P は必ず v を通る.

(b) $\Rightarrow$ (c):u と w を結ぶ G のどのパスも必ず v を通るとする.すると,$G-\{v\}$ に u と w を結ぶパスは存在しなくなる.したがって,$G-\{v\}$ は非連結である.そこで,u を含む $G-\{v\}$ の連結成分を C_1 とし,それ以外の連結成分をすべて集めてそれ

を C_2 とする．C_1 の点集合を U とし，C_2 の点集合を W とする．すると，$u \in U \neq \emptyset$, $w \in W \neq \emptyset, U \cap W = \emptyset, U \cup W = V(G) - \{v\}$ となる．さらに，任意の $u' \in U$ と任意の $w' \in W$ に対して，$G - \{v\}$ には u' と w' を結ぶパスがなく，連結な G の u' と w' を結ぶパスは必ず v を通ることになる．

(c) $\Rightarrow$ (a)：$U \neq \emptyset, W \neq \emptyset, U \cap W = \emptyset, U \cup W = V(G) - \{v\}$ であり，任意の $u \in U$ と任意の $w \in W$ に対して，u と w を結ぶ連結グラフ G のパスが必ず v を通るとする．すると，$G - \{v\}$ には u と w を結ぶパスがなくなるので，$G - \{v\}$ は非連結である．したがって，v は G の切断点である． □

6.1.2 橋とその性質

点に対して切断点を定義したように，辺に対しても同様の定義ができる．G から辺 e を除去して得られるグラフ $G - \{e\}$ の連結成分数 $\mathrm{comp}(G - \{e\})$ が G の連結成分数 $\mathrm{comp}(G)$ より真に大きくなるとき，e を**橋**という．たとえば，図 6.2 のグラフ G は連結で $\mathrm{comp}(G) = 1$ であるが，$G - \{e\}$ は非連結で $\mathrm{comp}(G - \{e\}) = 2$ であるので，辺 e は橋である．

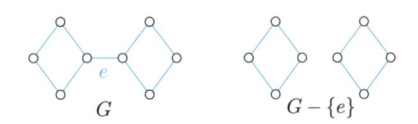

図 6.2　グラフ G の橋 e と $G - \{e\}$

橋に関して以下の定理が成立する．証明は定理 6.1 の証明とほぼ同様にできる（演習問題 6.1）．

定理 6.2　連結な無向グラフ G の任意の辺 e に関して以下の (a), (b), (c), (d) は互いに等価である．

(a)　e は G の橋である．
(b)　e を含む閉路は存在しない．
(c)　u と w を結ぶパスは必ず e を通るというような異なる 2 点 u, w が G に存在する．
(d)　任意の $u \in U$ と $w \in W$ を結ぶ G のパスは必ず e を通るというような二つの非空集合 U, W による $V(G)$ の二分割が存在する． □

6.2 2-連結グラフ

自己ループと切断点をもたない 3 点以上の連結な無向グラフを **2-連結グラフ** という（図 6.3(b)）．切断点をもたないので，どの点 $v \in V(G)$ を除去しても，$G - \{v\}$ は連結である．橋をもたない連結な 2 点以上の無向グラフを **2-辺連結グラフ** という．橋をもたないので，どの辺 $e \in V(G)$ を除去しても，$G - \{e\}$ は連結である．図 6.3(a) のグラフ G は，2-辺連結であるが，2-連結ではない．

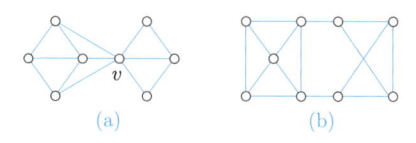

図 6.3 (a) 2-辺連結グラフ（v が切断点であるので 2-連結グラフではない），
(b) 2-連結グラフ

2-連結グラフ G は橋をもたない．まずこれを示そう．

定理 6.3 2-連結グラフ G は橋をもたない．

証明： G が橋 $e = (u, v)$ をもつとする．すると，$G - \{e\}$ は非連結になり，点 u を含む連結成分 C_1 と点 v を含む連結成分 C_2 の二つの連結成分からなる．G は 3 点以上含むので，少なくとも一方の連結成分は 2 点以上になる．対称性から，C_2 が 2 点以上もつとする．すると，$G - \{v\}$ は C_1 と $C_2 - \{v\}$ の連結成分からなり，v が G の切断点になる．しかしこれは，G が 2-連結であることに反する．したがって，(3 点以上の点からなる) 2-連結グラフ G は，橋をもたないことが得られた． □

グラフ G の二つのパス P_1, P_2 は，辺を共有しないとき，**辺素**であると呼ばれる．なお，パス P_1, P_2 は点を共有してもかまわない．一方，パス P_1, P_2 は，両端点以外で点を共有しないとき，**内素**であると呼ばれる．なお，内素なパスを**点素**であると呼んでいる文献もある．

以下の図は，(a) のグラフ G の 2 点 s, t を結ぶ 2 本の内素パスと 3 本の辺素パスをそれぞれ (b) と (c) に太線で示している．

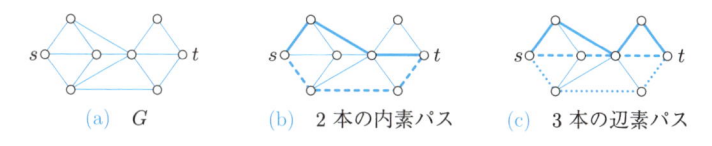

(a) G (b) 2 本の内素パス   (c) 3 本の辺素パス

6.2.1 2-連結グラフの特徴付け

2-連結グラフに関して以下の定理が成立する．

定理 6.4 3 点以上の点からなる連結な無向単純グラフ G において以下の (a)〜(h) は互いに等価である．

(a) G は 2-連結である．
(b) G の任意の 2 点 u, v に対して，u と v を含む閉路が存在する．
(c) G の任意の点 v と辺 e に対して，v と e を含む閉路が存在する．
(d) G の任意の 2 辺 e, f に対して，e と f を含む閉路が存在する．
(e) G の任意の 2 点 u, v と辺 e に対して，u と v を結ぶパスで e を含むようなものが存在する．
(f) G の任意の 3 点 u, v, w に対して，それらのいずれの 2 点を選んでも，その 2 点を結ぶパスで残りの 1 点を含むようなものが存在する．
(g) G の任意の 3 点 u, v, w に対して，それらのいずれの 2 点を選んでも，その 2 点を結ぶパスで残りの 1 点を含まないようなものが存在する．
(h) G の任意の 2 点 u, v に対して，u と v を結ぶ 2 本以上の内素なパスが存在する．

証明： (a) $\Leftrightarrow$ (g) のみを証明する．ほかの証明は演習問題 6.2 とする．
(a) $\Rightarrow$ (g)：(g) が成立しないとする．すると，(G は連結であるので任意の 2 点間を結ぶパスが存在するが) 点 u と点 w を結ぶどのパスも必ず点 v を通るというような G の 3 点 u, v, w が存在する．したがって，定理 6.1 より，v は切断点となってしまう．これは，(a) の G が 2-連結であることに反する．
(g) $\Rightarrow$ (a)：(a) が成立しないとする．すると，G は連結であるので，切断点をもつことになる．切断点を任意に 1 点選びそれを v とする．すると，定理 6.1 より，点 u と点 w を結ぶどのパスも必ず点 v を通るというような 2 点 u, w が存在する．したがって，(g) が成立しないことになる． □

6.2.2 耳分解

グラフ G が以下の条件 (a), (b) を満たす 1 個の閉路 P_1 とパス $P_2, \cdots, P_k$ に分割できるとき，この系列 $P_1, P_2, \cdots, P_k$ を G のプロパーな耳分解という．

(a) P_1 は 3 点以上の点からなる閉路である．
(b) 各 P_i ($i \in \{2, \ldots, k\}$) は，両端点のみが $V(P_1) \cup V(P_2) \cup \cdots \cup V(P_{i-1})$

6.2 2-連結グラフ

に属する（両端点以外の点は $V(P_1) \cup V(P_2) \cup \cdots \cup V(P_{i-1})$ に属さない）長さ 1 以上のパスである（P_i はパスであるので両端点は異なる）．

図 6.4 はグラフのプロパーな耳分解の例である．図では各 P_i ($i = 2, 3, 4, 5, 6$) の両端点を矢印で示している．

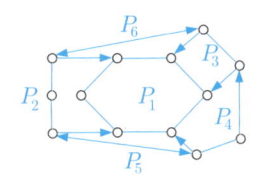

図 6.4 グラフのプロパーな耳分解

以下の定理は，ホイットニー (H. Whitney) による耳分解に基づく 2-連結グラフの特徴付けである．

定理 6.5（**ホイットニーの耳分解定理**） 無向グラフ G が 2-連結グラフであるための必要十分条件は，G がプロパーな耳分解をもつことである．

証明： 明らかに，長さ 3 以上の閉路は 2-連結である．さらに，G が 2-連結ならば，$x \neq y$ となる 2 点 $x, y \in V(G)$ を結ぶパスを加えたグラフも 2-連結である．実際，これは任意に 1 点除去しても連結であることからすぐにわかる．したがって，プロパーな耳分解をもつグラフは 2-連結であることが得られる．

逆を示そう．G を 2-連結グラフとし，G' を G の各並列辺を 1 本の辺で置き換えて得られる単純なグラフとする．明らかに G' も 2-連結である．したがって，G' は木とはなりえないので閉路を含む．G' は単純であるので，閉路は長さ 3 以上となり，G も長さ 3 以上の閉路を含む．H をプロパーな耳分解をもつ G の極大な部分グラフとする．もちろん，上述の議論から H は存在し，3 個以上の点を含む．

H が G の全点部分グラフでないと仮定してみる．すると，G は連結であるので，$x \in V(H)$ かつ $y \notin V(H)$ となる辺 $e = (x, y) \in E(G)$ が存在する．z を $V(H) - \{x\}$ に属する点とする．$G - \{x\}$ が連結であるので，$G - \{x\}$ に y から z へのパス P が存在する．パス P 上で y からたどったとき，$V(H)$ に属する最初の点を z' とする．すると，辺 $e = (x, y)$ にパス P の y から z' の部分をつなげて得られるパス P' は H に耳として加えることができることになる．これは H の極大性に反する．

したがって H は G の全点部分グラフである．さらに $E(G) - E(H)$ の辺も存在すれば H に耳として加えることができるので，$H = G$ が得られる． □

6.2.3 2-連結成分

G を 2 点以上の連結な無向単純グラフとする．切断点をもたないような G の極大な連結部分グラフが 3 点以上のとき，それを G の**ブロック**という．したがって，各ブロックは 2-連結グラフである．二つのブロックは高々 1 点のみしか共有しない．また，2 個以上のブロックに属する点は切断点になる．さらに，G からブロックに属するすべての辺を除いて得られるグラフ G' の各辺は橋となる．そこで，G のブロック，1 本の橋を，便宜上，G の **2-連結成分**ということにする．非連結な単純グラフ G に対しては，G の 2 点以上の各連結成分の 2-連結成分を G の 2-連結成分という．たとえば，図 6.5(a) のグラフ G では，$G_1, G_2, \cdots, G_9$ が 2-連結成分であり，s, t, u, v, w, x, y, z が切断点である．

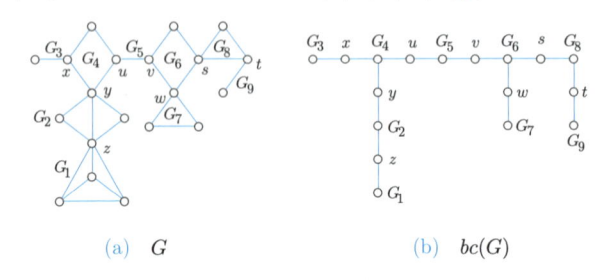

(a) G (b) $bc(G)$

図 6.5 (a) グラフ G の 2-連結成分 $G_1, G_2, \cdots, G_9$ と切断点 s, t, u, v, w, x, y, z，(b) G のブロック切断点グラフ $bc(G)$

グラフを連結成分に分割するとその構造がわかりやすくなり，様々な性質を調べるのにも役に立つ．同様に，グラフを 2-連結成分に分割すると，さらに詳細な構造が把握しやすくなる．無向グラフ G のすべての 2-連結成分の集合 $G_1, G_2, \cdots, G_k$ とすべての切断点の集合 $v_1, v_2, \cdots, v_j$ に対して，それらを点集合とし，2-連結成分 G_h が切断点 v_i を含むときそしてそのときのみ辺 (G_h, v_i) を考えて得られるグラフ F を G の**ブロック切断点グラフ**という．すなわち，

$$V(F) = \{G_1, G_2, \cdots, G_k, v_1, v_2, \cdots, v_j\}, \quad E(F) = \{(G_h, v_i) \mid v_i \in V(G_h)\}$$

として定義されるグラフ $F = (V(F), E(F))$ が G のブロック切断点グラフである．G のブロック切断点グラフを $bc(G)$ と表記する．図 6.5(b) は，図 6.5(a) のグラフ G のブロック切断点グラフ $bc(G)$ である．連結な無向グラフ G のブロック切断点グラフ $bc(G)$ は閉路をもたず連結であるので，木となる．一般の

無向グラフ G のブロック切断点グラフ $bc(G)$ は森となる．

6.2.4　2-辺連結グラフの特徴付け

以下は，2-辺連結グラフの特徴付けである．証明は演習問題 6.3 で取り上げる．

定理 6.6　2 点以上の点からなる連結な無向グラフ G において以下の (a), (b), (c) は互いに等価である．
- (a)　G は 2-辺連結である．
- (b)　G は橋をもたない．
- (c)　G の任意の 2 点 u, v に対して，u と v を結ぶ 2 本以上の辺素なパスが存在する． □

6.3　k-連結グラフ

2-連結性を拡張して，任意の $k \geq 2$ に対して，k-連結性が定義されている．$k+1$ 個以上の点からなる無向グラフは，任意に $k-1$ 個以下の点を除去しても連結であるとき，**k-連結**であると呼ばれる．2 点以上で辺数 k 以上の無向グラフは，任意に $k-1$ 個以下の辺を除去しても連結であるとき，**k-辺連結**であると呼ばれる．なお，2 点以上の連結なグラフを 1-連結（1-辺連結）グラフということも多い．したがって，任意の $k \geq 2$ に対して，k-連結グラフが $(k-1)$-連結であること，および k-辺連結グラフが $(k-1)$-辺連結であることは自明である．図 6.6(a) のグラフは，3-辺連結であるが，2 点 u, v を除去すると非連結になるので 3-連結グラフではない．一方，図 6.6(b) のグラフは，3-連結かつ 3-辺連結である．また，n 点の完全グラフ K_n が $(n-1)$-連結かつ $(n-1)$-辺連結であることは，容易に確かめられる．

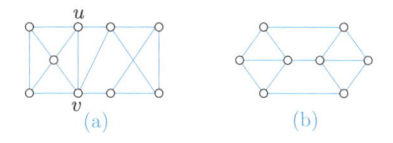

図 6.6　(a) 3-辺連結グラフ（3-連結ではない），(b) 3-連結グラフ

なお，点連結性は多重辺を 1 本の辺で置き換えて得られる単純グラフでも保

存される．一方，辺連結性は多重グラフで定義されていて，多重辺を 1 本の辺で置き換えてしまうと得られるグラフの辺連結性は異なるものになる．

6.3.1 グラフの連結度

グラフ G が k-連結であるような最大の k は G の**点連結度**あるいは単に**連結度**と呼ばれ，$\kappa(G)$ と表記される．同様に，G の k-辺連結であるような最大の k は G の**辺連結度**と呼ばれ，$\lambda(G)$ と表記される．したがって，非連結なグラフと K_1 は点連結度（辺連結度）0 であり，2 点以上の連結なグラフの点連結度（辺連結度）は 1 以上となる．G の点の最小次数を $\delta(G)$ と表記する．すると，$\kappa(G), \lambda(G), \delta(G)$ には，$\kappa(G) \leq \lambda(G) \leq \delta(G)$ の関係式が成立する．

図 6.7 は $\kappa(G) = 2, \lambda(G) = 3, \delta(G) = 4$ のグラフ G の例である．

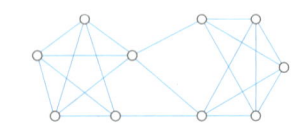

図 6.7　$\kappa(G) = 2, \lambda(G) = 3, \delta(G) = 4$ のグラフ G

定理 6.7　2 点以上の連結な無向グラフ G では $\kappa(G) \leq \lambda(G) \leq \delta(G)$ である．

証明：　次数最小の点 v に接続する辺の集合を $\delta(v)$ とする．すると，$\delta(G) = |\delta(v)|$ が成立する．v に接続する辺をすべて除去して得られるグラフ $G - \delta(v)$ は明らかに非連結であるので，G の辺連結度 $\lambda(G)$ は $\delta(G)$ 以下となる．

次に $\kappa(G) \leq \lambda(G)$ を示す．G の点数が $\lambda(G) + 1$ 以下ならば G の連結度は明らかに $\lambda(G)$ 以下である．そこでこれ以降，G の点数は $\lambda(G) + 2$ 以上であるとする．F を $|F| = \lambda(G)$ であり，かつ $G - F$ が非連結になる G の辺集合とする．辺連結度の定義から，$\lambda(G)$ 個未満の辺を除いても連結であるので，$G - F$ は二つの連結成分 G_1 と G_2 からなり，F の辺はいずれも G_1 の点と G_2 の点を結ぶものになっている（図 6.8(a)）．したがって，辺集合 F で誘導される G の辺誘導部分グラフ $H = G|F$ は二部グラフになる．そこで，G_i の点の部分集合 U_i ($i = 1, 2$) を用いて H が二部グラフ $H = (U_1, U_2, F)$（図 6.8(a) の影のついている部分）と書けるとする．そして，対称性より，$|U_1| \leq |U_2|$ と仮定する．すると，$1 \leq |U_1| \leq |U_2| \leq \lambda(G)$ である．さらに，G_i ($i = 1, 2$) の点集合を $V(G_i)$ とする．このとき，$|U_1| < |V(G_1)|$ あるいは $|U_2| < |V(G_2)|$ であるとする．すると，$|U_1| < |V(G_1)|$ ならば $G - U_1$ が非連結になり，$|U_2| < |V(G_2)|$ ならば $G - U_2$ が非連結になるので，G の連結度 $\kappa(G)$ は $\lambda(G)$ 以下であることが得られる．

そこで，残りの場合を議論する．すなわち，$|U_1| = |V(G_1)|$ かつ $|U_2| = |V(G_2)|$

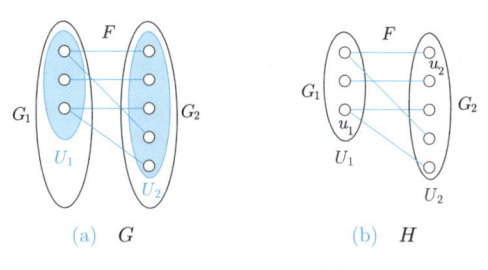

図 6.8 $\kappa(G) \leq \lambda(G)$ の証明の説明図

が成立するとする（図 6.8(b)）．このとき，

$$|V(H)| = |U_1| + |U_2| = |V(G_1)| + |V(G_2)| \geq \lambda(G) + 2$$

かつ $|E(H)| = |F| = \lambda(G)$ であるので，定理 3.1 より，H は非連結で二つ以上の連結成分からなる．したがって，H で隣接していない（すなわち $(u_1, u_2) \notin F$ となる）2 点 $u_1 \in U_1, u_2 \in U_2$ が存在する．そこで，$\Gamma(u_1)$ を H で u_1 に隣接する U_2 の点集合とし，その点数を $k = |\Gamma(u_1)|$ とする．すると，$u_2 \notin \Gamma(u_1)$ であり，$G - (U_1 - \{u_1\})$ で u_1 に隣接する点の集合は $\Gamma(u_1)$ となる．そこで，

$$X = (U_1 - \{u_1\}) \cup \Gamma(u_1)$$

とする．すると，$G - X$ は非連結になり，$u_1 \in U_1$ と $u_2 \in U_2$ は異なる連結成分に属する．さらに，$H = (U_1, U_2, F)$ で $U_1 - \{u_1\}$ の点に接続する辺の総数は $\lambda(G) - k$ であり，各 $u \in U_1$ の次数は 0 でないので，$|U_1 - \{u_1\}| \leq \lambda(G) - k$ である．したがって，$|X| \leq \lambda(G)$ である．すなわち，G の連結度 $\kappa(G)$ は $\lambda(G)$ 以下である． □

任意の正整数 $a \leq b \leq c$ に対して，図 6.7 のような $\kappa(G) = a$, $\lambda(G) = b$, $\delta(G) = c$ を満たす無向グラフ G が存在するので，定理 6.7 の不等式はそれ以上改善できない（詳細は読者の演習問題とする）．

6.4 メンガーの定理

2-連結グラフの内素パスによる特徴付け（グラフ G が 2-連結であるための必要十分条件は，G のどの 2 点 u, v に対しても u と v を結ぶ 2 本以上の内素パスが存在すること）を定理 6.4 で，2-辺連結グラフの辺素パスによる特徴付け（グラフ G が 2-辺連結であるための必要十分条件は，G のどの 2 点 u, v に対しても u と v を結ぶ 2 本以上の辺素パスが存在すること）を定理 6.6 で与えた．

本節では，これらの一般化である k-辺連結グラフと k-連結グラフの特徴付け，すなわち，メンガー (K. Menger) の定理とその証明を与える．

定理 6.8（メンガーの定理） 連結なグラフ G の 2 点 s, t と正整数 k に対して，k 本の辺素な s-t-パスが G に存在するための必要十分条件は，$k-1$ 本以下のどの辺を除去しても s から t へのパスが G に存在することである．

証明： 必要性は明らかである．実際，k 本の辺素な s-t-パス $\{P_1, P_2, \cdots, P_k\}$ が G に存在するときは，$k-1$ 本以下の辺をどのように選んで除去しても，$\{P_1, P_2, \cdots, P_k\}$ のいずれかのパスは辺が除去されないで残るからである．

次に，十分性を k についての帰納法で証明する．

まず有向グラフのときの十分性を証明する．$k=1$ のときは明らかである．そこで，$k-1 \geq 1$ まで成立すると仮定して，k のときを考える．G を $k-1$ 本以下のどの辺を除去しても s から t へのパスが存在するグラフとする．したがって，G は $k-2$ 本以下のどの辺を除去しても s から t へのパスが存在するグラフであり，帰納法の仮定から，G には $k-1$ 本の辺素な s-t-パス $\{P_1, P_2, \cdots, P_{k-1}\}$ が存在する（図 6.9(a)）．このとき，後述するように，$\{P_1, P_2, \cdots, P_{k-1}\}$ に含まれない辺と $\{P_1, P_2, \cdots, P_{k-1}\}$ に含まれる辺を逆にたどる辺からなるパス P が存在することが言える（図 6.9(b)）．すると，$\{P_1, P_2, \cdots, P_{k-1}\}$ の辺から P に逆向きに含まれる辺を除いた残りの辺と，P に含まれる辺から（逆向きの辺が）$\{P_1, P_2, \cdots, P_{k-1}\}$ に含まれる辺を除いた残りの辺からなるグラフ（これは G の部分グラフとなる）に k 本の辺素な s-t-パス $Q_1, Q_2, \cdots, Q_k$ が存在することが得られる（図 6.9(c)）．したがって，k でも成立することが得られ，十分性の証明が完成する．

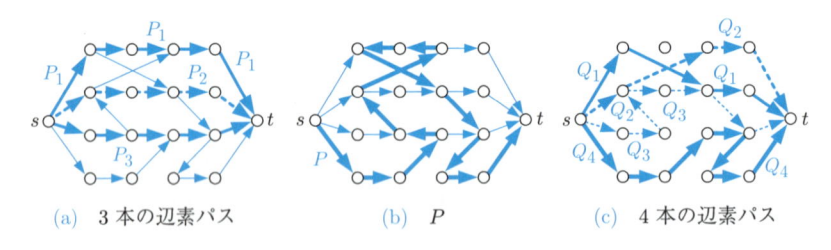

(a) 3 本の辺素パス　　(b) P　　(c) 4 本の辺素パス

図 6.9　(a) $k-1=3$ 本の辺を除去しても s から t へのパスが存在するグラフ G の 3 本の辺素パス $\{P_1, P_2, P_3\}$（太線），(b) $\{P_1, P_2, P_3\}$ に含まれない辺と $\{P_1, P_2, P_3\}$ に含まれる辺を逆にたどるパス P（太線），(c) $k=4$ 本の辺素パス $\{Q_1, Q_2, Q_3, Q_4\}$

そこで，まずはじめに，上記のようなパス P が存在することを示す．なお便宜上，$\{P_1, P_2, \cdots, P_{k-1}\}$ はそのような $k-1$ 本の辺素な s-t-パスの集合で辺数 $|E(P_1)| + |E(P_2)| + \cdots + |E(P_{k-1})|$ が最小であるものとする．G からすべてのパス P_i ($i=1, 2, \cdots, k-1$) の辺のみを逆向きにして（それ以外の辺はそのままにして）得られるグラフを G' とする（$V(G') = V(G)$）．すると，G' には s から t への

6.4 メンガーの定理

パスが存在することが導ける．そしてこのパスを P として選べる．

そこで，G' に s から t へのパスが存在しないと仮定してみる．そして，G' で s から有向辺に沿って到達できる点の集合を X とする．もちろん，t は到達できず $t \in V(G) - X$ である．G' で X から $V(G) - X$ に向かう辺は存在しないので，$\delta_{G'}^+(X) = \emptyset$ である（図 6.10(a)）．一方，G では s から t へのパスがあったので，$\delta_G^+(X) \neq \emptyset$ である（図 6.10(b)）．したがって，$\delta_G^+(X)$ の任意の辺 $e = (u, v)$ $(u \in X, v \in V(G) - X)$ はパス $P_1, P_2, \cdots, P_{k-1}$ のいずれかに含まれる．さらに，G は $k-1$ 本以下のどの辺を除去しても s から t へのパスが存在するので，$|\delta_G^+(X)| \geq k$ である．すなわち，$\delta_G^+(X)$ の辺を 2 本以上含むようなパス P_i が存在する．そこで，そのような 2 辺を $e = (u, v), e' = (u', v')$ $(u, u' \in X, v, v' \in V(G) - X)$ とし，パス P_i で e の後に e' があるとする．すると，e の後にあり，e' の前にある $V(G) - X$ の点から X の点へ向かう P_i の辺 e'' が G に存在する（図 6.10(c)）．この辺 e'' は G' で逆向きになって X の点から $V(G) - X$ の点へ向かう辺となり，$\delta_{G'}^+(X) = \emptyset$ に矛盾する．したがって，G' には s から t へのパスが存在することが得られた．

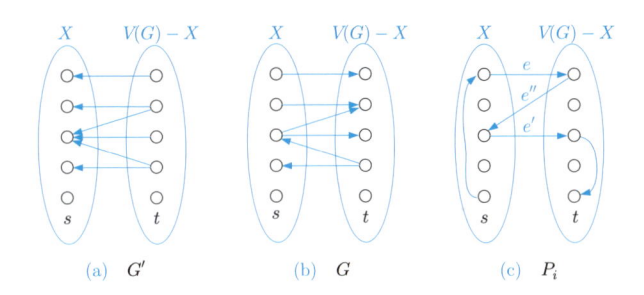

(a) G' (b) G (c) P_i

図 6.10 G' で s から到達可能な点の集合 X に対する $\delta_{G'}^+(X)$ と $\delta_G^+(X)$ およびパス P_i

G' の s から t へのパスを任意に選び P とする．すると，P と $\{P_1, P_2, \cdots, P_{k-1}\}$ から k 本の辺素な s-t-パス $\{Q_1, Q_2, \cdots, Q_k\}$ が G に存在することが示せる．それをこれから示そう．そこで，

$$F = (E(P_1) + E(P_2) + \cdots + E(P_{k-1})) + E(P)$$

で誘導される辺誘導部分グラフ H' を考える（図 6.11(a)）．さらに，H' は k 個の辺素パスの辺からなる有向グラフであるので，s, t 以外の点 v の出次数と入次数は等しい．P に含まれる $E(G') - E(G)$ の辺 $e' = (v, u)$ は，ある P_i に含まれる辺 $e = (u, v)$ の逆向きの辺となるので，e と e' で H' の長さ 2 の閉路をなす．そこで，そのような辺 e, e' をすべて H' から除いて得られるグラフを H とする．したがって，H に逆向きの辺は存在せず，H は G の部分グラフである（図 6.11(b)）．さらに，H で s, t 以外の点 v の出次数と入次数は等しい．そして，t から s への有向辺 (t, s) を $k-1$ 本考え，それらを $e_1, e_2, \cdots, e_{k-1}$ として，H に加える．得られるグラフを H'' とする．

(a) H' (b) H (c) $H = H'' - \{e_1, e_2, e_3\}$

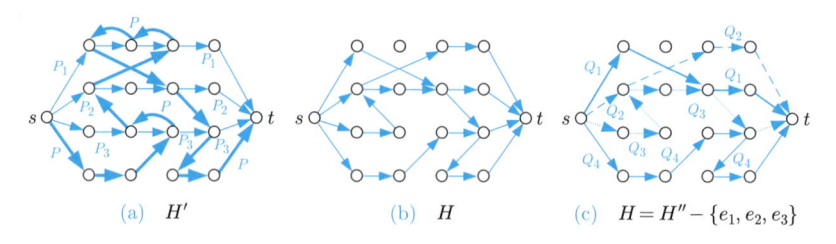

図 6.11　$k-1=3$ 個のパス $\{P_1, P_2, P_3\}$ から得られるグラフ H' と $k=4$ 個の辺素パス $\{Q_1, Q_2, Q_3, Q_4\}$

s, t を含む H'' の連結成分を L とする．すると，H'' は s, t 以外の点では入次数と出次数が等しく，s では出次数が k で入次数 $k-1$ であり，t では出次数が $k-1$ で入次数 k であるので，定理 1.3 のオイラーの定理より，L は s から t への一筆書きができる．したがって，L は，$e_1, e_2, \cdots, e_{k-1}$ の各 e_i を含む閉路 D_i と s から t へのパス Q_k （およびそれ以外の閉路を含むこともありうる）に分解できる．もちろん，これらの D_i $(i=1, 2, \cdots, k-1)$ と Q_k は互いに辺素である．各 D_i $(i=1, 2, \cdots, k-1)$ から辺 e_i を除いて得られるパスを Q_i とする．すると，

$$\{Q_1, Q_2, \cdots, Q_k\}$$

は s から t への k 本の辺素なパスの集合になる（図 6.11(c))．

次に無向グラフのときの十分性を証明する．$k-1$ 本以下のどの辺を除去しても s から t が到達可能であるような無向グラフを G とする．この性質は，各無向辺 $e=(v,w)$ を 2 本の有向辺 $(v,w), (w,v)$ で置き換えても明らかに不変である．したがって，有向グラフ G' が得られ，G' に k 本の辺素な s-t-パスが存在することになる．これらは，長さ 2 の閉路を除去して，容易に G の k 本の辺素な s-t-パスに変換できる．□

次に，k-連結グラフを特徴づける以下の定理とその証明を与える．

定理 6.9（メンゲルの定理）　連結なグラフ G の隣接していない 2 点 s, t と正整数 k に対して，k 本の内素な s-t-パスが G に存在するための必要十分条件は，G から（s, t 以外の）$k-1$ 個以下のどの点を除去しても s から t が到達可能であることである．

証明：　この場合も必要性は自明である．

有向グラフの場合の十分性は，定理 6.8 の有向グラフ版から以下の初等的構成を用いて簡単に得られる：G の各点 v に対して，v を 2 点 v', v'' で置き換えて辺 (v', v'') を加える．G の各辺 (v,w) を (v'', w') で置き換える．こうして得られるグラフ G' の $k-1$ 本の辺の集合に対して，それを除去すると s'' から t' が到達不可能になるときは，G の高々 $k-1$ 個の点の集合が存在して，それを除去すると s から t が到達不可

能にできることになる（図 6.12 の例では 3 本の辺 $(u',u''),(v',v''),(w',w'')$ を除去すると G' で s'' から t' が到達不可能になり，G の対応する 3 点 u,v,w を除去すると G で s から t が到達不可能になる）．この対偶と，G' の辺素な s''-t'-パスが G の点素な s-t-パスに対応すること（これも簡単にわかる）から，十分性が得られる．

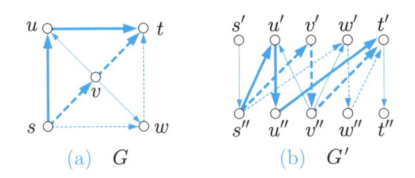

(a) G　　　(b) G'

図 6.12　(a) G の 3 本の内素な s-t-パス，(b) 対応する G' の 3 本の辺素な s''-t'-パス

定理 6.8 の証明で用いた構成法とほぼ同様な構成法で有向版から無向版の主張，すなわち，無向グラフの場合の十分性が得られる． □

メンガーの定理から次のホイットニー (H. Whitney) の定理が得られる．

系 6.1（ホイットニーの定理）

(a) 2 点以上の無向グラフ G が k-辺連結であるための必要十分条件は，異なるすべての 2 点 $s,t \in V(G)$ に対して，k 本の辺素な s-t-パスが存在することである．

(b) $k+1$ 点以上の無向グラフ G が k-連結であるための必要十分条件は，すべての異なる 2 点 $s,t \in V(G)$ に対して，k 本の内素な s-t-パスが存在することである． □

証明： 6.3.1 項の k-辺連結グラフの定義と定理 6.8 から，(a) はすぐに得られる．

(b) を証明する．G を $k+1$ 点以上の無向グラフとする．G から $k-1$ 個の点を除去して得られるグラフ H が非連結になったとすると，H の異なる連結成分に属する 2 点 $s,t \in V(G)$ に対して，内素な s-t-パスが k 本未満になってしまう．したがって，任意の異なる 2 点 $s,t \in V(G)$ に対して，k 本の内素な s-t-パスが存在すれば，6.3.1 項の k-連結グラフの定義から G は k-連結である．

必要性を証明する．ある 2 点 $s,t \in V(G)$ に対して G の内素な s-t-パスが k 本未満であったとする．二つのケースに分けて考える．s と t が隣接していないときは，定理 6.9 より，G から高々 $k-1$ 個の点を除去して非連結にできるので，G は k-連結でないことが得られる．そこで s と t が隣接しているとして，それらを結ぶ並列辺の集合を F とする（$|F| \geq 1$）．すると，$G-F$ は内素な s-t-パスを高々 $k-|F|-1$ 本しかもたない．したがって，定理 6.9 より，高々 $k-|F|-1$ 個の点からなるある集合 X を除去

して s と t を非連結にできる．G の点数は $k+1$ 以上であるので，$X \cup \{s, t\}$ 以外の点 $v \in V(G) - (X \cup \{s, t\})$ が存在する．$(G - F) - X$ において，s を含む連結成分，あるいは t を含む連結成分のいずれかは，v を含まない．対称性から，v は s を含む連結成分に属さないとする．すると，v と s はそれぞれ $G - (X \cup \{t\}) = ((G - F) - X) - \{t\}$ で異なる連結成分に属することになり，高々 $k - |F|$ $(< k)$ 個の点を除去して非連結にできるので，G は k-連結でないことが得られる． □

6.5 点と辺の分離操作

単純なグラフ G の点 v に対して，隣接する点の集合を $\Gamma(v)$ とする．すなわち，$\Gamma(v) = \{u \in V(G) \mid (u, v) \in E(G)\}$ である．$\Gamma(v)$ の非空な二つの部分集合への分割を U', U'' とする．すなわち，$U' \cup U'' = \Gamma(v)$, $U' \cap U'' = \emptyset$ である．このとき，G から v を除去して，新しく 2 点 v', v'' と辺集合

$$F = \{(u', v') \mid u' \in U'\} \cup \{(u'', v'') \mid u'' \in U''\} \cup \{(v', v'')\}$$

を加えて得られるグラフ H とする．$|U'| \geq k - 1$, $|U''| \geq k - 1$ であるとき，H を得るこの操作を k-連結性に関する点 v の**分離操作**という．H から辺 (v', v'') を縮約すると元のグラフ G が得られるので，点 v の分離操作は，辺 (v', v'') の縮約の逆操作と見なせる．図 6.13 は，(a) のグラフ W_5 の 3-連結性に関する点 v の二つの異なる分離操作を (b) と (c) に示している．

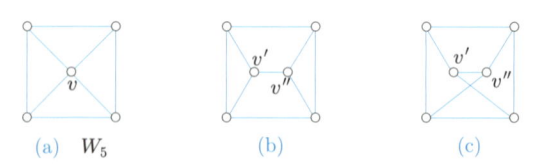

図 6.13 グラフ W_5 の点 v の異なる二つの分離操作

同様に，多重グラフ G の点 v の次数が偶数で $2k$ であり，隣接点が $v_1, v_2, \cdots, v_{2k-1}, v_{2k}$ （同じ点が複数回現れてもよい）のとき，G から点 v を除去して，その後，新しく k 本の辺 $(v_1, v_2), \cdots, (v_{2k-1}, v_{2k})$ を付加して得られる多重グラフを H とする．H を得るこの操作を k-辺連結性に関する点 v での**辺分離操作**という．図 6.14 は，(a) の 3-辺連結グラフ G の 3-辺連結性に関する点 v での二つの異なる辺分離操作で得られるグラフを (b) と (c) に示している．

点の分離操作と辺の分離操作に関しては以下の定理が成立する．

(a) G (b) H (c) H'

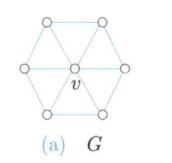

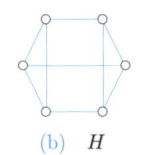

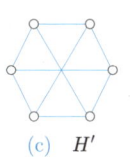

図 6.14 グラフ G の点 v における二つの異なる辺分離操作

定理 6.10 $k \geq 2$ のとき, k-連結性と k-辺連結性に関して以下が成立する.

(1) k-連結性に関する点 v の分離操作は k-連結性を保存する. すなわち, 単純な無向グラフ G が k-連結であり, G の点 v の次数が $2k-2$ 以上であるとき, k-連結性に関する点 v の分離操作を施して得られるグラフ H は k-連結である.

(2) **マーダーのリフティング定理** (Mader's Lifting Theorem)[4, 39]　k-辺連結性に関する点 v での適切な辺の分離操作は k-辺連結性を保存する. すなわち, 多重無向グラフ G が k-辺連結であり, G の点 v の次数が $2k$ で, v に隣接する点の多重集合が $\Gamma'(v) = \{v_1, v_2, \cdots, v_{2k-1}, v_{2k}\}$ であるとき, $\Gamma'(v)$ の適切な k 個の対からなる k 本の辺の集合 M が存在し, $G - \{v\}$ に M を加えて得られるグラフ H は k-辺連結である. □

6.5.1　3-連結グラフの特徴付け

本節では, 3-連結グラフの特徴付けを与える. n 点からなる**車輪グラフ** W_n は, 長さ $n-1$ の閉路 C_{n-1} と 1 点 u を用いて定義される. W_n の点集合 $V(W_n)$ は, $V(W_n) = V(C_{n-1}) \cup \{u\}$ であり, 辺集合 $E(W_n)$ は, $E(W_n) = E(C_{n-1}) \cup \{(u,v) \mid v \in V(C_{n-1})\}$ である. すなわち, 長さ $n-1$ の閉路 C_{n-1} と, 閉路上にない 1 点 u と閉路上の各点を結んで得られるグラフが車輪グラフである (図 6.15).

W_4　　W_5　　W_7

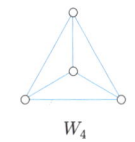

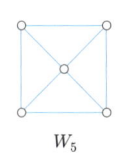

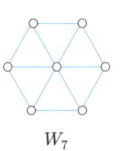

図 6.15　車輪グラフ W_4, W_5, W_7

以下はタット (W.T. Tutte) による 3-連結グラフの特徴付けである[3].

定理 6.11（タットの定理） 無向グラフ G が 3-連結であるための必要十分条件は，G が車輪グラフであるか，あるいは，車輪グラフから次数 4 以上の点の分離操作あるいは隣接していない 2 点間に辺を加える操作で生成できることである． □

6.6 本章のまとめ

本章では，グラフの連結性についての基礎概念を与えた．さらに，連結度と辺連結度の概念を議論した．連結度は，カットとも関係し，連結度の決定は最小カットを求める問題とも言える．最小カット問題は，ネットワークの最大フローを求める問題と密接に関係し，実際，数理計画法の観点から眺めると双対問題である．なお，最大フロー問題は，第 2 章で述べた二部グラフの最大マッチングを求める問題を一般化した問題でもある．もちろん，ネットワーク理論で成立する最大フロー最小カット定理を用いれば，メンガーの定理は容易に証明できる．

なお，本章の内容は巻末の参考文献のグラフ理論の本 [3～5,7] や文献 [34,39] などの本でも取り上げられている．

演習問題

6.1 定理 6.2 を証明せよ．
6.2 定理 6.4 を証明せよ．
6.3 定理 6.6 の証明を与えよ．

ティータイム

従来，最小カットは，最大フローを求めてその副産物として得られていたが，最大フローを経由せずに直接的に求める方法が，1990 年代に永持仁と茨木俊秀により提案され，斬新なアイデアに基づいていると高く評価された．その後この枠組みでの研究がさかんに行われている．

渡邉敏正は，与えられたグラフの連結性を高めるために辺を加える問題を取り上げて研究した．とくに，要求される連結度（辺連結度）を達成するために辺を新しく加えるが，そのとき必要な辺の最小数とそれらの辺を加えるための効率的なアルゴリズムを与えた．これもまた斬新なアイデアに基づいていると高く評価され，この分野の研究の発展に大きく貢献した．

第7章

半順序と同値関係

本章の目標 グラフを用いて代数学の基本的な概念である半順序と同値関係の基本的な性質を学ぶ．さらに，関連するグラフ理論の基本的な概念を理解する．

本章のキーワード 二項関係，反射律，対称律，反対称律，推移律，比較可能律，全順序，半順序，同値関係，同値類，ハッセ図，連結成分，強連結成分，チェーン，反チェーン，ディルワースの定理，最大最小定理

ウォーミングアップクイズ

以下の (a), (b) の無向グラフは，図に示しているように，有向辺 (u,v), (v,w) があるときは必ず有向辺 (u,w) があるように辺に向き付けできる．

以下の (a), (b) の二つのグラフが，それぞれ上の条件を満たすように（すなわち，有向辺 (u,v), (v,w) があるときは必ず有向辺 (u,w) もあるように），辺に向き付けできるかどうかを答えよ．

ウォーミングアップクイズの解説

(a) のグラフは，98 ページの図に例を示しているように，条件を満たすように辺に向き付けできる．一方，(b) のグラフは，98 ページの図のように（? をつけている）最後の辺を除いて条件を満たすように辺に向き付けできるが，最後の辺をどちらに向きづけても条件を満たさなくなってしまう．実際，どのように向き付けを試みても失敗に終わる．すなわち，条件を満たすように辺に向き付けすることはできない． □

98　　　　　　　第7章　半順序と同値関係

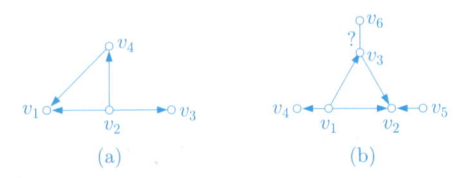

(a)　　　　　　　　(b)

　二項関係は代数学の基本的な概念である．なかでも同値関係と半順序と呼ばれる二項関係は，代数学に限らず，数学の様々な分野で頻繁に用いられている．本章では，半順序と同値関係の基本的な性質を概観する．基本となる二項関係から始める．

7.1 二 項 関 係

　集合 X 上の**二項関係** R は，形式的には X の直積集合 $X \times X$ の部分集合 $R \subseteq X \times X$ として定義される．すなわち，$a, b \in X$ に対して，$(a, b) \in R$ のときそしてそのときのみ a が b と関係 R で結ばれている（$_aR_b$ とも表記される）として R を定義する．X から X への関数 $f : X \to X$ などは二項関係の特別なケースである．定義から明らかなように，二項関係 $R \subseteq X \times X$ は，点集合 $V = X$ で辺集合 $E = R$ の有向グラフ $G = (V, E)$ であると見なすことができる．さらに，二項関係 R は行列を用いても表現できる．簡単のため，X は有限集合で $X = \{1, 2, \cdots, n\}$ であるとする．すると，二項関係 R は，$(i, j) \in R$ のとき $a_{ij} = 1$，$(i, j) \notin R$ のとき $a_{ij} = 0$ として定義される $\{0, 1\}$ 上の $n \times n$ 行列 $A_R = (a_{ij})$ であると見なすことができる．

例 7.1　集合 $X = \{20, 10, 5, 4, 2, 1\}$ に対して，X 上の二項関係 R を

$$(x, y) \in R \iff x \text{ は } y \text{ の約数である} \tag{7.1}$$

として定義する．すると，この二項関係を表現する行列 A_R は

$$A_R = \begin{array}{c} \\ 1 \\ 2 \\ 4 \\ 5 \\ 10 \\ 20 \end{array} \begin{array}{c} \begin{matrix} 1 & 2 & 4 & 5 & 10 & 20 \end{matrix} \\ \begin{pmatrix} 1 & 1 & 1 & 1 & 1 & 1 \\ 0 & 1 & 1 & 0 & 1 & 1 \\ 0 & 0 & 1 & 0 & 0 & 1 \\ 0 & 0 & 0 & 1 & 1 & 1 \\ 0 & 0 & 0 & 0 & 1 & 1 \\ 0 & 0 & 0 & 0 & 0 & 1 \end{pmatrix} \end{array}$$

となる．また，この二項関係 R を表現する有向グラフ $G = (X, R)$ は，どの点

7.1 二項関係

も自己ループをもち，並列辺をもたない．したがって，すべての自己ループを省略すると，図 7.1(a) のように書ける．なお，$(a,b),(b,c),(a,c) \in R$ のときは，(a,c) を省略して図 7.1(b) のように簡略表現することも多い． □

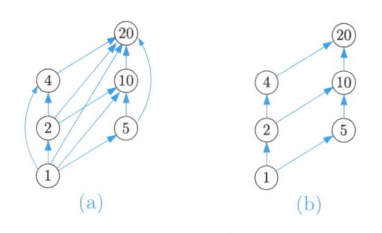

図 7.1 二項関係を表現する有向グラフ

二項関係 $R \subseteq X \times X$ が以下のいずれかの性質を満たすときの議論をする．
(a) **反射律** すべての $x \in X$ に対して，$(x,x) \in R$ である．
(b) **対称律** すべての $x,y \in X$ に対して，$(x,y) \in R$ ならば $(y,x) \in R$ である．
(c) **反対称律** すべての $x,y \in X$ に対して，$(x,y) \in R$ かつ $(y,x) \in R$ ならば $x = y$ である．
(d) **推移律** すべての $x,y,z \in X$ に対して，$(x,y) \in R$ かつ $(y,z) \in R$ ならば $(x,z) \in R$ である．

反射律，対称律および推移律を満たす二項関係を**同値関係**という．また，反射律，反対称律および推移律を満たす二項関係 $R \subseteq X \times X$ を**半順序**といい，(X,R) を**半順序集合**という．さらに，X が有限集合のとき，半順序集合 (X,R) は**有限半順序集合**と呼ばれる．

実数集合 $\mathbf{R}$ 上の二項関係 R が，「$x \leq y$ のときそしてそのときのみ $(x,y) \in R$ である」（したがって「$x > y$ のときそしてそのときのみ $(x,y) \notin R$ である」）として定義されているとき，R は反射律，反対称律および推移律を満たすことが容易に確かめられる．すなわち，二項関係 R は半順序である．さらに，X 上のこのような半順序 R は以下の性質も満たす．

(e) **比較可能律** すべての $x,y \in X$ に対して，$x \neq y$ ならば $(x,y) \in R$ または $(y,x) \in R$ である．

集合 X 上の半順序 R は比較可能律を満たすとき，**全順序**と呼ばれる．

7.2 半順序集合

アルゴリズムや組合せ理論では，半順序集合の概念がしばしば用いられる．そこで，本節では，有向無閉路グラフの観点から半順序集合について概観する．

半順序集合 $(X, \preceq)$ において，$x \preceq y$（すなわち，$(x, y) \in \preceq$ をこのように表記する）かつ $x \neq y$ のときは $x \prec y$ と表記し，$x \preceq y$ でないときは $x \not\preceq y$ と表記する．$x \prec y$ であり，かつ $x \prec z \prec y$ となる $z \in X$ が存在しないとき，x は y の**直前の元**であり，y は x の**直後の元**であるという．

半順序集合 $(X, \preceq)$ に対して，$V = X$ とし，「$x \prec y$ のときそのときのみ $(x, y) \in E$」として定義される有向グラフ $G = (V, E)$ を考える．すると，G は（自己ループも並列辺ももたない）単純な有向無閉路グラフになる．さらに，$(x, y), (y, z) \in E$ ならば $(x, z) \in E$ である．この有向無閉路グラフ G を**半順序集合** $(X, \preceq)$ **を表現する有向グラフ**と呼ぶ．さらに，半順序集合 $(X, \preceq)$ に対して，$V = X$ とし，「$x \prec y$ であり，かつ $x \prec z \prec y$ となる $z \in X$ が存在しないとき，そしてそのときのみ，$(x, y) \in F$」として得られるグラフ $H = (V, F)$ を，$(X, \preceq)$ **を表現するハッセ図**という．すなわち，半順序集合 $(X, \preceq)$ を表現する有向グラフ $G = (V, E)$ から直前の元 x と直後の元 y の関係にある辺 (x, y) のみを残して得られるグラフがハッセ図 $H = (V, F)$ である．

任意の辺 $(x, y), (y, z) \in E$ に対して $(x, z) \in E$ であるような有向無閉路グラフ $G = (V, E)$ を**推移的グラフ**という．すなわち，推移的グラフは，「各辺 $(x, y) \in E$ に対して $x \prec y$」として定義される半順序集合 $(V, \preceq)$ を表現する有向グラフである．さらに，推移的グラフから，長さ 2 以上のパスが存在する任意の 2 点 x, y を結ぶ辺 $(x, y) \in E$ を除去して得られるグラフがハッセ図である．また，辺を適切に向きづけて推移的グラフにできる無向グラフは**比較可能グラフ**と呼ばれる．

例題 7.1 例 7.1 の例を再度取り上げる．集合 $X = \{20, 10, 5, 4, 2, 1\}$ に対して，X 上の二項関係 $x \preceq y$ を「$x \preceq y \iff x$ は y の約数である」として定義する．すると，この二項関係 $x \preceq y$ は半順序であることを確かめよ．さらに，半順序集合 $(X, \preceq)$ を表現する有向グラフとハッセ図を求めよ．

解答： 任意の $x \in X$ に対して，x は x の約数であるので $x \preceq x$ が成立する．ま

た，任意の $x, y \in X$ に対して，x が y の約数であり，かつ y が x の約数であるならば，$x = y$ となるので，$x \preceq y$ かつ $y \preceq x$ ならば $x = y$ が成立する．さらに，任意の $x, y, z \in X$ に対して，x が y の約数であり，かつ y が z の約数であるならば，x は z の約数となるので，$x \preceq y$ かつ $y \preceq z$ ならば $x \preceq z$ が成立する．したがって，反射律，反対称律，推移律が成立し，二項関係 $\preceq$ は半順序であることが得られた．

この半順序集合 $(X, \preceq)$ を表現する有向グラフ $G = (V, E)$ は 99 ページの図 7.1(a) のようになり，それから得られるハッセ図は図 7.1(b) のようになる． □

半順序集合 $(X, \preceq)$ の半順序 $\preceq$ を固定して考えるときは，半順序集合 $(X, \preceq)$ を単に X と書くことも多い．半順序集合 X のすべての $x \in X$ に対して $y \preceq x$ となる $y \in X$ が存在するとき，y を X の**最小元**といい，すべての $x \in X$ に対して $x \preceq z$ となる $z \in X$ が存在するとき，z を X の**最大元**という．$x \in X$ に対して，$y \prec x$ となる y が X に存在しないとき，x を X の**極小元**といい，$x \prec z$ となる z が X に存在しないとき，x を X の**極大元**という．

例 7.2 正整数の集合 $\mathbf{N}$ 上の二項関係 $\preceq$ を「$x \preceq y \iff x$ は y の約数である」として定義する．すると $(\mathbf{N}, \preceq)$ は半順序集合であり，1 が最小元である．20 の約数の集合 $A = \{20, 10, 5, 4, 2, 1\}$ と 30 の約数の集合 $B = \{30, 15, 10, 6, 5, 3, 2, 1\}$ を考える．$(A, \preceq)$ と $(B, \preceq)$ はともに半順序集合である．さらに，$(A \cup B, \preceq)$ も半順序集合であり，1 は最小元で，20 と 30 は極大元である．半順序集合 $(A, \preceq)$, $(B, \preceq)$, $(A \cup B, \preceq)$ のハッセ図は以下の図のように書ける．ここで，辺は下から上に向かっていると見なす． □

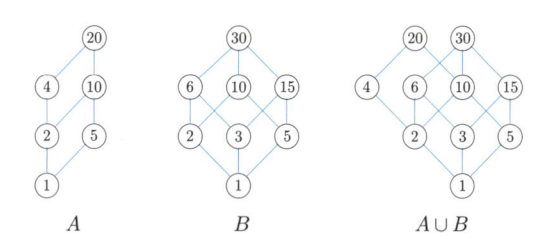

7.3 同値関係

二項関係 $R \subseteq X \times X$ が X 上の同値関係であるとき，任意の $x \in X$ に対して $X_R(x)$ を $X_R(x) = \{y \in X \mid (x, y) \in R\}$ と定義する．$X_R(x)$ を x を含む**同値類**という．すると，以下が成立する．

補題 7.1 集合 X 上の同値関係 R においては任意の $x, y \in X$ に対して，$X_R(x) = X_R(y)$ あるいは $X_R(x) \cap X_R(y) = \emptyset$ のいずれかが成立する．

証明： $X_R(x) \cap X_R(y) \neq \emptyset$ であるとし，$z \in X_R(x) \cap X_R(y)$ とする．すると，$z \in X_R(x)$ より $(x, z) \in R$ であり，$z \in X_R(y)$ より $(y, z) \in R$ である．任意の $u \in X_R(x)$ に対して，$(x, u) \in R$ かつ $(x, z) \in R$ （および対称律と推移律）より $(z, u) \in R$ となり，さらに，$(y, z) \in R$ かつ $(z, u) \in R$ （と推移律）より $(y, u) \in R$ となる．すなわち，任意の $u \in X_R(x)$ に対して，$u \in X_R(y)$ であることになり，$X_R(x) \subseteq X_R(y)$ が得られた．

対称性より，$X_R(y) \subseteq X_R(x)$ も得られる．したがって，$X_R(x) \cap X_R(y) \neq \emptyset$ のときは $X_R(x) = X_R(y)$ であることが得られた． □

7.3.1 同値類による分割

補題 7.1 より，以下の定理が得られる．

定理 7.1 R を集合 X 上の同値関係とする．すると，X は同値類の集合に分割できる．すなわち，R による X の異なる同値類が k 個で $X_1, X_2, \cdots, X_k$ であるとすると，X はこれらの同値類の直和集合 $X = X_1 + X_2 + \cdots + X_k$ として書ける． □

例題 7.2 整数の集合 $\mathbf{Z}$ 上の二項関係 $\sim$ を

$$i \sim j \iff i - j \text{ は 5 の倍数である} \tag{7.2}$$

として定義する．すると，$\sim$ は同値関係であることを示せ．さらに，$\mathbf{Z}$ を同値類の直和集合に分割せよ．

解答： $i - j$ が 5 の倍数であることと $i - j$ が 5 で割り切れることは等価である．任意の整数 $i \in \mathbf{Z}$ に対して $i - i = 0$ であるので 5 の倍数である（反射律）．任意の整数 $i, j \in \mathbf{Z}$ に対して $i - j$ が 5 で割り切れれば，$j - i$ も 5 で割り切れる（対称律）．任意の整数 $i, j, k \in \mathbf{Z}$ に対して $i - j$ と $j - k$ が 5 で割り切れれば，ある整数 q と q' を用いて $i - j = 5q$, $j - k = 5q'$ と書けるので $i - k = i - j + j - k = 5(q + q')$ となり，$i - k$ も 5 で割り切れる（推移律）．したがって，$\sim$ は同値関係であることが得られた．

整数の集合 $\mathbf{Z}$ 上の同値関係 $\sim$ による同値類の集合は $[0], [1], [2], [3], [4]$ となる．なお，$[r]$ は 5 で割ったときの余りが r となる整数の集合である．すなわち，

$$[0] = \{i \in \mathbf{Z} \mid i \text{ は } 5 \text{ の倍数である }\} = \{\cdots, -10, -5, 0, 5, 10, 15, \cdots\}$$
$$[1] = \{i \in \mathbf{Z} \mid i-1 \text{ は } 5 \text{ の倍数である }\} = \{\cdots, -9, -4, 1, 6, 11, 16, \cdots\}$$
$$[2] = \{i \in \mathbf{Z} \mid i-2 \text{ は } 5 \text{ の倍数である }\} = \{\cdots, -8, -3, 2, 7, 12, 17, \cdots\}$$
$$[3] = \{i \in \mathbf{Z} \mid i-3 \text{ は } 5 \text{ の倍数である }\} = \{\cdots, -7, -2, 3, 8, 13, 18, \cdots\}$$
$$[4] = \{i \in \mathbf{Z} \mid i-4 \text{ は } 5 \text{ の倍数である }\} = \{\cdots, -6, -1, 4, 9, 14, 19, \cdots\}$$

である．したがって整数の集合 $\mathbf{Z}$ は同値類 $[0], [1], [2], [3], [4]$ の直和集合として

$$\mathbf{Z} = [0] + [1] + [2] + [3] + [4]$$

と書ける．すなわち，同値類 $[0], [1], [2], [3], [4]$ へと分割できる． □

例 7.3 無向グラフ $G = (V, E)$ の点集合 V 上の二項関係 $\sim$ が，$x, y \in V$ に対して，「x と y を結ぶパスが存在するときそしてそのときのみ $x \sim y$」として定義されているとする．このとき，$\sim$ は同値関係であり，同値類はグラフの連結成分に対応する（証明は演習問題 7.1）． □

例 7.4 有向グラフ $G = (V, E)$ の点集合 V 上の二項関係 $\sim$ が，$x, y \in V$ に対して，「x から y への有向パスと y から x への有向パスが存在するときそしてそのときのみ $x \sim y$」として定義されているとする．このとき，$\sim$ は同値関係であり，同値類はグラフの強連結成分に対応する（証明は演習問題 7.2）． □

7.3.2 同値類を縮小して得られる商構造

整数の集合 $\mathbf{Z}$ 上の「$x \sim_5 y \iff x - y$ は 5 の倍数である」で定義される二項関係は，例題 7.2 で取り上げたように同値関係であり，$\mathbf{Z}$ は $\sim_5$ による同値類 $[0], [1], [2], [3], [4]$ の直和集合として $\mathbf{Z} = [0] + [1] + [2] + [3] + [4]$ と書ける．そこで，$\mathbf{Z}_5 = \{[0], [1], [2], [3], [4]\}$ で加算 $+_5$ と乗算 $\times_5$ を

$$[i] +_5 [j] = [i+j], \quad [i] \times_5 [j] = [i \times j] \tag{7.3}$$

と定義する．たとえば，$[2] +_5 [4] = [6] = [1]$，$[3] \times_5 [4] = [12] = [2]$ である．$[6]$ は 6 を含む同値類であるので $[1]$ に等しく，$[12]$ は 12 を含む同値類であるので $[2]$ に等しいからである．このように，整数の集合 $\mathbf{Z}$ 上の加算 $+$ と乗算 $\times$ から自然に集合 $\mathbf{Z}_5 = \{[0], [1], [2], [3], [4]\}$ の加算 $+_5$ と乗算 $\times_5$ が矛盾なく得られる（表 7.1）．そこで，同値類を一つの元と考えて得られる代数系を

表 7.1 $(\mathbf{Z}_5, +_5, \times_5)$ の演算の表

$+_5$	[0]	[1]	[2]	[3]	[4]
[0]	[0]	[1]	[2]	[3]	[4]
[1]	[1]	[2]	[3]	[4]	[0]
[2]	[2]	[3]	[4]	[0]	[1]
[3]	[3]	[4]	[0]	[1]	[2]
[4]	[4]	[0]	[1]	[2]	[3]

$\times_5$	[0]	[1]	[2]	[3]	[4]
[0]	[0]	[0]	[0]	[0]	[0]
[1]	[0]	[1]	[2]	[3]	[4]
[2]	[0]	[2]	[4]	[1]	[3]
[3]	[0]	[3]	[1]	[4]	[2]
[4]	[0]	[4]	[3]	[2]	[1]

$\mathbf{Z}_5 = \mathbf{Z}/\sim_5$ と書き，**剰余系**あるいは**商系**という．

例 7.4 の有向グラフ $G = (V, E)$ の同値関係 $\sim$ による点集合 V の分割 $V_1, V_2, \cdots, V_k$ でも同様である．各同値類 V_i は G の強連結成分 $G_i = (V_i, E_i)$ に対応する．そこで各強連結成分 G_i を新しく点 u_i と見なして，

$U = \{u_i \mid i = 1, 2, \cdots, k\}$,

$F = \{(u_i, u_j) \mid v_i \in V_i, v_j \in V_j$ となる $(v_i, v_j) \in E$ が存在する $\}$

で定義されるグラフ $H = (U, F)$ は G の**凝縮グラフ**と呼ばれる（図 7.2）．

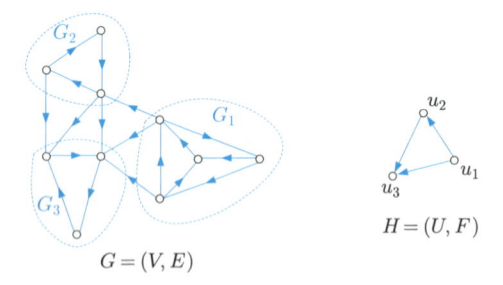

図 7.2 有向グラフ G の強連結成分 G_1, G_2, G_3 と凝縮グラフ H

凝縮グラフは，有向閉路のないグラフになり，そのため半順序に対応する性質を有する．複雑な機能からなるシステムは，それぞれの機能の依存関係により，有向グラフで表現できることが多い．そして，システムの異常が検出された際に，その異常の発生源を検出する効率的なアルゴリズムにこの凝縮グラフが有効に活用されている．

7.4 半順序集合における最小最大関係

有限半順序集合 $(X, \preceq)$ において,二つの要素 $x, y \in X$ は,$x \preceq y$ あるいは $y \preceq x$ のとき,**比較可能**と呼ばれる.比較可能でない二つの要素を**比較不可能**という.部分集合 $S \subseteq X$ のどの 2 要素も互いに比較可能ならば,S を**鎖**あるいは**チェーン**といい,$|S|$ をチェーン S の**サイズ**という.最大サイズのチェーンは**最大チェーン**と呼ばれる.S のどの 2 要素も互いに比較不可能ならば,S を**反鎖**あるいは**反チェーン**といい,$|S|$ を反チェーン S の**サイズ**という.最大サイズの反チェーンは**最大反チェーン**と呼ばれる.

有限半順序集合 $(X, \preceq)$ において,互いに素な(すなわち,互いに要素を共有しない)チェーンの集合 $\mathcal{C}$ は,X の要素をすべてカバーするとき,すなわち,$\bigcup_{S \in \mathcal{C}} S = X$ のとき,**チェーンカバー**と呼ばれる.同様に,互いに素な反チェーンの集合 $\mathcal{D}$ は,X の要素をすべてカバーするとき,**反チェーンカバー**と呼ばれる.そのようなチェーンカバー(反チェーンカバー)に含まれるチェーン(反チェーン)の個数をそのカバーの**サイズ**という.最小サイズのチェーンカバーは**最小チェーンカバー**と呼ばれ,最小サイズの反チェーンカバーは**最小反チェーンカバー**と呼ばれる.

例題 7.3 集合 $X = \{1, 2, 3, 4, 5, 6, 10, 15, 20, 30, 60\}$ で「$x \preceq y \iff x$ は y の約数」である半順序集合 $(X, \preceq)$ において,最大チェーンと最小反チェーンカバー,最小チェーンカバーと最大反チェーンの関係を確かめよ.

解答: 図 7.3 は,x が y の直前の元のときそしてそのときのみ左側の点 x から右側の点 y に向かう有向辺があるとして矢印を省略して描いた半順序集合 $(X, \preceq)$ のハッセ図である.

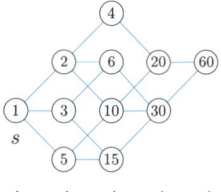

図 7.3 点 s からの最長パスの長さによる点集合の分類

半順序集合 $(X, \preceq)$ で,$\{1, 5, 10, 20, 60\}$ は最大チェーンであり,$\{4, 6, 10, 15\}$ は最

大反チェーンである．一方，$\{1,3,6,20\}$ はチェーンでも反チェーンでもない．
$$S_1 = \{1,2,4,20,60\},\ S_2 = \{3,6\},\ S_3 = \{5,10,30\},\ S_4 = \{15\}$$
とすると，$\mathcal{C} = \{S_1, S_2, S_3, S_4\}$ は最小チェーンカバーである．同様に
$$T_1 = \{1\},\ T_2 = \{2,3,5\},\ T_3 = \{4,6,10,15\},\ T_4 = \{20,30\},\ T_5 = \{60\}$$
とすると，$\mathcal{D} = \{T_1, T_2, T_3, T_4, T_5\}$ は最小反チェーンカバーである．最大チェーンのサイズは 5 で最小反チェーンカバーのサイズに等しい．また，最大反チェーンのサイズは 4 で最小チェーンカバーのサイズに等しい． □

例題 7.3 の半順序集合では，最大チェーンのサイズと最小反チェーンカバーのサイズが等しく，最大反チェーンのサイズと最小チェーンカバーのサイズも等しかったが，これは一般の有限半順序集合でも成立する．すなわち，以下のディルワース (R.P. Dilworth) の定理が成立する．証明は，有向無閉路グラフのトポロジカルソートと二部グラフの最大マッチングを用いてできる．

定理 7.2 有限半順序集合 $(X, \preceq)$ では以下の最小最大関係が成立する．
  (a) 最大チェーンのサイズは最小反チェーンカバーのサイズに等しい．
  (b) 最大反チェーンのサイズは最小チェーンカバーのサイズに等しい．

証明： 一つのチェーンに含まれる二つの異なる要素は異なる反チェーンに含まれる．したがって，反チェーンカバーのサイズは任意のチェーンのサイズ以上であり，最小反チェーンカバーのサイズは最大チェーンのサイズ以上である．同様に，一つの反チェーンに含まれる二つの異なる要素は異なるチェーンに含まれる．したがって，チェーンカバーのサイズは任意の反チェーンのサイズ以上であり，最小チェーンカバーのサイズは最大反チェーンのサイズ以上である．そこで，以下ではこれらの不等式の逆向きの不等式を得ることを考える．

半順序集合 $(X, \preceq)$ に新しい要素 s を加え，すべての $x \in X$ に対して $s \preceq x$ として拡大化した $X' = X \cup \{s\}$ の半順序集合 $(X', \preceq)$ を考える．したがって，s は $(X', \preceq)$ の最小元である．$(X', \preceq)$ では，$(X, \preceq)$ と比べて，最大チェーンのサイズと最小反チェーンカバーのサイズがともに 1 増えるだけであり，最大反チェーンのサイズと最小チェーンカバーのサイズは不変であることに注意しよう．したがって，$(X', \preceq)$ で定理が成立すれば $(X, \preceq)$ でも定理が成立する．そこで以下では，$(X', \preceq)$ を $(X, \preceq)$ と考えることにして，半順序集合 $(X, \preceq)$ は最小元をもつと仮定する．

(a) を証明する．半順序集合 $(X, \preceq)$ を表現する有向グラフから簡略化して得られるハッセ図を有向グラフと考えて $G = (X, E)$ とする．G は有向無閉路グラフであるので，トポロジカルソートができ，それを用いて最小元（に対応する点）s からすべての元（点）$x \in X$ への最大チェーンのサイズ（s から点 x への辺数最大のパスに含まれる点数となる）を計算する．各 $x \in X$ に対して $\mathrm{dist}[x]$ を G における s から x への

7.4 半順序集合における最小最大関係

辺数最大のパスの辺数（すなわち最長パスの長さ）とする．したがって，$\mathrm{dist}[s] = 0$ である．任意に最大チェーンを一つ選びそれを S とする．S の最大元（パス S の最後の点）を t とし，その長さを $\mathrm{dist}[t] = m$ とする．そして，

$$A_i = \{x \in X \mid \mathrm{dist}[x] = i\} \qquad (0 \le i \le m)$$

による X の分割を考える（105 ページの図 7.3）．明らかに，A_i は反チェーンである．なぜなら $x, y \in A_i$ かつ $x \preceq y$ となる異なる x, y が存在したとすれば，$\mathrm{dist}[y] > \mathrm{dist}[x]$ となり矛盾するからである．したがって，

$$\mathcal{D} = \{A_0, A_1, \cdots, A_m\} = \{A_i \mid i = 0, 1, \cdots, m\}$$

は反チェーンカバーとなるので，最小反チェーンカバーのサイズは $m+1$（最大チェーン S のサイズ）以下となる．一方，前述したように，最大チェーンのサイズが最小反チェーンカバーのサイズ以下であるので，これらを合わせて，最大チェーンのサイズは最小反チェーンカバーのサイズに等しいことが得られる．

(b) を証明する．半順序集合 $(X, \preceq)$ に対して，二部グラフ $G = (V_1, V_2, E)$ を

$$V_1 = X, \quad V_2 = X' = \{x' \mid x \in X\}$$

とし，$x, y \in X$, $x \ne y$, $x \preceq y$ であるときそしてそのときのみ辺 $(x, y') \in E$ を考えて得られるグラフとする（図 7.4）．$n = |X|$ とする．なお，G の各 x, x' を同一視して x とし，各 $(x, y') \in E$ を有向辺 (x, y) と見なすと，G から半順序集合 $(X, \preceq)$ を表現する有向グラフが得られることに注意しよう．

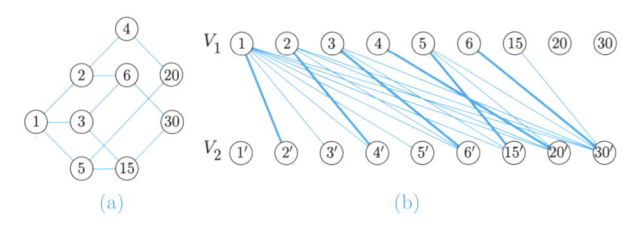

図 7.4 (a) 半順序集合のハッセ図，(b) 二部グラフ

このとき，半順序集合 $(X, \preceq)$ の最小チェーンカバーを求める問題は二部グラフ $G = (V_1, V_2, E)$ の最大マッチングを求める問題と等価であることが言える．より正確には，二部グラフ $G = (V_1, V_2, E)$ の辺数 k のマッチング M からサイズ $|X| - |M| = n - k$ の $(X, \preceq)$ のチェーンカバーが得られ，逆に，サイズ $n - k$ のチェーンカバーから $|M| = k = n - (n - k)$ のマッチングが得られることが言える（証明は演習問題 7.6）．そこで，二部グラフ $G = (V_1, V_2, E)$ の最大マッチングを M^* とし，$\tau = |M^*|$ とする．すると，上記の議論より，半順序集合 $(X, \preceq)$ の最小チェーンカバー $\mathcal{C}^*$ のサイズは $n - \tau$ となる．定理 2.3 の証明に基づいて二部グラフ $G = (V_1, V_2, E)$ の最小点カバー U^* を求める．もちろん，最大マッチングの辺数 τ と最小点カバー U^* の点数は

108　第 7 章　半順序と同値関係

等しい．さらに，補題 2.1 より，U^* の補集合 $I^* = V_1 \cup V_2 - U^*$ は $G = (V_1, V_2, E)$ の最大独立集合になる．各 $x \in X$ に対して $|\{x, x'\} \cap I^*| = 2$ となるような x, x' の集合を I_2 とする．さらに，$x \in I_2$ となる $x \in X$ の集合を I とする．すなわち，

$$I_2 = \bigcup_{x \in X:\ x, x' \in I^*} \{x, x'\}, \quad I = \{x \in X \mid x \in I_2\}$$

とする．$u \in I^* - I_2$ に対して，$u \in X$ ならば $u' \notin I_2$ から $u' \in U^*$ であり，$u \in X'$ ならばある $x \in X$ が存在して $u = x'$ かつ $x \notin I_2$ から $x \in U^*$ であるので，$|U^*| \geq |I^* - I_2|$ から $|I_2| \geq |I^*| - |U^*| = 2n - 2\tau$ となり，$|I| = \frac{|I_2|}{2} \geq n - \tau$ が得られる．さらに，I の各 x に対して x と x' を同一視して得られるグラフを F とすれば，点集合 I_2 で誘導される G の部分グラフに辺は存在しないので，I は F の独立集合である．すなわち，I は半順序集合 $(X, \preceq)$ のサイズ $|I| \geq n - \tau$ の反チェーンになる．したがって，$(X, \preceq)$ の最大反チェーンのサイズは最小チェーンカバーのサイズ $n - r$ 以上になる．一方，前述したように，最大反チェーンのサイズが最小チェーンカバーのサイズ以下であるので，これらを合わせて，最大反チェーンのサイズは最小反チェーンカバーのサイズに等しいことが得られる．　□

例題 7.4　具体的な例を用いて定理 7.2 の証明を確認せよ．

解答：　105 ページの図 7.3 は，例 7.3 の半順序集合 $(X, \preceq)$ で最小元に対応する点 s からすべての元に対応する点への最長パス（最大チェーン）を求めて，$A_i = \{x \in X \mid \mathrm{dist}[x] = i\}\ (0 \leq i \leq 4)$ を示したものである．すなわち，

$$A_0 = \{1\},\ A_1 = \{2, 3, 5\},\ A_2 = \{4, 6, 10, 15\},\ A_3 = \{20, 30\},\ A_4 = \{60\}$$

であり，$\mathcal{D} = \{A_0, A_1, A_2, A_3, A_4\}$ は半順序集合 $(X, \preceq)$ の最小反チェーンカバーであり，サイズ 5 である．一方，$\{1, 5, 10, 20, 60\}$ は $(X, \preceq)$ の最大チェーンでありサイズ 5 であり，最小反チェーンカバーのサイズに等しい．

(b) 107 ページの図 7.4(a) は，集合 $X = \{1, 2, 3, 4, 5, 6, 15, 20, 30\}\ (n = |X| = 9)$ で，「$x \preceq y \iff x$ は y の約数である」として定まる半順序集合 $(X, \preceq)$ のハッセ図である．図 (b) は定理 7.2 の証明で半順序集合 $(X, \preceq)$ から構成される二部グラフ $G = (V_1, V_2, E)$ である．G の最大マッチング M^* を太線で示している．したがって，$\tau = 6$ である．最大マッチング M^* から最小チェーンカバー $\{\{1, 2, 4, 20\}, \{3, 6, 30\}, \{5, 15\}\}$ が得られる．そのサイズは $3 = n - \tau = 9 - 6$ である．一方，G の最小点カバーは，定理 2.3 より，$U^* = \{1, 2, 3, 4, 5, 30'\}$ として得られる．したがって，G の最大独立集合が $I^* = \{1', 2', 3', 4', 5', 6, 6', 15, 15', 20, 20', 30\}$，$|I^*| = 12 = 2n - \tau$ として得られる．さらに，$I_2 = \{6, 6', 15, 15', 20, 20'\}$，$I = \{6, 15, 20\}$ となり，$I = \{6, 15, 20\}$ は半順序集合 $(X, \preceq)$ の最大反チェーンである．そのサイズは $3 = n - \tau$ となり，最小チェーンカバー $\{\{1, 2, 4, 20\}, \{3, 6, 30\}, \{5, 15\}\}$ のサイズの 3 に一致する．　□

7.5 本章のまとめ

　本章では，二項関係が本質的には有向グラフであることを説明し，代数学の基本的な概念である半順序と同値関係がグラフを用いるとイメージしやすくなり，理解の助けになることを示した．そして，同値類の概念が連結成分や強連結成分と一致することを示した．さらに，半順序を表現するグラフは，自己ループを省略すれば，推移的グラフという有向無閉路グラフになることを説明した．また，半順序集合における最大最小関係を示した．推移的グラフから推移的な辺を除去してハッセ図が得られることや辺に向きを適切に導入して推移的グラフにできる無向グラフの比較可能グラフも説明した．

　なお，本章の内容は巻末の参考文献 [26, 47] などの本でも取り上げられている．

=== 演習問題 ===

7.1 例 7.3 が正しいことを示せ．

7.2 例 7.4 が正しいことを示せ．

7.3 無向単純グラフ $G = (V, E)$ の辺集合 E 上の二項関係 $\sim$ が，$e, f \in E$ に対して，「$e = f$ あるいは e と f を含む閉路が存在するときそしてそのときのみ $e \sim f$」として定義されているとする．このとき，$\sim$ は同値関係であることを示せ．さらに，同値類で誘導される辺部分集合はグラフ G の 2-連結成分になることを示せ．

7.4 正整数 n の約数全体の集合 X の二項関係 $x \preceq y$ が「$x \preceq y \iff x$ は y の約数である」として定義されているとき，半順序になることを示せ．

7.5 a, b, c, d, e, f, g のツアーが予定されている．このとき，ツアー a の後にツアー c が実行されるという関係を (a, c) と表記する．いまこのようなツアーの前後関係として $\{(a, c), (a, d), (a, f), (a, g), (b, c), (b, g), (d, g), (e, f), (e, g)\}$ が与えられている．もちろん，$(a, d), (d, g)$ ならば 1 人のツアーガイドでツアー a, d, g を担当できる．そこで，ツアー a, b, c, d, e, f, g を実行するときの最小のツアーガイド数とそのときの各ツアーへのガイドの割当てを求めよ．

7.6 定理 7.2(b) の証明で用いた，半順序集合 $(X, \preceq)$ の最小チェーンカバーを求める問題は二部グラフ $G = (V_1, V_2, E)$ の最大マッチングを求める問題と等価であることを説明せよ．すなわち，二部グラフ $G = (V_1, V_2, E)$ の辺数 k のマッチング M からサイズ $|X| - |M| = n - k$ の $(X, \preceq)$ のチェーンカバー $\mathcal{C}_k$ が得られ，逆に，サイズ $n - k$ のチェーンカバー $\mathcal{C}_k$ から $|M| = k = n - (n - k)$ のマッチングが得られることを説明せよ．

第8章

束

本章の目標 半順序集合の特殊なクラスである束の基本的な性質を理解する．さらに，様々な特殊構造をもつ束の分類を理解する．

本章のキーワード 束，モジュラー束，分配束，相補束，ブール束，セミモジュラー束，部分束，有限束

ウォーミングアップクイズ

半順序集合 $(X, \preceq)$ において，任意の $x, y \in X$ に対して $x \preceq u$ かつ $y \preceq u$ となる $u \in X$ が存在するものとする．このとき，u を x と y の共通の上界という．x と y の任意の共通の上界 u' に対して，$u \preceq u'$ を満たす x と y の共通の上界 u が存在するとき，u を x と y の最小上界といい，$u = x \vee y$ と表記する．

以下の (a)～(c) の半順序を表現するハッセ図（点 u から点 v に何本かの辺を用いて下から上に向かって行けるとき $u \preceq v$ である）で，図の x, y に対して x と y の最小上界 $x \vee y$ が存在するかどうかを判定し，存在するときには $x \vee y$ を求めよ．

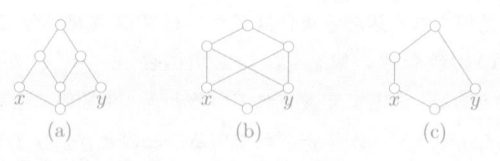

ウォーミングアップクイズの解説

(a) と (c) のハッセ図では以下の図のように $x \vee y$ が存在する．(b) のハッセ図では，x, y の上界は存在するが最小の上界は存在しない． □

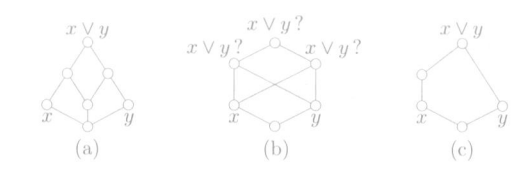

半順序集合の特殊なクラスである束は，命題論理や論理回路と密接に関係している．本章では，束の基本的な性質を解説する．さらに，様々な特殊構造をもつ束の分類を与える．

8.1 束 の 定 義

半順序集合 $(X, \preceq)$ において，任意の $x, y \in X$ に対して $x \preceq u$ かつ $y \preceq u$ となる $u \in X$ と $z \preceq x$ かつ $z \preceq y$ となる $z \in X$ が存在するものとする．このとき，u を x と y の共通の**上界**といい，z を x と y の共通の**下界**という．以下，単純化して"共通の"を省略して用いる．x と y の任意の上界 u' に対して，$u \preceq u'$ を満たす x と y の上界 u を x と y の**最小上界**あるいは**上限**といい，$u = x \vee y$ と表記する．上限 $u = x \vee y$ は，存在するときには一意的に定まる．同様に，x と y の任意の下界 z' に対して，$z' \preceq z$ を満たす x と y の下界 z を x と y の**最大下界**あるいは**下限**といい，$z = x \wedge y$ と表記する．下限 $z = x \wedge y$ も存在するときには一意的に定まる．半順序集合 $(X, \preceq)$ において，任意の $x, y \in X$ に対して上限と下限が存在するとき，$(X, \preceq)$ は**束**と呼ばれる．すなわち，上限と下限の演算で閉じている半順序集合を束という．

形式的には，束 $(X, \vee, \wedge)$ は，以下の公理 (a)〜(d) を満たす二つの二項演算 $\vee$ と $\wedge$ で閉じている集合 X として定義される．

(a) **べき等律** すべての $x \in X$ に対して，
$x \vee x = x$ かつ $x \wedge x = x$ である．
(b) **交換律** すべての $x, y \in X$ に対して，
$x \vee y = y \vee x$ かつ $x \wedge y = y \wedge x$ である．
(c) **結合律** すべての $x, y, z \in X$ に対して，
$x \vee (y \vee z) = (x \vee y) \vee z$ かつ $x \wedge (y \wedge z) = (x \wedge y) \wedge z$ である．
(d) **吸収律** すべての $x, y \in X$ に対して，
$x \wedge (x \vee y) = x$ かつ $x \vee (x \wedge y) = x$ である．

束では，$\vee$ を**結び**といい，$\wedge$ を**交わり**という．公理 (a)〜(d) において，$\vee$ と $\wedge$ の役割は対称的であることに注意しよう．すなわち，$\vee$ と $\wedge$ の役割をすべて交換してもこれらの公理は成立するように記述されている．したがって，$\vee$ と $\wedge$ を含む等式が与えられたとき，その等式の $\vee$ と $\wedge$ の役割をすべて交換した式も等式となる．これは束の**双対性**と呼ばれる．双対性を用いると証明が簡単化できるなどの恩恵がある．

(a) のべき等律が吸収律 (d) から得られることを，双対性を用いて証明する．

例題 8.1 吸収律からべき等律を導け．

解答： 吸収律より，任意の $x, y \in X$ に対して $x \vee (x \wedge y) = x$ である．そこで，y に $x \vee y$ を代入すると $x = x \vee (x \wedge (x \vee y))$ が得られる．さらに，吸収律より，$x \wedge (x \vee y) = x$ であるので，これを上の式に代入すると $x = x \vee (x \wedge (x \vee y)) = x \vee x$ が得られる．双対性から $x = x \wedge (x \vee (x \wedge y)) = x \wedge x$ も得られる．

$\vee$ と $\wedge$ の役割をすべて交換して，双対性を実際に確認してみよう．吸収律より，$x \wedge (x \vee y) = x$ であるが，この y に $x \wedge y$ を代入すると $x = x \wedge (x \vee (x \wedge y))$ が得られる．さらに，吸収律より，$x \vee (x \wedge y) = x$ であるので，これを上の式に代入すると $x = x \wedge (x \vee (x \wedge y)) = x \wedge x$ が得られる． □

吸収律からべき等律が得られるので，束の定義は以下のように書ける．

定義 8.1 二つの二項演算 $\vee$ と $\wedge$ で閉じている集合 X の系 $(X, \vee, \wedge)$ は，上記の公理 (b)〜(d) を満たすとき，束と呼ばれる． □

半順序集合からの束の定義と公理からの束の定義を与えた．これらの定義は矛盾するものではなく，以下の例題で示すように，一致すると見なせる．

例題 8.2 半順序集合 $(X, \preceq)$ が上限 $\vee$ と下限 $\wedge$ の演算で閉じているならば，$(X, \vee, \wedge)$ は束の公理（交換律，結合律，吸収律）を満たす．これを確かめよ．

解答： $x \vee y$ は x と y の上限であり，$y \vee x$ は y と x の上限であるので，$x \vee y = y \vee x$ は明らかである．同様に，$x \wedge y$ は x と y の下限であり，$y \wedge x$ は y と x の下限であるので，$x \wedge y = y \wedge x$ も明らかである．すなわち，(b) の交換律が成立する．

次に結合律を示す．$x \vee (y \vee z)$ は x と $y \vee z$ の上限であり，$y \vee z$ は y と z の上限であるので，$x \vee (y \vee z)$ は x と y と z の上界である．x と y と z の上限を $x \vee y \vee z$ と表記する．したがって，$x \vee y \vee z \preceq x \vee (y \vee z)$ である．一方，$x \vee y \vee z$ は，定義より x と y と z の上界であるので，x と $y \vee z$ の上界でもある．したがって，$x \preceq x \vee y \vee z$ かつ $y \vee z \preceq x \vee y \vee z$ となり，$x \vee (y \vee z) \preceq x \vee y \vee z$ が得られる．以上より，半順序集合 $(X, \preceq)$ の反対称律を用いて，$x \vee y \vee z = x \vee (y \vee z)$ が得られる．同様に，$(x \vee y) \vee z$ も x と y と z の上限 $x \vee y \vee z$ となる．したがって，$x \vee (y \vee z) = (x \vee y) \vee z$ である．下限についても同様であり，$x \wedge (y \wedge z) = (x \wedge y) \wedge z$ が成立する．したがって，(c) の結合律が成立する．

次に吸収律を示す．$x \preceq x$ かつ $x \preceq x \vee y$ から $x \preceq x \wedge (x \vee y)$ となるが，一方，$x \wedge (x \vee y) \preceq x$ でもあるので，$x \wedge (x \vee y) = x$ が得られる．同様に，$x \preceq x$ かつ $x \wedge y \preceq x$ から $x \vee (x \wedge y) \preceq x$ となるが，一方，$x \preceq x \vee (x \wedge y)$ でもあるので，$x \vee (x \wedge y) = x$ が得られる．したがって，(d) の吸収律も成立する．

以上より，$(X, \vee, \wedge)$ は束の公理を満たすことが得られた． □

8.1 束 の 定 義

例題 8.3 束 $(X, \vee, \wedge)$ において，「$x \vee y = y$ のときそしてそのときのみ $x \preceq y$ である」として二項関係 $\preceq$ を定義する．同様に，「$x \wedge y = x$ のときそしてそのときのみ $x \preceq' y$ である」として二項関係 $\preceq'$ を定義する．すると，$\preceq$ と $\preceq'$ は一致し，$(X, \preceq)$ は半順序集合であることを示せ．

解答： はじめに，$\preceq$ と $\preceq'$ は一致することを示す．$x \preceq y$ とすると，$x \vee y = y$ であるので，吸収律より，$x = x \wedge (x \vee y) = x \wedge y$ となり，$x \preceq' y$ が得られる．同様に，$x \preceq' y$ とすると，$x \wedge y = x$ であるので，吸収律より，$y = y \vee (x \wedge y) = y \vee x$ となり，$x \preceq y$ が得られる．したがって，$\preceq$ と $\preceq'$ は一致する．

次に，$\preceq$ が半順序であることを示す．べき等律より，$x \vee x = x$ であるので $x \preceq x$ が成立する（反射律）．$x \preceq y$ かつ $y \preceq x$ ならば $y = x \vee y = x$ であるので $x = y$ である（反対称律）．$x \preceq y$ かつ $y \preceq z$ ならば $x \vee y = y$ かつ $y \vee z = z$ であるので，結合律より，$x \vee z = x \vee (y \vee z) = (x \vee y) \vee z = y \vee z = z$ となり，$x \preceq z$ が得られる（推移律）．したがって，$(X, \preceq)$ は半順序集合である． □

例題 8.2 と例題 8.3 から，集合 X の任意の元 x, y に対して「$x \preceq y$ と $x \vee y = y$ と $x = x \wedge y$」は同じことを意味すると考えることで，束 $(X, \vee, \wedge)$ と上限 $\vee$ と下限 $\wedge$ で閉じている半順序集合 $(X, \preceq)$ を同一視することができることがわかった．それを定理としてまとめておこう．

定理 8.1 半順序集合 $(X, \preceq)$ が上限 $\vee$ と下限 $\wedge$ の演算で閉じているならば，$(X, \vee, \wedge)$ は束である．逆に，束 $(X, \vee, \wedge)$ の任意の $x, y \in X$ に対して，「$x \vee y = y$ のときそしてそのときのみ $x \preceq y$ である」（あるいは「$x = x \wedge y$ のときそしてそのときのみ $x \preceq y$ である」）として二項関係 $\preceq$ を定義すると，$(X, \preceq)$ は半順序集合である． □

例題 8.4 束でないような半順序集合の例を挙げよ．

解答： 以下のハッセ図で示されている半順序集合が束でない例である．

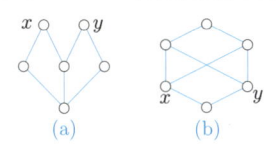

(a)　(b)

(a) では $x \vee y$ が存在しないので束ではない．ウォーミングアップクイズでも取り上げた (b) では x と y の上界は存在するが上限が存在しないので束ではない． □

束 $(X, \vee, \wedge)$ は X が有限集合のとき**有限束**と呼ばれる．前章でも述べたよう

に，束 $(X, \vee, \wedge)$ （すなわち定理 8.1 の意味で対応する半順序集合 $(X, \preceq)$）の $x, y \in X$ に対して，$x \preceq y$ かつ $x \neq y$ のときは $x \prec y$ を表記し，$x \preceq y$ でないときは $x \not\preceq y$ と表記する．そして $x \prec y$ であり，かつ $x \prec z \prec y$ となる $z \in X$ が存在しないとき，x を y の**直前の元**と呼び，y を x の**直後の元**と呼ぶ．このとき，y は x を**カバーする**といい，x は y に**カバーされる**ともいう．

束 $(X, \vee, \wedge)$ に対してさらに以下の公理を考える．

(e) **セミモジュラー律** すべての $x, y \in X$ に対して，
 x と y が $x \wedge y$ をカバーするならば，$x \vee y$ は x と y をカバーする．

(f) **モジュラー律** $x \preceq z$ を満たすすべての $x, z \in X$ とすべての $y \in X$ に対して，$(x \vee y) \wedge z = x \vee (y \wedge z)$ である．

(g) **分配律** すべての $x, y, z \in X$ に対して，
 $(x \vee y) \wedge z = (x \wedge z) \vee (y \wedge z)$ かつ $(x \wedge y) \vee z = (x \vee z) \wedge (y \vee z)$
 である．

(h) **相補律** 最大元 I と最小元 O （すなわち，任意の $x \in X$ に対して $x \vee I = I$ かつ $x \vee O = x$ である）が X に存在する．さらに，任意の $x \in X$ に対して，
 $x \vee y = I$ かつ $x \wedge y = O$ を満たす y が X に存在する．
 なお，このとき，y は x の**補元**と呼ばれる．

定義 8.2 束 $(X, \vee, \wedge)$ は，セミモジュラー律を満たすとき**セミモジュラー束**と呼ばれる．同様に，束 $(X, \vee, \wedge)$ がモジュラー律を満たすとき**モジュラー束**と呼ばれる．また，束 $(X, \vee, \wedge)$ が分配律を満たすとき**分配束**と呼ばれ，相補律を満たすときは，**相補束**と呼ばれる．さらに，分配律と相補律をともに満たす束 $(X, \vee, \wedge)$ は**ブール束**と呼ばれる． □

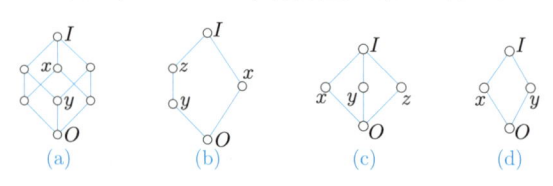

例題 8.5 束，モジュラー束，分配束，相補束，ブール束の例を挙げよ．

解答： 次のハッセ図で示されている半順序集合が束の一例である．

図の (a) と (d) は，モジュラー束，分配束，相補束，ブール束の例である．x の補元は y である．(b) と (c) は相補束であるが，y, z がともに x の補元である． □

例題 8.6 分配束でないような束の例を挙げよ．

解答： 図 8.1 のハッセ図で示されている束は分配束ではない束の例である．実際，図 8.1(a) の束 P_5 では $(x \vee y) \wedge z = z \neq x = (x \wedge z) \vee (y \wedge z)$ であるので，分配律が成立しない．図 8.1(b) の D_5 でも $(x \vee y) \wedge z = z \neq (x \wedge z) \vee (y \wedge z)$ であるので，分配律が成立しない． □

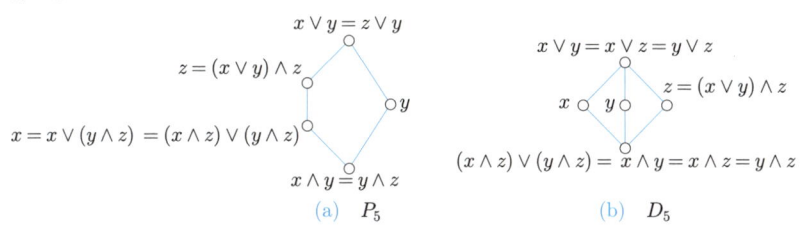

図 8.1　P_5 と D_5 は分配束でない束である

定理 8.2 分配束はモジュラー束である．

証明： $x \preceq z$ ($x \vee z = z$ かつ $x \wedge z = x$) ならば，吸収律より，$x \wedge z = x \wedge (x \vee z) = x$ となり，さらに分配律から，$(x \vee y) \wedge z = (x \wedge z) \vee (y \wedge z) = x \vee (y \wedge z)$ となるので，分配束はモジュラー束である． □

例題 8.7 分配束でないようなモジュラー束の例を挙げよ．また，モジュラー束でない束の例を挙げよ．

解答： 図 8.1(a) のハッセ図で示されている束 P_5 では $x \vee z = z$ ($x \preceq z$) であるが，$(x \vee y) \wedge z = z \neq x = x \vee (y \wedge z)$ であるので，モジュラー束ではない．一方，図 8.1(b) の D_5 はモジュラー束であるが，分配束ではない． □

例題 8.8 相補束でない束の例を挙げよ．

解答： 以下のハッセ図で示されている束が相補束でない束の一例である．

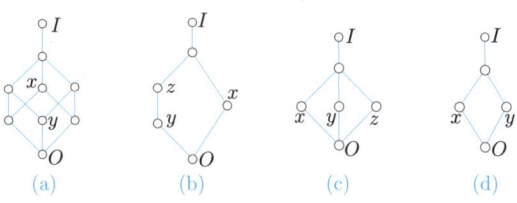

いずれも x の補元が存在しない．図の (a) と (d) は分配束（したがって，モジュラー束）である．(b) はモジュラー束でない（したがって分配束でもない）．(c) はモジュラー束であるが，分配束でない． □

分配束で x の補元が存在するときには一意的に定まる．証明は演習問題 8.1 とする．したがって，ブール束では補元は一意的に定まる．

定理 8.3 分配束 $(X, \vee, \wedge)$ の元 x が補元をもつならば一意的に定まる． □

以上をまとめると束のクラス構造は以下の図 8.2 のように書ける．なお，図の有向無閉路グラフは，正確には，長さが 2 以上の有向閉路を含まない（したがって自己ループは含むこともある）有向グラフであることを注意しておく．

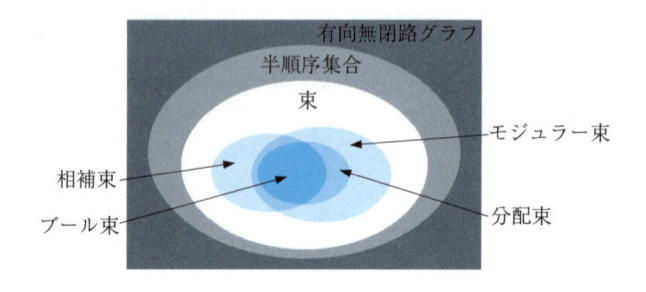

図 8.2 束のクラス構造

8.2 部 分 束

束 $(X, \vee, \wedge)$ の集合 X の部分集合 Y に対して $(Y, \vee', \wedge')$ が束の公理を満たすとき，$(Y, \vee', \wedge')$ は束である．しかしながら，これだけでは $(Y, \vee', \wedge')$ を $(X, \vee, \wedge)$ の部分束とは言わない．さらに，$\vee' = \vee$ かつ $\wedge' = \wedge$ のときに，はじめて $(Y, \vee, \wedge)$ を $(X, \vee, \wedge)$ の **部分束** という．すなわち，すべての $x, y \in Y$ に対して $u = x \vee y \in X$ かつ $z = x \wedge y \in X$ である（u と z は，それぞれ，束 $(X, \vee, \wedge)$ における x, y の上限と下限である）が，さらに $u = x \vee' y$ かつ $z = x \wedge' y$ である（したがって，$u, z \in Y$）であるとき，$(Y, \vee', \wedge')$ を $(X, \vee, \wedge)$ の部分束という．

例題 8.9 部分束の例と部分束でない例を挙げよ．

解答： 以下のハッセ図で示されている束で考える．

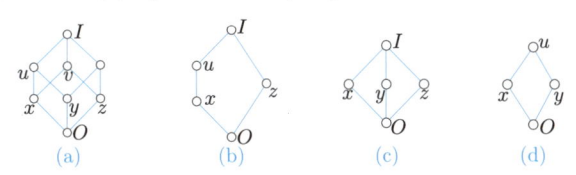

(a) (b) (c) (d)

図 (b) の束 $(Y, \vee', \wedge')$ は図 (a) の束 $(X, \vee, \wedge)$ の部分束ではない．(a) の束では x と z の上限が $x \vee z = v$ であるが，(b) の束では x と z の上限が $x \vee' z = I$ となるのに対して，$x \vee z = v \notin Y$ であるからである．同様に，図 (c) の束 $(Z, \vee'', \wedge'')$ も図 (a) の束 $(X, \vee, \wedge)$ の部分束ではない．(c) の束では x と z の上限が $x \vee'' z = I$ となるのに対して，$x \vee z = v \notin Z$ であるからである．一方，図 (d) の束は図 (a) の束 $(X, \vee, \wedge)$ の部分束である． □

定理 8.4 モジュラー束 $(X, \vee, \wedge)$ の部分束はモジュラー束である．同様に，分配束 $(X, \vee, \wedge)$ の部分束は分配束である．

証明： $(X, \vee, \wedge)$ の部分束 $(Y, \vee_Y, \wedge_Y)$ では，任意の $x, y \in Y$ に対して

$$x \vee_Y y = x \vee y \in Y, \quad x \wedge_Y y = x \wedge y \in Y$$

であるので，$(X, \vee, \wedge)$ が束の公理 (b),(c),(d),(f),(g) を満たせば $(Y, \vee_Y, \wedge_Y)$ も束の公理 (b),(c),(d),(f),(g) を満たすことが得られる．したがって，モジュラー束 $(X, \vee, \wedge)$ の部分束もモジュラー束であり，分配束 $(X, \vee, \wedge)$ の部分束も分配束である． □

8.3 代表的な束の禁止部分束による特徴付け

本節では，禁止部分束に基づいて，モジュラー束と分配束の特徴付けを与える．モジュラー束の特徴付けから始める．

定理 8.5 束 $(X, \vee, \wedge)$ がモジュラー束であるための必要十分条件は，右のハッセ図で示されている束 P_5（図 8.1(a) の P_5）を部分束として含まないことである．

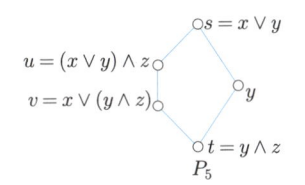

$s = x \vee y$
$u = (x \vee y) \wedge z$
$v = x \vee (y \wedge z)$
y
$t = y \wedge z$
P_5

証明： 例題 8.7 より，束 P_5 はモジュラー束ではない．したがって，定理 8.4 より，必要性が得られる．そこで以下では文献 [10] に基づいて十分性の証明を与える．

束 $(X, \vee, \wedge)$ がモジュラー束でなかったとする．すると，ある $x, y, z \in X$ でモジュラー律が満たされない．すなわち，$x \vee z = z$ であるが，$(x \vee y) \wedge z \neq x \vee (y \wedge z)$ となるような $x, y, z \in X$ が存在する．そこで，

$$u = (x \vee y) \wedge z, \quad v = x \vee (y \wedge z), \quad s = x \vee y, \quad t = y \wedge z \tag{8.1}$$

とする.すると,$u = (x \vee y) \wedge z \neq v = x \vee (y \wedge z)$ かつ $u \vee v = u, u \wedge v = v$ である.すなわち,

$$v \prec u \tag{8.2}$$

である.同様に,

$$t \prec v \prec u \prec s, \quad t \prec y \prec s \tag{8.3}$$

であることも容易に示せる(演習問題 8.2).さらに,吸収律,交換律,結合律から,

$$u \wedge y = (x \vee y) \wedge z \wedge y = ((x \vee y) \wedge y) \wedge z = y \wedge z = t \tag{8.4}$$
$$v \vee y = x \vee (y \wedge z) \vee y = x \vee ((y \wedge z) \vee y) = x \vee y = s \tag{8.5}$$

となる.同様に,式 (8.1)〜(8.5) より,

$$v \wedge y = u \wedge v \wedge y = (u \wedge y) \wedge (v \wedge y) = t \wedge (v \wedge y) = t \tag{8.6}$$
$$u \vee y = v \vee u \vee y = (v \vee y) \vee (u \vee y) = s \vee (u \vee y) = s \tag{8.7}$$

が得られる.すなわち,図の P_5 が得られる.したがって,束 $(X, \vee, \wedge)$ がモジュラー束でなかったとすると,部分束として P_5 を含むことが得られた. □

次に,分配束の特徴付けを与える.

定理 8.6 モジュラー束 $(X, \vee, \wedge)$ が分配束であるための必要十分条件は,右のハッセ図で示されている束 D_5 (図 8.1(b))を部分束として含まないことである. □

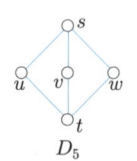

例題 8.7 より,束 D_5 は分配束ではない.したがって,定理 8.4 より,必要性が得られる.十分性の証明も定理 8.5 の証明とほぼ同様の方針でできるので演習問題 8.4 とする.なお,その証明では,114 ページの分配律 (f) に等価な以下の分配律 (f′) を用いている.その証明も演習問題 8.3 とする.

(f′) **等価な分配律** すべての $x, y, z \in X$ に対して

$$(x \vee y) \wedge (y \vee z) \wedge (z \vee x) = (x \wedge y) \vee (y \wedge z) \vee (z \wedge x)$$ である.

定理 8.4 と定理 8.6 から分配束の部分束による以下の特徴付けが与えられる.

定理 8.7 束 $(X, \vee, \wedge)$ が分配束であるための必要十分条件は,図 8.1 の束 P_5 と D_5 のいずれも部分束として含まないことである. □

8.4 有限束

有限束 $(L, \vee, \wedge)$ は最小元 O と最大元 I をもつ. 実際, $O = \bigwedge_{x \in L} x$, $I = \bigvee_{x \in L} x$ である. 束の最小元 O をカバーする元は, **原子元**と呼ばれる. 最小元と異なる元 x が二つの元 $y, z \in L$ の上限として $x = y \vee z$ と表されるときには $y = x$ あるいは $z = x$ が成立するとき, x は**既約元**と呼ばれる.

原子元は既約元であるが, 一般に, 既約元は原子元ではない. たとえば, 右の図のハッセ図で示した束では x, y が原子元であり, a, b, c, x, y が既約元である.

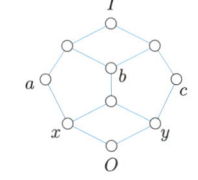

既約元はハッセ図を用いると理解しやすい. 最小元 O と最大元 I をもつ有限束 $(L, \vee, \wedge)$ のハッセ図を $H(L)$ とする. $H(L)$ は, 最小元から最大元に向かうパスに沿って辺に向きのある有向グラフと考える. したがって, x が L の既約元であることと x がハッセ図 $H(L)$ で入次数 1 であることとは等価である.

補題 8.1 束 $(L, \vee, \wedge)$ の原子元は既約元である.

証明: 束 L の任意の原子元を x とする. x が二つの元 $y, z \in L$ の上限として $x = y \vee z$ と表されるとする. すると, $y \preceq x$ かつ $z \preceq x$ である. さらに, x は原子元であるので, $y = O$ あるいは $y = x$ である. 同様に, $z = O$ あるいは $z = x$ である. そこで, $y = z = O$ とすると, $x = y \vee z = O$ となり, x が原子元であることに矛盾する. したがって, $y = x$ あるいは $z = x$ となり, x は既約元である. □

補題 8.2 ブール束 $(L, \vee, \wedge)$ の既約元は原子元である.

証明: x を L の既約元とする. さらに, x は L の原子元ではなかったとする. すると, x は最小元 O でないので,

$$O \prec y \prec x \tag{8.8}$$

となる y が存在する. ブール束は相補束であるのでどの元も補元をもつ. そこで y の補元を $\overline{y}$ とする. すると, $y \vee \overline{y} = I$ であるので

$$x = x \wedge I = x \wedge (y \vee \overline{y}) = (x \wedge y) \vee (x \wedge \overline{y}) = y \vee (x \wedge \overline{y}) \tag{8.9}$$

となる. ここで, $x \wedge \overline{y} \preceq x$ であるが, $x \wedge \overline{y} = x$ であると仮定してみる. すると,

$$y = y \wedge x = y \wedge (x \wedge \overline{y}) = y \wedge \overline{y} \wedge x = O \wedge x = O$$

となり，式 (8.8) の $O \prec y \prec x$ に矛盾する．したがって，$x \wedge \overline{y} \neq x\ (x \wedge \overline{y} \prec x)$ となり，式 (8.9) の $x = y \vee (x \wedge \overline{y})$ から x は既約元でないことが得られる．しかし，これは x が既約元であることに反する．したがって，x が L の原子元ではなかったとしたことから矛盾が得られたので，x は原子元であることが得られる． □

補題 8.1 と 8.2 より，ブール束では以下が成立する．

定理 8.8 ブール束 $(L, \vee, \wedge)$ では既約元と原子元は一致する． □

有限束 $(L, \vee, \wedge)$ のどの元も（複数個の適切な）既約元の上限として表せる．ただし，最小元は 0 個の既約元で，既約元は 1 個の既約元で表せると考える．以下ではこれと関連する定理について説明する．

有限束 $(L, \vee, \wedge)$ の既約元の集合を $S(L)$ とし，L の任意の元 x に対して

$$S(x) = \{u \in S(L) \mid u \preceq x\} \tag{8.10}$$

とする．すなわち，$S(x)$ を $u \preceq x$ を満たす L の既約元 u の集合する．さらに

$$F(L) = \{S(x) \subseteq S(L) \mid x \in L\} \tag{8.11}$$

とし，関数 $f : L \to F(L)$ を

$$f(x) = S(x) \tag{8.12}$$

として定義する．すると以下の定理が成立する．

定理 8.9 有限束 $(L, \vee, \wedge)$ の任意の元 x は，式 (8.10) の $S(x)$ を用いて

$$x = \bigvee_{u \in S(x)} u \tag{8.13}$$

と $S(x)$ の元の上限として表せる．

証明： L のハッセ図 $H(L)$ を，最小元 O から最大元 I に向かうパスに沿って辺に向きのある有向グラフと考える．$H(L)$ の点 x と L の要素 x を同一視する．最小元 O から各点 x への辺数最大のパスを x への最長パスといい，含まれる辺数をその最長パスの長さという．各点 x への最長パスの長さを $d_{\max}(x)$ と表記する．$d_{\max}(x)$ についての帰納法で定理を証明する．

$d_{\max}(x) = 0$ の元 x は $x = O$ であり，$S(x) = \emptyset$ であるので 0 個の既約元の上限として表せる．また，$d_{\max}(x) = 1$ の元 x は原子元かつ既約元であり $S(x) = \{x\}$ であ

8.4 有限束

るので $S(x)$ の唯一の既約元 x の上限として表せる.

そこで, $d_{\max}(v) \leq k$ $(k \geq 1)$ のすべての元 v で定理が成立していると仮定する. そして $d_{\max}(x) = k+1$ の元 x でも定理が成立することを証明する.

x が既約元ならば $x \in S(x)$ であり, 任意の $u \in S(x)$ に対して $x = u \vee x$ であるので, $x = \bigvee_{u \in S(x)} u$ と書ける. そこで x が既約元でないとする. すると, 最小元と異なるある y, z $(y \neq x$ かつ $z \neq x)$ を用いて $x = y \vee z$ と書ける. さらに, y から x への長さ 1 以上の有向パスと z から x への長さ 1 以上の有向パスが $H(L)$ に存在する. したがって, O から y への最長パスの長さ $d_{\max}(y)$ と O から z への最長パスの長さ $d_{\max}(z)$ は, $d_{\max}(y) < d_{\max}(x) = k+1$ と $d_{\max}(z) < d_{\max}(x) = k+1$ を満たす. したがって, 帰納法の仮定より, y と z はそれぞれ $S(y)$ と $S(z)$ の元の上限として書ける. これから $x = y \vee z$ も $S(y) \cup S(z) \subseteq S(x)$ の既約元の上限として書けることが得られる. $S(x) - (S(y) \cup S(z))$ の任意の元 u に対しても $u \vee x = x$ であるので x は $S(x)$ の既約元の上限として書ける. □

定理 8.10 有限束 $(L, \vee, \wedge)$ の任意の $x, y \in L$ に対して次式が成立する.

$$S(x \wedge y) = S(x) \cap S(y) \tag{8.14}$$

証明: $u \in S(x \wedge y)$ ならば, $u \preceq x \wedge y$ より, $u \preceq x$ かつ $u \preceq y$ となり, $u \in S(x) \cap S(y)$ である. すなわち, $S(x \wedge y) \subseteq S(x) \cap S(y)$ である. 逆に, $u \in S(x) \cap S(y)$ ならば, $u \preceq x$ かつ $u \preceq y$ であるので, $u \preceq x \wedge y$ となり, $u \in S(x \wedge y)$ である. すなわち, $S(x) \cap S(y) \subseteq S(x \wedge y)$ である. したがって, $S(x \wedge y) = S(x) \cap S(y)$ である. □

定理 8.11 有限分配束 $(L, \vee, \wedge)$ の任意の $x, y \in L$ に対して次式が成立する.

$$S(x \vee y) = S(x) \cup S(y) \tag{8.15}$$

証明: $u \in S(x) \cup S(y)$ ならば, $u \preceq x$ または $u \preceq y$ であるので, $u \preceq x \vee y$ となり, $u \in S(x \vee y)$ である. すなわち, $S(x) \cup S(y) \subseteq S(x \vee y)$ である. 逆に, $u \in S(x \vee y)$ とする. すると, $u \preceq x \vee y$ であり, $u \wedge (x \vee y) = u$ である. 一方, L は分配束であるので, $u \wedge (x \vee y) = (u \wedge x) \vee (u \wedge y)$ でもある. したがって, $u = (u \wedge x) \vee (u \wedge y)$ である. さらに, u は既約元であるので, $u = (u \wedge x)$ あるいは $u = (u \wedge y)$ である. したがって, $u \preceq x$ あるいは $u \preceq y$ となり $u \in S(x) \cup S(y)$, が成立する. すなわち, $S(x \vee y) \subseteq S(x) \cup S(y)$ である. 以上より, $S(x \vee y) = S(x) \cup S(y)$ が得られた. □

したがって, 有限分配束 $(L, \vee, \wedge)$ では, 式 (8.12) で定義された関数 f は L から束 $(F(L), \cup, \cap)$ への同形対応であると見なせる. すなわち, 有限分配束 $(L, \vee, \wedge)$ に関しては, 以下のバーコフ (B. Birkhoff) の定理が成立する.

第 8 章 束

定理 8.12（バーコフの定理） 有限分配束 $(L, \vee, \wedge)$ の任意の $x, y \in L$ に対して，$S(x \wedge y) = S(x) \cap S(y)$ かつ $S(x \vee y) = S(x) \cup S(y)$ である．したがって，$(L, \vee, \wedge)$ は，L のすべての既約元の集合 $S(L)$ の部分集合全体のなすブール束 $(2^{S(L)}, \cup, \cap)$ の部分束である $(F(L), \cup, \cap)$ に同形である． □

定理 8.8 より，ブール束では原子元と既約元は一致する．すなわち，有限ブール束 $(L, \vee, \wedge)$ に対して，$S(L)$ はすべての原子元の集合であり，L の任意の元 x に対して式 (8.10) の $S(x)$ は $u \preceq x$ を満たす原子元 $u \in L$ の集合である．さらに，ブール束は分配束であるので，定理 8.9 を用いて以下が得られる．

定理 8.13 有限ブール束 $(L, \vee, \wedge)$ の任意の元 x は式 (8.13) から $x = \bigvee_{u \in S(x)} u$ と表せるが，その表し方は一意的である．

証明： 定理 8.8 と定理 8.9 より，x が $x = \bigvee_{u \in S(x)} u$ と書けることは明らかである．そこで一意性を証明する．x がある原子元の集合 $S'(x) = \{a_1, a_2, \cdots, a_k\}$ を用いて

$$x = \bigvee_{u \in S'(x)} u = a_1 \vee a_2 \vee \cdots \vee a_k$$

と表されているとする．$a_i \preceq x$ であるので，$a_i \in S(x)$ となり，$S'(x) \subseteq S(x)$ である．そこで $S'(x) \neq S(x)$ であったと仮定し，$a \in S(x) - S'(x)$ とする．$a, a_1, a_2, \cdots, a_k$ は異なる原子元であるので，任意の $a_i \in S'(x)$ に対して $a \wedge a_i = O$ が成立する．したがって，

$$O = (a \wedge a_1) \vee (a \wedge a_2) \vee \cdots \vee (a \wedge a_k) = a \wedge (a_1 \vee a_2 \vee \cdots \vee a_k) = a \wedge x = a$$

が得られる．これは $a \in S(x)$ が原子元であることに反する．したがって，$S'(x) = S(x)$ が得られる．すなわち，x は $x = \bigvee_{u \in S(x)} u$ と一意的に表されることが得られた． □

有限ブール束 $(L, \vee, \wedge)$ の任意の原子元の集合 $T = \{a_1, a_2, \cdots, a_k\}$ に対して $x = a_1 \vee a_2 \vee \cdots \vee a_k$ も L の元であり，定理 8.13 より，$S(x) = T$ である．すなわち，任意の $T = \{a_1, a_2, \cdots, a_k\} \subseteq S(L)$ に対して $T \in F(L)$ であり，$F(L) = 2^{S(L)}$ である．したがって，定理 8.12 と定理 8.13 から，以下のストーン (C. Stone) の定理が得られる．

定理 8.14（ストーンの定理） 有限ブール束 $(L, \vee, \wedge)$ は，集合 $S(L)$ の部分集合全体のなすブール束 $(2^{S(L)}, \cup, \cap)$ に同形である． □

8.5 発展：セミモジュラー束の特徴付け

図 8.2 で束のクラスの分類を与えたが，さらにモジュラー束はセミモジュラー束であることも言える．証明は演習問題 8.6 とする．

定理 8.15 モジュラー束はセミモジュラー束である． □

右の図 (a) のハッセ図で表される束はセミモジュラーであるがモジュラーではない．なぜならば，(b) のようなモジュラーでない束 P_5 を部分束として含むからである．

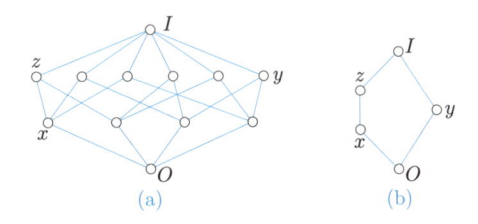

以下では，セミモジュラー束の特徴付けとモジュラー束の別の特徴付けを与える．そこで，束 $(L, \vee, \wedge)$ の $x \preceq y$ を満たす $x, y \in L$ に対して，**区間** $[x, y]$ を

$$[x, y] = \{z \in L \mid x \preceq z \preceq y\}$$

と定義する．すると，区間 $[x, y]$ は L の部分束となることが言える（演習問題 8.5）．さらに，有限束 $(L, \vee, \wedge)$ に対してさらに以下の条件を考える．

(i) **ジョルダン-デデキント チェーン条件** 任意の区間 $X = [x, y]$ に対して，x と y を結ぶ極大チェーンのサイズはすべて等しい．

(j) **劣モジュラー律** 最小元 O から各元 $x \in L$ への最大チェーンのサイズを $h(x)$ とする．すると，任意の $x, y \in L$ に対して，

$$h(x) + h(y) \geq h(x \vee y) + h(x \wedge y) \tag{8.16}$$

が成立する．

以下は，セミモジュラー束の特徴付け（証明は演習問題 8.7）とモジュラー束の特徴付け（証明は演習問題 8.8）である．

定理 8.16 有限束 $(L, \vee, \wedge)$ がセミモジュラーであるための必要十分条件は，ジョルダン-デデキント チェーン条件と劣モジュラー律を満たすことである． □

定理 8.17 有限束 $(L, \vee, \wedge)$ の最小元 O から各元 $x \in L$ への最大チェーンのサイズを $h(x)$ とする．すると，束 $(L, \vee, \wedge)$ がモジュラーであるための必要十分条件は，$(L, \vee, \wedge)$ がジョルダン-デデキント チェーン条件を満たし，かつ $(L, \vee, \wedge)$ の任意の $x, y \in L$ に対して，

$$h(x) + h(y) = h(x \vee y) + h(x \wedge y) \tag{8.17}$$

が成立することである． □

8.6 本章のまとめ

本章では，半順序集合の特殊なクラスである束を取り上げ，セミモジュラー束，モジュラー束，分配束，ブール束などの関係を明らかにした．さらに，モジュラー束と分配束の禁止部分束による特徴付けを与えた．分配束は，$Ax = b$ として書ける線形システムなどの解析において重要な役割を果たしている．また，セミモジュラー束は，グラフや行列の概念を一般化したマトロイドという概念とも密接に関係している．ブール束は，次章の命題と論理関数とも密接に関係している．

なお，本章の内容は巻末の参考文献 [10～13, 42] などの本でも取り上げられている．

演習問題

8.1 定理 8.3 を証明せよ．

8.2 定理 8.5 の証明で用いられた式 (8.3) の $t \preceq v \preceq u \preceq s$ と $t \preceq y \preceq s$ が実際に成立することを示せ．

8.3 束 $(X, \vee, \wedge)$ において，分配律 (f) と等価な分配律 (f') が実際に等価であることを示せ．

8.4 定理 8.6 の十分性の証明を与えよ．

8.5 束 $(L, \vee, \wedge)$ の $x \preceq y$ を満たす $x, y \in L$ に対して，区間 $[x, y]$ は L の部分束となることを示せ．

8.6 定理 8.15 を証明せよ．

8.7 定理 8.16 を証明せよ．

8.8 定理 8.17 を証明せよ．

8.9 ウォーミングアップクイズの (a) のハッセ図はセミモジュラー束であるが，モジュラー束ではないことを示せ．

第9章

論理と命題

本章の目標 命題とそれを抽象化した論理と述語は，定理の証明と密接に関係する数学の最も根幹となる概念であり，コンピューターのハードウェア設計の基本原理ともなっている．情報学の基礎理論や人工知能の分野でもしばしば用いられている．本章では，命題と論理および述語の基本的な概念および基本的な証明法を理解する．さらに，情報学の基礎理論で重要な役割を果たしている充足可能性問題を理解する．

本章のキーワード 命題，含意，等価，仮定，結論，十分条件，必要条件，必要十分条件，逆，対偶，裏，論理，真理値，ブール変数，リテラル，論理和，論理積，否定，ド・モルガンの法則，排他的論理和，背理法，直接証明，三段論法，述語，論理関数，論理式，存在記号，全称記号，限量子，最小項，論理積標準形，論理和標準形，充足可能性問題，SAT

ウォーミングアップクイズ

整数 x に対して，"x は 6 の倍数である" という命題を P とする．同様に，"x は 2 の倍数である" という命題を Q，"x は 3 の倍数である" という命題を R とする．このとき，命題 P が成立するならば，命題 Q も成立する．なぜなら x が 6 の倍数であるとき，x は明らかに 2 の倍数でもあるからである．これを，$P \Rightarrow Q$ と表記する．同様に，$P \Rightarrow R$ も成立する．

x が 2 の倍数であり，かつ 3 の倍数でもあるという命題（Q かつ R であるという命題）は，$Q \wedge R$ と表記される．したがって，$P \Rightarrow Q$ と $P \Rightarrow R$ を一緒にして $P \Rightarrow Q \wedge R$ と表記できる．

x が 2 の倍数であり，かつ 3 の倍数でもあるならば，すなわち，$Q \wedge R$ ならば，x は 6 の倍数である．したがって，$Q \wedge R \Rightarrow P$ も成立する．

このように，$P \Rightarrow Q \wedge R$ かつ $Q \wedge R \Rightarrow P$ のとき，$P \Leftrightarrow Q \wedge R$ と表記する．すなわち，命題 A, B に対して $A \Rightarrow B$ かつ $B \Rightarrow A$ のとき，$A \Leftrightarrow B$ と表記する．

正整数 x に対して，"x は整数 i の倍数である" という命題を P_i（$i = 2, 3, 4, 5, 10, 12$）とする．したがって，P_2 は "x は 2 の倍数である" という命題である．このとき，これらの $P_2, P_3, P_4, P_5, P_{10}, P_{12}$ に対して，上記のような $P \Rightarrow Q \wedge R$ や $Q \wedge R \Rightarrow P$ や $P \Leftrightarrow Q \wedge R$ などの関係を求めよ．

ウォーミングアップクイズの解説

12 は 2 の倍数であるので，x が 12 の倍数ならば x は 2 の倍数でもある．したがって，

$P_{12} \Rightarrow P_2$ が成立する．同様に，10, 4 も 2 の倍数であるので，$P_{10} \Rightarrow P_2$, $P_4 \Rightarrow P_2$ が成立する．さらに，12 は 3 の倍数であるので，$P_{12} \Rightarrow P_3$ が成立する．また，12 は 4 の倍数であるので，$P_{12} \Rightarrow P_4$ が成立する．10 は 5 の倍数であるので，$P_{10} \Rightarrow P_5$ が成立する．

したがって，$P_{10} \Rightarrow P_2$ と $P_{10} \Rightarrow P_5$ から $P_{10} \Rightarrow P_2 \wedge P_5$ が成立し，x が 2 の倍数でありかつ 5 の倍数であるときには x は 10 の倍数でもあるので，$P_2 \wedge P_5 \Rightarrow P_{10}$ が成立する．したがって，$P_2 \wedge P_5 \Leftrightarrow P_{10}$ が成立する．さらに，$P_{12} \Rightarrow P_2$, $P_{12} \Rightarrow P_3$, $P_{12} \Rightarrow P_4$ から $P_{12} \Rightarrow P_2 \wedge P_3 \wedge P_4$ が成立し，一方，x が 2 の倍数であり，3 の倍数であり，かつ 4 の倍数であるときには x は 12 の倍数でもあるので，$P_2 \wedge P_3 \wedge P_4 \Rightarrow P_{12}$ が成立する．したがって，$P_2 \wedge P_3 \wedge P_4 \Leftrightarrow P_{12}$ が成立する．しかし，これは，x が 3 の倍数でありかつ 4 の倍数であるときそしてそのときのみ x は 12 の倍数でもあるので，$P_3 \wedge P_4 \Leftrightarrow P_{12}$ とも書ける． □

9.1 命　題

真であるか偽である記述を**命題**という．たとえば，"素数は無限個ある" という命題は真である（正しい，あるいは，成立するということもある）．一方，"8 は 3 の倍数である" という命題は偽である（成立しない）．

"A ならば B である" という命題で，A は**仮定**，B は**結論**と呼ばれる．この命題は**含意**と呼ばれ $A \Rightarrow B$ とも書かれる．"A ならば B である" という命題が真であるとき，仮定の A は B であるための**十分条件**と呼ばれ，結論である B は A であるための**必要条件**と呼ばれる．$A \Leftrightarrow B$ が成立するとき，$A \Rightarrow B$ の命題が成立することは**必要性**と呼ばれ，$B \Rightarrow A$ の命題が成立することは**十分性**と呼ばれる．そして，$A \Leftrightarrow B$ が成立するとき，B を A であるための**必要十分条件**という．

$A \Rightarrow B$ に対して，$B \Rightarrow A$ は**逆**と呼ばれる．命題 A の否定命題を $\overline{A}$ と表記する．たとえば，ウォーミングアップクイズで取り上げた "x は 2 の倍数である" という命題 P_2 の否定命題 $\overline{P_2}$ は "x は 2 の倍数でない" という命題になる．$A \Rightarrow B$ に対して，$\overline{B} \Rightarrow \overline{A}$ は**対偶**と呼ばれ，$\overline{A} \Rightarrow \overline{B}$ は**裏**と呼ばれる．

9.2 論理の基礎概念

本節では，命題を抽象化して論理の概念を導入し，論理間の演算を定義し，その基本的な性質を与える．

真と**偽**を**真理値**といい，真と偽のいずれかの値をとる変数を**ブール変数**とい

9.2 論理の基礎概念

う．これは，命題を真か偽をとる変数と考えていることに対応する．本書では真を 1 (T)，偽を 0 (F) と書くことにする．真理値間の二項演算 $\vee$ と $\wedge$ と単項演算 $\bar{}$ を

$$0 \vee 0 = 0, \quad 0 \vee 1 = 1 \vee 0 = 1 \vee 1 = 1,$$
$$0 \wedge 0 = 0 \wedge 1 = 1 \wedge 0 = 0, \quad 1 \wedge 1 = 1, \tag{9.1}$$
$$\overline{0} = 1, \quad \overline{1} = 0$$

と定義する．したがって，$L = \{0, 1\}$ の値をとるブール変数 x, y に対して，

x	y	$x \vee y$	$x \wedge y$
0	0	0	0
0	1	1	0
1	0	1	0
1	1	1	1

x	$\overline{x}$
0	1
1	0

である．$x \vee y$ は x と y の**論理和**，$x \wedge y$ は x と y の**論理積**と呼ばれる．また，$\overline{x}$ は x の**否定**と呼ばれる．論理和の否定 $\overline{x \vee y}$ と論理積の否定 $\overline{x \wedge y}$ および $\overline{x} \vee \overline{y}$，$\overline{x} \wedge \overline{y}$ は

x	y	$\overline{x}$	$\overline{y}$	$\overline{x \vee y}$	$\overline{x \wedge y}$	$\overline{x} \vee \overline{y}$	$\overline{x} \wedge \overline{y}$
0	0	1	1	1	1	1	1
0	1	1	0	0	1	1	0
1	0	0	1	0	1	1	0
1	1	0	0	0	0	0	0

となる．これから $\overline{x \vee y} = \overline{x} \wedge \overline{y}$ かつ $\overline{x \wedge y} = \overline{x} \vee \overline{y}$ であることがわかる．これは**ド・モルガンの法則**と呼ばれる．さらに，これらの議論と前章の束の議論からわかるように，$L = \{0, 1\}$ で 0 を最小元，1 を最大元と考え，$x \in L$ に対して $\overline{x} \in L$ を x の補元と考えると，$(L, \vee, \wedge, \bar{})$ はブール束となる．すなわち，以下の定理が得られる．

定理 9.1 集合 $L = \{0, 1\}$ で 0 を最小元，1 を最大元と考え，$\overline{x} \in L$ を $x \in L$ の補元と考える．すると，式 (9.1) で定義される $(L, \vee, \wedge, \bar{})$ はブール束となる．さらに，L の値をとる任意のブール変数 x, y に対して，$\overline{x \vee y} = \overline{x} \wedge \overline{y}$ かつ $\overline{x \wedge y} = \overline{x} \vee \overline{y}$ が成立する． □

ブール変数 x, y に対して，**排他的論理和** $x \oplus y$，**含意** $x \Rightarrow y$，**等価** $x \Leftrightarrow y$ を

x	y	$x \oplus y$	$x \Rightarrow y$	$x \Leftrightarrow y$
0	0	0	1	1
0	1	1	1	0
1	0	1	0	0
1	1	0	1	1

と定義する．したがって，$\overline{x} \vee y$，$x \Rightarrow y$ および $x \Rightarrow y$ の**対偶** $\overline{y} \Rightarrow \overline{x}$，**逆** $y \Rightarrow x$，**裏** $\overline{x} \Rightarrow \overline{y}$ は

x	y	$\overline{x}$	$\overline{y}$	$\overline{x} \vee y$	$x \Rightarrow y$	$\overline{y} \Rightarrow \overline{x}$	$y \Rightarrow x$	$\overline{x} \Rightarrow \overline{y}$
0	0	1	1	1	1	1	1	1
0	1	1	0	1	1	1	0	0
1	0	0	1	0	0	0	1	1
1	1	0	0	1	1	1	1	1

となる．これから以下が得られる．

定理 9.2 ブール変数 x, y に対して $(x \Rightarrow y) = (\overline{y} \Rightarrow \overline{x}) = (\overline{x} \vee y)$ が成立する．すなわち，$x \Rightarrow y$ はその対偶 $\overline{y} \Rightarrow \overline{x}$ に等価である．さらに，$(x \Rightarrow y) \neq (y \Rightarrow x)$ である，すなわち，$x \Rightarrow y$ はその逆 $y \Rightarrow x$ とは等価でない．一方，$x \Rightarrow y$ の逆 $y \Rightarrow x$ と裏 $\overline{x} \Rightarrow \overline{y}$ は等価である． □

9.3 証明の原理

命題 B の正しさの証明は，すでに正しいことがわかっている命題 A をもってきて，さらに $A \Rightarrow B$ が成立することを示すことで得られる．この証明法は，**直接推論**あるいは**三段論法**（モーダス ポーネンス）と呼ばれる．これは，$A = 1$ かつ $(A \Rightarrow B) = 1$ ならば，$B = 1$ であることに基づいている．次に得られた正しい命題 B とさらに $B \Rightarrow C$ が成立することを示すことで命題 C が成立することも得られる．このように直接推論を繰り返し適用して命題の正しさを証明する方法は**直接証明**と呼ばれる．

命題 $A \Rightarrow B$ の正しさを証明する方法として，**背理法**も有名である．これは，結論 B が成立しないと仮定すると A が成立しなくなる（すなわち，$\overline{B} \Rightarrow \overline{A}$

である）ことを示すものである．定理 9.2 より，命題 $A \Rightarrow B$ はその対偶の命題 $\overline{B} \Rightarrow \overline{A}$ と等価であるので，$\overline{B} \Rightarrow \overline{A}$ の正しさの証明から $A \Rightarrow B$ の正しさが証明されたとする方法が背理法である．また，命題 A が成立するとき，命題 $A \Rightarrow B$ は命題 B と等価である．このとき，$\overline{B} \Rightarrow \overline{A}$ の正しさが証明できれば，$(\overline{B} \Rightarrow \overline{A}) \wedge A$ が成立し，命題 B の正しさが証明できたことになる．すなわち，結論 B が成立しないと仮定して矛盾が導け出せたことになり，命題 B の正しさが証明できたことになる．これも背理法と見なせる．

9.4 述語の基礎概念

ある集合 X の各要素 x をパラメーターとして伴う命題 $P(x)$ を**述語**という．したがって，述語は定義域 X から値域 $\{0,1\}$ への命題関数 $P: X \to \{0,1\}$ と見なすこともできる．たとえば，"$x^2 - 2x - 3 \leq 0$ である" という述語 が $P(x)$ $(x \in \mathbf{R})$ であるとする．すると，$-1 \leq x \leq 3$ で $P(x)$ は真 (1) であり，それ以外の x では偽 (0) である．この例では $P(x)$ の X は $X = \mathbf{R}$ であるが，一般に n 次元の実数空間 $X = \mathbf{R}^n$ のときもある．とくに，n 個のブール変数 $x_1, x_2, \cdots, x_n$ $(x_i \in \{0,1\})$ の命題関数 $P(x_1, x_2, \cdots, x_n)$，すなわち，$X = \{0,1\}^n$ のときの述語 $P: X \to \{0,1\}$ は，**論理関数**あるいは**論理式**と呼ばれる．述語に含まれる変数に対して**全称記号** $\forall$，**存在記号** $\exists$ の**限量子**が付随するときもある．すべての $x \in X$ で述語 $P: X \to \{0,1\}$ が真のとき，$\forall x P(x)$ は真である．一方，$P(x)$ が真となる $x \in X$ が存在するとき，$\exists x P(x)$ は真である．たとえば，$X = \mathbf{R}$ 上の述語 $P(x) = (x^2 - 2x - 3 \leq 0)$ に対して $\forall x(x^2 - 2x - 3 \leq 0)$ は偽であるが，$\exists x(x^2 - 2x - 3 \leq 0)$ は真である．同様に，$X = \mathbf{R}^2$ 上の述語 $P(x,y) = (-x^2 + y \leq 0)$ に対して

$$\forall x \exists y(-x^2 + y \leq 0), \quad \text{すなわち}, \quad \forall x(\exists y(-x^2 + y \leq 0))$$

は真であるが，

$$\exists y \forall x(-x^2 + y \leq 0), \quad \text{すなわち}, \quad \exists y(\forall x(-x^2 + y \leq 0))$$

は偽である．限量子付きの論理式は**述語論理式**と呼ばれることもある．

9.5 論理関数

ブール変数 $x \in \{0, 1\}$ とその否定 $\overline{x}$ ($\overline{x} = 1 - x$) は，**リテラル**と呼ばれる．n 個のブール変数 $x_1, x_2, \cdots, x_n$ （とリテラル $\overline{x}_1, \overline{x}_2, \cdots, \overline{x}_n$）を用いて記述される論理関数 $P(x_1, x_2, \cdots, x_n)$ は，前節で説明したように，$P : \{0, 1\}^n \to \{0, 1\}$ の関数である．たとえば，

$$P(x_1, x_2, x_3) = (x_1 \vee x_2 \vee x_3) \wedge (\overline{x}_1 \vee \overline{x}_2 \vee \overline{x}_3) \wedge (x_1 \vee \overline{x}_3)$$

などが論理関数の例である．n 個の変数の論理関数は 2^n 個の要素の定義域 $\{0, 1\}^n$ から 2 個の要素の値域 $\{0, 1\}$ への関数であるので，全部で 2^{2^n} 個存在する．以下，論理関数を単に論理式と呼ぶことにする．n 個のブール変数 $x_1, x_2, \cdots, x_n$ に対して，各 $i = 1, 2, \cdots, n$ で $y_i \in \{x_i, \overline{x_i}\}$ を満たす y_i を用いて $y_1 \wedge y_2 \wedge \cdots \wedge y_n$ と書ける論理式を**最小項**という．すなわち，各ブール変数 x_i がリテラルの形でちょうど 1 回現れる論理積が最小項である．したがって，最小項は全部で 2^n 個存在する．最小項 $y_1 \wedge y_2 \wedge \cdots \wedge y_n$ は，すべての $i = 1, 2, \cdots, n$ で $y_i = 1$ のときそしてそのときのみ，$y_1 \wedge y_2 \wedge \cdots \wedge y_n = 1$ である．したがって，全部で 2^{2^n} 個存在する論理式は，(0 個や 1 個もありうる複数個の) 適切な最小項の論理和として書ける．実際，論理和 $\vee$ を束の上限 $\vee$，論理積 $\wedge$ を下限 $\wedge$ の操作と考えれば，n 個のブール変数 $x_1, x_2, \cdots, x_n$ の論理式の全体は，有限ブール束になる．そして，定理 8.14（ストーンの定理）より，どの元（論理式に対応する）も原子元（最小項に対応する）の適切な集合を用いて上限として書ける．

このように複数の適切な最小項の論理和として書かれている論理式は，最小項の**論理和標準形**と呼ばれる．より一般的には，複数の（最小項とは限らない）論理積の論理和として書かれている論理式が，**論理和標準形**あるいは**加法標準形**と呼ばれる．たとえば，$(x_1 \wedge x_2 \wedge x_3) \vee (\overline{x}_1 \vee \overline{x}_2 \wedge \overline{x}_3) \vee (x_1 \wedge \overline{x}_3)$ は論理和標準形の論理式である．一方，複数の論理和の論理積として書かれている論理式は，**論理積標準形**あるいは**乗法標準形**と呼ばれる．たとえば，$(x_1 \vee x_2 \vee x_3) \wedge (\overline{x}_1 \vee \overline{x}_2 \vee \overline{x}_3) \wedge (x_1 \vee \overline{x}_3)$ は論理積標準形の論理式である．情報科学の代表的な問題である**充足可能性問題**は，n 個のブール変数 $x_1, x_2, \cdots, x_n$ で定義された論理積標準形の論理式 $P(x_1, x_2, \cdots, x_n)$ が充足可能であるかどうかを判定する問題である．すなわち，

$P(x_1, x_2, \cdots, x_n)$ の値を 1 にする真理値割当て（**真偽割当て**と呼ぶことにする）が存在するか（述語論理式 $\exists x_1 \exists x_2 \cdots \exists x_n P(x_1, x_2, \cdots, x_n)$ が真か）どうかを判定する問題が充足可能性問題である（**SAT** と呼ばれることも多い）．

例題 9.1　以下の論理積標準系の論理式に対して充足可能性を判定せよ．
(a) $(x_1 \vee x_2 \vee x_3) \wedge (\overline{x}_1 \vee \overline{x}_2 \vee \overline{x}_3) \wedge (x_1 \vee \overline{x}_3)$
(b) $(x_1 \vee x_2) \wedge (x_3 \vee x_4) \wedge (\overline{x}_2 \vee \overline{x}_3) \wedge (\overline{x}_1 \vee \overline{x}_4) \wedge (\overline{x}_1 \vee x_2)$
(c) $(x_1 \vee x_2) \wedge (x_3 \vee x_4) \wedge (\overline{x}_2 \vee \overline{x}_3) \wedge (\overline{x}_1 \vee \overline{x}_4) \wedge (\overline{x}_1 \vee x_2) \wedge (x_1 \vee \overline{x}_2)$

解答：　(a) の論理式を $P(x_1, x_2, x_3)$ とする．$x_1 = 1$, $x_2 = x_3 = 0$ とすると，
$$x_1 \vee x_2 \vee x_3 = 1, \quad \overline{x}_1 \vee \overline{x}_2 \vee \overline{x}_3 = 1, \quad x_1 \vee \overline{x}_3 = 1$$
から $P(1, 0, 0) = 1$ となるので，論理式 $P(x_1, x_2, x_3)$ は充足可能である．
　(b) の論理式を $Q(x_1, x_2, x_3, x_4)$ とする．$x_1 = x_3 = 0$, $x_2 = x_4 = 1$ とすると，
$$x_1 \vee x_2 = 1, \quad x_3 \vee x_4 = 1, \quad \overline{x}_2 \vee \overline{x}_3 = 1, \quad \overline{x}_1 \vee \overline{x}_4 = 1, \quad \overline{x}_1 \vee x_2 = 1$$
から $Q(0, 1, 0, 1) = 1$ となるので，論理式 $Q(x_1, x_2, x_3, x_4)$ は充足可能である．
　(c) の論理式を $R(x_1, x_2, x_3, x_4)$ とする．x_1, x_2, x_3, x_4 にどのように真理値を割り当てても $R(x_1, x_2, x_3, x_4)$ は 0 であることが確かめられる．すなわち，論理式 $R(x_1, x_2, x_3, x_4)$ は充足不可能である． □

9.6　本章のまとめ

本章では，命題，論理，述語，論理関数の基本的な概念を解説した．これらは，離散数学のみならず，人工知能やコンピューターのハードウエアの基礎となる論理回路や VLSI（超大規模集積回路）とも密接に関係している．その詳細については，その分野の専門書を参考にしてほしい．
　なお，本章の内容は巻末の参考文献 [11, 23] などの本でも取り上げられている．

──── **演 習 問 題** ────

9.1　述語 $P(x)$ $(x \in \mathbf{R})$ が "$x^2 - 2x - 3 \leq 0$" であるとする．$P(x)$ の否定 $\overline{P}(x)$ は "$x^2 - 2x - 3 > 0$" である．これは明らかである．しかし，一般に限量子付きの論理式の否定を求めるのは，混乱しがちである．たとえば，$P(x) = (x^2 - 2x - 3 \leq 0)$ に対して $\forall x(x^2 - 2x - 3 \leq 0)$ は偽であり，その否定は真になる．$\forall x(x^2 - 2x - 3 \leq 0)$ の否定の述語を求めよ．

9.2　$\forall x \exists y(-x^2 + y \leq 0)$ の否定の述語を求めよ．同様に，$\exists y \forall x(-x^2 + y \leq 0)$ の否定の述語を求めよ．

第10章

正多面体と平面グラフ

本章の目標 正多面体と平面的グラフをとおして，グラフの基礎概念および双対性を理解する．

本章のキーワード 正多面体，頂点，辺（稜），面，オイラーの公式，平面的グラフ，平面グラフ，平面描画，極大平面的グラフ，位相同形，部分グラフ，縮約グラフ，マイナー，クラトフスキーの定理，ワグナーの定理，双対グラフ，平面的双対グラフ，抽象的双対グラフ，同形，2-同形，外平面的グラフ，極大外平面的グラフ，種数

ウォーミングアップクイズ

　正三角形は3辺の長さがすべて等しい三角形である．4辺の長さがすべて等しい四辺形は菱形といい，必ずしも正四角形（正方形）ではない．すべての頂角の等しい四角形は長方形といい，必ずしも正四角形ではない．一般に，どの辺も長さが等しく，頂角も等しい多角形を正多角形という．正多角形は無限個存在する．

　これに対して，立方体（正六面体）などは正多面体である．また，真上からみたとき下図のように見える四つの面が正三角形の多面体は正四面体である．

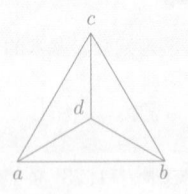

（図：頂点 a, b, c, d からなる正四面体を真上から見た図）

　正多面体とは，どのような多面体かを答えよ．また，正多角形と同様に，正多面体も無限個存在するかどうかを答えよ．正四面体と立方体以外の正多面体が存在するならば，そのすべてを列挙せよ．

ウォーミングアップクイズの解説

　正多面体は面がすべて同一の正多角形で，かつどの頂角も同一であるような多面体である．たとえば，正四面体では，4個のすべての面が正三角形であり，かつどの頂角も等しい．一方，正六面体（立方体）は6個のすべての面が正方形であり，かつどの頂角も等しい．正四面体，正六面体以外の正多面体は，正八面体，正12面体，正20面体のみである．正八面体，正20面体の面は正三角形であり，正12面体の面は

正五角形である．以下の図は，正四面体，正六面体，正八面体，正 12 面体，正 20 面体の 2 次元の図表現である．これらは正多面体グラフと呼ばれ，多面体の表面がゴムのようなものでできているものとして，一つの面を選んでそれを大きく広げて多面体を平面に押し広げた図と見なせる．これらの図で，辺（稜）は端点（頂点）でのみ交差する（それ以外では交差しない）．

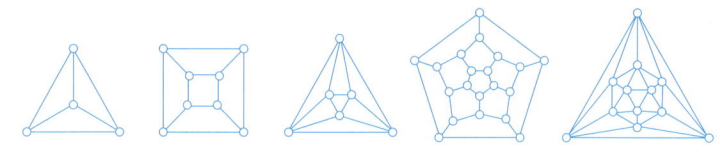

図 10.1　正多面体グラフ

10.1　平面的グラフ

上の正多面体グラフのように，(端点以外で) 辺を交差することなく平面上に描画できるグラフが**平面的グラフ**であり，実際に平面上に（端点以外で）辺を交差することなく描画されたグラフが**平面グラフ**である．平面から平面グラフ G の点と辺をすべて除くと，残りの領域は，いくつかの連結領域に分割される．これらの領域を平面グラフ G の**面**という．**内面**と呼ばれる有界な面の他に，**外面**と呼ばれる有界でない面が唯一存在する．

例 10.1　平面的グラフ G は 2 個以上の異なる平面描画をもちうる．次の図は，同一の平面的グラフの平面描画であるが，(a) では四つの面を構成する閉路の長さが，4,3,4,5 であるのに対して，(b) では四つの面を構成する閉路の長さが，3,3,5,5 である．したがって，平面グラフとしては異なる．　□

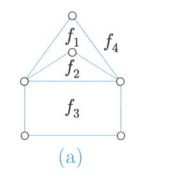

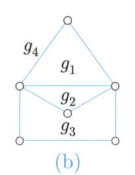

10.1.1　オイラーの公式

例 10.1 のように，平面的グラフ G は 2 個以上の異なる平面描画をもちうるが，面の個数は一定である．すなわち，オイラー (L. Euler) の公式が成立する．

定理 10.1（オイラーの公式） 連結な平面グラフ G の点数を n, 辺数を m, 面数を f とする．すると，$n - m + f = 2$ である．

証明： m についての帰納法で証明する．$m = 0$ では G は連結であるので $n = f = 1$ となり，定理の命題は明らかに成立する．そこで，$m - 1$ 本の連結な平面グラフで命題が成立したと仮定する．そして m 本の辺からなる任意の平面グラフを G とする．

G が橋 e をもてば，$G - \{e\}$ は二つの連結な平面グラフ G_1 と G_2 からなり（図 10.2(a)），G_1 と G_2 の辺数はそれぞれ m 未満であるので，帰納法の仮定から，命題が成立する．すなわち，各 G_i の点数を n_i, 辺数を m_i, 面数を f_i とすれば，

$$n_1 - m_1 + f_1 = 2 \quad \text{かつ} \quad n_2 - m_2 + f_2 = 2$$

が成立する．G_1 と G_2 は外面を共有し，G も外面を共有する．それ以外の面では，G_1 の面と G_2 の面は互いに共通部分をもたず，それらはすべて G の面となる．したがって，$f = f_1 + f_2 - 1$ が成立する．もちろん，$n = n_1 + n_2$, $m = m_1 + m_2 + 1$ であるので，$n - m + f = 2$ が得られる．

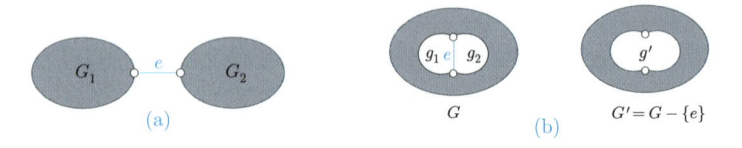

図 10.2 (a) G が橋 e をもつとき，(b) G が橋をもたないとき

そこで以下では，G は橋をもたないとする．すると，どの辺も二つの異なる面に属することが言える．したがって，任意の辺 $e \in E(G)$ に対して $G' = G - \{e\}$ は連結な平面グラフで G よりも面数が 1 個少なくなる（図 10.2(b)）．

n', m', f' をそれぞれ G' の点数, 辺数, 面数とする．すると帰納法の仮定から，G' では $n' - m' + f' = 2$ が成立する．したがって，$n' = n$, $m' = m - 1$, $f' = f - 1$ より，$n - m + f = 2$ が得られる． □

なお，オイラーの公式は，単純な平面グラフだけでなく，自己ループや多重辺をもつ平面多重グラフでも成立することに注意しよう．

10.1.2 極大平面的グラフ

単純な平面グラフは，面の境界が長さ 3 の閉路でない限り，境界上の 2 点で隣接しない 2 点が存在し，それらを結ぶ辺をその面内で他の辺と交差しないようにして加えることができる．このようにして，単純な平面グラフに平面性を保存しながらできるだけ多くの辺を加えていって得られる単純な平面グラフを，

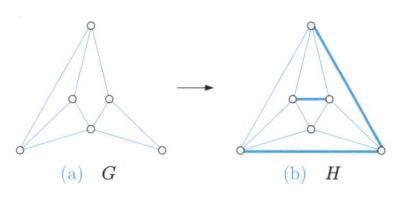

図 10.3 平面グラフ G と辺を加えて得られる極大平面グラフ H

極大平面グラフという（図 10.3）．したがって，極大平面グラフでは面の境界は外面も含めて長さ 3 の閉路になる．極大平面グラフとして平面に描けるグラフを**極大平面的グラフ**という．極大平面グラフ G に対して以下の定理と系がオイラーの公式（定理 10.1）を用いて得られる．証明は演習問題 10.1, 10.2 とする．

定理 10.2 G を任意の極大平面グラフとする．n, m, f を，それぞれ，G の点数，辺数，面数とする．すると，$m = 3n - 6$ かつ $f = 2n - 4$ である．さらに，$n \geq 4$ ならば G は 3-連結グラフである． □

系 10.1 G を任意の単純な平面グラフとする．n, m, f を，それぞれ，G の点数，辺数，面数とする．すると，以下が成立する．
 (a) $m \leq 3n - 6$ かつ $f \leq 2n - 4$ である．
 (b) G が長さ 3 の閉路をもたなければ，$m \leq 2n - 4$ である．
 (c) G は次数 5 以下の点をもつ． □

系 10.2 K_5 と $K_{3,3}$ はいずれも平面的グラフではない．

証明： K_5 は 5 点もち辺数が $10 > 3 \cdot 5 - 6$ であり，$K_{3,3}$ は長さ 3 の閉路をもたず，かつ辺数が $9 > 2 \cdot 6 - 4$ である．したがって，系 10.1 より，K_5 と $K_{3,3}$ はいずれも平面的グラフでないことが得られる． □

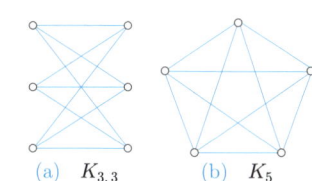

(a) $K_{3,3}$ (b) K_5

10.2 クラトフスキーの定理

K_5 は点数最小の非平面的グラフであり，$K_{3,3}$ は辺数最小の非平面的グラフである．一方，非平面的グラフはすべて，ある意味で，K_5 あるいは $K_{3,3}$ を

含むことも言える．これが，クラトフスキー (K. Kuratowski) とワグナー (K. Wagner) およびホール (D.W. Hall) によって与えられた平面グラフの特徴付けである．以下では，これらについて解説する．

平面的グラフの基本的な性質をまず挙げる．平面グラフ G から，任意の辺 $e \in E(G)$ を除去して得られる部分グラフ $G - \{e\}$ は明らかに平面グラフである．同様に，平面グラフ G から任意の辺 $e \in E(G)$ を縮約して得られる縮約グラフ $G/\{e\}$ も平面グラフである．これは一般化できる．グラフ G と G の互いに素な二つの辺部分集合 $E_1, E_2 \subseteq E(G)$ に対して，E_1 の辺をすべて除去し，E_2 の辺をすべて縮約して得られるグラフを G の**マイナー**という．E_1 の辺の除去および E_2 の辺の縮約はどの順番で行っても得られるマイナーは同一であるので，得られるグラフを $(G - E_1)/E_2$ と書ける．言い換えると，G から辺の除去と縮約の二つの操作を繰り返してグラフ H が得られるとき，H を G のマイナーという．なお，辺の除去や縮約で生じる孤立点（や自己ループ）をさらに除去したものもマイナーということもある．これらの操作はいずれも平面性を保存するので，平面的グラフのマイナーは平面的である．

定理 10.3 平面的グラフ G のマイナーは平面的グラフである． □

したがって，系 10.2 より K_5 と $K_{3,3}$ はいずれも平面的グラフでないので，K_5 あるいは $K_{3,3}$ をマイナーとしてもつグラフは非平面的である．グラフ G の辺 $e = (u, v)$ に対して，新しい点 $x \notin V(G)$ を用いて $e = (u, v)$ を 2 辺 $e' = (u, x)$ と $e'' = (v, x)$ で置き換えることを辺 e の**点分割**あるいは**細分**という．G から辺の点分割を 0 回以上繰り返して得られるグラフ H は，G に**位相同形**であるという（図 10.4）．

(a) $K_{3,3}$ に位相同形   (b) K_5 に位相同形

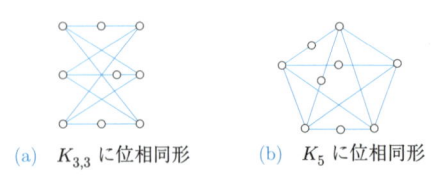

図 10.4 $K_{3,3}$ と K_5 に位相同形なグラフの例

K_5, $K_{3,3}$ に位相同形な部分グラフを含むグラフはマイナーとして K_5, $K_{3,3}$

を含むので,定理 10.3 と系 10.2 より,非平面的である.クラトフスキーの定理は逆も成立することを主張している.K_5 と $K_{3,3}$ をマイナーとして含まないとする定理も知られている.証明はグラフ理論の専門書 [3] などを参考にされたい.

定理 10.4(クラトフスキーの定理) グラフ G が平面的であるための必要十分条件は,K_5 と $K_{3,3}$ に位相同形な部分グラフを含まないことである.□

定理 10.5(ホールの定理) 6 点以上の 3-連結なグラフ G が平面的であるための必要十分条件は,$K_{3,3}$ に位相同形な部分グラフを含まないことである.□

定理 10.6(ワグナーの定理) グラフ G が平面的であるための必要十分条件は,K_5 と $K_{3,3}$ をマイナーとして含まないことである.□

下図 (a) のペーターゼン (Petersen) グラフは,K_5 を縮約グラフとして含むので,非平面的グラフである.一方,K_5 に位相同形な部分グラフを含まないが,図 (b) より $K_{3,3}$ に位相同形な部分グラフを含むことがわかる.

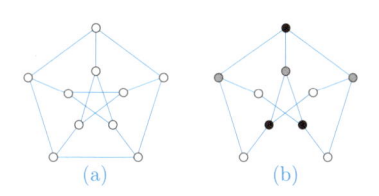

(a)　　　　(b)

10.3 双対グラフ

本節では,自己ループや多重辺も含む多重グラフを扱う.平面グラフに対するオイラーの公式は自己ループや多重辺も含む多重グラフでも成立する.

G を平面的多重グラフとし,G を任意に平面描画した平面グラフを一つ固定して G_P とする.G_P の面の集合を $F(G_P) = \{f_1, f_2, \cdots, f_f\}$ とする.もちろん,点集合は $V(G_P) = V(G)$,辺集合は $E(G_P) = E(G)$ である.このグラフ G_P から以下のようにして得られるグラフを G_P^* と表記する.

G_P^* の各点 v_i^* は G_P の面 f_i に対応し,$V(G_P^*) = \{v_1^*, v_2^*, \cdots, v_f^*\}$ である.すなわち,G_P^* の点集合 $V(G_P^*)$ は $F(G_P)$ に対応する.$E(G_P^*)$ は,辺 $e_k \in E(G_P)$

が面 f_i と f_j の境界上にあるとき，そしてそのときのみ，$e_k^* = (v_i^*, v_j^*) \in E(G_P^*)$ として定義する．すなわち，

$$E(G_P^*) = \{e_k^* = (v_i^*, v_j^*) \mid 辺\ e_k \in E(G_P)\ が面\ f_i\ と\ f_j\ の境界上にある\}$$

である．この G_P^* を平面的グラフ G の**双対グラフ**あるいは平面グラフ G_P の**平面的双対グラフ**という（図 10.5）．

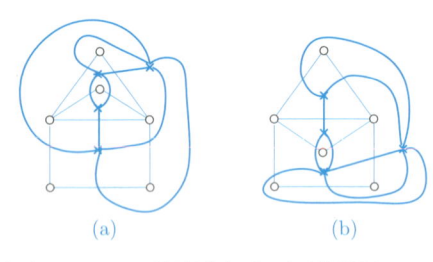

図 10.5 (a) 平面グラフ G_1 （細線部）と平面的双対グラフ G_1^* （太線部），
(b) 平面グラフ G_2 （細線部）と平面的双対グラフ G_2^* （太線部）

G_P^* は明らかに平面的グラフである．実際，v_i^* を面 f_i の内部において，各 e_k^* は，$e_k \in E(G_P)$ とのみ 1 点で交差し，e_k 以外の G_P の点や辺と交差することのないようにして，G_P^* を平面グラフとして平面描画できる．そのような平面描画を G_P^* の**標準的描画**という．図 10.5 では，細い実線で示している各平面グラフ G_i $(i = 1, 2)$ に対して，平面的双対グラフ G_i^* の標準的描画を太い実線で示している．このように，一つの平面的グラフ G の二つの異なる平面描画 G_1, G_2 に対して，対応する平面的双対グラフ G_1^*, G_2^* は異なることがわかる．

一方，図 10.5 の平面グラフ G_1 と G_2 の標準的描画された平面的双対グラフ G_1^* と G_2^* に対して，それらの平面的双対グラフ $(G_1^*)^*$ と $(G_2^*)^*$ はそれぞれ G_1 と G_2 に一致することもわかる．実際，連結な無向平面グラフ G と標準的描画された平面的双対グラフ G^* については以下の命題が成立する．

命題 10.1 G を連結な無向平面グラフとする．G^* を G に対して標準的描画された平面的双対グラフとする．すると $(G^*)^*$ は G に一致する． □

ここでは G が連結であるということが本質的であることに注意しよう．実際，G が非連結であっても G^* は常に連結であるからである．

10.3 双対グラフ

例題 10.1 平面グラフ G に対して，双対グラフ G^* が標準的描画された平面的双対グラフでないときは，命題 10.1 は成立しないことを説明せよ．

解答： 次図 (a) の平面グラフ G に対して，(b) の G^* はその平面的双対グラフであるが，標準的描画にはなっていない．(c) はこの G^* の平面的双対グラフ $(G^*)^*$ である．この例では，$G \neq (G^*)^*$ である． □

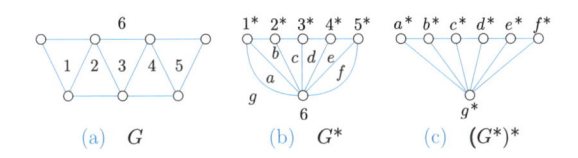

(a) G (b) G^* (c) $(G^*)^*$

10.3.1 2-同形性

例題 10.1 から，同一の平面的グラフ G の異なる平面グラフ G_1 と G_2 に対して，それらの平面的双対グラフ G_1^* と G_2^* は一般に異なる（同形ではない）し，また，一般に G と（G の双対グラフ G^* の双対グラフ）$(G^*)^*$ も異なる（同形ではない）．同形ではないが，G_1^* と G_2^*，あるいは，G と $(G^*)^*$ には，もちろん密接な関係があり，グラフ理論では，2-同形という概念を用いて結びつけられている．そこで，2-同形の定義を，同形の定義とともに与える．

G と H を二つのグラフとする．二つの全単射関数 $\phi_V : V(G) \to V(H)$ と $\phi_E : E(G) \to E(H)$ が存在して，G のすべての辺 (v, w) で $\phi_E((v, w)) = (\phi_V(v), \phi_V(w))$ となるとき G と H は**同形**であると呼ばれる（図 10.6）．

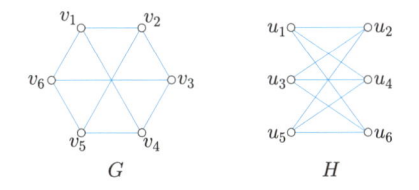

図 10.6 同形なグラフ G と H（各 i で $\phi(v_i) = u_i$ である）

一方，全単射関数 $\phi_E : E(G) \to E(H)$ が存在して，G のすべての辺部分集合 $C_G \subseteq E(G)$ に対して，C_G が G の閉路の辺集合であるとき，そしてそのときのみ，$\phi_E(C_G) = \{\phi_E(e) \mid e \in C_G\}$ が H の閉路の辺集合であるならば，G と H は **2-同形**であると呼ばれる．

グラフ G から図 10.7 の 2-同形変換を 0 回以上適用してグラフ H が得られ

るとき，そしてそのときのみ，G と H は 2-同形であることが言える．

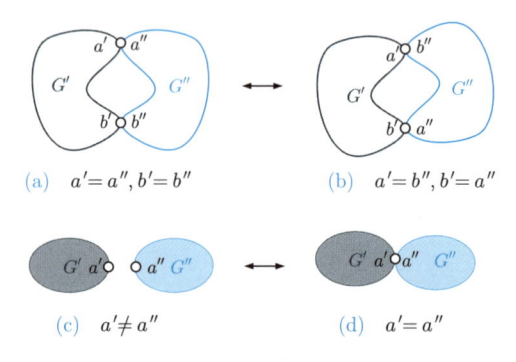

図 10.7　2-同形変換の二つの操作

図 10.7 の (a) と (b) では，2 点 a', b' でグラフは G', G'' に分離される．(a) のグラフを，2 点 a', b' でつながっている G'' を一度はがしてそして反転して G' に再びつなげたものが (b) のグラフである．この操作が 2-同形変換の一つである．さらに，つながっていない二つの G' と G'' からなる (c) のグラフから，G', G'' のそれぞれの任意の 2 点 a', a'' を同一視して得られるものが (d) のグラフである．この変換と逆の変換をあわせたものが，もう一つの 2-同形変換である．したがって，3-連結グラフでは実質的な 2-同形変換はできず，2-同形と同形の概念は一致する．2-同形変換に関して以下の定理が知られている．

定理 10.7　平面的グラフ G に対して，G の双対グラフ G^* はすべて 2-同形である．また，G^* の双対グラフ $(G^*)^*$ は G に 2-同形である． □

この定理の証明はグラフ理論の専門書を参照されたい．関連して，以下の定理と系も得られる．これらの証明もグラフ理論の専門書 [3] を参照されたい．

定理 10.8　3-連結な平面的グラフ G では以下が成立する．
 (a)　G の双対グラフ G^* はすべて同形である．
 (b)　G の双対グラフ G^* は 3-連結である．
 (c)　G の双対グラフ G^* の双対グラフ $(G^*)^*$ は G に一致する． □

定理 10.9　G を連結な無向平面的グラフとし，G^* を G の双対グラフとする．

10.3 双対グラフ

G の任意の閉路を形成する辺集合は G^* のカットセットに対応する．また G の任意のカットセットは G^* の閉路の辺集合に対応する． □

系 10.3 G を連結な無向平面的グラフとし，G^* を G の双対グラフとする．すると，G が二部グラフであるときそしてそのときのみ，G^* はオイラーグラフである．同様に，G がオイラーグラフであるときそしてそのときのみ，G^* が二部グラフである． □

定理 10.8 より，3-連結な平面的グラフ G の双対グラフ G^* はすべて同形であるので，平面的描画も唯一であると見なせる．

10.3.2 抽象的双対グラフ

グラフ G と G' において，$\phi : E(G) \to E(G')$ は，F が G の閉路の辺の集合であるとき，そしてそのときのみ，$\phi(F)$ が G' のカットセットであるような全単射関数であるとする．そのような ϕ が存在するとき，グラフ G' を G の**抽象的双対グラフ**という．一般に，グラフは抽象的双対グラフをもつとは限らないが，平面的グラフは抽象的双対グラフをもつ．実際，定理 10.9 は，平面的グラフの任意の双対グラフが抽象的双対グラフであることを示している．そして，グラフが抽象的双対をもつとき，そしてそのときのみ，平面的であることがホイットニー (H. Whitney) により示されている．

なお，ベクトルの線形独立性や行列のランクおよびグラフの閉路やカットセット，さらには全点木と補木を一般化して**マトロイド**という概念が定義されているが，マトロイドにおいては，任意のマトロイドが抽象的双対マトロイドをもち，グラフの 2-同形の概念はマトロイドの同形の概念に一致する．

10.3.3 正多面体定理

ウォーミングアップクイズでも取り上げたように，正多面体がゴムのようなものでできているものとして，一つの面を選んでそれを大きく広げて正多面体を平面に押し広げる．すると，正多面体の平面描画が得られる．このとき，大きく広げた面は外面に対応する．これらを**正多面体グラフ**という．133 ページの図 10.1 はその例である．同様に，一般の多面体も平面グラフとして描ける．

したがって，頂点数 n，辺数 m，面数 f の多面体に関しては，$n - m + f = 2$ のオイラーの公式が成立する．そしてこのオイラーの公式から，以下の正多面体定理が導き出せる．証明は演習問題 10.7 とする．

定理 10.10 正多面体は，正四面体，正六面体，正八面体，正 12 面体，正 20 面体の 5 種類のみである．正四面体，正八面体，正 20 面体の面は正三角形であり，正六面体の面は正方形であり，正 12 面体の面は正五角形である． □

正多面体グラフはいずれも 3-連結である．したがって，それらの平面描画と双対グラフは，それぞれ唯一に定まり，正四面体グラフの双対グラフは正四面体グラフになり，正六面体グラフの双対グラフは正八面体グラフになり，正 12 面体グラフの双対グラフは正 20 面体グラフになる．

10.3.4 極大外平面的グラフ

すべての点が外面上に現れるように描ける平面的グラフを**外平面的グラフ**という．さらに，単純な外平面的グラフは，それ以上辺を加えると単純な外平面的グラフでなくなるとき，**極大外平面的グラフ**と呼ばれる．極大外平面的グラフ G に対して以下の定理が成立する．証明は演習問題 10.8 とする．

定理 10.11 G を平面描画された極大外平面的グラフとする．n, m, f をそれぞれ G の点数，辺数，面数とする．すると，$n \geq 3$ のとき以下が成立する．
 (a) $m = 2n - 3$ かつ $f = n - 1$ である．
 (b) G はハミルトングラフである（したがって，G は 2-連結である）． □

系 10.4 外平面的グラフ G が長さ 3 の閉路をもたなければ，$m \leq \frac{3}{2}n - 2$ である．さらに，K_4 と $K_{2,3}$ はいずれも外平面的グラフではない． □

10.3.5 発 展：種 数

グラフ G が平面的グラフならば，G を球面上に辺を交差することなく描画できる．ドーナッツのように貫通している穴のある球状の物体（以下，球体という）の表面には，さらに広い範囲のグラフを，辺を交差することなく描画できる．一般に，貫通している穴の個数は，その球体の**種数**と呼ばれている．も

ちろん，通常の球は種数 0 である．種数 1 の球体（トーラス）の表面には，K_7 や $K_{4,4}$ が辺を交差することなく描画できる（図 10.8）．

(a) K_7 (b) $K_{4,4}$

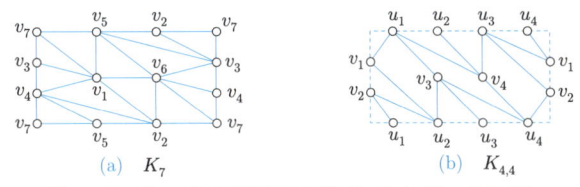

図 10.8　トーラス表面での描画．(a) K_7, (b) $K_{4,4}$

どのグラフ G も G に応じて種数の十分大きい球体を考えれば，その表面に，グラフの辺を交差することなく描画できる．そこで，グラフ G に対して，辺を端点以外で交差することなく G を描画できる球体の最小な種数をグラフ G の**種数**といい，$\gamma(G)$ と表記する．オイラーの公式は，種数 0 の多面体の対するものであるが，一般の種数の多面体に関しても以下の定理が知られている[32]．

定理 10.12　種数 γ の（貫通している穴をもつ）多面体 P の頂点，辺，面の個数をそれぞれ n, m, f とすると，$n - m + f = 2 - 2\gamma$ が成立する．　□

系 10.5　連結なグラフ G が種数 γ の球体の表面に辺を交差することなく描画されているとき，すべての面が長さ 3 の閉路ならば $m = 3(n - 2 + 2\gamma)$ であり，すべての面が長さ 4 の閉路ならば $m = 2(n - 2 + 2\gamma)$ である．したがって，G が種数 γ の連結なグラフならば $\gamma \geq \frac{1}{6}m - \frac{1}{2}(n-2)$ であり，さらに G のすべての閉路が長さ 4 以上ならば $\gamma \geq \frac{1}{4}m - \frac{1}{2}(n-2)$ である．　□

定理 10.13　完全グラフ K_n と完全二部グラフ K_{n_1,n_2} の種数は以下を満たす．
$$\gamma(K_n) = \left\lceil \frac{(n-3)(n-4)}{12} \right\rceil, \quad \gamma(K_{n_1,n_2}) = \left\lceil \frac{(n_1-2)(n_2-2)}{4} \right\rceil$$
□

10.4　本章のまとめ

本章では，正多面体の頂点・辺・面の構造が特殊な平面グラフ構造をもつことを明らかにした．さらに，平面的グラフの特徴付けを与え，双対グラフの性質を明らかにした．なお，本章の内容は巻末の参考文献のグラフ理論の本や文献 [40] などでも取り上げられている．

演習問題

10.1 定理 10.2 を証明せよ．

10.2 系 10.1 を証明せよ．

10.3 定理 10.4 を用いて定理 10.5 を証明せよ．

10.4 例題 10.1 の図で，(a) の G と (c) の $(G^*)^*$ は 2-同形であることを確認せよ（すなわち，G から $(G^*)^*$ が 2-同形変換で得られることを示せ）．

10.5 定理 10.7 が成立することを様々な平面グラフで確認せよ．

10.6 系 10.3 を証明せよ．

10.7 定理 10.10 を証明せよ．すなわち，正多面体は 5 個であることを証明せよ．

10.8 定理 10.11 と系 10.4 を証明せよ．

ティータイム

ホップクロフト (J.E. Hopcroft) とタージャン (R.E. Tarjan) は，1974 年，与えられたグラフが平面的グラフであるかどうかを判定するアルゴリズムを提案した．それは，グラフに対する従来のアルゴリズム（幅優先探索）に対して，(迷路脱出のアルゴリズムとも言われる) 深さ優先探索のアルゴリズムに基づくものであった．タージャンはホップクロフトの指導の下で，アルゴリズム理論分野におけるグラフアルゴリズムの重要性を認識して，グラフの様々な性質を検出するアルゴリズムを深さ優先探索に基づいて研究開発した．それらは，その後続々と提案されたグラフアルゴリズムのバイブルともなったのである．これらの業績により，ホップクロフトとタージャンは，1986 年にチューリング (A. Turing) 賞を受賞している．

平面グラフは道路ネットワークや VLSI 回路などの実際の応用の分野で頻繁に生じる重要なグラフであるが，西関隆夫と千葉則茂はそれに注目して，彼ら自身が提案したアルゴリズムも含めて，平面グラフにおける当時の最新のアルゴリズムを理解しやすいようにまとめて "Planar Graphs: Theory and Algorithms"，North-Holland，1988 の本として出版した．これは，グラフ理論およびアルゴリズム理論の研究者の関心を集め，グラフドローイングなどの多くの新分野もこの本をきっかけにして研究されるようになった．西関隆夫は，さらに，国内外で高く評価される数多くのシンポジウムも立ち上げ，日本のアルゴリズム研究の普及に絶大な貢献をしたとして，様々な賞を受賞している．

第11章

グラフの彩色

本章の目標 グラフの彩色をとおして，グラフ理論と組合せ理論の基礎概念を学び，対戦スケジューリングへの応用を理解する．
本章のキーワード 彩色，辺彩色，彩色数，辺彩色数，4色定理，ヴィジングの定理，リスト彩色，1-因子分解

ウォーミングアップクイズ
(a) 4人のメンバーからなる2チーム $X = \{x_1, x_2, x_3, x_4\}$, $Y = \{y_1, y_2, y_3, y_4\}$ の総当たり対戦スケジュールを作成せよ．すなわち，各 $x_i \in X$ は毎回異なる $y \in Y$ と対戦し，Y の全員と対戦する4回の対戦スケジュールを求めよ．たとえば，2人のメンバーからなる2チーム $X = \{x_1, x_2\}$, $Y = \{y_1, y_2\}$ ならば，例として

$$\begin{array}{lll} 1\text{回目} & x_1 \text{と} y_1, & x_2 \text{と} y_2 \\ 2\text{回目} & x_1 \text{と} y_2, & x_2 \text{と} y_1 \end{array}$$

が挙げられる．
(b) 6チームからなる一つのリーグでリーグ戦を行う．毎回どのチームもほかのいずれかのチームと対戦し，5回でほかの全チームと対戦する対戦スケジュールを求めよ．
(c) 以下の行列の各要素にある集合から数字を選んで，どの行にもそしてどの列にも同じ数字が現れないようにせよ．

$$A = \begin{pmatrix} \{1,2\} & \{1,3\} \\ \{2,3\} & \{2,3\} \end{pmatrix}, \quad B = \begin{pmatrix} \{1,2,4\} & \{2,3,4\} & \{2,3,4\} \\ \{1,2,4\} & \{2,3,4\} & \{2,3,4\} \\ \{1,2,4\} & \{2,3,4\} & \{2,3,4\} \end{pmatrix}$$

ウォーミングアップクイズの解説
(a) 8点からなる完全二部グラフ $K_{4,4} = (V_1, V_2, E)$ ($V_1 = \{1,2,3,4\}$, $V_2 = \{1', 2', 3', 4'\}$) の辺集合 E は，次のページの図のように，4組の完全マッチング

$M_1 = \{(1,4'), (2,1'), (3,2'), (4,3')\}, \quad M_2 = \{(1,1'), (2,4'), (3,3'), (4,2')\},$
$M_3 = \{(1,2'), (2,3'), (3,4'), (4,1')\}, \quad M_4 = \{(1,3'), (2,2'), (3,1'), (4,4')\}$

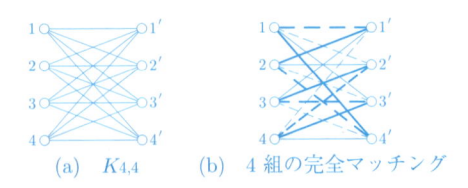

(a) $K_{4,4}$　　(b) 4 組の完全マッチング

へ分割できる．この分割の各完全マッチングから以下のスケジュールが得られる．

第 1 回目	x_1 と y_4,	x_2 と y_1,	x_3 と y_2,	x_4 と y_3
第 2 回目	x_1 と y_1,	x_2 と y_4,	x_3 と y_3,	x_4 と y_2
第 3 回目	x_1 と y_2,	x_2 と y_3,	x_3 と y_4,	x_4 と y_1
第 4 回目	x_1 と y_3,	x_2 と y_2,	x_3 と y_1,	x_4 と y_4

(b)　6 点からなる完全グラフ K_6 の辺集合 $E(K_6)$ は 5 組の完全マッチング

$$M_1 = \{(1,6),(2,5),(3,4)\}, \quad M_2 = \{(1,3),(2,6),(4,5)\},$$
$$M_3 = \{(1,5),(2,4),(3,6)\}, \quad M_4 = \{(1,2),(3,5),(4,6)\},$$
$$M_5 = \{(1,4),(2,3),(5,6)\}$$

へ分割できる．この分割の各完全マッチングから以下のスケジュールが得られる．

第 1 回目	1 と 6,	2 と 5,	3 と 4
第 2 回目	1 と 3,	2 と 6,	4 と 5
第 3 回目	1 と 5,	2 と 4,	3 と 6
第 4 回目	1 と 2,	3 と 5,	4 と 6
第 5 回目	1 と 4,	2 と 3,	5 と 6

(c)　例として以下が挙げられる．

$$A = \begin{pmatrix} 1 & 3 \\ 3 & 2 \end{pmatrix}, \quad B = \begin{pmatrix} 1 & 2 & 4 \\ 2 & 4 & 3 \\ 4 & 3 & 2 \end{pmatrix}$$

□

11.1 グラフの彩色：定義と基本的性質

本章では自己ループのないグラフを考える．

グラフ G の隣接するどの 2 点も異なる色になるように G の点を彩色することを，G の**点彩色**あるいは単に**彩色**という（図 11.1(b)）．したがって，G の点彩色で同じ色の点の集合は G の独立集合になる．

同様に，グラフ G の隣接するどの 2 辺（端点を共有するどの 2 辺）も異なる色になるように G の辺を彩色することを，G の**辺彩色**という（図 11.1(c)）．したがって，G の辺彩色で同じ色の辺の集合は G のマッチングになる．

11.1 グラフの彩色：定義と基本的性質

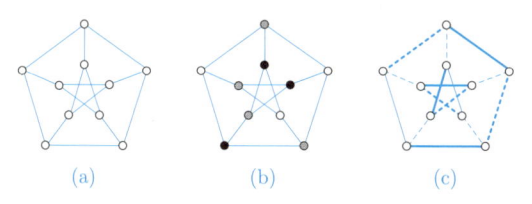

図 11.1 (a) グラフ G, (b) G の点彩色, (c) G の辺彩色

点彩色と辺彩色は線グラフという概念で結ばれている．ここで，無向グラフ $G = (V, E)$ の**線グラフ** $L(G) = (V', E')$ は，G の辺集合 E を点集合 V' とし，E で隣接する 2 本の辺 e, e' の対を辺 (e, e') とする辺集合 E' からなる（図 11.2）．この定義より，G の辺彩色は G の線グラフ $L(G)$ の点彩色に一致する．

図 11.2 グラフ G と線グラフ $L(G)$

G が k 色で彩色可能なとき，G は **k-彩色可能**であるという．G を彩色するのに必要な色の最小数を G の**彩色数**あるいは**染色数**といい，$\chi(G)$ と表記する．同様に，G が k 色で辺彩色可能なとき，G は **k-辺彩色可能**であるという．G を辺彩色するのに必要な色の最小数を G の**辺彩色数**あるいは**彩色指数**といい，$\chi'(G)$ と表記する．もちろん，G の辺彩色は G の線グラフ $L(G)$ の点彩色に一致するので，$\chi'(G) = \chi(L(G))$ である．グラフ G の次数の最大値を $\Delta(G)$ と表記する．辺彩色では，1 点に接続するすべての辺は異なる色で彩色しなければならないので $\Delta(G) \leq \chi'(G)$ である．点彩色では，ブルックス (R.L. Brooks) の定理も含めて $\Delta(G)$ と $\chi(G)$ には以下の関係がある．

定理 11.1 単純グラフ G は $\Delta(G)+1$ 色で彩色可能である．すなわち，$\chi(G) \leq \Delta(G) + 1$ である． □

定理 11.2（ブルックスの定理） 完全グラフと異なる連結な単純グラフ G は，$\Delta(G) \geq 3$ ならば $\Delta(G)$ 色で彩色可能で $\chi(G) \leq \Delta(G)$ である． □

$\Delta(G) = 2$ のときは,$\chi(G) = 3 = \Delta(G) + 1$ となるグラフ G が存在する.実際,長さが奇数の閉路 C_{2k+1} などは,$\Delta(C_{2k+1}) = 2$ かつ $\chi(C_{2k+1}) = 3$ である.同様に,$\Delta(G) = 1$ のときは,$\chi(G) = 2 = \Delta(G) + 1$ となる.

11.1.1 グラフの点彩色の基本的な性質

定理 11.1 と定理 11.2 を証明するために,点彩色に関する性質を挙げる.グラフ G が非連結で k 色以下で彩色されていれば,G のどの連結成分も k 色以下で彩色されている.逆に,G のすべての連結成分が k 色以下で彩色されていれば,G も k 色で彩色可能である.したがって,以下は自明である.

補題 11.1 グラフ G は非連結であるとする.このとき,G が k 色で彩色可能であるための必要十分条件は,G のすべての連結成分が k 色で彩色可能であることである. □

補題 11.2 グラフ G が切断点 v をもつとする.このとき,G は図 11.3(a) のように,v で二つのグラフ G_1 と G_2 に分離できる($G - \{v\}$ の一つの連結成分の点集合を V_1' としたとき,点集合 $V_1 = V_1' \cup \{v\}$ で誘導される G の部分グラフが G_1 であり,$G_2 = G - V_1'$ である).すると,G が k 色で彩色可能であるとき,そしてそのときのみ,G_1 と G_2 が k 色で彩色可能である.

証明: G が k 色以下で彩色されていれば,G_1 と G_2 も k 色以下で彩色されている.逆に,G_1 と G_2 がともに k 色以下で彩色されていれば,(必要に応じて色の置換を施し) 点 v の色を同一視することにより,G の k 色以下での彩色が得られる. □

補題 11.3 G は 2-連結グラフであるとする.さらに,G の 2 点 u, v を除去すると,G は非連結になるとする.このとき,G は,図 11.3(b) のように,u, v で二つのグラフ G_1 と G_2 に分離できる($G - \{u, v\}$ の一つの連結成分の点集合を V_1' としたとき,点集合 $V_1 = V_1' \cup \{u, v\}$ で誘導される G の部分グラフ G' に辺 (u, v) を加えて得られるグラフが G_1 であり,G_2 は点集合 $V(G) - V_1'$ で誘導される G の部分グラフに辺 (u, v) を加えて得られるグラフである).すると,G_1 と G_2 が k 色で彩色可能であるならば,G も k 色で彩色可能である.

証明: G_1 と G_2 がともに k 色以下で彩色されていれば,(必要に応じて色の置換を施し) G_1 と G_2 において,点 u での色を同一視し,さらに,点 v での色を同一視す

11.1 グラフの彩色：定義と基本的性質

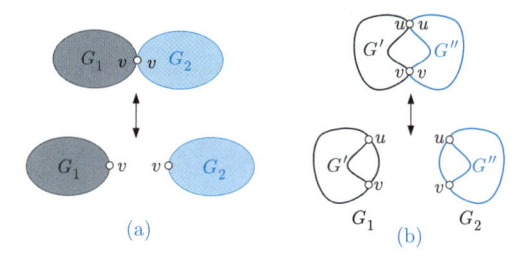

図 11.3 (a) 切断点 v での分離，(b) 2 点 u, v での分離

ることにより，G の k 色以下での彩色が得られる． □

グラフ G の点集合 $V(G)$ が $v_1, v_2, \cdots, v_n$ と並べられていて，ある正整数 k に対して，各 $i = 2, 3, \cdots, n$ で，v_i より前にくる v_i の隣接点 v_j $(j < i)$ の個数が $k - 1$ 以下であるとする．このとき，以下のアルゴリズムを考える．

グリーディ k-彩色アルゴリズム
1. v_1 を色 1 で彩色する．
2. $i = 2$ から 1 ずつ増やしながら n まで以下を繰り返す．
   (a) v_i より前にくる v_i の隣接点 v_j $(j < i)$ の彩色に用いられていない $\{1, 2, \cdots, k\}$ の色のうちで最も小さい数字の色を c とする．
   (b) v_i を色 c で彩色する．

---

v_i より前にくる v_i の隣接点 v_j の個数は $k - 1$ 以下であるので，$\{1, 2, \cdots, k\}$ の色でそのような v_j の彩色に用いられていない色が必ず存在する．したがって，このアルゴリズムで正しく k 色以下の彩色が得られるので，以下が成立する．

補題 11.4 グラフ G の点集合 $V(G)$ が $v_1, v_2, \cdots, v_n$ と並べられていて，正整数 k に対して，各 $i = 2, 3, \cdots, n$ で，v_i より前にくる v_i の隣接点 v_j $(j < i)$ の個数が $k - 1$ 以下であるとする．すると，G は k 色で彩色可能である． □

この補題からグラフ G が $\Delta(G) + 1$ 色で彩色できること（定理 11.1）が得られる．G の点をどのように並べても，v_i より前にくる v_i の隣接点の個数は $\Delta(G)$ 以下であるからである．次の定理も得られる．証明は演習問題 11.1 とする．

定理 11.3 グラフ G の点集合 $V(G) = \{v_1, v_2, \cdots, v_n\}$ は，$n \geq 2$ であり，

$$\deg(v_1) \geq \deg(v_2) \geq \cdots \geq \deg(v_n) \geq 1 \tag{11.1}$$

を満たすとする（$\deg(v)$ は G における点 v の次数である）．さらに，

$$k = \max_{1 \leq i \leq n} \{\min\{i, \deg(v_i) + 1\}\} \tag{11.2}$$

とする．すると，$k \geq 2$ であり，G は k 色で彩色可能である． □

ブルックスの定理（定理 11.2）の証明には，以下の補題を用いる．

補題 11.5 グラフ G の点集合 $V(G)$ を $\{v_1, v_2, \cdots, v_n\}$ とし，$(v_1, v_2) \notin E(G)$ かつ $(v_1, v_n), (v_2, v_n) \in E(G)$ であるとする．さらに，各 $i = 3, 4, \cdots, n-1$ に対して点集合 $\{v_i, v_{i+1}, \cdots, v_n\}$ で誘導される G の部分グラフ G_i はすべて連結であるとする．すると，G は $\Delta(G)$ 色で彩色可能である．

証明： $k = \Delta(G)$ とおけば，149 ページのグリーディ k-彩色アルゴリズムより，この補題が得られる．実際，v_1 と v_2 は色 1 で彩色される．さらに，どの点 v_i（$i = 3, 4, \cdots, n-1$）でも G_i が連結であるので，v_i と v_ℓ が隣接するというような $\ell > i$ が存在して，v_i より前にくる v_i の隣接点 v_j（$j < i$）の個数は $\Delta(G) - 1$ 以下となる．また，v_n と隣接する点のうち v_1 と v_2 は色 1 で彩色されているので，v_n と隣接する点の彩色で用いられている色は高々 $\Delta(G) - 1$ 色である．したがって，高々 $\Delta(G)$ 色だけ用いて，$v_3, v_4, \cdots, v_n$ も隣接する点とは異なる色になるように彩色できる． □

11.1.2 ブルックスの定理の証明

定理の条件を満たすグラフ G の点数 n についての帰納法で証明する．もちろん，$n \geq \Delta(G) + 1$ である．$n = \Delta(G) + 1$ のときは，対称性から，v_n の次数が $\Delta(G)$ であると仮定できる．すなわち，v_n はすべての点と隣接している．さらに，$G \neq K_n$ であるので，隣接しない 2 点が存在し，それを v_1, v_2 とする．さらに，$V(G) - \{v_1, v_2, v_n\}$ の点を任意に $v_3, v_4, \cdots, v_{n-1}$ と順番づける．すると，v_n はすべての点と隣接しているので補題 11.5 の条件が成立し，G は $\Delta(G)$ 色で彩色できることが得られる．

$n = h - 1 \geq \Delta(G) + 1$ までのグラフ G で定理が成立すると仮定する．そして，$n = h \geq \Delta(G) + 2$ のグラフ G を考える．

G が切断点 v をもつとする．すると，図 11.3(a) のように，点 v で点数の少ないグラフ G_1 と G_2 に分離でき，G_1 と G_2 はいずれも $K_{\Delta(G)+1}$ と異なることが言える．なぜなら，$\deg_{G_1}(v) + \deg_{G_2}(v) = \deg_G(v) \leq \Delta(G)$ かつ $\deg_{G_1}(v) \geq 1, \deg_{G_2}(v) \geq 1$ より，$\deg_{G_1}(v) \leq \Delta(G) - 1, \deg_{G_2}(v) \leq \Delta(G) - 1$ となるからである．帰納法の仮

11.1 グラフの彩色：定義と基本的性質　　151

定より，G_1 と G_2 は $\Delta(G)$ 色で彩色可能になり，したがって，補題 11.2 より，G も $\Delta(G)$ 色で彩色可能になる．

　G が 2-連結グラフで切断点対 u,v をもつときも同様に議論できる．補題 11.3 で定義した G_1 あるいは G_2 が完全グラフ $K_{\Delta(G)+1}$ になるとする（図 11.3(b)）．対称性から G_1 が完全グラフ $K_{\Delta(G)+1}$ になると仮定できる．すると，G' における点 u と v の次数はともに，$\Delta(G)-1$ となり，G は図 11.4(a) のように書ける．このとき，切断点対を図 11.4(b) のように u',v と変更できる．そこで，G_1 あるいは G_2 が完全グラフ $K_{\Delta(G)+1}$ になるときには，この切断点対 u',v を改めて切断点対 u,v とする．

図 11.4　(a) 2 点 u,v での分離，(b) 2 点 u',v での分離

　このように切断点対を適切にとることにより，G_1 と G_2 はいずれも完全グラフ $K_{\Delta(G)+1}$ ではないと仮定できる．より点数の少ないグラフ G_1 と G_2 が，帰納法の仮定より，$\Delta(G)$ 色で彩色可能になり，したがって，補題 11.3 より，G も $\Delta(G)$ 色で彩色可能になる．

　したがって，これ以降，G は 2-連結グラフで切断点対をもたない（すなわち，3-連結である）とする．$G \neq K_n$ であるので，ある点 v_n に隣接する 2 点 v_1, v_2 で $(v_1, v_2) \notin E(G)$ となるようなものが存在する．さらに，$G - \{v_1, v_2\}$ は連結であるので，$V(G) - \{v_1, v_2, v_n\}$ を補題 11.5 の条件を満たすように，$v_3, v_4, \cdots, v_{n-1}$ と並べ替えることができる．実際，2 点以上の木は次数 1 の点を 2 個以上含むので，$G - \{v_1, v_2\}$ の任意の全点木を T_3 とし，各 $i = 3, 4, \cdots, n-1$ で T_i の v_n と異なる次数 1 の点を v_i として $T_{i+1} = T_i - \{v_i\}$ とすればよい．T_i は補題 11.5 の G_i の全点木となるからである．したがって，G は $\Delta(G)$ 色で彩色可能になる．　□

11.1.3　平面的グラフの彩色と面彩色

　平面グラフ G の面を，互いに隣接する二つの面（境界の辺を共有する二つの異なる面）が異なる色になるように彩色することを，G の**面彩色**という．飛び地のない地図を隣国が異なる色になるように塗る問題で，平面地図彩色問題とも呼ばれている．平面グラフ G の面彩色は，G の双対グラフ G^* の点彩色に一致するので，ここでは，平面的グラフの点彩色のみを議論する．次の **4 色定理**は有名である．

定理 11.4（**4 色定理**）　平面的グラフ G は 4 色で彩色可能である．　□

この 4 色定理は，**4 色予想**として知られていたが，1976 年にアッペル (K. Appel) とハーケン (W. Haken) により解決された．その証明は，極めて多くの場合分けに基づいていて，コッホ (J. Koch) の協力のもとで，計算機の助けを借りて解決したもので，その論文は数 100 ページにも及ぶものであった．より短い証明が，1997 年に，ロバートソン (N. Robertson)，サンダーズ (D. Sanders)，シーモア (P. Seymour)，トーマス (R. Thomas) (The four-colour theorem, JCT B 70 (1997), pp.2-44) により与えられている．ここでは，以下の定理のみを取り上げる．

定理 11.5 平面的グラフ G は 5 色で彩色可能である．

証明： 平面的グラフ G の点数 n についての帰納法で証明する．$n \leq 5$ では定理は自明に成立する．そこで，点数 $n-1 \geq 5$ までの平面的グラフでは，定理が成立すると仮定して，点数 n の平面的グラフ G を考える．

系 10.1 より，次数 5 以下の点 v が G に存在する．さらに，$G - \{v\}$ は平面的グラフであるので，帰納法の仮定より，5 色で彩色可能である．したがって，v の次数が 4 以下ならば，$G - \{v\}$ の 5-彩色で G における v の隣接点の彩色に用いられていない色 d が存在するので，v を色 d で彩色すると，G の 5-彩色が得られる．

そこで，v は次数 5 であるとする．v に隣接する点を v_1, v_2, v_3, v_4, v_5 とする．これらの 5 点で誘導される G の部分グラフは平面的グラフであるので，完全グラフ K_5 とは異なる．したがって，隣接しない 2 点が存在する．対称性より，v_1 と v_2 が隣接しないと仮定できる．辺集合 $E' = \{(v, v_3), (v, v_4), (v, v_5)\}$ を除去して，さらに辺集合 $E'' = \{(v, v_1), (v, v_2)\}$ を縮約して得られるマイナー $G' = (G - E')/E''$ を考える．G' は平面的グラフである．したがって，帰納法の仮定より，G' は 5 色で彩色可能である．G' は $G - \{v\}$ の 2 点 v_1 と v_2 を同一視したグラフであるので，v_1 と v_2 の色を v_1 と v_2 を同一視した G' の点 $\{v_1 v_2\}$ の色とすることにより，G' の 5-彩色から $G - \{v\}$ の 5-彩色が得られる．$G - \{v\}$ のこの 5-彩色で v_1, v_2, v_3, v_4, v_5 で用いられている色は 4 色以下である．したがって，それ以外の色 d で v を彩色すれば，G の 5-彩色が得られる． □

同様に，以下の定理も得られる．証明は演習問題 11.2 とする．

定理 11.6 外平面的グラフは 3 色で彩色可能である． □

11.2 グラフの辺彩色

本節では，自己ループを含まない多重グラフの辺彩色を取り上げる．

11.2 グラフの辺彩色

11.1 節で述べたように，G の辺彩色は G の線グラフ $L(G)$ の点彩色に一致し，$\chi'(G) = \chi(L(G))$ である．しかし，線グラフとならないグラフも存在するので線グラフの集合は特殊なグラフの集合であり，したがって，辺彩色では，よりきめ細かい議論ができる．なお，$\chi'(G) \geq \Delta(G)$ は明らかである．

ウォーミングアップクイズの (b) を解決する以下の定理から始める．

定理 11.7 完全グラフ K_n は，n が偶数ならば $(n-1)$-辺彩色可能で $\chi'(K_n) = n-1$ であり，n が奇数ならば n-辺彩色可能で $((n-1)$-辺彩色は不可能であり$)$ $\chi'(K_n) = n$ である．

証明： n が偶数で $n = 2m$ と書けるとする．K_{2m} の点に $1, 2, \cdots, 2m$ のラベルがついているとする．各 $k = 1, 2, \cdots, 2m-1$ に対して，集合 E_k を

$$E_k = \{(k, 2m), (k+1, k-1), (k+2, k-2), \cdots, (k+m-1, k-m+1)\}$$

とする．なお，$2m$ を除いて，$+, -$ はすべて $\mathrm{mod}(2m-1)$ の演算である．ただし，0 は $2m-1$ と見なしている．たとえば，$m = 4$ のときは，

$$E_1 = \{(1,8), (2,7), (3,6), (4,5)\}, \quad E_2 = \{(2,8), (3,1), (4,7), (5,6)\},$$
$$E_3 = \{(3,8), (4,2), (5,1), (6,7)\}, \quad E_4 = \{(4,8), (5,3), (6,2), (7,1)\},$$
$$E_5 = \{(5,8), (6,4), (7,3), (1,2)\}, \quad E_6 = \{(6,8), (7,5), (1,4), (2,3)\},$$
$$E_7 = \{(7,8), (1,6), (2,5), (3,4)\}$$

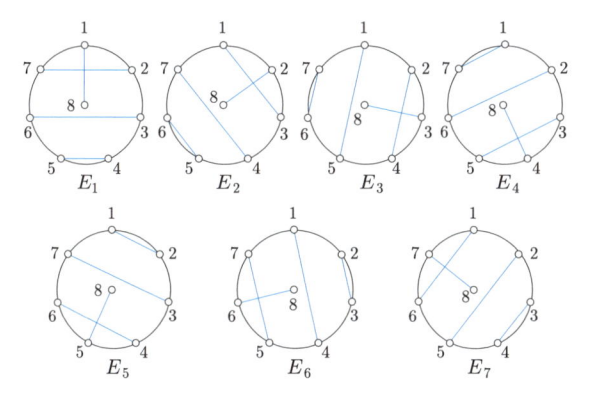

となる．これから，各 E_k が K_{2m} の完全マッチングをなし，任意の $i \neq j$ に対して $E_i \cap E_j = \emptyset$ であることが確認できる．すなわち，E_k の辺を色 k で彩色すると K_{2m} の $(2m-1)$-辺彩色が得られる．一方，$\chi'(K_{2m}) \geq \Delta(K_{2m}) = 2m-1$ は明らかであるので，$\chi'(K_{2m}) = 2m-1$ が得られる．

n が奇数で $n = 2m-1$ と書けるときは，K_{2m} の $(2m-1)$-辺彩色から，点 $2m$ と接続

するすべての辺を除去して K_{2m-1} の $(2m-1)$-辺彩色が得られる．K_{2m-1} は完全マッチングをもたないので，$(2m-2)$-辺彩色は不可能であることから $\chi'(K_{2m-1}) = 2m-1$ が得られる． □

次に，ウォーミングアップクイズの (a) と関連する以下の定理を取り上げる．

定理 11.8 多重二部グラフ G は $\Delta(G)$-辺彩色可能で $\chi'(G) = \Delta(G)$ である．

証明: 二部グラフ G の辺数 m についての帰納法で証明する．$m = 0, 1, 2$ などの少ない辺数の二部グラフでは明らかに成立する．そこで，m 本未満の辺の二部グラフで定理が成立すると仮定する．そして，辺数 m の二部グラフ G を考える．

G から任意の辺 $e = (u,v)$ を除去して得られるグラフ $G - \{e\}$ は辺数が 1 本少ない二部グラフであるので，帰納法の仮定から $\Delta(G - \{e\}) \leq \Delta(G)$ 色で辺彩色可能である．$G - \{e\}$ の $\Delta(G)$-辺彩色を任意に選び c とする．この辺彩色 c で，点 x に接続する辺の彩色で用いられていない色の集合を $D(x)$ とする（図 11.5(a)）．すると，点 u, v はいずれも $G - \{e\}$ で次数 $\Delta(G) - 1$ 以下であるので，$D(u) \neq \emptyset$ かつ $D(v) \neq \emptyset$ である．$D(u) \cap D(v) \neq \emptyset$ ならば，任意の $d \in D(u) \cap D(v)$ を用いて，辺 e を色 d で彩色することにより，G の $\Delta(G)$-辺彩色が得られる．

そこで，$D(u) \cap D(v) = \emptyset$ であるとする（図 11.5(a)）．$d_u \in D(u)$ と $d_v \in D(v)$ を任意に選び固定する．$D(u) \cap D(v) = \emptyset$ であるので，v に接続する色 d_u の辺 e_1 が存在する．そこで，v から e_1 を用いて出発して，d_u の色の辺と d_v の色の辺を交互に用いてできる $G - \{e\}$ の極大なパスを P とする（図 11.5(b)）．

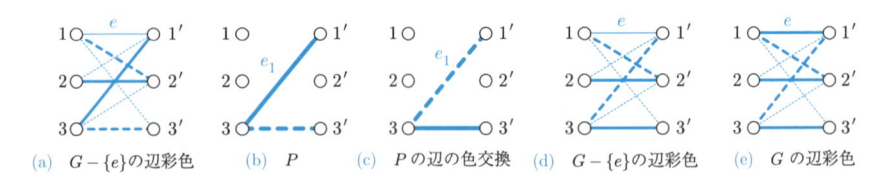

図 11.5 (a) $G - \{e\}$ の $\Delta(G)$-辺彩色（$\Delta(G) = 3$，$e = (u,v)$，$u = 1, v = 1'$），(b) $v = 1'$ から d_u の色の辺と d_v の色の辺の極大なパス P，(c) P 上の辺の色交換，(d) $G - \{e\}$ の $\Delta(G)$-辺彩色，(e) G の $\Delta(G)$-辺彩色

すると，パス P は点 u を含まないことが言える（証明は後述）．そこで，パス P 上の奇数番目の辺の色と偶数番目の辺の色を交換する（図 11.5(c)）．こうして，$G - \{e\}$ の $\Delta(G)$-辺彩色 c' が得られる（図 11.5(d)）．この辺彩色 c' では，点 u, v に接続する辺には色 d_u が用いられていない．したがって，辺 e を色 d_u で彩色することにより，G の $\Delta(G)$-辺彩色が得られる（図 11.5(e)）．

最後に，v から出発するパス P が点 u を含まないことを示す．そこで，パス P は

u を含み，u へ到達していたと仮定する．すると，パス P は $G-\{e\}$ の $\Delta(G)$-辺彩色 c における色 d_u の辺と色 d_v の辺の交互パスであり，u には d_u の辺が接続していないので，u へは d_v の色の辺を用いて到達し，パス P はそこで終了していることになる．一方，G と $G-\{e\}$ は二部グラフであるので，定理 2.1 より，すべての閉路の長さは偶数であり，v から u へのパスの長さは奇数である．したがって，パス P の長さは奇数となる．しかし，P 上の奇数番目の辺は e_1 も含めて色は d_u である．すなわち，P の最後の辺が d_u の色の辺を用いて u に到達していたことになり，u には色 d_u の辺が接続していない（$d_u \in D(u)$）ことに矛盾する．すなわち，パス P は点 u を含まないことが得られた． □

次に，辺彩色の主定理とも言えるヴィジング (V.G. Vizing) の定理を与える．

定理 11.9（ヴィジングの定理） 単純グラフ G は，$\Delta(G)+1$ 色で辺彩色可能である．したがって，$\Delta(G) \leq \chi'(G) \leq \Delta(G)+1$ である． □

ここでは多重グラフ版を議論する（定理 11.9 は，その系として得られる）．そこで，多重グラフ G における辺 $e=(u,v)$ の**多重度** $\mu(e)$ を e と並列な辺の本数（e も含める）とする．すなわち，$\mu(e)$ は e の両端点 u,v を結ぶ G の辺の本数である．G の辺の多重度の最大値を $\mu(G)$ と表記し，G の辺の**最大多重度**という．多重グラフではシャノン (C.E. Shannon) の定理も含めて以下が成立する．

定理 11.10（ヴィジングの定理：多重グラフ版） 多重グラフ G に対して，G の辺の最大多重度を $\mu(G)$ とすれば $\chi'(G) \leq \Delta(G)+\mu(G)$ である． □

定理 11.11（シャノンの定理） 多重グラフ G に対して，$\chi'(G) \leq \frac{3}{2}\Delta(G)$ である． □

定理 11.10 と定理 11.11 の証明に以下の補題を用いる．この補題の証明は，定理 11.8 の証明と同様の手法に基づいているが，かなりの精密化が必要である．

補題 11.6 グラフ G の辺 $e=(u,v)$ に対して，グラフ $G-\{e\}$ は k 色で辺彩色されているとする．G における点 p の次数を $\deg(p)$ とし，点 v と点 p を結ぶ辺の本数を μ_{vp} とする（μ_{vp} は辺 $e'=(v,p)$ の多重度 $\mu(e')$ である）．さらに，各点 p に接続する辺の彩色に用いられていない色の個数を k_p とする

(すなわち，$p \neq u, v$ のときは $k_p = k - \deg(p)$ であり，$p = u, v$ のときは $k_p = k - \deg(p) + 1$ である)．このとき，$k_v \geq 1$ であり，かつ v に隣接する u 以外の任意の点 p と点 u で

$$k_p \geq \min\left\{\mu_{vp}, \frac{\deg(v)}{2}\right\}, \quad k_u \geq \min\left\{\mu_{vu}, \frac{\deg(v)}{2} + 1\right\} \tag{11.3}$$

ならば，G は k-辺彩色可能である． □

証明に入る前に，補題に対してイメージがわくような具体例を挙げる．

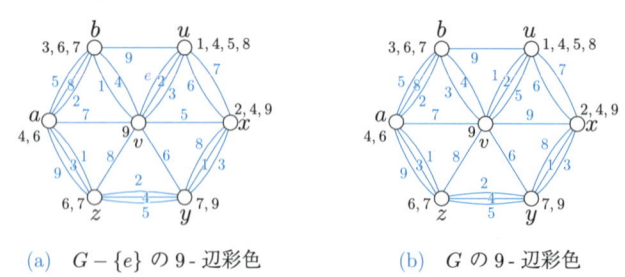

(a) $G - \{e\}$ の 9-辺彩色　　(b) G の 9-辺彩色

上の図は，$k = 9$ のときのグラフ $G - \{e\}$ の k-辺彩色 c とグラフ G の k-辺彩色 c' の例である．$G - \{e\}$ の色 $\{1, 2, \cdots, k\}$ によるこの k-辺彩色 c に対して点 p に接続する辺の彩色に用いられていない色の集合 $D_c(p)$ の色を点 p のそばに表示している．したがって，$|D_c(p)| = k_p$ である．また，μ_{vp} は G における点 v と点 p を結ぶ辺の本数である．したがって，$k_v = 1$,

$$k_u = 4, \quad k_a = 2, \quad k_b = 3, \quad k_x = 3, \quad k_y = 2, \quad k_z = 2$$
$$\mu_{vu} = 3, \quad \mu_{va} = 1, \quad \mu_{vb} = 2, \quad \mu_{vx} = 1, \quad \mu_{vy} = 1, \quad \mu_{vz} = 1$$

である．さらに，G における点 v の次数 $\deg(v)$ は $\deg(v) = 9$ であるので，$\frac{\deg(v)}{2} = 4.5$ である．したがって，$G - \{e\}$ の k-辺彩色 c は補題の条件をすべて満たし，グラフ G の k-辺彩色 c' が可能である．

実際，u に接続する辺の彩色に用いられていない色 1 で辺 $e = (u, v)$ を彩色する．すると，色 1 で彩色されている辺 $e_1 = (b, v)$ の色を変えなければ正しい彩色にならないので，b に接続する辺の彩色に用いられていない色 3 で辺 $e_1 = (b, v)$ を彩色する．すると，色 3 で彩色されている辺 $e_3 = (u, v)$ の色を変えなければならないので，u に接続する辺の彩色に用いられていない（前に

用いた色 1 以外の）別の色 5 で辺 $e_2 = (u, v)$ を彩色する．すると，色 5 で彩色されている辺 $e_4 = (x, v)$ の色を変えなければならない．しかし，このとき，$d_v = 9 \in D_c(v) \cap D_c(x)$ であるので，辺 $e_4 = (x, v)$ を色 9 で彩色できる．こうして，図 11.2(b) のようなグラフ G の k-辺彩色 c' が得られる．

補題 11.6 の証明では，上記のような v に接続する辺 $e = e_0, e_1, e_2, \cdots, e_t$（上の説明では $t = 4$）の色の交換と定理 11.8 の証明で用いた手法を組み合わせて用いる．したがって，その証明はかなり精密化された議論を含むことになる．

11.2.1　補題 11.6 の証明

$G - \{e\}$ の色 $\{1, 2, \cdots, k\}$ による k-辺彩色 c に対して点 p に接続する辺の彩色に用いられていない色の集合を $D_c(p)$ とする．したがって，$|D_c(p)| = k_p$ である．$G - \{e\}$ の色 $\{1, 2, \cdots, k\}$ による k-辺彩色 c が存在して $D_c(u) \cap D_c(v) \neq \emptyset$ ならば，辺 e を色 $d_e \in D_c(u) \cap D_c(v)$ で彩色すれば G の k-辺彩色が得られる．そこで，$D_c(u) \cap D_c(v) \neq \emptyset$ となるような $G - \{e\}$ の色 $\{1, 2, \cdots, k\}$ による k-辺彩色 c が存在することを示す．

背理法を用いて証明する．$D_c(u) \cap D_c(v) \neq \emptyset$ となるような $G - \{e\}$ の色 $\{1, 2, \cdots, k\}$ による k-辺彩色 c が存在しなかったと仮定する．したがって，$G - \{e\}$ の k-辺彩色 c に対して，$D_c(u) \cap D_c(v) = \emptyset$ である．そこで，$e_0 = e = (u, v)$，$u_0 = u$，$t = 0$ および v に隣接する各点 p に対して $D'(p) = D_c(p)$ とおいて，以下の (a), (b), (c) により，v に接続する辺の列 $(e_0, e_1, e_2, \cdots, e_t)$ を求める．

(a) $D'(u_t) = \emptyset$ ならば終了する．そうでなければ以下を行う．
(b) $D'(u_t) \cap D_c(v) \neq \emptyset$ ならば終了する．そうでない（$D'(u_t) \cap D_c(v) = \emptyset$）ならば，$d_t \in D'(u_t)$ を選び，$D'(u_t) = D'(u_t) - \{d_t\}$ とし，$(d_t \notin D_c(v)$ であるので）色 d_t で彩色されている v に接続する辺を $e_{t+1} = (v, u_{t+1})$ とする．
(c) $e_{t+1} \in \{e_0, e_1, \cdots, e_t\}$ ならば終了する．そうでなければ，$t = t + 1$ とおいて (a) に戻る．

このような $(e_0, e_1, e_2, \cdots, e_t)$ が複数個可能であるときには，t が最小となるものがここでは得られるものとする．(c) の終了条件より，$(e_0, e_1, e_2, \cdots, e_t)$ では，すべての辺 e_i が異なり，任意の $i \neq j$ に対して $e_i \neq e_j$ である．したがって，$t + 1$ は点 v の次数以下で $t + 1 \leq \deg(v)$ である．さらに，一般の i, j $(0 \leq i < j \leq t)$ に対しては $u_i = u_j$ もありうるが，上記の定義より，辺 $e_{i+1} = (v, u_{i+1})$ の色 $c(e_{i+1}) = d_i \in D_c(u_i)$ は u_i に接続する辺では用いられていない色であるので，連続する 2 辺 $e_i = (v, u_i)$，$e_{i+1} = (v, u_{i+1})$ に対しては，$u_i \neq u_{i+1}$ である．したがって，端点 u をもつ辺 (v, u) は，$e_0 = e$ も含めて $(e_0, e_1, e_2, \cdots, e_t)$ には高々

$$1 + \left\lfloor \frac{t}{2} \right\rfloor \leq \frac{\deg(v)}{2} + 1$$

回しか現れない．u 以外の端点 p をもつ辺 (v, p) は，$(e_0, e_1, e_2, \cdots, e_t)$ には高々

$$\left\lfloor \frac{t+1}{2} \right\rfloor \leq \frac{\deg(v)}{2}$$

回しか現れない．もちろん，辺 $e' = (v, p)$ の多重度 $\mu(e') = \mu_{vp}$ を超えて現れることもない．したがって，式 (11.3) より，端点 u をもつ辺 (v, u) は $(e_0, e_1, e_2, \cdots, e_t)$ には高々

$$\min\left\{\mu_{vu}, \frac{\deg(v)}{2} + 1\right\} \leq k_u$$

回しか現れない．同様に，端点 $p \neq u$ をもつ辺 (v, p) は $(e_0, e_1, e_2, \cdots, e_t)$ には高々

$$\min\left\{\mu_{vp}, \frac{\deg(v)}{2}\right\} \leq k_p$$

回しか現れない．したがって，$|D_c(u)| = k_u$ と $|D_c(p)| = k_p$ から，上記の (a) で $D'(u_t) = \emptyset$ となることはない．実際，(a) にきた時点で辺列 $(e_0, e_1, e_2, \cdots, e_t)$ において u_t の色集合 $D_c(u_t)$ から除かれている色の個数 $|D_c(u_t)| - |D'(u_t)|$ を考えてみればわかる．$t = 0$ では何も除かれていないので $|D_c(u_t)| - |D'(u_t)| = |D_c(u_t)|$ である．$t = 1$ では $D_c(u_0) = D_c(u)$ のみが 1 個除かれている．さらに $t \geq 2$ では各 i $(i = 0, 1, \cdots, t-1)$ の連続する 2 辺 $e_i = (v, u_i)$，$e_{i+1} = (v, u_{i+1})$ で $u_i \neq u_{i+1}$ であるので，u_t の色集合 $D_c(u_t)$ から除かれている色の個数は $(e_0, e_1, e_2, \cdots, e_{t-2})$ に現れる辺のうちで端点として u_t をもつものの個数となり，$k_t - 1$ 以下である．したがって，(a) にきた時点ですべての $i = 0, 1, \cdots, t$ で $D'(u_i) \neq \emptyset$ であることが得られる．

　最後の辺 e_t が (b) で終了した場合と (c) で終了した場合に分けて考える．

　(b) で終了した場合：図 11.6(a) は $G - \{e\}$ の k-辺彩色（各点 u_i の $d_i \in D(u_i)$ は点 u_i のそばに表示）における $(e_0, e_1, e_2, \cdots, e_t)$ の例である ($t = 5$)．

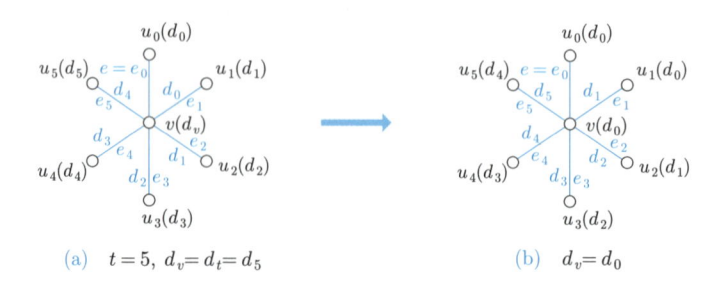

(a) $t = 5$, $d_v = d_t = d_5$ 　　　(b) $d_v = d_0$

図 11.6　(b) で終了した場合の説明図

この場合は，図 11.6(b) のように，各 $i = 1, 2, \cdots, t-1$ で e_{i+1} の色 $c(e_{i+1}) = d_i$ を e_i に移し，最後に辺 e_t を色 $d_t \in D'(u_t) \cap D_c(v)$ で彩色すれば，$G - \{e\}$ の k-辺彩色が得られる．すなわち，

$$c'(e_i) = c(e_{i+1}) = d_i \quad (i = 1, 2, \cdots, t-1), \quad c'(e_t) = d_t$$

11.2 グラフの辺彩色

とし，それ以外の辺 f では $c'(f) = c(f)$ とすれば，c' が $G - \{e\}$ の k-辺彩色であり，$d_0 \in D_{c'}(u)$, $D_{c'}(v) = (D_c(v) - \{d_t\}) \cup \{d_0\}$ から，$d_0 \in D_{c'}(u) \cap D_{c'}(v) \neq \emptyset$ となってしまい，そのような $G - \{e\}$ の k-辺彩色が存在しないという仮定に反する．

(c) で終了した場合：v に接続する辺で d_t の色をもつ辺が $(e_1, e_2, \cdots, e_{t-1})$ に唯一存在する．その辺を e_s $(1 \leq s \leq t-1)$ とする．なお，t の最小性より，$d_t \notin D_c(u_i)$ $(i \neq s-1, t)$ となる．d_v を $D_c(v)$ の任意の色とする．$c(e_s) = d_{s-1} = d_t$ と $d_v \in D_c(v)$ の 2 色の辺からなる $G - \{e\}$ の辺誘導部分グラフを F とする．F の各点は次数が 1 あるいは 2 であるので，F のどの連結成分もパスか閉路である．辺 e_s を含む連結成分を P とする．点 v には d_v の色の辺は接続していないので，F で点 v の次数は 1 となり，P はパスであり，v は P の端点である．したがって，$e_0, e_1, e_2, \cdots, e_t$ の辺では e_s のみが P に含まれて，ほかはすべて P には含まれない．P のもう一方の端点を w とする．(i) $w \neq u_{s-1}$, (ii) $w = u_{s-1}$ の二つの場合に分けて考える．

(i) $w \neq u_{s-1}$ の場合：図 11.7 は説明図である．

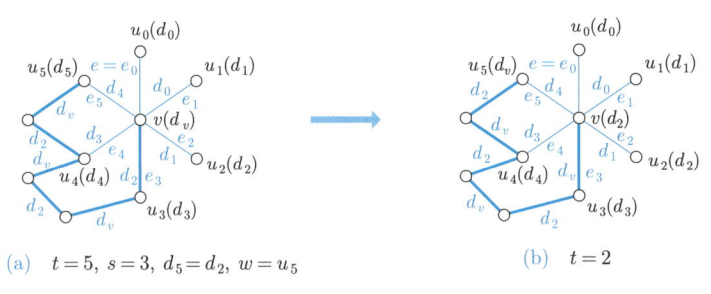

図 11.7 (c) で終了した (i) $w \neq u_{s-1}$ の場合の説明図

(a) $t=5$, $s=3$, $d_5=d_2$, $w=u_5$ (b) $t=2$

図 11.7(a) は $G - \{e\}$ の k-辺彩色（各点 u_i の $d_i \in D(u_i)$ は点 u_i のそばに表示）における $(e_0, e_1, e_2, \cdots, e_t)$ とパス P（太線で表示）の例である（$t=5$, $s=3$, $w=u_5$）．このとき，$d_{s-1} \in D_c(u_{s-1})$ であるので，パス P は $u_{s-1}(\neq w)$ を途中の点として含まない．そこで，パス P 上の各辺の色を交換する（図 11.7(b)）．すなわち，パス P 上の各辺 f に対して，$c(f) = d_v$ ならば $c'(f) = d_{s-1}$ とし，$c(f) = d_{s-1}$ ならば $c'(f) = d_v$ とする．したがって，上記以外の辺 f' で $c'(f') = c(f')$ とすることにより，$G - \{e\}$ の k-辺彩色 c' が得られる．この辺彩色 c' では，パスの両端点 w, v 以外の各点 x で $D_{c'}(x) = D_c(x)$ であるが，$c'(e_s) = d_v$ となるので，$D_{c'}(v) = (D_c(v) - \{d_v\}) \cup \{d_{s-1}\}$ となる．すなわち，$d_{s-1} \in D_{c'}(u_{s-1}) \cap D_{c'}(v) \neq \emptyset$ となる．さらに，u_{s-1}, u_t 以外の u_i で $d_i \in D_{c'}(u_i)$ も成立する．したがって，この辺彩色 c' でも (a)〜(c) の手続きで得られる v に接続する辺の列 $(e_0, e_1, e_2, \cdots, e_{s-1})$ は $d_{s-1} \in D_{c'}(u_{s-1}) \cap D_{c'}(v) \neq \emptyset$ となり，(b) で終了してしまうことになる．これは上記の (b) で終了すると矛盾することをすでに与えているので排除できる．

(ii) $w = u_{s-1}$ の場合：図 11.8 は説明図である．

図 11.8(a) は $G - \{e\}$ の k-辺彩色（各点 u_i の $d_i \in D(u_i)$ は点 u_i のそばに表示）に

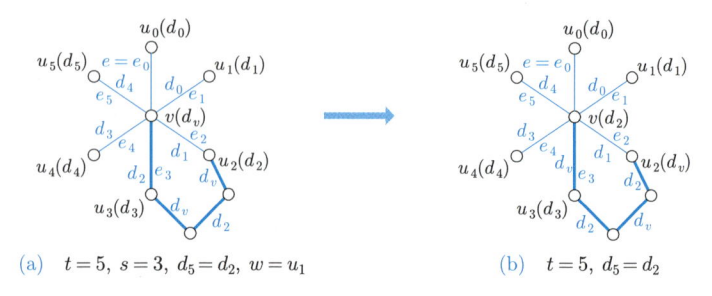

(a) $t=5$, $s=3$, $d_5=d_2$, $w=u_1$ (b) $t=5$, $d_5=d_2$

図 11.8 (c) で終了した (ii) $w=u_{s-1}$ の場合の説明図

おける $(e_0, e_1, e_2, \cdots, e_t)$ とパス P（太線で表示）の例である（$t=5$, $s=3$, $w=u_2$）.
 このときも，$d_{s-1} = d_t \in D_c(u_t)$ であるので，パス P は u_t（$\neq w$）を途中の点として含まない．そこで，パス P の各辺の色を交換する（図 11.8(b)）．すなわち，パス P 上の各辺 f に対して，$c(f) = d_v$ ならば $c'(f) = d_{s-1}$ とし，$c(f) = d_{s-1}$ ならば $c'(f) = d_v$ とする．したがって，$c'(e_s) = d_v$ となる．さらに，パス P 以外の辺 f' で $c'(f') = c(f')$ とすることにより，$G - \{e\}$ の k-辺彩色 c' が得られる．$G - \{e\}$ のこの辺彩色 c' に対して，$D_{c'}(v) = (D_c(v) - \{d_v\}) \cup \{d_{s-1}\}$，$D_{c'}(u_i) = D_c(u_i)$ （$i \neq s-1$），$D_{c'}(u_{s-1}) = (D_c(u_{s-1}) - \{d_{s-1}\}) \cup \{d_v\}$ である．したがって，この辺彩色 c' でも (a)〜(c) の手続きで同一の $(e_0, e_1, e_2, \cdots, e_t)$ が得られるが，$d_{s-1} = d_t \in D'(u_t) \cap D_{c'}(v) \neq \emptyset$ となり (b) で終了する．したがって，上記の (b) で終了する場合の議論が適用できて矛盾が得られる．
 以上により，$D_c(u) \cap D_c(v) \neq \emptyset$ となるような $G - \{e\}$ の色 $\{1, 2, \cdots, k\}$ による k-辺彩色 c が存在しなかったと仮定すると矛盾が得られた．したがって，$D_c(u) \cap D_c(v) \neq \emptyset$ となるような $G - \{e\}$ の k-辺彩色 c が存在し，補題が証明できた． □

11.2.2 定理 11.10 と定理 11.11 の証明

 定理 11.10 と定理 11.11 はこの補題からすぐに得られる．実際，G の辺数 m についての帰納法で証明できる．m が $m = 0, 1, 2, 3$ などの小さいときは自明である．そこで，辺数 $m - 1$ の多重グラフまでは定理 11.10 と定理 11.11 が成立すると仮定して，辺数 m の多重グラフ G を考える．(i) $\mu(G) \leq \frac{\Delta(G)}{2}$ と (ii) $\mu(G) > \frac{\Delta(G)}{2}$ の場合に分けて考える．
 (i) $\mu(G) \leq \frac{\Delta(G)}{2}$ のとき：G の任意の辺 $e = (u, v)$ を選び，$G - \{e\}$ を考える．$\Delta(G - \{e\}) \leq \Delta(G)$ かつ $\mu(G - \{e\}) \leq \mu(G)$ であるので，帰納法の仮定より，$G - \{e\}$ は $k = \Delta(G) + \mu(G) \leq \frac{3\Delta(G)}{2}$ 色で辺彩色されているとする．各点に接続する辺の本数は $\Delta(G)$ 以下であるので，この辺彩色 c で $|(D_c(v))| \geq \mu(G) + 1$，$|(D_c(u))| \geq \mu(G) + 1 \geq \min\left\{\mu_{vu}, \frac{\deg(v)}{2} + 1\right\}$，$|(D_c(p))| \geq \mu(G) \geq \min\left\{\mu_{vp}, \frac{\deg(v)}{2}\right\}$ となり，補題 11.6 の条件は満たされる．したがって，G は $k = \Delta(G) + \mu(G) \leq \frac{3\Delta(G)}{2}$ 色で

辺彩色可能である．

(ii) $\mu(G) > \frac{\Delta(G)}{2}$ のとき：G の辺 $e = (u,v)$ に対して，同様に帰納法の仮定より，$G - \{e\}$ は $k = \frac{3\Delta(G)}{2} \leq \Delta(G) + \mu(G)$ 色で辺彩色されているとする．各点に接続する辺の本数は $\Delta(G)$ 以下であるので，この辺彩色 c で $|(D_c(v))| \geq \frac{\Delta(G)}{2} + 1$, $|(D_c(u))| \geq \frac{\Delta(G)}{2} + 1 \geq \min\left\{\mu_{vu}, \frac{\deg(v)}{2} + 1\right\}$, $|(D_c(p))| \geq \frac{\Delta(G)}{2} \geq \min\left\{\mu_{vp}, \frac{\deg(v)}{2}\right\}$ となり，補題 11.6 の条件は満たされる．したがって，G は $k = \frac{3\Delta(G)}{2} \leq \Delta(G) + \mu(G)$ 色で辺彩色可能である． □

ヴィジングの定理（定理 11.9）は，定理 11.10 から $\mu(G) = 1$ とすることで得られる．定理 11.10 のさらなる精密化である以下のオーレ (O. Ore) の定理[28]も補題 11.6 を用いて得られる（演習問題 11.7）．

定理 11.12（オーレの定理） 多重グラフ G に対して，点 v の次数を $\deg(v)$, 点 v と点 p を結ぶ辺の本数を μ_{vp}, v に隣接する p の μ_{vp} のうちで最大のものを μ_v とする．さらに，$\deg^*(v) = \deg(v) + \mu_v$ とし，すべての点 $v \in V(G)$ での $\deg^*(v)$ の最大値を $\Delta^*(G)$ とする．すると，$\chi'(G) \leq \Delta^*(G)$ である． □

11.2.3 グラフの 1-因子分解

グラフの辺彩色は，ウォーミングアップクイズで取り上げた対戦スケジュール作成などのスケジューリングとも密接に関係している．実際，グラフの点がチームに対応し，辺が実現したい対戦の 2 チームに対応すると考えると，k-辺彩色は k ラウンドの対戦スケジュールを与えていることになる．すなわち，k-辺彩色は，色 $i \in \{1, 2, \cdots, k\}$ で彩色されている辺の両端点の 2 チームが第 i ラウンドで対戦するスケジュールに対応する．グラフ G を辺彩色数 $\chi'(G)$ で彩色することは，辺で結ばれている両端点の 2 チームが必ず対戦するというスケジュールでラウンド数最小のスケジュールを求めることに対応する．

一方，どのラウンドでも（対戦のない）休みのチームがないような対戦スケジュールが要求されることも多い．すなわち，毎ラウンドどのチームも対戦相手のあるようなスケジュールである．このとき，各ラウンドで，両端点の対戦チームを結ぶグラフ G の辺の集合は，第 2 章で述べたように，G の**完全マッチング**を形成する．G の完全マッチングの辺で誘導される部分グラフは，G のすべての点を含み，すべての点の次数が 1 のグラフになるので，G の **1-因子**とも呼ばれる．したがって，毎ラウンド休みチームのないような対戦スケジュール

は，グラフの辺集合 $E(G)$ の 1-因子への分割に対応する．このように，グラフの辺集合 $E(G)$ を 1-因子へ分割することは，**1-因子分解**と呼ばれる．

グラフ G が k 個の 1-因子に分割可能であるための必要十分条件は，G のどの点も次数が k であり，かつ $\chi'(G) = k$ であることである．これは明らかである．定理 11.7 と定理 11.8 より，$\chi'(K_{2n}) = 2n - 1$，$\chi'(K_{n,n}) = n$ であるので，完全グラフ K_{2n} と完全二部グラフ $K_{n,n}$ に対しては 1-因子分解可能であり，ウォーミングアップクイズの解答で述べたようなスケジュールが可能である．

また，平面的グラフが 4 色で点彩色可能であることと，2-連結な平面的 3-正則グラフ G が 1-因子分解可能であることは等価であることが知られていた．したがって，定理 11.4 の 4 色定理より，2-連結な平面的 3-正則グラフ G が 1-因子分解可能であることが得られる．

定理 11.13 2-連結な平面的 3-正則グラフ G は，1-因子分解可能である．すなわち，G は 3-辺彩色可能であり，$\chi'(G) = 3$ である． □

しかしながら，$k \geq 3$ の一般の k-正則グラフに対しては，1-因子分解可能であるかどうかを特徴づけるような定理は知られていない．k-正則グラフが k 個の 1-因子に分割可能であるかどうかを判定することは，一般には NP-完全であるので，効率的に検証可能な特徴付けは存在しないと考えられている．

11.3 グラフのリスト彩色

グラフ G の各点 $v \in V(G)$ に色の候補集合 $C(v)$ が付随しているとき，すべての点 v を適切に選んだ色 $c(v) \in C(v)$ を用いて彩色し，隣接するどの 2 点も異なる色になるようにすることを G の**リスト彩色**という．さらに，すべての点 $v \in V(G)$ に対して $|C(v)| = k$ を満たすすべての可能な $C(v)$ を考えても，G のリスト彩色が常にできるならば，G は **k-リスト彩色可能**あるいは **k-選択可能**であると呼ばれる．G が k-リスト彩色可能であるような最小の k は G の**リスト彩色数**あるいは**選択数**と呼ばれ，$\chi_\ell(G)$ あるいは $\mathrm{ch}(G)$ と表記される．もちろん，G が k-リスト彩色可能であれば，G のすべての点 v で $C(v) = \{1, 2, \cdots, k\}$ とすることにより G の k-彩色が得られるので，$\chi_\ell(G) \geq \chi(G)$ である．

辺彩色についても同様にリスト彩色が定義されている．グラフ G の各辺

$e \in E(G)$ に色の候補集合 $C(e)$ が付随しているとき,すべての辺 e を適切に選んだ色 $c(e) \in C(e)$ を用いて彩色し,隣接するどの 2 辺も異なる色になるようにすることを G の**リスト辺彩色**という.さらに,すべての辺 $e \in E(G)$ に対して $|C(e)| = k$ を満たすすべての可能な $C(e)$ を考えても,G のリスト辺彩色が常にできるならば,G は **k-リスト辺彩色可能**であると呼ばれる.G が k-リスト辺彩色可能であるような最小の k は G の**リスト辺彩色数**あるいは**リスト彩色指数**と呼ばれ,$\chi'_\ell(G)$ あるいは $\text{ch}'(G)$ と表記される.したがって,G の線グラフ $L(G)$ のリスト彩色数 $\chi_\ell(L(G))$ が G のリスト辺彩色数 $\chi'_\ell(G)$ となる.点彩色と同様に,任意のグラフ G で $\chi'_\ell(G) \geq \chi'(G)$ が成立する.

二部グラフ G に対して $\chi(G) = 2$ であるが,$\chi_\ell(G) > 2$ となることもある.実際,任意の定数 C に対して,$\chi_\ell(G) > C$ となる二部グラフ G が容易に構成できる(演習問題 11.4).任意の平面的グラフ G に対しては 4 色定理より,$\chi(G) \leq 4$ であるが,$\chi_\ell(H) \geq 5$ となるような平面的グラフ H の存在することが知られている[3].一方,任意の平面的グラフ G に対して $\chi_\ell(G) \leq 5$ であることがトーマッセン (C. Thomassen) により与えられている.

定理 11.14(**トーマッセンの定理**) 平面的グラフは 5-リスト彩色可能である.すなわち,任意の平面的グラフ G に対して $\chi_\ell(G) \leq 5$ である. □

この定理を帰納法で証明するが,帰納法が適用しやすくなるように次の補題を考える[3].

補題 11.7 外面が長さ $k \geq 3$ の閉路 $C = (v_1, v_2, \cdots, v_k, v_1)$ であり,どの内面も長さ 3 の閉路(三角形)である単純な平面グラフ G において,各点 v に対する色候補集合 $C(v)$ は以下の (a), (b), (c) の条件を満たすとする.
  (a) v_1 と v_2 の色候補集合は異なる色の 1 色からなる.
  (b) v_1, v_2 と異なる C 上の点 v_i ($i = 3, 4, \cdots, k$) の色候補集合は 3 色以上からなる.
  (c) C 上にない点 v の色候補集合は 5 色以上からなる.
このとき,G はリスト彩色可能である.

証明: 対称性から一般性を失うことなく,$C(v_1) = \{1\}, C(v_2) = \{2\}$ と仮定できる.G の点数 n についての帰納法で証明する.$n = 3$ のときは,G は閉路 $C = (v_1, v_2, v_3, v_1)$

からなる．$|C(v_3)| \geq 3$ であるので，$C(v_3)-\{1,2\} \neq \emptyset$ より，任意の $d \in C(v_3)-\{1,2\}$ を用いて，$c(v_1)=1, c(v_2)=2, c(v_3)=d$ とすることにより，G のリスト彩色 c が得られる．

そこで，補題の条件を満たす点数 $n \geq 4$ 未満の平面グラフはリスト彩色可能であると仮定して，補題の条件を満たす点数 n の平面グラフ G を考える．図 11.9(a) のように，(i) C 上の連続しない 2 点を結ぶ辺 (u,v) が存在する場合と，図 11.9(b) のように，(ii) そのような辺が存在しない場合に分けて議論する．

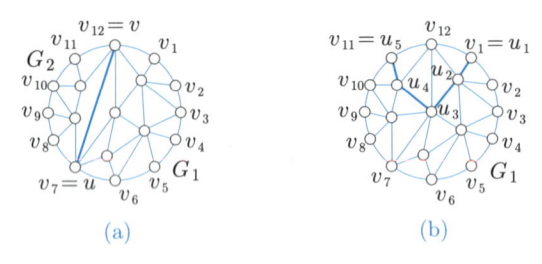

図 11.9 (a) C 上の連続しない 2 点を結ぶ辺 (u,v) が存在する，(b) そのような辺が存在しない

(i) のとき：対称性から一般性を失うことなく，$u=v_i, v=v_j$ $(1 \leq i < j \leq k)$ とすることができる．図 11.9(a) のように，辺 (u,v) で G を二つのグラフ G_1 と G_2 に分離する (v_1, v_2 を含むほうを G_1 とする)．G_1 と G_2 は点数が n 未満である．さらに，G_1 の外面（閉路）$C' = (v_1, v_2, \cdots, v_i, v_j, v_{j+1}, \cdots, v_k, v_1)$ と内面および色候補集合は補題の条件を満たすので，帰納法の仮定より，G_1 はリスト彩色 c_1 が可能である．そのリスト彩色 c_1 で点 v_i の色を d_i，点 v_j の色を d_j とする．そこで，G_2 における点 v_i, v_j の色候補集合を $C_2(v_i) = \{d_i\}$, $C_2(v_j) = \{d_j\}$ とする．これら以外の G_2 の点 v に対しては $C_2(v) = C(v)$ とする．すると，G_2 の外面 $(v_j, v_i, v_{i+1}, \cdots, v_j)$ と内面および色候補集合は補題の条件を満たすので，G_2 もリスト彩色 c_2 が可能である．$c_1(v_i) = c_2(v_i)$ かつ $c_1(v_j) = c_2(v_j)$ であるので，この c_1 と c_2 をあわせて，G のリスト彩色が得られる．

(ii) のとき：図 11.9(b) のように，v_k に隣接する点を v_1 から時計回りに $u_1, u_2, \cdots, u_\ell$ とする．したがって，$u_1=v_1, u_\ell=v_{k-1}$ である．$G_1 = G-\{v_k\}$ とする．さらに，v_k の色候補集合 $C(v_k)$ から色 1 と異なる色の 2 色 α, β を選んで，各 $u \in \{u_2, u_3, \cdots, u_{\ell-1}\}$ に対して $C_1(u) = C(u) - \{\alpha, \beta\}$ とし，それら以外の G_1 の点 v に対しては $C_1(v) = C(v)$ とする．$|C(v_k)| \geq 3$ であるので，そのような α, β は必ず選べる．すると，G_1 の外面（閉路）$C' = (v_1, v_2, \cdots, v_{k-1}, u_{\ell-1}, \cdots, u_1)$ ($v_{k-1}=u_\ell, u_1=v_1$) と内面および色候補集合は補題の条件を満たすので，帰納法の仮定より，G_1 はリスト彩色 c_1 が可能である．このリスト彩色 c_1 で点 v_k に隣接する $u_1=v_1$ と $u \in \{u_2, u_3, \cdots, u_{\ell-1}\}$ には（$C(v_1) = \{1\}$ かつ $C_1(u) = C(u) - \{\alpha, \beta\}$ であるので）色 α, β が用いられていない．さらに，α, β のいずれかは v_{k-1} の彩色で用いられている色と異なるので，

その色を γ とする.したがって,v_k に色 γ で彩色することにより,G のリスト彩色が得られる. □

トーマッセンの定理の証明

この補題 11.7 から定理 11.14 は,以下のように得られる.平面的グラフ G の各点 v の色候補集合 $C(v)$ が 5 色からなるとする.ここで,G は極大平面的グラフと仮定できる.そうでなければ,G に辺を加えて極大平面的グラフにでき,その極大平面的グラフがリスト彩色が可能ならば,G もリスト彩色可能になるからである.さらに,G は平面に辺を交差することなく描かれているとする.対称性から,外面の閉路は $C = (v_1, v_2, v_3, v_1)$ であり,$1 \in C(v_1)$,$2 \in C(v_2)$ と仮定できる.そこで,v_1, v_2, v_3 の色候補を $C(v_1) = \{1\}$,$C(v_2) = \{2\}$,$C(v_3) = C(v_3) - \{1,2\}$ とし,G のそれ以外の点 v の色候補集合はそのままとする.すると,補題 11.7 の条件が満たされ,G はリスト彩色可能となる.すなわち,G は 5-リスト彩色可能であることが得られる. □

リスト辺彩色に対しては,任意のグラフ G に対して $\chi'_\ell(G) = \chi'(G)$ であると予想されている.なお,二部グラフに関しては,この予想の成立することがガルビン (F. Galvin) により示されている.

定理 11.15(ガルビンの定理) 二部グラフの辺彩色数とリスト辺彩色数は等しい.すなわち,任意の二部グラフ G に対して $\chi'_\ell(G) = \chi'(G)$ である. □

ガルビンの定理の証明には,有向グラフの核と二部グラフの安定マッチングの概念を用いる.有向グラフ G の点部分集合 $U \subseteq V(G)$ は,G の無向基礎グラフの独立集合であり,かつ U 以外のどの点 $v \in V(G) - U$ に対しても v から U のいずれかの点への有向辺が存在するとき,**核**と呼ばれる.

たとえば,右の図 (a) の有向グラフでは,$\{a, c, e, g\}$ は核である.一方,図 (b) の有向グラフでは核は存在しないことが容易に確かめられる.有向グラフ G の核と G の無向基礎グラフのリスト彩色には以下の関係が存在する.

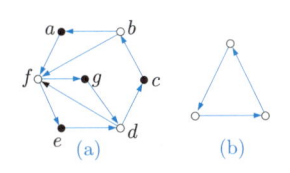

補題 11.8 有向グラフ G の空でないすべての点部分集合 $X \subseteq V(G)$ に対して,X で誘導される G の部分グラフ $G[X]$ は核をもつものとする.さらに,G の各点 v に対する色候補集合 $C(v)$ の色数は G における点 v の出次数 $\deg_G^+(v)$ より大きい(すなわち,$|C(v)| \geq \deg_G^+(v) + 1$ である)とする.このとき,G(の無向基礎グラフ)はリスト彩色可能である.

証明： G の点数 n についての帰納法で証明する．$n=1$ のときは自明である．

そこで，補題の条件を満たす点数 $n-1 \geq 1$ 以下の有向グラフでは補題が成立すると仮定して，補題の条件を満たす点数 n の有向グラフ G を考える．いずれかの点の色候補集合にある任意の色を d とする．$d \in C(v)$ となる点 v（d を色候補に含む点 v）の集合を X とする．X で誘導される G の部分グラフ $G[X]$ の核を U とする．U のすべての点を色 d で彩色する．さらに，$G' = G - U$ の点の彩色を考える．そこで，各点 $v \in X - U$ の色候補集合を $C'(v) = C(v) - \{d\}$ とし，それ以外の点 $w \in V(G) - X$ の色候補集合を $C'(w) = C(w)$ とする．すると，G' は補題の条件を満たす点数 n 未満の有向グラフとなる．実際，U が $G[X]$ の核であるので，点 $v \in X - U$ から U へ向かう辺が G には少なくとも 1 本はあったので，G' における v の出次数 $\deg_{G'}^+(v)$ は $\deg_G^+(v) - 1$ 以下となり，$|C'(v)| \geq \deg_{G'}^+(v) + 1$ である．さらに，各点 $w \in V(G) - X$ の色候補集合は不変であるので，$|C'(w)| \geq \deg_{G'}^+(w) + 1$ も満たされる．G' の任意の点誘導部分グラフは G の点誘導部分グラフでもあるので，もちろん，核をもつ．したがって，帰納法の仮定から，G' はリスト彩色可能となる．G' のリスト彩色と U に対する色 d の彩色とをあわせて，G のリスト彩色が得られる． □

二部グラフ $G = (V_1, V_2, E)$ の各点 $v \in V(G)$ に対して隣接点集合 $\Gamma(v)$ の好意順リスト $L(v)$ が与えられているとする．イメージがわきやすくなるように，V_1 は男性のグループで，V_2 は女性のグループとする．したがって，男性 $v \in V_1$ の $L(v)$ は V_2 の部分集合である $\Gamma(v)$ の好きな女性を好きな順に並べたものである．同様に，女性 $v \in V_2$ の $L(v)$ は V_1 の部分集合である $\Gamma(v)$ の好きな男性を好きな順に並べたものである．$M \subseteq E$ を G のマッチングとする．マッチング M に含まれないすべての辺 $e = (u_1, u_2) \in E - M$ に対して以下の (a) と (b) の条件のいずれかが成立するとき，M は**安定マッチング**と呼ばれる．

(a) 男性 u_1 は，好意順リスト $L(u_1)$ で女性 u_2 より好きな女性 v_2 とマッチングの辺 $e' = (u_1, v_2)$ で結ばれている．

(b) 女性 u_2 は，好意順リスト $L(u_2)$ で男性 u_1 より好きな男性 v_1 とマッチングの辺 $e'' = (v_1, u_2)$ で結ばれている．

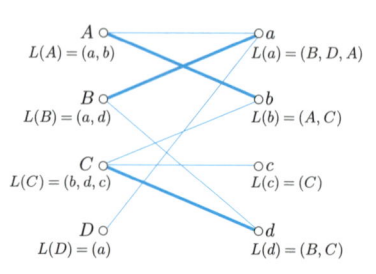

$L(A) = (a, b)$
$L(a) = (B, D, A)$
$L(B) = (a, d)$
$L(b) = (A, C)$
$L(C) = (b, d, c)$
$L(c) = (C)$
$L(D) = (a)$
$L(d) = (B, C)$

上の図の二部グラフ $G = (V_1, V_2, E)$ では，$M = \{(A, b), (B, a), (C, d)\}$ が安定マッチングの例である．

二部グラフ $G = (V_1, V_2, E)$ の点 $v \in V(G)$ に対する任意の好意順リスト

11.3 グラフのリスト彩色

$L(v)$ に対して安定マッチングは常に存在する．実際，以下のアルゴリズムで得られる．

安定マッチングを求めるアルゴリズム

1. V_1 のすべての男性 v に対して $L'(v) = L(v)$ とする．
   すべての男性とすべての女性はまだ婚約していないとする．
   $R = \{v \in V_1 \mid L'(v) \neq \emptyset\}$ とする．
2. （反復）$R \neq \emptyset$ ならば以下を繰り返す．
   (a) R のすべての男性 v が $L'(v)$ で一番好きな女性 $w_v \in V_2$ にプロポーズし，$L'(v)$ から w_v を除去する．
   プロポーズを受けたすべての女性 w は，今回プロポーズされた男性のうちで一番好きな男性 v'_w を決める．
   w に今回プロポーズした v'_w 以外の男性は断られる．
   w は婚約している男性がまだいないときには，v'_w と婚約する．
   婚約している男性 v_w がいるときには，v'_w と v_w のうちでより好きなほうと婚約し，もう一方のほうを断る．
   (b) 今回断られた男性 v で $L'(v)$ が空でない v の集合を R とし，2. に戻る．
3. 婚約中の女性と男性が結婚するマッチング M を出力する．

たとえば，166 ページの図の二部グラフ $G = (V_1, V_2, E)$ と各点 $v \in V(G)$ に対する好意順リスト $L(v)$ では，最初のラウンドでは $R = \{A, B, C, D\}$ であるので，A は a に，B は a に，C は b に，D は a にプロポーズする．a はプロポーズされた A, B, D のうちで B が一番好きであるので，B と婚約し，A と D を断る．b は C と婚約する．この段階で $L'(D)$ は空となるので $R = \{A\}$ となる．次のラウンドで A は b にプロポーズする．プロポーズされた b は，婚約している C よりも A が好きであるので，A と婚約し C を断る．この段階で $R = \{C\}$ となる．さらに次のラウンドで C は d にプロポーズする．プロポーズされた d は C と婚約する．すると，$R = \emptyset$ となるので，アルゴリズムは終了する．したがって，婚約は最終的に結婚となり，マッチング $M = \{(A, b), (B, a), (C, d)\}$ が得られる．このようにして得られるマッチング M は安定マッチングであり，

以下の補題が成立する．

補題 11.9 上記のアルゴリズムは正しく安定マッチング M を出力する． □

証明は演習問題 11.5 とする．これで，ガルビンの定理の証明の準備ができた．

11.3.1 ガルビンの定理の証明

二部グラフ G の辺彩色数とリスト辺彩色数は等しい（すなわち，$\chi'_\ell(G) = \chi'(G)$ である）ことを証明する．

まずはじめに，$k = \chi'(G)$ とおいて，$G = (V_1, V_2, E)$ の k 色の色集合 $\{1, 2, \cdots, k\}$ による辺彩色を c とする．次に，G の線グラフ $L(G)$ で辺に向きをつける．G の各点 $v \in V_1$ に接続する辺の集合 $\delta(v)$ は $L(G)$ では完全グラフになるが，$e = (v, w), e' = (v, w') \in \delta(v)$ で $c(e) > c(e')$ ならば，$L(G)$ では e から e' への有向辺 (e, e') とする．同様に，G の各点 $w \in V_2$ に接続する辺の集合 $\delta(w)$ は，$L(G)$ で完全グラフになるが，$e = (v, w), e'' = (v'', w) \in \delta(w)$ で $c(e) < c(e'')$ ならば，$L(G)$ では e から e'' への有向辺 (e, e'') とする．このようにして $L(G)$ から辺に向きをつけて得られる有向グラフを G' とする．すると，G の辺 $e = (v, w)$ に対する G' の点 $e = (v, w)$ は，v に接続する G の辺で $c(e)$ より小さい色の辺の個数と，w に接続する G の辺で $c(e)$ より大きい辺の個数の和が出次数 $\deg^+_{G'}(e)$ となる．したがって，$\deg^+_{G'}(e) \leq k - 1$ である．一方，G の各辺 e に対する色候補集合 $C(e)$ は k 色からなるので，G' の各点 e に対する色候補集合 $C(e)$ は k 色からなる．したがって，G' の各点 e で $|C(e)| = k \geq \deg^+_{G'}(e) + 1$ が成立する．

$G = (V_1, V_2, E)$ の辺の部分集合 $F \subseteq E$ に対して，G' の点集合 F で誘導される部分グラフを $G'[F]$ とする．補題 11.8 が適用できるように，$G'[F]$ が核をもつことを証明する．

二部グラフ $G = (V_1, V_2, E)$ の辺部分集合 $F \subseteq E$ で誘導される G の部分グラフ $G|F$ が $X_1 \subseteq V_1, X_2 \subseteq V_2$ を用いて $G|F = (X_1, X_2, F)$ と書けるとする．$G|F$ の各点 $v \in X_1$ に接続する辺の集合 $\delta_{G|F}(v)$ の異なる 2 辺 $e = (v, w), e' = (v, w')$ に対して $c(e) > c(e')$（すなわち，(e, e') が G' で有向辺）ならば，$G|F$ における男性 v の好意順リスト $L(v)$ で女性 w' は w よりも前にある（すなわち，v は w より w' が好きである）と考える．同様に，$G|F$ の各点 $w \in X_2$ に接続する辺の集合 $\delta_{G|F}(w)$ の異なる 2 辺 $e = (v, w), e'' = (v'', w)$ に対して $c(e) < c(e'')$（すなわち，(e, e'') が G' で有向辺）ならば，$G|F$ における女性 w の好意順リスト $L(w)$ で男性 v'' は v よりも前にある（すなわち，w は v より v'' が好きである）と考える．すると，$G|F$ における安定マッチング M が $G'[F]$ の核 M になることが言える．実際，M は $G'[F]$ の独立集合であり，$G'[F]$ の $F - M$ の各点 $e = (v, w)$ に対して，M は $G|F$ の安定マッチングであるので，男性 v が $L(v)$ で女性 w より好きな女性 w' とマッチングの辺 $e' = (v, w') \in M$ で結ばれているか，女性 w が $L(w)$ で男性 v より好きな男性 v'' とマッチングの辺 $e'' = (v'', w)$ で結ばれているかのいずれかであり，したがって，

$G'[F]$ で点 $e = (v, w)$ から点 $e' = (v, w') \in M$ への有向辺があるか，点 $e = (v, w)$ から点 $e'' = (v'', w) \in M$ への有向辺があるかのいずれかが成立するからである．

以上により，G' は補題 11.8 の条件を満たし，G' の無向基礎グラフである $L(G)$ はリスト彩色可能であることが得られる．したがって，G はリスト辺彩色可能であることになり，$\chi'_\ell(G) \leq \chi'(G)$ であることが得られる．$\chi'_\ell(G) \geq \chi'(G)$ は自明であるので，$\chi'_\ell(G) = \chi'(G)$ が得られた． □

$n \times n$ 行列の各要素に n 色の色候補集合が付随するとき，適切に色を選んで，各行，各列に同じ色が現れることのないようにする問題はデニッツ (J.H. Dinits) の**問題**と呼ばれる．ウォーミングアップクイズ (c) で取り上げた問題は $n = 2, 3$ の一例である．これは，完全二部グラフでのリスト辺彩色問題となり，上のガルビンの定理と定理 11.8 に基づけば，常に解けることがわかる．

11.4 本章のまとめ

本章では，グラフの彩色に対するブルックスの定理とヴィジングの定理を明らかにした．また，リスト彩色を取り上げ，平面的グラフが 5-リスト彩色可能であるトーマッセンの定理と二部グラフが辺彩色数でリスト辺彩色できることを明らかにした．グラフの彩色は，スケジューリング等に用いることができることも説明した．その他のスケジューリング手法については次章で取り上げる．なお，本章の内容は巻末の参考文献のグラフ理論の本 [3, 5, 6, 12] などでも取り上げられている．

演習問題

11.1 定理 11.3 を証明せよ．

11.2 定理 11.6 の外平面的グラフは 3 色で彩色可能であることを示せ．

11.3 133 ページの図 10.1 の各正多面体グラフに対して，最小個数の色による，点彩色，面彩色，辺彩色を求めよ．

11.4 任意の定数 C に対して，$\chi_\ell(G) > C$ となる二部グラフ G が存在することを示せ．

11.5 補題 11.9 を証明せよ．

11.6 一般に，グラフ G に対する k-彩色アルゴリズムから，最大独立集合に対する $\frac{2}{k}$-近似アルゴリズム（すなわち，G の最大独立集合 I^* のサイズの $\frac{2}{k}$ 倍以上のサイズの G の独立集合 I を出力する効率的なアルゴリズム）が得られることを説明せよ．

11.7 補題 11.6 を用いて定理 11.12 の証明を与えよ．

第 12 章

ラテン方陣とブロックデザイン

本章の目標 ラテン方陣とブロックデザインをとおして，組合せスケジューリングの基礎概念を理解する．

本章のキーワード ラテン方陣，魔方陣，直交ラテン方陣，テニススケジュール，ブロックデザイン，シュタイナー 3 組システム，接続行列，可解デザイン，有限アフィン平面，有限射影平面，1-因子分解

ウォーミングアップクイズ

(a) テニスコートが 3 面あり，3 人のテニスプレーヤーからなる 2 チーム $X = \{x_1, x_2, x_3\}$, $Y = \{y_1, y_2, y_3\}$ の総当たり対戦スケジュールを作成せよ．ただし，どのプレーヤーも対戦チームの全員と異なるコートで試合できるようにすること．すなわち，各 $x_i \in X$ は毎回異なる $y \in Y$ と異なるコートで対戦し，Y の全員と対戦する 3 回の対戦スケジュールを求めよ．なお，テニスコートが 2 面で 2 人のテニスプレーヤーからなる 2 チーム $X = \{x_1, x_2\}$, $Y = \{y_1, y_2\}$ では，このような対戦スケジュールは作成できない．なぜならば，対称性から，一般性を失うことなく

　　　1 回目　第 1 コートで x_1 と y_1，　第 2 コートで x_2 と y_2

と仮定でき，第 2 回目では x_1 と y_2 が対戦するが，第 1 コートで試合をすれば x_1 が第 1 回目と同じコートになり，第 2 コートで試合をすれば y_2 が第 1 回目と同じコートになってしまうからである．

(b) 9 人が三つのテーブルを囲んでトランプゲームを行う．毎回，各テーブルでは 3 人がグループをなしてトランプゲームを行うものとする．どの人も残りの 8 人と一度は同じテーブルでゲームをするような 4 回の対戦スケジュールを求めよ．

ウォーミングアップクイズの解説

(a) 一つの例として以下が挙げられる．

	コート 1	コート 2	コート 3
第 1 回目	x_1 と y_1	x_2 と y_3	x_3 と y_2
第 2 回目	x_3 と y_3	x_1 と y_2	x_2 と y_1
第 3 回目	x_2 と y_2	x_3 と y_1	x_1 と y_3

(b) 一つの例として以下が挙げられる．

	テーブル 1	テーブル 2	テーブル 3
第 1 回目	$\{1,2,3\}$	$\{4,5,6\}$	$\{7,8,9\}$
第 2 回目	$\{1,4,7\}$	$\{2,5,8\}$	$\{3,6,9\}$
第 3 回目	$\{1,6,8\}$	$\{2,4,9\}$	$\{3,5,7\}$
第 4 回目	$\{1,5,9\}$	$\{2,6,7\}$	$\{3,4,8\}$

どの人も残りの 8 人と一度は同じテーブルでゲームをしていることが容易に確かめられる． □

この例のような対戦スケジューリングは，ラテン方陣とグラフの完全マッチングに密接に関係している．本章では，ラテン方陣についての新たな概念を導入してより高度な対戦スケジューリングに応用する．同時に，組合せ理論の関係する概念も説明する．

12.1 直交ラテン方陣

位数 n の二つのラテン方陣 $A = (a_{ij})$, $B = (b_{ij})$ に対して，$n \times n$ 行列 $C = (c_{ij}) = A \vee B$ を $c_{ij} = a_{ij}b_{ij}$ として定義する．$A \vee B$ を A と B のジョインという．二つのラテン方陣 $A = (a_{ij}), B = (b_{ij})$ に対して，A と B のジョイン $C = A \vee B = (c_{ij})$ のどの要素も異なるとき，A と B は**直交**するという．すなわち，$c_{ij} = a_{ij}b_{ij}$ を n 進数の 2 桁の数字で 10 進数では $n(a_{ij} - 1) + b_{ij}$ と見なしてすべての要素が異なるとき，A と B は直交するという．

また，第 2 章でも述べたように，位数 n の**魔方陣**とは，$\{1, 2, \cdots, n^2\}$ の各要素がちょうど 1 回現れ，各列，各行の和が，いずれも $\frac{n(n^2+1)}{2}$ となるような $n \times n$ 行列 $A = (a_{ij})$ である．

例題 12.1 直交する二つのラテン方陣の例を挙げよ．

解答： たとえば，$n = 4$ で，

$$A = \begin{pmatrix} 1 & 2 & 3 & 4 \\ 2 & 1 & 4 & 3 \\ 3 & 4 & 1 & 2 \\ 4 & 3 & 2 & 1 \end{pmatrix}, \quad B = \begin{pmatrix} 1 & 2 & 3 & 4 \\ 4 & 3 & 2 & 1 \\ 2 & 1 & 4 & 3 \\ 3 & 4 & 1 & 2 \end{pmatrix}$$

ならば，A と B のジョイン $C = A \vee B = (c_{ij})$ は，$c_{ij} = a_{ij}b_{ij}$ を 4 進数の 2 桁の数字で 10 進数では $4(a_{ij} - 1) + b_{ij}$ と見なしたとき，

$$C = A \vee B = \begin{pmatrix} 11 & 22 & 33 & 44 \\ 24 & 13 & 42 & 31 \\ 32 & 41 & 14 & 23 \\ 43 & 34 & 21 & 12 \end{pmatrix} = \begin{pmatrix} 1 & 6 & 11 & 16 \\ 8 & 3 & 14 & 9 \\ 10 & 13 & 4 & 7 \\ 15 & 12 & 5 & 2 \end{pmatrix}$$

となるので，A と B は直交する．この例からわかるように，A と B が直交するとき，そしてそのときのみ，$C = A \vee B$ が魔方陣である．さらに，以下のラテン方陣

$$D = \begin{pmatrix} 1 & 2 & 3 & 4 \\ 3 & 4 & 1 & 2 \\ 4 & 3 & 2 & 1 \\ 2 & 1 & 4 & 3 \end{pmatrix}$$

は A と B の両方に直交することも容易に確かめられる． □

例題 12.1 からもわかるように，以下の定理が成立する（証明は演習問題 12.1）．

定理 12.1 二つのラテン方陣の A と B が直交するとき，そしてそのときのみ，ジョイン $C = A \vee B$ が魔方陣である． □

位数 n の k 個のラテン方陣の集合 $\{A_1, A_2, \cdots, A_k\}$ に対して，どの二つの異なる A_i, A_j $(1 \leq i < j \leq k)$ も直交するとき，$\{A_1, A_2, \cdots, A_k\}$ は**互いに直交**するという．k を互いに直交するラテン方陣 $\{A_1, A_2, \cdots, A_k\}$ の**サイズ**といい，位数 n の互いに直交するラテン方陣の**最大サイズ**を $N(n)$ と表記する．$N(n)$ に関して以下が成立する．

補題 12.1 任意の正整数 n に対して $N(n) \leq n - 1$ である．

証明： $A_1, A_2, \cdots, A_k$ を k 個の互いに直交する位数 n のラテン方陣とする．一般性を失うことなく，すべての $A_\ell = (a_{ij}^{(\ell)})$ $(\ell = 1, 2, \cdots, k)$ の第 1 行目は $(1\ 2\ \cdots\ n)$（すなわち，$a_{1j}^{(\ell)} = j$）であると仮定できる．各 A_ℓ の要素 $1, 2, \cdots, n$ に置換を施しても直交性は失われることはないので必要ならばそれを行うことができるからである．したがって，ジョイン $A_\ell \vee A_{\ell'}$ $(\ell \neq \ell')$ の第 1 行目は $(11\ 22\ \cdots\ nn)$ である．そこで各 A_ℓ の $(2,1)$ 要素 $a_{21}^{(\ell)}$ を考えてみる．各 A_ℓ の $(1,1)$ 要素は $a_{11}^{(\ell)} = 1$ であるので $a_{21}^{(\ell)} \neq 1$ である．さらに，$A_\ell \vee A_{\ell'}$ $(\ell \neq \ell')$ の第 1 行が $(11\ 22\ \cdots\ nn)$ であり，$A_\ell \vee A_{\ell'}$ $(\ell \neq \ell')$ が直交するので，$a_{21}^{(\ell)} \neq a_{21}^{(\ell')}$ である．すなわち，$A_1, A_2, \cdots, A_k$ の $(2,1)$ 要素はすべて異なり 1 とも異なるので，$k \leq n - 1$ が得られる． □

さらに，n が素数のときは，以下が成立する．

定理 12.2 n が素数であるとする．すると，$N(n) = n - 1$ である．

証明： $A_\ell = (a_{ij}^{(\ell)})$ $(\ell = 1, 2, \cdots, n-1)$ を

$$a_{ij}^{(\ell)} = ((\ell(i-1) + j - 1) \bmod n) + 1$$

12.1 直交ラテン方陣

として定義する．すると，A_ℓ は位数 n のラテン方陣であることが言える．さらに，これらの $n-1$ 個のラテン方陣 $\{A_1, A_2, \cdots, A_{n-1}\}$ は互いに直交するも言える．したがって，$N(n) \geq n-1$ となるが，補題 12.1 より，$N(n) \leq n-1$ であるので，定理が得られることになる．そこで，以下では，A_ℓ が実際に位数 n のラテン方陣であり，$n-1$ 個のラテン方陣 $\{A_1, A_2, \cdots, A_{n-1}\}$ は互いに直交することを証明しよう．

はじめに，A_ℓ がラテン方陣であることを示す．$a_{ij}^{(\ell)} = a_{ij'}^{(\ell)}$ とする．すると，$a_{ij}^{(\ell)} - a_{ij'}^{(\ell)} = (j-j') \bmod n = 0$ となり，$1 \leq j, j' \leq n$ より，$j = j'$ が得られる．すなわち，A_ℓ の第 i 行の要素はすべて異なることが得られた．一方，$a_{ij}^{(\ell)} = a_{i'j}^{(\ell)}$ とすると，$a_{ij}^{(\ell)} - a_{i'j}^{(\ell)} = \ell(i-i') \bmod n = 0$ となり，n と ℓ が互いに素（最大公約数が 1）でありかつ $1 \leq i, i' \leq n$ であるので，$i = i'$ が得られる．すなわち，A_ℓ の第 j 列の要素はすべて異なることが得られた．したがって，A_ℓ はラテン方陣である．

次に，$A_\ell \vee A_{\ell'}$ ($\ell \neq \ell'$) が直交することを証明する．$a_{ij}^{(\ell)} a_{ij}^{(\ell')} = a_{i'j'}^{(\ell)} a_{i'j'}^{(\ell')}$ とする．すなわち，$a_{ij}^{(\ell)} = a_{i'j'}^{(\ell)}$ かつ $a_{ij}^{(\ell')} = a_{i'j'}^{(\ell')}$ とする．すると，

$$a_{ij}^{(\ell)} - a_{i'j'}^{(\ell)} = (\ell(i-i') + (j-j')) \bmod n = 0$$
$$a_{ij}^{(\ell')} - a_{i'j'}^{(\ell')} = (\ell'(i-i') + (j-j')) \bmod n = 0$$

となる．したがって，$(\ell - \ell')(i - i') \bmod n = 0$ となり，$\ell - \ell'$ と n が互いに素であることから $i = i'$ が得られる．これを上の二つの式に代入すると，$(j-j') \bmod n = 0$ となり，$j = j'$ も得られる．すなわち，$(i, j) \neq (i', j')$ ならば $a_{ij}^{(\ell)} a_{ij}^{(\ell')} \neq a_{i'j'}^{(\ell)} a_{i'j'}^{(\ell')}$ となり，$A_\ell \vee A_{\ell'}$ ($\ell \neq \ell'$) は互いに直交することが得られた． □

例題 12.2 定理 12.2 の証明で用いた構成法に基づいて，位数 $n = 5$ の互いに直交するサイズ 4 のラテン方陣 $\{A_1, A_2, A_3, A_4\}$ を求めよ．

解答： サイズ 4 の互いに直交するラテン方陣 $\{A_1, A_2, A_3, A_4\}$ は

$$A_1 = \begin{pmatrix} 1 & 2 & 3 & 4 & 5 \\ 2 & 3 & 4 & 5 & 1 \\ 3 & 4 & 5 & 1 & 2 \\ 4 & 5 & 1 & 2 & 3 \\ 5 & 1 & 2 & 3 & 4 \end{pmatrix}, \quad A_2 = \begin{pmatrix} 1 & 2 & 3 & 4 & 5 \\ 3 & 4 & 5 & 1 & 2 \\ 5 & 1 & 2 & 3 & 4 \\ 2 & 3 & 4 & 5 & 1 \\ 4 & 5 & 1 & 2 & 3 \end{pmatrix},$$

$$A_3 = \begin{pmatrix} 1 & 2 & 3 & 4 & 5 \\ 4 & 5 & 1 & 2 & 3 \\ 2 & 3 & 4 & 5 & 1 \\ 5 & 1 & 2 & 3 & 4 \\ 3 & 4 & 5 & 1 & 2 \end{pmatrix}, \quad A_4 = \begin{pmatrix} 1 & 2 & 3 & 4 & 5 \\ 5 & 1 & 2 & 3 & 4 \\ 4 & 5 & 1 & 2 & 3 \\ 3 & 4 & 5 & 1 & 2 \\ 2 & 3 & 4 & 5 & 1 \end{pmatrix}$$

となる．これらが互いに直交することは容易に確かめられる． □

n が素数でないときでも，ある素数 p と正整数 k が存在して $n = p^k$ と書けるならば，同様の定理が成立する．これは，有限体のガロア体 $\mathrm{GF}(p^k)$ を用いて，互いに直交する $n-1$ 個のラテン方陣を実際に構成することで証明できる．詳細は演習問題 12.2 とする．

定理 12.3　n が，ある素数 p と正整数 $k \geq 2$ が存在して $n = p^k$ と書けるとする．すると，$N(n) = n - 1$ である． □

例題 12.3　位数 $n = 2^2 = 4$ の互いに直交するサイズ 4 のラテン方陣 $\{A_1, A_2, A_3\}$ を求めよ．

解答：　サイズ 4 の互いに直交するラテン方陣 $\{A_1, A_2, A_3\}$ は

$$A_1 = \begin{pmatrix} 1 & 2 & 3 & 4 \\ 2 & 1 & 4 & 3 \\ 3 & 4 & 1 & 2 \\ 4 & 3 & 2 & 1 \end{pmatrix}, \quad A_2 = \begin{pmatrix} 1 & 2 & 3 & 4 \\ 4 & 3 & 2 & 1 \\ 2 & 1 & 4 & 3 \\ 3 & 4 & 1 & 2 \end{pmatrix}, \quad A_3 = \begin{pmatrix} 1 & 2 & 3 & 4 \\ 3 & 4 & 1 & 2 \\ 4 & 3 & 2 & 1 \\ 2 & 1 & 4 & 3 \end{pmatrix}$$

と書ける．これらが互いに直交することは容易に確かめられる． □

したがって，定理 12.2 と定理 12.3 から以下の定理が得られたことになる．

定理 12.4　n が素数あるいは素数のべき乗（すなわち，ある素数 p と正整数 $k \geq 1$ が存在して $n = p^k$）ならば，$N(n) = n - 1$ である． □

12.2 直交ラテン方陣によるスケジューリング

本節では，テニスなどの 2 チームの総当たり対戦スケジュール作成に，ラテン方陣と直交ラテン方陣を応用する．

例題 12.4　各チームが n 人のメンバーからなる 2 チームの（どのメンバーも毎回異なる相手と対戦しすべての相手と対戦する）総当たり対戦スケジュールを求めよ．

解答：　位数 n のラテン方陣 $A = (a_{ij})$ は，n 人のメンバーからなる 2 チーム $X = \{x_1, x_2, \cdots, x_n\}, Y = \{y_1, y_2, \cdots, y_n\}$ の総当たり対戦スケジュールに用いることができる．すなわち，ラテン方陣 $A = (a_{ij})$ を用いて，$a_{ij} = k$ ならば第 j ラウンドでは x_i は y_k と対戦するというスケジュールが得られる．

12.2 直交ラテン方陣によるスケジューリング

以下は，$n=3$ のラテン方陣とそれから得られるスケジュールの例である．

$$A = \begin{array}{c} \\ 1 \\ 2 \\ 3 \end{array} \begin{array}{c} 1 \quad 2 \quad 3 \\ \begin{pmatrix} 1 & 2 & 3 \\ 3 & 1 & 2 \\ 2 & 3 & 1 \end{pmatrix} \end{array} \qquad \begin{array}{llll} 1\text{回目} & x_1 \text{と} y_1, & x_2 \text{と} y_3, & x_3 \text{と} y_2 \\ 2\text{回目} & x_1 \text{と} y_2, & x_2 \text{と} y_1, & x_3 \text{と} y_3 \\ 3\text{回目} & x_1 \text{と} y_3, & x_2 \text{と} y_2, & x_3 \text{と} y_1 \end{array}$$

逆に，このような対戦スケジュールからラテン方陣も得られる． □

第 11 章のウォーミングアップクイズと 11.2 節の定理 11.8 でも眺めたように，完全二部グラフ $K_{n,n}$ の n 色での辺彩色（1-因子分解）からも同様のスケジュールが得られる．次に，コートも異なるようにする．

例題 12.5 n 個のコートがあるとき，各チームが n 人のメンバーからなる 2 チームの総当たり対戦スケジュールを求めよ．ただし，どのメンバーも毎回，対戦する相手が異なり，さらに，使用するコートも異なるようにすること．

解答： 位数 n の直交するラテン方陣が二つ $A=(a_{ij}),\ B=(b_{ij})$ ととれるときは，さらに，コートも毎回変えることができる．$A \vee B$ で $a_{ij}=k$, $b_{ij}=\ell$ のとき，x_i と y_k は第 j ラウンドでコート ℓ で対戦するというスケジュールが得られる．ウォーミングアップクイズの (a) は，このケースの $n=3$ の例である．すなわち，

$$A = \begin{pmatrix} 1 & 2 & 3 \\ 3 & 1 & 2 \\ 2 & 3 & 1 \end{pmatrix}, \quad B = \begin{pmatrix} 1 & 2 & 3 \\ 2 & 3 & 1 \\ 3 & 1 & 2 \end{pmatrix}, \quad A \vee B = \begin{array}{c} \\ 1 \\ 2 \\ 3 \end{array}\begin{array}{c} 1 \quad 2 \quad 3 \\ \begin{pmatrix} 11 & 22 & 33 \\ 32 & 13 & 21 \\ 23 & 31 & 12 \end{pmatrix} \end{array}$$

の位数 3 の直交する二つのラテン方陣 $A=(a_{ij}),\ B=(b_{ij})$ とジョイン $A \vee B$ から

1回目	x_1 と y_1 はコート 1,	x_2 と y_3 はコート 2,	x_3 と y_2 はコート 3
2回目	x_1 と y_2 はコート 2,	x_2 と y_1 はコート 3,	x_3 と y_3 はコート 1
3回目	x_1 と y_3 はコート 3,	x_2 と y_2 はコート 1,	x_3 と y_1 はコート 2

のスケジュールが得られる． □

例題 12.6 二つのチームがあり，各チームが n 人の男性と n 人の女性から構成されているとする．さらに n 個のコートがあるとする．このとき，2 チームの総当たり混合ダブルスの対戦スケジュールを求めよ．ただし，どのメンバーも，毎回，ペアを組むメンバーが異なり，対戦する相手も異なるようにすること．

解答： 位数 n の直交するラテン方陣が三つ $A = (a_{ij})$, $B = (b_{ij})$, $C = (c_{ij})$ ととれるときは，自チームのペアも対戦チームのペアも毎回変えることができる．

一方のチーム X の男性の集合を $X^{(b)} = \{x_1^{(b)}, x_2^{(b)}, \cdots, x_n^{(b)}\}$，女性の集合を $X^{(g)} = \{x_1^{(g)}, x_2^{(g)}, \cdots, x_n^{(g)}\}$ とする．同様に，他方のチーム Y の男性の集合を $Y^{(b)} = \{y_1^{(b)}, y_2^{(b)}, \cdots, y_n^{(b)}\}$，女性の集合を $Y^{(g)} = \{y_1^{(g)}, y_2^{(g)}, \cdots, y_n^{(g)}\}$ とする．そして，$A \vee B \vee C$ で $a_{ij} = h$, $b_{ij} = k$, $c_{ij} = \ell$ のとき，ペア $(x_i^{(b)}, x_h^{(g)})$ とペア $(y_k^{(b)}, y_\ell^{(g)})$ が第 j ラウンドで対戦するというスケジュールが得られる（演習問題 12.3）．

したがって，各 $x_i^{(b)}$ は毎回異なる $x_h^{(g)}$ とペアを組み，すべての $y_k^{(b)}$ とすべての $y_\ell^{(g)}$ と対戦する．同様に，各 $x_h^{(g)}$ は毎回異なる $x_i^{(b)}$ とペアを組み，すべての $y_k^{(b)}$ とすべての $y_\ell^{(g)}$ と対戦する．各 $y_k^{(b)}$ と各 $y_\ell^{(g)}$ を考えても同様である． □

位数 n の直交するラテン方陣が四つとれるときは，自チームのペアも対戦チームのペアも毎回変え，さらにコートも変えることができる（演習問題 12.4）．

12.3 ブロックデザイン

v 個の要素からなる集合 S において k ($k < v$) 個の要素からなる集合 S の部分集合を**ブロック**という．このとき，S の異なるどの 2 要素 x, y もちょうど λ 個のブロックに現れるように，ブロックの集合を選びたい．このような問題の解を **(v, k, λ)-デザイン**という．より一般的には，**平衡真部分集合ブロックデザイン**あるいは**釣合い型不備ブロック計画**と呼ばれる（簡略化して **BIBD** とも呼ばれる）．$k < v$ が真部分集合という意味である．また，S の異なるどの 2 要素も同じ個数のブロックに現れることが平衡という意味である．とくに，$(v, 3, 1)$-デザインは**シュタイナー 3 組システム**と呼ばれ，STS(v) と表記される．

例題 12.7 ブロックデザインの例を挙げよ．

解答： 要素集合 $S = \{1, 2, 3, 4, 5, 6, 7\}$ で，ブロックが

$B_1 = \{1, 2, 4\}$, $B_2 = \{2, 3, 5\}$, $B_3 = \{3, 4, 6\}$, $B_4 = \{4, 5, 7\}$,
$B_5 = \{5, 6, 1\}$, $B_6 = \{6, 7, 2\}$, $B_7 = \{7, 1, 3\}$

として定義されるブロックの集合 $\{B_1, B_2, \cdots, B_7\}$ は $(7, 3, 1)$-デザインである．実際，S の異なるどの 2 要素 x, y もちょうど 1 個のブロックに現れることは，簡単に確かめられる．さらに，任意の置換 $\pi : S \to S$ を用いて $\pi(B_i) = \{\pi(k) \mid k \in B_i\}$ とすると，$\{\pi(B_1), \pi(B_2), \cdots, \pi(B_7)\}$ も $(7, 3, 1)$-デザインである． □

12.3.1 ブロックデザインの接続行列

(v, k, λ)-デザイン D に対して，b を D のブロック数とする．このとき，

$$a_{ij} = \begin{cases} 1 & (\text{ブロック } i \text{ が要素 } j \text{ を含む}) \\ 0 & (\text{ブロック } i \text{ が要素 } j \text{ を含まない}) \end{cases}$$

として定義される $b \times v$ 行列 $A = (a_{ij})$ をデザイン D の**接続行列**という．

例題 12.8 $(7,3,1)$-デザイン D の接続行列の例を挙げよ．

解答： 例題 12.7 の例の要素集合 $S = \{1,2,3,4,5,6,7\}$ で，ブロックが

$B_1 = \{1,2,4\}, \quad B_2 = \{2,3,5\}, \quad B_3 = \{3,4,6\}, \quad B_4 = \{4,5,7\},$
$B_5 = \{5,6,1\}, \quad B_6 = \{6,7,2\}, \quad B_7 = \{7,1,3\}$

の $(7,3,1)$-デザイン D の接続行列 $A = (a_{ij})$ は

$$A = \begin{array}{c} \\ 1 \\ 2 \\ 3 \\ 4 \\ 5 \\ 6 \\ 7 \end{array} \begin{array}{c} \begin{array}{ccccccc} 1 & 2 & 3 & 4 & 5 & 6 & 7 \end{array} \\ \left(\begin{array}{ccccccc} 1 & 1 & 0 & 1 & 0 & 0 & 0 \\ 0 & 1 & 1 & 0 & 1 & 0 & 0 \\ 0 & 0 & 1 & 1 & 0 & 1 & 0 \\ 0 & 0 & 0 & 1 & 1 & 0 & 1 \\ 1 & 0 & 0 & 0 & 1 & 1 & 0 \\ 0 & 1 & 0 & 0 & 0 & 1 & 1 \\ 1 & 0 & 1 & 0 & 0 & 0 & 1 \end{array} \right) \end{array}$$

となる． □

要素集合 S の (v,k,λ)-デザイン D に対して，要素 $x \in S$ を含むブロックの個数を r_x とする．すると，どの2要素 $x,y \in S$ に対しても $r_x = r_y$ である．そこで，以下では，任意の (v,k,λ)-デザイン D に対して，D のブロック数を b，要素 $x \in S$ を含むブロックの個数を r とする．(v,k,λ)-デザイン D の接続行列で考えれば，b は行数，r は各列に含まれる1の個数である．k はブロックのサイズであるので，各行に含まれる1の個数である．

12.3.2 ブロックデザインの存在

任意の (v,k,λ)-デザインが存在するというわけではない．実際，$(11,6,2)$-デザインは存在しない．(v,k,λ)-デザインの存在に関しては以下が成立する．

定理 12.5 任意の (v,k,λ)-デザイン D に対して，ブロックの個数を b，各要素を含むブロックの個数を r とする．すると，以下が成立する．

(a) $bk = rv$.

(b)　$r(k-1) = \lambda(v-1)$.

(c)　$\lambda < r$.

証明： (v, k, λ)-デザイン D の接続行列における 1 の個数は，b 個の行があり各行が k 個の 1 を含むことから bk である．一方，v 個の列があり各列が r 個の 1 を含むことから rv でもある．したがって，(a) の $bk = rv$ がすぐに得られる．

2 要素のペアの個数は ${}_vC_2 = \frac{v(v-1)}{2}$ である．また，1 つのブロックで実現されるペアの個数は ${}_kC_2 = \frac{k(k-1)}{2}$ であり，b 個のブロックで実現されるペアの総数は $b\,{}_kC_2 = b\frac{k(k-1)}{2}$ である．一方，各ペアは λ 回ブロックに現れるので，ペアの総数は $\lambda\,{}_vC_2 = \lambda\frac{v(v-1)}{2}$ である．これから，

$$b\frac{k(k-1)}{2} = \lambda\frac{v(v-1)}{2}$$

が得られる．(a) の $bk = rv$ を用いてこの式の左辺 bk に rv を代入すれば，$rv\frac{(k-1)}{2} = \lambda\frac{v(v-1)}{2}$ となり，(b) の $r(k-1) = \lambda(v-1)$ が得られる．

定義より $k < v$ であるので，(b) より，(c) の $\lambda < r$ も得られる． □

この定理から，$(11, 6, 2)$-デザインが存在しないことはすぐに言える．実際，$v = 11, k = 6, \lambda = 2$ を定理 12.5 の (a),(b) の式に代入すると，(b) から $r = \frac{\lambda(v-1)}{k-1} = 4$ となり，(a) から $b = \frac{vr}{k} = \frac{44}{6}$ となって，b が整数にならないからである．

定理 12.5 からシュタイナー 3 組システム $STS(v)$ に関して次の系が得られる．

系 12.1　$STS(v)$ が存在するならば，$v \equiv 1, 3 \pmod{6}$ である．

証明： $STS(v)$ は $(v, 3, 1)$-デザインであるので，$k = 3, \lambda = 1$ となり，定理 12.5 の (b) から $r = \frac{v-1}{2}$ となる．r は整数であるので，$v \equiv 1, 3, 5 \pmod{6}$ である．一方，定理 12.5 の (a) から $b = \frac{vr}{3} = \frac{v(v-1)}{6}$ となり，b は整数であるので，$v \equiv 0, 1, 3, 4 \pmod{6}$ である．したがって，$v \equiv 1, 3 \pmod{6}$ である． □

(v, k, λ)-デザインは存在するときもあるし，存在しないときもあることがわかった．(v, k, λ)-デザインが存在するときに，実際に (v, k, λ)-デザインを構成する手法について考える．ここでは，以下の定理に基づいて正整数 m を用いて $p = 4m - 1$ と書ける素数 p に対して，$(4m-1, 2m-1, m-1)$-デザインの構成法を与える．定理の証明は演習問題とする（文献 [14]）．

定理 12.6　正整数 m を用いて $p = 4m - 1$ と書ける素数 p に対して，要素集合を $S = \{1, 2, \cdots, p\}$ とする．このとき，集合 B を

$B = \{i^2 \bmod p \mid i \in S - \{p\}\} = \{1^2 \bmod p, 2^2 \bmod p, \cdots, (p-1)^2 \bmod p\}$

とする．すると，$B = \{1^2 \bmod p, 2^2 \bmod p, \cdots, \left(\frac{p-1}{2}\right)^2 \bmod p\}$ となり，要素数は $|B| = \frac{p-1}{2}$ である．さらに，各 $a \in S$ に対して

$$B + a = \{(b+a) \bmod p \mid b \in B\}$$

(ただし，$(b+a) \bmod p = 0$ のときは $(b+a) \bmod p$ を p と考える) と定義する．すると，$B = B + p$ であり，$\{B + a \mid a \in S\}$ は $(4m-1, 2m-1, m-1)$-デザインのブロック集合である． □

例題 12.9 定理 12.6 に基づいて，$p = 4m - 1$ の形の素数 p に対して，$(4m-1, 2m-1, m-1)$-デザインの例を挙げよ．

解答： たとえば，$p = 11 = 4 \cdot 3 - 1$ の場合，始発ブロック $B = B_{11} = B + 11$ は

$$B_{11} = \left\{1^2 \bmod p, 2^2 \bmod p, \cdots, \left(\frac{p-1}{2}\right)^2 \bmod p\right\}$$
$$= \{1, 4, 9, 16 \bmod 11, 25 \bmod 11\} = \{1, 3, 4, 5, 9\}$$

となる．したがって，ブロック $B_1, \cdots, B_{10}$ ($B_a = B + a$) は，

$B_1 = \{2, 4, 5, 6, 10\}$, $\quad B_2 = \{3, 5, 6, 7, 11\}$, $\quad B_3 = \{1, 4, 6, 7, 8\}$,
$B_4 = \{2, 5, 7, 8, 9\}$, $\quad B_5 = \{3, 6, 8, 9, 10\}$, $\quad B_6 = \{4, 7, 9, 10, 11\}$,
$B_7 = \{1, 5, 8, 10, 11\}$, $\quad B_8 = \{1, 2, 6, 9, 11\}$, $\quad B_9 = \{1, 2, 3, 7, 10\}$,
$B_{10} = \{2, 3, 4, 8, 11\}$

となり，$S = \{1, 2, 3, 4, 5, 6, 7, 8, 9, 10, 11\}$ の $(11, 5, 2)$-デザインのブロックの集合

$$\{B_1, B_2, \cdots, B_{11}\}$$

が得られる． □

12.4 可解デザイン

本節では，ウォーミングアップクイズ (b) に関係する概念を取り上げる．(v, k, λ)-デザイン D において，b 個のブロックの集合が互いに素なブロックの部分集合の族 $\{\mathcal{B}_1, \mathcal{B}_2, \cdots, \mathcal{B}_h\}$ に分割できて，各 $\mathcal{B}_g$ ($g = 1, 2, \cdots, h$) で $\bigcup_{B \in \mathcal{B}_g} B = S$ が成立するとき，D は**可解**であると呼ばれる．(v, k, λ)-デザインが可解であるならば，v は k の倍数になる．したがって，$(7, 3, 1)$-デザインは可解デザインではない．

例題 12.10 可解デザインの例を挙げよ．

解答： 定理 12.5 より，$(9,3,1)$-デザイン D では，各要素は $r = \frac{\lambda(v-1)}{k-1} = \frac{8}{2} = 4$ 個のブロックに含まれ，ブロックの数は $b = \frac{rv}{k} = \frac{36}{3} = 12$ である．$(9,3,1)$-デザイン D は，$S = \{1,2,3,4,5,6,7,8,9\}$ で，ブロックは

$$B_{11} = \{1,2,3\}, \quad B_{12} = \{4,5,6\}, \quad B_{13} = \{7,8,9\},$$
$$B_{21} = \{1,4,7\}, \quad B_{22} = \{2,5,8\}, \quad B_{23} = \{3,6,9\},$$
$$B_{31} = \{1,6,8\}, \quad B_{32} = \{2,4,9\}, \quad B_{33} = \{3,5,7\},$$
$$B_{41} = \{1,5,9\}, \quad B_{42} = \{2,6,7\}, \quad B_{43} = \{3,4,8\}$$

であると考えることができるが，

$$\mathcal{B}_1 = \{B_{11}, B_{12}, B_{13}\}, \quad \mathcal{B}_2 = \{B_{21}, B_{22}, B_{23}\},$$
$$\mathcal{B}_3 = \{B_{31}, B_{32}, B_{33}\}, \quad \mathcal{B}_4 = \{B_{41}, B_{42}, B_{43}\}$$

とブロックの集合を四つの部分集合の族に分割できて，各部分集合の族 $\mathcal{B}_i$ ($i = 1,2,3,4$) も S の分割になるので，可解デザインである． □

以下では，任意の正整数 n に対して，$(n^2, n, 1)$-デザインは可解であることを示す．そのために，補助となる命題を与える．まず，$(n^2, n, 1)$-デザインのブロック数 b と各要素を含むブロックの個数 r は，定理 12.5 より，$b = n(n+1)$，$r = n+1$ となることに注意する．さらに，以下の命題が成立する．

命題 12.1 $(n^2, n, 1)$-デザイン D の任意のブロックを $B = \{b_1, b_2, \cdots, b_n\}$ とし，x を B に含まれない任意の要素とする．このとき，x を含むブロック $B(x)$ で ($B(x) \cap B = \emptyset$ となる) B と互いに素な $B(x)$ が D に唯一存在する．

証明： D は $(n^2, n, 1)$-デザインであるので，任意の $b_i \in B$ に対して，b_i と x をともに含むブロックが D に唯一存在する．それを B_i とする．もちろん，$x \in B_i - B$ であるので $B_i \neq B$ であり，さらに，異なる i, j に対して $B_i \neq B_j$ である．実際，$B_i = B_j$ とすると，$b_i, b_j \in B_i = B_j$ となり，b_i, b_j が B と B_i の両方に含まれ，D が $(n^2, n, 1)$-デザインであることに反するからである．したがって，$B, B_1, B_2, \cdots, B_n$ はすべて異なる．x を含むブロックは $r = n+1$ 個であるので，$B_1, B_2, \cdots, B_n$ 以外の x を含むブロックは唯一である．それを $B(x)$ とする．すると上記と同様の議論より，どの b_i も $b_i \notin B(x)$ であることが得られる．したがって，$B \cap B(x) = \emptyset$ が得られる． □

命題 12.2 $(n^2, n, 1)$-デザインの任意のブロックを $B = \{b_1, b_2, \cdots, b_n\}$ とし，C_1, C_2 を B と互いに素な二つの異なるブロックとする．すなわち，$C_1 \neq C_2$，$C_1 \cap B = \emptyset$ かつ $C_2 \cap B = \emptyset$ とする．すると，$C_1 \cap C_2 = \emptyset$ である．

12.5 有限アフィン平面   181

証明: $z \in C_1 \cap C_2 \neq \emptyset$ と仮定する．すると，命題 12.1 より，z を含み B と互いに素な $B(z)$ は唯一であるので，$B(z) = C_1 = C_2$ となり，矛盾が得られる． □

これで以下の定理を示す準備ができた．

定理 12.7 任意の正整数 n に対して，$(n^2, n, 1)$-デザインは可解である．

証明: 要素集合 S の $(n^2, n, 1)$-デザイン D の任意のブロックを $B = \{b_1, b_2, \cdots, b_n\}$ とする．B に含まれない $n^2 - n$ 個の S の各要素 x に対して，命題 12.1 で得られる D のブロック $B(x)$ を考える．任意の $y \in B(x)$ に対して，命題 12.2 より，$B(y) = B(x)$ である．したがって，異なる $B(x)$ は全部で $n-1$ 個であり，それらは互いに素である．それらを $B(x_1), B(x_2), \cdots, B(x_{n-1})$ とする．すると，

$$\mathcal{B}_0 = \{B, B(x_1), B(x_2), \cdots, B(x_{n-1})\}$$

は集合 S の分割になっている．

さらに，$S - B$ の元を任意に一つ選び z と固定する．z, b_i ($i = 1, 2, \cdots, n$) を含む D のブロックを $B_i = B_i(b_i)$ とする．もちろん，B_i は唯一に定まり，$b_j \notin B_i$ であるので $B_i \neq B_j$ ($i \neq j$) である．そこで上と同様に，$n^2 - n$ 個の $S - B_i$ の各要素 x に対して $B_i(x)$ を命題 12.1 に基づく D のブロックとする．すると，命題 12.2 により，異なる $B_i(x)$ は全部で $n-1$ 個であり，それらは互いに素である．さらに，$b_j \in B_i(b_j)$ かつ $b_k \in B_i(b_k)$ であるので，$j \neq k$ ならば $B_i(b_j) \neq B_i(b_k)$ である．したがって，全部で $n-1$ 個の異なる $B_i(x)$ は $B_i(b_1), B_i(b_2), \cdots, B_i(b_{i-1}), B_i(b_{i+1}), \cdots, B_i(b_n)$ であるとすることができる．すなわち，各 $i = 1, 2, \cdots, n$ に対して，

$$\mathcal{B}_i = \{B_i(b_1), B_i(b_2), \cdots, B_i(b_{i-1}), B_i(b_i), B_i(b_{i+1}), \cdots, B_i(b_n)\}$$

は集合 S の分割になっている（$B_i = B_i(b_i)$ と表記していることに注意しよう）．

任意の $i = 1, 2, \cdots, n$ に対して $\mathcal{B}_0 \cap \mathcal{B}_i = \emptyset$ は明らかである．さらに，任意の $i \neq j$ ($1 \leq i, j \leq n$) に対して $\mathcal{B}_i \cap \mathcal{B}_j = \emptyset$ である．それを以下で説明する．まず，$z \in B_i = B_i(b_i) \neq B_j(b_i) \not\ni z$ は明らかである．さらに，任意の $k \neq i, j$ に対して $B_i(b_k) \neq B_j(b_k)$ である．なぜなら，$B_i(b_k) = B_j(b_k)$ とすると，$B_i \neq B_j$，$B_i \cap B_i(b_k) = \emptyset$ かつ $B_j \cap B_j(b_k) = \emptyset$ であるので，命題 12.2 により，$B_i \cap B_j = \emptyset$ となり，$z \in B_i \cap B_j$ に矛盾するからである．同様に，任意の $k \neq h$ に対しても $b_k \in B_i(b_k) - B_j(b_h)$，$b_h \in B_j(b_h) - B_i(b_k)$ であるので，$B_i(b_k) \neq B_j(b_h)$ である．したがって，和集合 $\mathcal{B}_0 \cup \mathcal{B}_1 \cup \cdots \cup \mathcal{B}_n$ は $n^2 + n$ 個の D の異なるブロックを含む．一方，D のブロックは全部で $n^2 + n$ 個であるので，$\mathcal{B}_0 \cup \mathcal{B}_1 \cup \cdots \cup \mathcal{B}_n$ は D のブロック全体の集合となり，$(n^2, n, 1)$-デザイン D は可解となる． □

12.5 有限アフィン平面

有限個の点の集合 S と点を結ぶ線の集合 L は，以下の公理 (A1), (A2), (A3) を満たすとき，**有限アフィン平面**と呼ばれる．なお，L の二つの線 ℓ, ℓ' が共通

点（交点）をもたないとき，ℓ と ℓ' は**平行**であると呼ばれる．

(A1) S の任意の異なる 2 点に対して，この 2 点を通る L の線が唯一存在する．

(A2) L の任意の線 ℓ に対して，ℓ 上にない S の点が存在する．

(A3) L の任意の線 ℓ と ℓ 上にない S の任意の点 p に対して，p を通り，ℓ に平行な L の線 ℓ' が唯一存在する．

例題 12.11 有限アフィン平面の例を挙げよ．

解答： 4 点からなる完全グラフ K_4 の点集合 $V(K_4)$ と辺集合 $E(K_4)$ で，

$$S = V(K_4) = \{1, 2, 3, 4\},$$

$$L = E(K_4) = \left\{ \begin{array}{l} \ell_1 = \{1,2\}, \ell_2 = \{1,3\}, \ell_3 = \{1,4\}, \\ \ell_4 = \{2,3\}, \ell_5 = \{2,4\}, \ell_6 = \{3,4\} \end{array} \right\}$$

と考えれば，K_4 は有限アフィン平面になることが，容易に確かめられる．実際，(A1) は明らかに成立する．3 点を同時に含む線は存在しないので (A2) も成立する．さらに，

$$\mathcal{L}_1 = \{\ell_1, \ell_6\}, \quad \mathcal{L}_2 = \{\ell_2, \ell_5\}, \quad \mathcal{L}_3 = \{\ell_3, \ell_4\}$$

とすると，各 $i = 1, 2, 3$ で $\bigcup_{\ell \in \mathcal{L}_i} \ell = S$ が成立する．したがって，線 ℓ_1 に対して $\ell_1 = \{1, 2\}$ 上にない点 3 を含む交差しない（平行な）線 $\ell_6 = \{3, 4\}$ が存在する．他も同様にして示せるので，(A3) も成立する．

したがって，K_4 を $(4, 2, 1)$-デザインと見なすこともできる． □

任意の正整数 n に対して，$(n^2, n, 1)$-デザインは，要素を点，線をブロックと考えれば，例題 12.11 と同様に，有限アフィン平面の公理を満たすことが確かめられる．実際，$(n^2, n, 1)$-デザインは定理 12.7 から可解であり，任意の二つの異なる要素を含むブロックが唯一存在し，(A1) が成立する．また，任意のブロック B に対して B に含まれない要素が存在し，(A2) が成立する．さらに，任意のブロック B と B に含まれない任意の要素 x に対して，命題 12.1 より，x を含むブロック $B(x)$ で $B(x) \cap B = \emptyset$ となるような $B(x)$ が唯一存在し，(A3) が成立する（$B(x) \cap B = \emptyset$ であるような $B(x)$ と B は平行である）．

そこでこれ以降，$(n^2, n, 1)$-デザインを位数 n のアフィン平面という．有限アフィン平面とラテン方陣には密接な関係がある．

例題 12.12 位数 3 のアフィン平面と位数 3 のラテン方陣の関係を説明せよ．

12.5 有限アフィン平面

解答： 例題 12.10 から $(9,3,1)$-デザインのブロックは（添え字を変えているが）

$$B_{01}=\{1,2,3\}, \quad B_{02}=\{4,5,6\}, \quad B_{03}=\{7,8,9\},$$
$$B_{31}=\{1,4,7\}, \quad B_{32}=\{2,5,8\}, \quad B_{33}=\{3,6,9\},$$
$$B_{11}=\{1,6,8\}, \quad B_{12}=\{2,4,9\}, \quad B_{13}=\{3,5,7\},$$
$$B_{21}=\{1,5,9\}, \quad B_{22}=\{2,6,7\}, \quad B_{23}=\{3,4,8\}$$

と書ける．これから，行列 M と直交する位数 3 の 2 個のラテン方陣 A_1, A_2 が

$$M = \begin{pmatrix} 1 & 2 & 3 \\ 4 & 5 & 6 \\ 7 & 8 & 9 \end{pmatrix} \quad A_1 = \begin{pmatrix} 1 & 2 & 3 \\ 2 & 3 & 1 \\ 3 & 1 & 2 \end{pmatrix} \quad A_2 = \begin{pmatrix} 1 & 2 & 3 \\ 3 & 1 & 2 \\ 2 & 3 & 1 \end{pmatrix}$$

と得られる．行列 M の各 i 行 $(i=1,2,3)$ が B_{0i} に対応し，各 j 列 $(j=1,2,3)$ が B_{3j} に対応している．また，行列 $A_k = (a_{ij}^{(k)})$ $(k=1,2)$ の各 ℓ $(\ell=1,2,3)$ に対して，$a_{ij}^{(k)} = \ell$ となる M の要素 m_{ij} からなる集合がブロック $B_{k\ell}$ に対応している． □

これを一般化すると以下の定理が得られる．

定理 12.8 位数 n のアフィン平面が存在することと，位数 n の $n-1$ 個の互いに直交するラテン方陣が存在することは等価である．

証明： （十分性）互いに直交する $n-1$ 個のラテン方陣を $A_1, A_2, \cdots, A_{n-1}$ とし，$A_k = (a_{ij}^{(k)})$ とする．$M = (m_{ij})$ を $m_{ij} = n(i-1)+j$ として定義される $n \times n$ 行列とする．B_{0i} を M の第 i 行の要素からなるブロックとし，B_{nj} を M の第 j 列の要素からなるブロックとする．すなわち，

$$B_{01}=\{1,2,\cdots,n\}, B_{02}=\{n+1,n+2,\cdots,2n\}, \cdots, B_{0n}=\{n(n-1)+1, n(n-1)+2,\cdots,n^2\}$$
$$B_{n1}=\{1,n+1,\cdots,n(n-1)+1\}, B_{n2}=\{2,n+2,\cdots,n(n-1)+2\}, \cdots, B_{nn}=\{n,2n,\cdots,n^2\}$$

とする．さらに，各 $k=1,2,\cdots,n-1$ に対して

$$a_{ij}^{(k)} = \ell \iff m_{ij} \in B_{k\ell}$$

として，$B_{k\ell}$ を定める．すると，各 $k=0,1,\cdots,n$ に対して

$$B_{k1} \cup B_{k2} \cup \cdots \cup B_{kn} = S = \{1,2,\cdots,n^2\}$$

であり，$\{B_{ij} \mid i=0,1,\cdots,n, \ j=1,2,\cdots,n\}$ は $(n^2,n,1)$-デザインのブロックの集合となる．

（必要性）要素集合 $S=\{1,2,\cdots,n^2\}$ の $(n^2,n,1)$-デザイン D が存在するとする．D は可解デザインであるので，各 $\mathcal{B}_i = \{B_{i1}, B_{i2}, \cdots, B_{in}\}$ $(i=0,1,\cdots,n)$ を S の分割となるブロックの集合と選んでくることができる．適切に置換を施して，

$$B_{01}=\{1,2,\cdots,n\}, B_{02}=\{n+1,n+2,\cdots,2n\}, \cdots, B_{0n}=\{n(n-1)+1, n(n-1)+2,\cdots,n^2\}$$

$B_{n1}=\{1,n+1,\cdots,n(n-1)+1\}, B_{n2}=\{2,n+2,\cdots,n(n-1)+2\},\cdots, B_{nn}=\{n,2n,\cdots,n^2\}$ とすることができる. すると, $B_{0i} \cap B_{nj} = \{n(i-1)+j\}$ となるので, 行列 $M = (m_{ij})$ を $m_{ij} = n(i-1)+j$ として, $n-1$ 個の互いに直交するラテン方陣 $A_k = (a_{ij}^{(k)})$ を

$$a_{ij}^{(k)} = \ell \quad \Leftrightarrow \quad m_{ij} \in B_{k\ell}$$

として定義する. すると, A_k がラテン方陣になる. 実際, $a_{ij}^{(k)} = a_{ij'}^{(k)} = \ell$ と仮定すると, $m_{ij'}, m_{ij} \in B_{k\ell}$ かつ $m_{ij'}, m_{ij} \in B_{0i}$ から $m_{ij'}, m_{ij}$ を含むブロックが二つ以上になって D が $(n^2, n, 1)$-デザインであることに反するからである. 同様に, A_k と $A_{k'}$ ($k \neq k'$) が直交することも言える. 実際, $a_{ij}^{(k)} = a_{i'j'}^{(k)} = \ell$ かつ $a_{ij}^{(k')} = a_{i'j'}^{(k')} = \ell'$ とすると, $m_{ij}, m_{i'j'} \in B_{k\ell}$ かつ $m_{ij}, m_{i'j'} \in B_{k'\ell'}$ となり矛盾するからである. □

12.6 有限射影平面

有限個の点の集合 S と点を結ぶ線の集合 L は, 以下の公理 (P1), (P2), (P3), (P4) を満たすとき, **有限射影平面**と呼ばれる.

(P1) S の任意の異なる 2 点に対して, この 2 点を通る L の線が唯一存在する.

(P2) L の任意の異なる二つの線は共通点を含む (交差する).

(P3) 3 点 p,q,r を同時に含む L の線がないような, S の 3 点 p,q,r が存在する.

(P4) L の任意の線は S の点を 3 点以上含む.

例題 12.13 有限射影平面の例を挙げよ.

解答: 有限アフィン平面の $(4,2,1)$-デザイン

$$S = \{1,2,3,4\},$$

$$L = \left\{ \begin{array}{l} \ell_1 = \{1,2\}, \ \ell_2 = \{1,3\}, \ \ell_3 = \{1,4\}, \\ \ell_4 = \{2,3\}, \ \ell_5 = \{2,4\}, \ \ell_6 = \{3,4\} \end{array} \right\}$$

に対して, 新しい要素 $\{5,6,7\}$ を加えて

$$S' = \{1,2,3,4,5,6,7\}$$

とし,

$$L' = \left\{ \begin{array}{l} \ell'_1 = \{1,2,5\}, \ \ell'_2 = \{1,3,6\}, \ \ell'_3 = \{1,4,7\}, \ \ell'_4 = \{2,3,7\}, \\ \ell'_5 = \{2,4,6\}, \ \ell'_6 = \{3,4,5\}, \ \ell'_7 = \{5,6,7\} \end{array} \right\}$$

とする. これは, $(7,3,1)$-デザインであるが, 有限射影平面になることが, 容易に確かめられる. □

12.6 有限射影平面

$(n^2+n+1, n+1, 1)$-デザインは，要素を点，ブロックを線と考えれば，有限射影平面の公理を満たすので，位数 n の有限射影平面と呼ばれる．有限射影平面と有限アフィン平面には密接な関係がある．

例題 12.14 位数3の有限射影平面と位数3のアフィン平面の関係を説明せよ．

解答： 例題 12.12 から $(9,3,1)$-デザインのブロックの集合は

$$B_{01}=\{1,2,3\}, \quad B_{02}=\{4,5,6\}, \quad B_{03}=\{7,8,9\},$$
$$B_{31}=\{1,4,7\}, \quad B_{32}=\{2,5,8\}, \quad B_{33}=\{3,6,9\},$$
$$B_{11}=\{1,6,8\}, \quad B_{12}=\{2,4,9\}, \quad B_{13}=\{3,5,7\},$$
$$B_{21}=\{1,5,9\}, \quad B_{22}=\{2,6,7\}, \quad B_{23}=\{3,4,8\}$$

と書ける．これから，$\{10,11,12,13\}$ を加えて以下のようなブロック

$$B'_{01}=\{1,2,3,10\}, \quad B'_{02}=\{4,5,6,10\}, \quad B'_{03}=\{7,8,9,10\},$$
$$B'_{11}=\{1,6,8,11\}, \quad B'_{12}=\{2,4,9,11\}, \quad B'_{13}=\{3,5,7,11\},$$
$$B'_{21}=\{1,5,9,12\}, \quad B'_{22}=\{2,6,7,12\}, \quad B'_{23}=\{3,4,8,12\},$$
$$B'_{31}=\{1,4,7,13\}, \quad B_{32}=\{2,5,8,13\}, \quad B_{33}=\{3,6,9,13\},$$
$$B=\{10,11,12,13\}$$

からなる $(13,4,1)$-デザインが得られる． □

これを一般化すると以下の定理が得られる．

定理 12.9 位数 n の有限アフィン平面が存在することと，位数 n の有限射影平面が存在することは等価である．

証明： 定理 12.8 で議論したように，位数 n の有限アフィン平面は，要素集合 $S=\{1,2,\cdots,n^2\}$ の $(n^2,n,1)$-デザインであり，可解である．したがって，各 $\mathcal{B}_i=\{B_{i1},B_{i2},\cdots,B_{in}\}$ $(i=0,1,\cdots,n)$ が n 個の互いに素なブロックの集合による S の分割であり，n 個の平行線の集合と見なせて，$\mathcal{B}_0\cup\mathcal{B}_1\cup\cdots\cup\mathcal{B}_n$ がすべての線の集合となる．そこで，新しい点を $n+1$ 個考え，それらを $n^2+1, n^2+2,\cdots,n^2+n+1$ とおく．そして，

$$B'_{i1}=B_{i1}\cup\{n^2+i+1\}, \; B'_{i2}=B_{i2}\cup\{n^2+i+1\}, \; \cdots, \; B'_{in}=B_i\cup\{n^2+i+1\}$$

とする．さらに，$B=\{n^2+1,n^2+2,\cdots,n^2+n+1\}$ とする．そして，これらをすべてのブロックの集合とする．すると，$(n^2+n+1,n+1,1)$-デザインとなることが容易に確かめられる．

$(n^2+n+1,n+1,1)$-デザインから $(n^2,n,1)$-デザインも容易に得られる．ブロックを任意に一つ固定し B とする．$(n^2+n+1,n+1,1)$-デザインの残りのブロック B'_i $(i=1,2,\cdots,n^2+n)$ は B と1点のみ共有するが，各 B'_i から B との交点を除

いて得られるブロックを B_i とする．すると，ブロック $\{B_i \mid i = 1, 2, \cdots, n^2 + n\}$ は $(n^2, n, 1)$-デザインのブロックの集合になることが容易に確かめられる． □

定理 12.8 と定理 12.9 とまとめると以下の定理となる．

定理 12.10 以下の (a),(b),(c) は互いに等価である．
(a) 位数 n の $n-1$ 個の互いに直交するラテン方陣が存在する．
(b) 位数 n の有限アフィン平面が存在する．
(c) 位数 n の有限射影平面が存在する． □

12.7 本章のまとめ

　本章では，直交するラテン方陣が様々なスケジュール設計に有効であることを述べた．また，実験計画とも呼ばれるブロックデザインを解説した．これらは，グラフの彩色（K_2 の直和集合に基づく分割）や（K_{k+1} の直和集合に基づくすべての点の次数が k の）k-因子による分割とも関係ししている．たとえば，$(n^2, n, 1)$-デザインは n^2 個の点からなる完全グラフ K_{n^2} の K_n の n 個の直和集合からなる $(n-1)$-因子による分割と見なせる．さらに，ユークリッド平面の一般化と見なせる有限アフィン平面と有限射影平面の定義を与え，それらが直交するラテン方陣を用いて特徴づけることができることを示した．ブロックデザインは，誤り訂正符号の基礎概念につながるアダマール行列にも密接に関係している．
　なお，本章の内容は巻末の参考文献の本 [14] に基づいている．

演習問題

12.1 定理 12.1 を証明せよ．すなわち，二つのラテン方陣の A と B が直交するとき，そしてそのときのみ，$C = A \vee B$ が魔方陣であることを証明せよ．

12.2 n が素数 p と 2 以上の整数 k を用いて $n = p^k$ と書けるとする．このとき，定理 12.3 が成立することを証明せよ．

12.3 例題 12.6 に基づいて，男女それぞれ 4 人でチームが構成されている 2 チームの混合ダブルス総当たり対戦スケジュールでペアと対戦相手が毎回異なるようなものを構成せよ．

12.4 例題 12.6 を発展させて，男女それぞれ 5 人でチームが構成されている 2 チームの混合ダブルス総当たり対戦スケジュールでペアと対戦相手が毎回異なるだけでなく 5 面あるコートも毎回異なるようなものを構成せよ．

第13章

パーフェクトグラフ

本章の目標 連立方程式をガウスの消去法を用いて解く際に生じるフィルインの個数の最小化やプログラムで用いられる変数に対する最小個数のレジスターの割当てなどと深く関係するパーフェクトグラフについて理解する．

本章のキーワード パーフェクトグラフ，補グラフ，彩色数，クリーク，クリークカバー，独立集合，誘導部分グラフ，三角化グラフ，弦グラフ，比較可能グラフ，推移的グラフ，区間グラフ，置換グラフ，スプリットグラフ，円弧グラフ，円グラフ

ウォーミングアップクイズ

(a) 以下の行列 A, B にガウスの消去法を適用して上三角行列にせよ．ただし，途中の反復の様子も図示すること．

$$A = \begin{pmatrix} 4 & 1 & 1 & 1 \\ 1 & 1 & 0 & 0 \\ 1 & 0 & 1 & 0 \\ 1 & 0 & 0 & 1 \end{pmatrix}, \quad B = \begin{pmatrix} 1 & 0 & 0 & 1 \\ 0 & 1 & 0 & 1 \\ 0 & 0 & 1 & 1 \\ 1 & 1 & 1 & 4 \end{pmatrix}$$

(b) ある学科の5人の教授 A,B,C,D,E がある日，緊急の調べごとのために1回だけ学科の図書室に入室した．その日の夕方，図書係が文献を整理したところ，1件紛失が確認された．図書室は終日開放されていて，当日入室したのは，上記の5人の教授だけであった．一方，図書係は終日図書室の片隅にいて，5人の教授の入室時間帯はわからなかったが，利用したのは彼らだけであることを知ることができた．そこで，図書係は5人から図書室の利用時にほかの人を目撃しなったかどうかを聞いてみた．そして，以下の回答を得た．

A は D と E を目撃した．B は A と C を目撃した．C は B と E を見た．D は A と C を見た．E は C と D を見た．この状況をまとめたものが下の図である．ただし，同時に図書室にいた2人に対して，少なくとも一方は他方を目撃しているものとする．

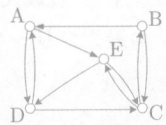

実は，緊急のため文献を1日だけ無断帯出した1人だけが嘘の証言をした．嘘の証言をした人が誰であるかこれからわかるかどうかを答えよ．

ウォーミングアップクイズの解説

(a) 行列 A にガウスの消去法を適用すると以下のようになる．

$$A = \begin{pmatrix} 4 & 1 & 1 & 1 \\ 1 & 1 & 0 & 0 \\ 1 & 0 & 1 & 0 \\ 1 & 0 & 0 & 1 \end{pmatrix} \to \begin{pmatrix} 4 & 1 & 1 & 1 \\ 0 & \frac{3}{4} & -\frac{1}{4} & -\frac{1}{4} \\ 0 & -\frac{1}{4} & \frac{3}{4} & -\frac{1}{4} \\ 0 & -\frac{1}{4} & -\frac{1}{4} & \frac{3}{4} \end{pmatrix} \to \begin{pmatrix} 4 & 1 & 1 & 1 \\ 0 & \frac{3}{4} & -\frac{1}{4} & -\frac{1}{4} \\ 0 & 0 & \frac{2}{3} & -\frac{1}{3} \\ 0 & 0 & -\frac{1}{3} & \frac{2}{3} \end{pmatrix}$$

$$\to \begin{pmatrix} 4 & 1 & 1 & 1 \\ 0 & \frac{3}{4} & -\frac{1}{4} & -\frac{1}{4} \\ 0 & 0 & \frac{2}{3} & -\frac{1}{3} \\ 0 & 0 & 0 & \frac{1}{2} \end{pmatrix}$$

同様に，行列 B にガウスの消去法を適用すると以下のようになる．

$$B = \begin{pmatrix} 1 & 0 & 0 & 1 \\ 0 & 1 & 0 & 1 \\ 0 & 0 & 1 & 1 \\ 1 & 1 & 1 & 4 \end{pmatrix} \to \begin{pmatrix} 1 & 0 & 0 & 1 \\ 0 & 1 & 0 & 1 \\ 0 & 0 & 1 & 1 \\ 0 & 1 & 1 & 3 \end{pmatrix} \to \begin{pmatrix} 1 & 0 & 0 & 1 \\ 0 & 1 & 0 & 1 \\ 0 & 0 & 1 & 1 \\ 0 & 0 & 1 & 2 \end{pmatrix} \to \begin{pmatrix} 1 & 0 & 0 & 1 \\ 0 & 1 & 0 & 1 \\ 0 & 0 & 1 & 1 \\ 0 & 0 & 0 & 1 \end{pmatrix}$$

注目してほしい点は，行列 A に対するガウスの消去法では，最初の行列 $A = (a_{ij})$ でいくつかの $a_{ij} = 0$ の要素が途中の反復の行列 $A' = (a'_{ij})$ で $a'_{ij} \neq 0$ となっている点である．このように最初の行列でゼロが入っている要素に反復の途中で非ゼロが入ることを**フィルイン**という．行列 B に対するガウスの消去法ではフィルインは生じない．

(b) 嘘の証言をしたのは B である． □

本章では，ウォーミングアップクイズにも関係するパーフェクトグラフについて述べる．そして，クイズ (b) の解説は区間グラフの節で取り上げることにする．なお，本章のグラフは，とくに断らないかぎり，無向単純グラフである．

13.1 パーフェクトグラフの定義

グラフ G の点部分集合 U に対して，U のどの 2 点間にも G の辺がないとき，U を独立集合ということは前にも述べた．独立集合は，**安定集合**と呼ばれることも多い．逆に U のどの 2 点間にも G の辺があるとき，U を**クリーク**という．グラフ G の点数最大の独立集合を G の**最大独立集合**という．同様に，グラフ G の点数最大のクリークを G の**最大クリーク**という．グラフ G の最大独立集合，最大クリークに含まれる点数をそれぞれ，$\alpha(G)$, $\omega(G)$ と表記する．独立集合とクリークは補グラフという概念で結びつけられている．なお，グラフ G に対して，G の**補グラフ** $\overline{G}$ は，$V(\overline{G}) = V(G)$ であり，かつ G の隣接しない 2 点間を結ぶ辺のみを辺集合とするグラフとして定義される（図 13.1）．した

13.1 パーフェクトグラフの定義

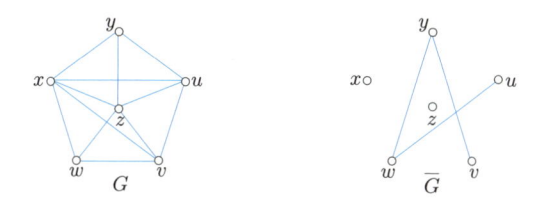

図 13.1 グラフ G とその補グラフ $\overline{G}$

がって，グラフ G とその補グラフ $\overline{G}$ に対して，$\alpha(G) = \omega(\overline{G})$ である．

隣接する点どうしは異なる色になるように（同色の点集合は独立集合になるように）G の各点に色付けすることを G の**彩色**と言った．また，G を彩色するのに必要な最小の色数を G の**彩色数**といい，$\chi(G)$ と表記した．G の $\chi(G)$ 色による彩色を G の**最小彩色**という．G のクリークの集合 $\mathcal{C} = \{C_1, C_2, \cdots, C_k\}$ は，G のどの点も $\mathcal{C}$ のちょうど一つのクリークに含まれるとき（すなわち，$V(G) = C_1 + C_2 + \cdots + C_k$ のとき）**クリークカバー**と呼ばれる．クリークカバー $\mathcal{C}$ の**サイズ**は $\mathcal{C}$ に含まれるクリークの個数 $|\mathcal{C}|$ である．サイズ最小のクリークカバーを**最小クリークカバー**といい，そのサイズを $\theta(G)$ と表記する．彩色とクリークカバーも補グラフを介して結びつけられていて，実際，彩色は独立集合による点集合の分割と見なせるので独立集合カバーとも言える．したがって，グラフ G とその補グラフ $\overline{G}$ に対して，$\chi(G) = \theta(\overline{G})$ である．

例題 13.1 図 13.1 のグラフ G で，最大独立集合，最大クリーク，最小彩色，最小クリークカバーを求めよ．

解答： たとえば，G の最大独立集合として $\{u, w\}$，最大クリークとして $\{x, y, z, u\}$，最小彩色として $c(x) = 1, c(y) = 2, c(z) = 3, c(u) = 4, c(v) = 2, c(w) = 4$，最小クリークカバーとして $\{\{x, y, z, u\}, \{v, w\}\}$ が挙げられる．補グラフ $\overline{G}$ についても同様である．したがって，$\alpha(G) = 2 = \omega(\overline{G})$, $\omega(G) = 4 = \alpha(\overline{G})$, $\chi(G) = 4 = \theta(\overline{G})$, $\theta(G) = 2 = \chi(\overline{G})$ である． □

グラフ G の彩色数 $\chi(G)$ と最大クリークの点数 $\omega(G)$ に対して $\omega(G) \leq \chi(G)$ である．G に点数 k のクリークがあれば，G の彩色数は少なくとも k であるからである．同様に，最大独立集合 I^* のサイズ $\alpha(G)$ と最小クリークカバー $\mathcal{C}^*$ のサイズ $\theta(G)$ に関しても，$\alpha(G) \leq \theta(G)$ である．最大独立集合 I^* の各点 v に対して，v を含む $\mathcal{C}^*$ のクリークが存在し，かつ I^* の異なる 2 点 x, y に対し

て，x を含む $\mathcal{C}^*$ のクリークと y を含む $\mathcal{C}^*$ のクリークは異なるからである．一方，長さ 5 の閉路 C_5 などのように，彩色数 ($\chi(C_5) = 3$) は最大クリークの点数 ($\omega(C_5) = 2$) を超えることもある ($\alpha(C_5) = 2 < \theta(C_5) = 3$ にも注意)．実際，任意に大きな彩色数をもつグラフで，点数 3 のクリーク K_3 を部分グラフとして含まないものが存在する (15.1.4 項参照)．

グラフ G のすべての点部分集合 $U \subseteq V(G)$ に対して，U で誘導される誘導部分グラフ $H = G[U]$ で $\chi(H) = \omega(H)$ が成立するとき，G は**パーフェクトグラフ**あるいは**理想グラフ**と呼ばれる．定義から明らかなように，パーフェクトグラフ G の任意の誘導部分グラフ H はパーフェクトグラフである．

たとえば，二部グラフ G はパーフェクトグラフである．G の任意の点部分集合 $U \subseteq V(G)$ に対して，U で誘導される誘導部分グラフ $H = G[U]$ は二部グラフで辺を少なくとも 1 本もつ限り $\chi(H) = 2$ であり，H の最大クリークは K_2 であるからである．なお，H が辺をもたないときは $\chi(H) = 1$ であり，H の最大クリークは K_1 である．より一般的には，以下の定理が成立する．

定理 13.1 無向単純グラフ G に対して以下の命題が成立する．
(a) G がパーフェクトであるとき，そしてそのときのみ，G の補グラフ $\overline{G}$ がパーフェクトである．
(b) G がパーフェクトグラフであるとき，そしてそのときのみ，G と $\overline{G}$ はいずれも長さ 5 以上の奇数の閉路を点誘導部分グラフとして含まない．□

この定理 13.1 の (a) は 1961 年にベルジュ (C. Berge) の予想として提案され，1972 年にロヴァース (L. Lovász) によって証明された（なお，ファルカーソン (D.R. Fulkerson) も組合せ多面体理論の観点からの証明をほぼ完成していて，ロヴァースの成功を聞いてすぐに証明できたと言われている）．(b) は，1962 年にベルジュによって**強パーフェクトグラフ予想**として提案され，2004 年にチュドノフスキー (M. Chudnovsky)，ロバートソン (N. Robertson)，シーモア (P. Seymour)，トーマス (R. Thomas) によって解決された．

パーフェクトグラフの最大の特徴は，二部グラフを含む多くのグラフがパーフェクトグラフであり，さらに，数理計画法とも密接に関係して，一般のグラフでは効率的に解くことのできない（ような NP-困難な）問題でも，パーフェ

13.1 パーフェクトグラフの定義

クトグラフでは効率的に解けることが多いことである.

そこで，パーフェクトグラフとなるグラフの例を挙げよう. 無向グラフ G の長さ 4 以上の閉路が必ず対角線の辺をもつとき，G を**三角化グラフ**あるいは**弦グラフ**という. 英語のままで**コーダルグラフ**とも呼ばれている（図 13.2）.

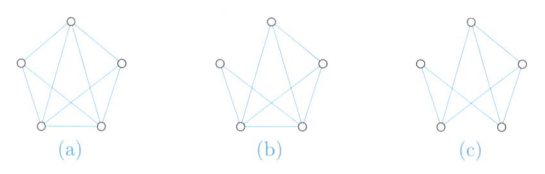

図 13.2 (a) と (b) のグラフはコーダルであるが，(c) のグラフはコーダルではない

グラフ G は，点を $v_1, v_2, \cdots, v_n$ とラベル付けできて，各 $i = 1, 2, \cdots, n-1$ で，$G_i = G - \{v_1, v_2, \cdots, v_{i-1}\}$ における点 v_i の隣接点集合 $\Gamma_{G_i}(v_i)$ がクリークをなすとき，そしてそのときのみ，コーダルグラフであることが知られている. 一方，ウォーミングアップクイズ (a) でも取り上げたように，ガウスの消去法で連立方程式を解く際に，係数行列の 0 の位置に非ゼロ要素が入ることを**フィルイン**という. フィルインの生じないように，ピボット要素を選んでいけるような対角要素が非ゼロの対称行列は，対角要素を無視して接続行列としてグラフに対応させると，コーダルグラフになる. その逆も成立する. したがって，数値計算の観点からコーダルグラフは重要な役割を果たしている. 実際，ウォーミングアップクイズ (a) の行列 B は以下のグラフ G の行列表現であると見なせる. なお，行列 A のグラフ表現もこのグラフ G に同形となるので，A もピボット要素をうまく選んでいけばフィルインが生じないようにできる.

$$B = \begin{pmatrix} 1 & 0 & 0 & 1 \\ 0 & 1 & 0 & 1 \\ 0 & 0 & 1 & 1 \\ 1 & 1 & 1 & 4 \end{pmatrix} \quad \Leftrightarrow \quad G$$

無向グラフ G は，G の点集合 $V(G)$ が二つの点集合 V_1, V_2 に分割できて，V_1 が独立集合，V_2 がクリークとなるとき，**スプリットグラフ**と呼ばれる（図 13.3(a)）. G の点集合を $V(G) = \{1, 2, \cdots, n\}$ とする. 無向グラフ G は，$V(G)$ の置換 π が存在して，$E(G) = \{(i, j) \mid (i - j)(\pi(i) - \pi(j)) < 0\}$ であるとき，

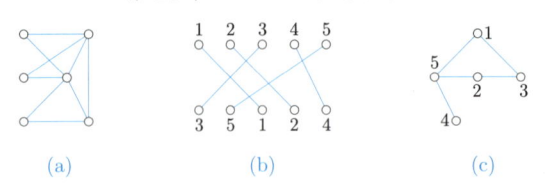

図 13.3 (a) スプリットグラフ，(b) 置換 $\pi = (3, 5, 1, 2, 4)$，
(c) 置換 π の置換グラフ

置換グラフと呼ばれる．(図 13.3(b),(c))．

7.2 節で定義を与えたように，有向グラフ G は，G の $e = (u, v), e' = (v, w) \in E(G)$ となるすべての 2 辺に対して辺 $e'' = (u, w)$ が存在するとき，**推移的グラフ**と呼ばれる．無向グラフ G は，G の各辺に向きをつけて推移的グラフにできるとき，**比較可能グラフ**と呼ばれる．

これらのグラフはすべてパーフェクトグラフとなることが証明できる．

13.2 交差グラフ

ある全体集合 U の部分集合のある有限族 $\mathcal{S} = \{S_1, S_2, \cdots, S_n\}$ に対して，**交差グラフ** $G = (V, E)$ は以下のように定義される．各 $S_i \in \mathcal{S}$ に対応して点 v_i を考えて，点集合 V は $V = \{v_1, v_2, \cdots, v_n\}$ である．$S_i \cap S_j \neq \emptyset$ であるとき辺 (v_i, v_j) を考えて辺集合 E はそのような辺からなる．すなわち，$E = \{(v_i, v_j) \mid S_i \cap S_j \neq \emptyset\}$ である．

11.1 節で定義した無向グラフ $G = (V, E)$ の線グラフも各辺 $e = (u, v) \in E$ を $S_e = \{u, v\}$ と考えて得られる $\mathcal{S} = \{S_e \mid e \in E\}$ の交差グラフと見なせる．本節では，代表的な交差グラフを解説する．

13.2.1 区間グラフと円弧グラフと円グラフ

グラフ G は，ある実数の区間の集合 $\mathcal{I} = \{I_1, I_2, \cdots, I_n\}$ ($I_i = [a_i, b_i]$) が存在して，G が $\mathcal{I}$ の交差グラフに同形であるとき，**区間グラフ**と呼ばれる．そのような区間の集合 $\mathcal{I} = \{I_1, I_2, \cdots, I_n\}$ を区間グラフ G の**実現**という（図 13.4）．

この例からもわかるように，区間グラフ G では，長さ 4 以上の閉路は必ず対角線をもつ．したがって，区間グラフ G はコーダルグラフであり，パーフェクトグラフである．また，区間グラフ $G = (V, E)$ を実現する区間の集合

13.2 交差グラフ

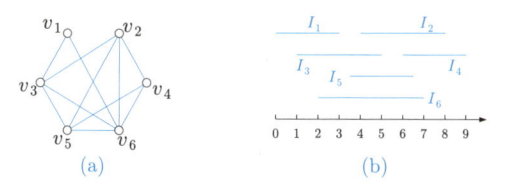

図 13.4 (a) 区間グラフ G, (b) G を実現する区間の集合 $\mathcal{I}$

$\mathcal{I} = \{I_1, I_2, \cdots, I_n\}$ ($I_i = [a_i, b_i]$) を用いて，$I_i \cap I_j = \emptyset$ かつ $a_i \leq b_i < a_j \leq b_j$ のときそしてそのときのみ有向辺 (v_i, v_j) を考えて得られるグラフの無向基礎グラフは，G の補グラフ $\overline{G}$ となり，比較可能グラフとなる．逆も言える．

定理 13.2 無向グラフ G が区間グラフであるための必要十分条件は，G がコーダルグラフであり，G の補グラフ $\overline{G}$ が比較可能グラフであることである． □

ウォーミングアップクイズ (b) は区間グラフを用いて解決できる．5 人の教授 A,B,C,D,E が図書室に入室した時刻と退出した時刻を，それぞれ，区間 I_A, I_B, I_C, I_D, I_E と考える．2 人の教授 X, Y が図書室に同時刻に在室したときのみ，そしてそのときのみ，無向辺 (X, Y) を考えると区間グラフになる．しかしながら，嘘の証言をした教授がいるので，ウォーミングアップクイズの有向グラフの無向基礎グラフは対角線をもたない長さ 4 の閉路（たとえば A,B,C,E）をもつ．そこで，それぞれの教授の証言（に対応する有向辺）を除いた有向グラフを考える．ただ 1 人だけが嘘の証言をしていることから，これからだれが嘘をついたのかを決定できる．詳細は演習問題とする． □

ある円の円弧の集合 $\mathcal{A} = \{A_1, A_2, \cdots, A_n\}$ ($A_i = [a_i, b_i]$, $0 \leq a_i < 2\pi$, $0 \leq b_i - a_i < 2\pi$) が存在して，グラフ G が $\mathcal{A}$ の交差グラフに同形であるとき，G は**円弧グラフ**と呼ばれる．そのような円弧の集合 $\mathcal{A} = \{A_1, A_2, \cdots, A_n\}$ を円弧グラフ G の**実現**という（図 13.5）．

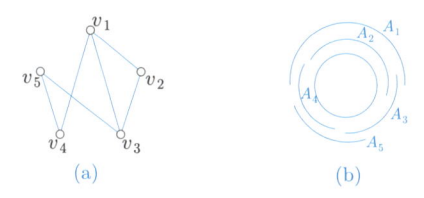

図 13.5 (a) 円弧グラフ G, (b) G を実現する円弧の集合 $\mathcal{A}$

ある円の弦の集合 $\mathcal{C} = \{C_1, C_2, \cdots, C_n\}$ が存在して，グラフ G が $\mathcal{C}$ の交

差グラフに同形であるとき，G は円グラフと呼ばれる．そのような弦の集合 $\mathcal{C} = \{C_1, C_2, \cdots, C_n\}$ を円グラフ G の**実現**という（図 13.6）．

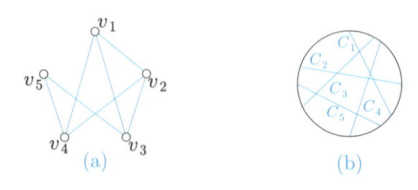

図 13.6 (a) 円グラフ G，(b) G を実現する弦の集合 $\mathcal{C}$

プログラムで用いられる変数に対する最小個数のレジスタの割当て問題や道路ネットワークの交差点での信号制御などは円弧グラフの彩色問題としてモデル化できる．LSI チップの焼き付け行程の短縮化などは，円グラフの独立集合問題としてモデル化できる．

13.3 本章のまとめ

本章では連立方程式をガウスの消去法を用いて解く際に生じるフィルインの個数の最小化問題などと深く関係するグラフのクラスであるパーフェクトグラフおよび関連するグラフについて解説した．

なお，本章の内容の一部は巻末の参考文献の本 [6, 8, 29, 34] に基づいている．

=== 演習問題 ===

13.1 図 13.7 の各グラフに対して，コーダルグラフ，比較可能グラフ，置換グラフ，スプリットグラフかどうかを判定せよ．

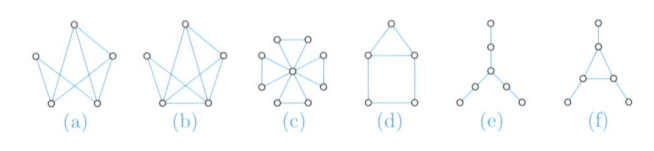

図 13.7

13.2 区間グラフは長さ 4 の閉路グラフ C_4 を誘導部分グラフとして含まないことを示せ．すなわち，長さ 4 の閉路グラフ C_4 を誘導部分グラフとして含むグラフは区間グラフでないことを示せ．

第14章

離 散 確 率

本章の目標 乱数を積極的に利用するアルゴリズムは，ランダム化アルゴリズムあるいは乱択アルゴリズムと呼ばれ，従来のアルゴリズムに立ちはだかる高い壁を楽々と乗り越えてアルゴリズムの新世界を切り開き，現在アルゴリズム研究の最先端の研究テーマとなっている．このランダム化アルゴリズムの設計と解析の基盤となっているのが，離散確率である．本章では，離散確率の基礎的な概念を理解する．

本章のキーワード 確率，標本空間，根元事象，事象，余事象，積事象，和事象，加法定理，直和限界，条件付き確率，独立事象，独立試行，反復試行，ベルヌーイ試行，確率変数，確率分布，期待値，分散，二項分布，幾何分布，正規分布，一様分布，ポアソン分布，期待値の線形性，マルコフの不等式，チェルノフ限界，チェビシェフの不等式

> **ウォーミングアップクイズ**
> (a) 表と裏が出る確率がともに 1/2 で等しいコイン投げを考える．このとき，コイン投げを 3 回行い，3 回とも表が出る確率を求めよ．
> (b) 10 本のくじがありその中の 3 本が当たりくじであるとする．さらに，A, B, C の 3 人がくじをこの順序で引くものとする．このとき，3 番目の C で初めて当たりくじが出る確率を求めよ．
> (c) 目 j ($j = 1, 2, 3, 4, 5, 6$) の出る確率が 1/6 で等しいサイコロ転がしを考える．このとき，サイコロ転がしを 3 回行い，それぞれで出た目の和の合計が 10 になる確率を求めよ．たとえば，出た目の和が 3 になる確率は 3 回とも 1 の出る確率で，それは $(1/6)^3 = 1/216$ となる．

ウォーミングアップクイズの解説
(a) 3 回とも表が出る確率は $(1/2)^3 = 1/8$ である．
(b) 3 番目の C で初めて当たりくじが出るのは，1 番目の A と 2 番目の B がともに空くじを引いて，3 番目の C が当たりくじを引くときのみである．1 番目の A が空くじを引く確率は 7/10 である．そこで，1 番目の A が空くじを引いた後の状況を考える．9 本のくじがあり，その中の 3 本が当たりくじである．したがって，この状況で 2 番目の B が空くじを引く確率は 6/9 である．さらに，1 番目の A と 2 番目の B がともに空くじを引いた後の状況を考える．8 本のくじがあり，その中の 3 本が当たりくじである．したがって，この状況で 3 番目

の C が当たりくじを引く確率は 3/8 である．これから，3 番目の C で初めて当たりくじが出る確率は
$$\frac{7}{10}\cdot\frac{6}{9}\cdot\frac{3}{8}=\frac{7}{40}$$
となる．

(c)　i 回目のサイコロ転がしで出る目を k_i とする．もちろん，$k_i \in \{1,2,3,4,5,6\}$ である．このとき，$k_1 + k_2 + k_3 = 10$ となる (k_1, k_2, k_3) の個数を N とする．各 $j \in \{1,2,3,4,5,6\}$ に対して $k_i = j$ となる確率は 1/6 であるので，$k_1 + k_2 + k_3 = 10$ を満たす各解 (k_1, k_2, k_3) の起こる確率は $(1/6)^3 = 1/216$ である．したがって，サイコロ転がしを 3 回行い，出た目の和の合計が 10 になる確率は $N/216$ である．$k_1 + k_2 + k_3 = 10$ を満たす解は

$$(k_1, k_2, k_3) = (1,3,6), (1,4,5), (1,5,4), (1,6,3),$$
$$(2,2,6), (2,3,5), (2,4,4), (2,5,3), (2,6,2),$$
$$(3,1,6), (3,2,5), (3,3,4), (3,4,3), (3,5,2), (3,6,1),$$
$$(4,1,5), (4,2,4), (4,3,3), (4,4,2), (4,5,1),$$
$$(5,1,4), (5,2,3), (5,3,2), (5,4,1),$$
$$(6,1,3), (6,2,2), (6,3,1)$$

の $N = 27$ 通りである．したがって，サイコロ転がしを 3 回行い，それぞれで出た目の和の合計が 10 になる確率は $27/216 = 1/8$ である． □

14.1 有限確率空間

有限個の点の集合 Ω の各点 i に対して非負の重み $\Pr(i) \geq 0$ が付随していて，$\sum_{i \in \Omega} \Pr(i) = 1$ を満たすものとする．このとき，Ω と $\Pr$ の対 $(\Omega, \Pr)$ を**有限確率空間**という．なお，各点 $i \in \Omega$ は**標本点**と呼ばれ，Ω は**標本空間**と呼ばれる．したがって，有限確率空間は，$\sum_{i \in \Omega} \Pr(i) = 1$ を満たす関数 $\Pr : \Omega \to \mathbf{R}_+$ の付随する有限集合 Ω と考えることができる．有限確率空間 $(\Omega, \Pr)$ の各標本点 $i \in \Omega$ は**根元事象**と呼ばれる．各根元事象 $i \in \Omega$ に対する $\Pr(i)$ は i が起こる**確率**を意味する．すなわち，標本空間 Ω の点を発生させるメカニズムを**試行**というが，各試行で標本点 $i \in \Omega$ が実際に起こる確率が $\Pr(i)$ である．有限確率空間 $(\Omega, \Pr)$ において，Ω の任意の部分集合 $\mathcal{E}$ を**事象**という．事象 $\mathcal{E}$ の確率 $\Pr[\mathcal{E}]$ は，$\mathcal{E}$ に含まれる根元事象の確率の和，すなわち，

$$\Pr[\mathcal{E}] = \sum_{i \in \mathcal{E}} \Pr(i) \tag{14.1}$$

として定義される．Ω において事象 $\mathcal{E}$ の補集合 $\Omega - \mathcal{E}$ を**余事象**といい，$\overline{\mathcal{E}}$ と表記する．もちろん，$\Pr[\overline{\mathcal{E}}] = 1 - \Pr[\mathcal{E}]$ である．Ω を**全事象**といい，全事象の余事象（すなわち，空集合）を**空事象**という．

例題 14.1 有限確率空間の具体例を挙げて事象とその確率を説明せよ．

解答： "公正なコインでコイン投げをすると，'表' が出る確率は $1/2$ である" とか，あるいは "公正なサイコロを転がすと，'6' が出る確率は $1/6$ である" などは，有限確率空間の例である．たとえば，公正なコインでのコイン投げでは，標本空間を $\Omega = \{表, 裏\}$ とし，$\Pr(表) = \Pr(裏) = 1/2$ として確率空間を定義できる．実際にコイン投げを行うことが試行になる．同様に，公正なサイコロ転がしでは，標本空間を $\Omega = \{1, 2, 3, 4, 5, 6\}$ とし，各 $i \in \Omega$ で $\Pr(i) = 1/6$ であるとして確率空間を定義できる．実際にサイコロ転がしを行うことが試行になる．このとき，$\mathcal{E} = \{3, 6\}$ などが事象の例であるが，各試行で事象 $\mathcal{E} = \{3, 6\}$ の起こる確率は，

$$\Pr[\mathcal{E}] = \sum_{i \in \mathcal{E}} \Pr(i) = \Pr(3) + \Pr(6) = \frac{2}{6} = \frac{1}{3}$$

となる．このとき，$\mathcal{E} = \{3, 6\}$ の余事象は $\overline{\mathcal{E}} = \{1, 2, 4, 5\}$ であり，

$$\Pr[\overline{\mathcal{E}}] = \sum_{i \in \overline{\mathcal{E}}} \Pr(i) = \frac{4}{6} = \frac{2}{3} = 1 - \Pr[\mathcal{E}]$$

となる．このように，有限確率空間は，標本空間 Ω と各標本点 i の $\Pr(i)$ で完全に記述できる．"表" が "裏" の 2 倍出やすいような偏ったコイン投げでは，$\Pr(表) = 2/3$ かつ $\Pr(裏) = 1/3$ として確率空間を定義できる． □

この単純な例からもわかるが，注意すべきポイントは，根元事象の確率の定義も基礎となる確率空間の定義の一部であるという点である．すなわち，コイン投げが公正か偏っているかは取り上げる確率空間で指定すべきものであり，他の基礎的なデータから出てくるというものではないのである．

本書では，すべての根元事象が同じ確率をもつような有限確率空間を取り上げることが多いが，そのときには，事象 $\mathcal{E}$ の確率は，$\mathcal{E}$ のサイズと Ω のサイズの比，すなわち，$\Pr[\mathcal{E}] = |\mathcal{E}|/|\Omega|$ になる．

14.2 積事象と和事象

$\mathcal{E}_1, \mathcal{E}_2$ を有限確率空間 $(\Omega, \Pr)$ の二つの事象とする．$\mathcal{E}_1, \mathcal{E}_2$ がともに起こる事象は，**積事象**あるいは**共通事象**と呼ばれ，$\mathcal{E}_1 \cap \mathcal{E}_2$ と表記される．また，$\mathcal{E}_1, \mathcal{E}_2$ の少なくとも一方が起こる事象は，**和事象**と呼ばれ，$\mathcal{E}_1 \cup \mathcal{E}_2$ と表記される．さ

らに，$\mathcal{E}_1 \cap \mathcal{E}_2 = \emptyset$ であるとき，$\mathcal{E}_1$ と $\mathcal{E}_2$ は互いに排反であるという．互いに排反である事象を**排反事象**という．三つ以上の事象 $\mathcal{E}_1, \mathcal{E}_2, \cdots, \mathcal{E}_n$ に対しても一般化できる．$\mathcal{E}_1, \mathcal{E}_2, \cdots, \mathcal{E}_n$ のすべてが起こる事象を**積事象**（共通事象）といい，$\bigcap_{i=1}^{n} \mathcal{E}_i = \mathcal{E}_1 \cap \mathcal{E}_2 \cap \cdots \cap \mathcal{E}_n$ と表記する．同様に，$\mathcal{E}_1, \mathcal{E}_2, \cdots, \mathcal{E}_n$ の少なくとも一つが起こる事象を**和事象**といい，$\bigcup_{i=1}^{n} \mathcal{E}_i = \mathcal{E}_1 \cup \mathcal{E}_2 \cup \cdots \cup \mathcal{E}_n$ と表記する．

14.2.1 和事象の確率

和事象 $\bigcup_{i=1}^{n} \mathcal{E}_i = \mathcal{E}_1 \cup \mathcal{E}_2 \cup \cdots \cup \mathcal{E}_n$ の確率 $\Pr\left[\bigcup_{i=1}^{n} \mathcal{E}_i\right]$ を計算したいとする．どの二つの事象も互いに排反である（すなわち，異なる $j, k \in \{1, 2, \cdots, n\}$ に対して $\mathcal{E}_j \cap \mathcal{E}_k = \emptyset$ である）ならば，和事象の確率は，それぞれの事象の確率の和になる．すなわち，以下の**加法定理**が成立する．

定理 14.1（**加法定理**） 事象 $\mathcal{E}_1, \mathcal{E}_2, \cdots, \mathcal{E}_n$ は，どの二つの事象も互いに排反であるとする．すると，和事象 $\bigcup_{i=1}^{n} \mathcal{E}_i$ の確率は

$$\Pr\left[\bigcup_{i=1}^{n} \mathcal{E}_i\right] = \sum_{i=1}^{n} \Pr\left[\mathcal{E}_i\right] \tag{14.2}$$

と書ける（図 14.1(a) 参照）．

証明： 定義より，事象 $\mathcal{E}$ の確率は $\Pr[\mathcal{E}] = \sum_{k \in \mathcal{E}} \Pr(k)$ であり，和事象 $\bigcup_{i=1}^{n} \mathcal{E}_i$ のどの二つの事象も排反であるので，$\Pr\left[\bigcup_{i=1}^{n} \mathcal{E}_i\right] = \sum_{i=1}^{n} \Pr\left[\mathcal{E}_i\right]$ が得られる． □

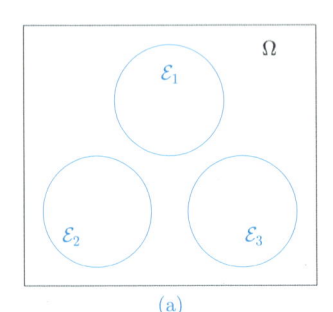

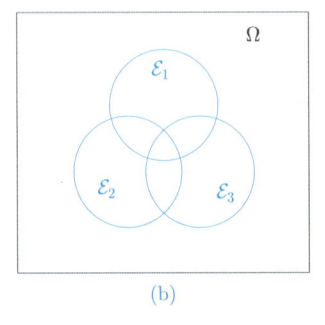

図 14.1 和事象の確率．(a) 加法定理，(b) 包除原理

14.2 積事象と和事象

一般には，事象 $\mathcal{E}_1, \mathcal{E}_2, \cdots, \mathcal{E}_n$ は，複雑な形で重なりをもつ．この場合は，定理 14.1 の式 (14.2) での等号はもはや成立しなくなる．左辺では根元事象の確率は一度だけ数えられるのに対して，右辺では根元事象の確率は，重複により，二度以上数えられることもあるからである（図 14.1(b) 参照）．しかし，これは和集合の要素数について成立する包除原理（文献 [47] などを参照）を用いて解決できる．確率空間においても以下の**包除原理**が成立する．

定理 14.2（包除原理） 事象 $\mathcal{E}_1, \mathcal{E}_2, \cdots, \mathcal{E}_n$ の和事象 $\mathcal{E} = \bigcup_{i=1}^{n} \mathcal{E}_i$ の確率は

$$\Pr\left[\bigcup_{i=1}^{n} \mathcal{E}_i\right] = \sum_{\ell=1}^{n}(-1)^{\ell-1} \sum_{1 \leq j_1 < j_2 < \cdots < j_\ell \leq n} \Pr(\mathcal{E}_{j_1} \cap \mathcal{E}_{j_2} \cap \cdots \cap \mathcal{E}_{j_\ell}) \quad (14.3)$$

と書ける．

証明： 事象 $\mathcal{E} = \bigcup_{i=1}^{n} \mathcal{E}_i$ の確率はそれを構成する根元事象の確率の和である．すなわち，$\Pr[\mathcal{E}] = \sum_{k \in \mathcal{E}} \Pr(k)$ である．一方，集合の包除原理より，各根元事象 $k \in \mathcal{E} = \bigcup_{i=1}^{n} \mathcal{E}_i$ の確率 $\Pr(k)$ は，式 (14.3) の右辺の複数の事象の積事象の確率 $\Pr(\mathcal{E}_{j_1} \cap \mathcal{E}_{j_2} \cap \cdots \cap \mathcal{E}_{j_\ell})$ に寄与するが，足したり引いたりして右辺全体ではちょうど 1 回だけ寄与するようになるからである．したがって，和事象 $\mathcal{E} = \bigcup_{i=1}^{n} \mathcal{E}_i$ の確率は式 (14.3) と書ける． □

定理 14.2 の包除原理に基づいた和事象の確率の計算は極めて複雑であるので，$\ell = 1$ のみの近似である $\Pr\left[\bigcup_{i=1}^{n} \mathcal{E}_i\right] \leq \sum_{i=1}^{n} \Pr[\mathcal{E}_i]$ を用いることも多い（繰り返しになるが，左辺では根元事象の確率は一度だけ数えられるのに対して，右辺では根元事象の確率は，一度あるいは二度以上数えられることに注意しよう）．これが**直和限界**と呼ばれる（**ユニオン限界**とも呼ばれる）ものの内容である．

定理 14.3（直和限界） 事象 $\mathcal{E}_1, \mathcal{E}_2, \cdots, \mathcal{E}_n$ に対して，

$$\Pr\left[\bigcup_{i=1}^{n} \mathcal{E}_i\right] \leq \sum_{i=1}^{n} \Pr[\mathcal{E}_i] \quad (14.4)$$

が成立する． □

直和限界は，一見，役に立ちそうになく思えるが，アルゴリズムの解析および確率的方法と呼ばれる証明技法（15.1 節）では驚異的に強力な道具となるのである．それらについては次章で取り上げることにする．

14.2.2 積事象の確率と独立性

事象 $\mathcal{E}$ の確率は，大まかには，$\mathcal{E}$ の起こりそうな割合であると見なせる．ほかの情報が手に入るとこの確率は変わる．そこで，正の確率をもつある事象 $\mathcal{F}$ が起こったとする．このとき，$\mathcal{F}$ のもとでの $\mathcal{E}$ の起こる確率を $\Pr[\mathcal{E} \mid \mathcal{F}]$ と表記し，**条件付き確率**という．これは，すでに起こった事象 $\mathcal{F}$ を構成する標本空間において，$\mathcal{E}$ の占める割合，すなわち，

$$\Pr[\mathcal{E} \mid \mathcal{F}] = \frac{\Pr[\mathcal{E} \cap \mathcal{F}]}{\Pr[\mathcal{F}]} \tag{14.5}$$

に対応する．正の確率をもつ二つの事象 $\mathcal{E}$ と $\mathcal{F}$ は，一方の事象が起こったとしても他方の事象の起こりやすさに影響を及ぼさないとき，**独立**であると呼ばれる．すなわち，$\Pr[\mathcal{E} \mid \mathcal{F}] = \Pr[\mathcal{E}]$ かつ $\Pr[\mathcal{F} \mid \mathcal{E}] = \Pr[\mathcal{F}]$ であるとき，二つの事象 $\mathcal{E}$ と $\mathcal{F}$ は独立である．なお，一方が成立すれば，他方も成立する．なぜなら，$\Pr[\mathcal{E} \mid \mathcal{F}] = \Pr[\mathcal{E}]$ ならば $\frac{\Pr[\mathcal{E} \cap \mathcal{F}]}{\Pr[\mathcal{F}]} = \Pr[\mathcal{E}]$ から $\Pr[\mathcal{E} \cap \mathcal{F}] = \Pr[\mathcal{E}] \cdot \Pr[\mathcal{F}]$ となり，$\Pr[\mathcal{F} \mid \mathcal{E}] = \frac{\Pr[\mathcal{E} \cap \mathcal{F}]}{\Pr[\mathcal{E}]} = \Pr[\mathcal{F}]$ も得られるからである．

上記の議論に基づいて，非負の確率をもつ二つの事象 $\mathcal{E}$，$\mathcal{F}$ にも適用できるように独立性の定義を以下のように一般化しておく．二つの事象 $\mathcal{E}$ と $\mathcal{F}$ は，

$$\Pr[\mathcal{E} \cap \mathcal{F}] = \Pr[\mathcal{E}] \cdot \Pr[\mathcal{F}] \tag{14.6}$$

であるとき，**独立**であると呼ばれる．

この積形式の定義は 3 個以上の事象にも自然に一般化できる．n 個の事象 $\mathcal{E}_1, \mathcal{E}_2, \cdots, \mathcal{E}_n$ は，すべての部分集合 $I \subseteq \{1, 2, \cdots, n\}$ に対して，

$$\Pr\left[\bigcap_{i \in I} \mathcal{E}_i\right] = \prod_{i \in I} \Pr[\mathcal{E}_i] \tag{14.7}$$

であるとき，**独立**であると呼ばれる．

注意：演習問題 14.2 で取り上げているように，3 個以上の事象からなる集合が独立であることを確認するためには，単に二つの事象のすべての対で独立性を確認するだけでは不十分であることを重ねて注意しておく． □

14.2.3 独立試行

二つ以上の試行の系列で，各試行で得られる結果の任意の事象がそれ以前の施行で得られる結果のどの事象にも独立であるとき，これらの施行の系列は独

立試行と呼ばれる．各試行が同一である独立試行は**反復試行**と呼ばれる．とくに，コイン投げのように，各試行の結果が 2 値（たとえば，0,1 あるいは表，裏）となる独立試行を**ベルヌーイ試行**という．また，サイコロ転がしのように各試行の結果が定数個の値（サイコロ転がしのときは 6 個）となる独立試行も反復試行の例である．

14.3 確率変数と確率分布

確率空間 $(\Omega, \Pr)$ において，Ω から非負整数 $\mathbf{Z}_+$ への関数 f を**確率変数**という（確率変数は，通常，Ω から実数への関数として定義されるが，本書では，おもに非負整数に限定している）．関数というべきかもしれないが，伝統的に変数と呼ばれてきている．ここでは，変数の趣を出すため，f ではなく X で確率変数を表すことにする．各非負整数 j に対して，値 j をとるすべての標本点の集合を $X^{-1}(j)$ とする．すると，$X^{-1}(j)$ が $X = j$ となる事象である．そこで，$\Pr[X^{-1}(j)]$ を簡便化して $\Pr[X = j]$ と表記する．確率変数 X（のとる値の各非負整数 j）と事象 $X^{-1}(j)$ の確率 $\Pr[X = j]$ を対にして**確率分布**という．もちろん，確率変数の確率の総和 $\sum_{j=0}^{\infty} \Pr[X = j]$ は 1 になる．以下では，アルゴリズムと離散確率で重要な役割を果たしている二項分布，幾何分布，ポアソン分布，一様分布，正規分布について説明する．それぞれの確率変数の確率の総和が 1 になることは，演習問題 14.3 とする．

14.3.1 二 項 分 布

とりうる値が 2 値（0 と 1 とする）のベルヌーイ試行を考える．各試行で 1 が出る確率を p とする．したがって，0 が出る確率は $1-p$ となる．n 回の試行で 1 が出る回数を X とする．すると，$X = j$ となる確率 $\Pr[X = j]$ は

$$\Pr[X = j] = {}_n C_j p^j (1-p)^{n-j} = \frac{n!}{j!(n-j)!} p^j (1-p)^{n-j} \tag{14.8}$$

となる．式 (14.8) の確率分布は**二項分布**と呼ばれる．

14.3.2 幾 何 分 布

二項分布では試行の回数が n で有限であったが，幾何分布では試行回数 n が無限大（可算無限）のときのベルヌーイ試行を考える．二項分布のときと同様に，各試行で 1 が出る確率を p とし，0 が出る確率は $1-p$ とする．このとき，

1 が出るまでの試行回数を X とする（したがって $X \geq 1$ である）．すると，$X = j$ となる確率 $\Pr[X = j]$ は，$j - 1$ 回 0 が出た後に 1 が出る確率であり，

$$\Pr[X = j] = (1-p)^{j-1} p \tag{14.9}$$

となる．式 (14.9) の確率分布は**幾何分布**と呼ばれる．

14.3.3 ポアソン分布

ポアソン分布でも試行回数 n は可算無限であるとする．X を非負整数の値をとる確率変数とする．このとき，$X = j$ となる確率 $\Pr[X = j]$ が，あるパラメーター $\lambda > 0$ と自然対数の底 e を用いて

$$\Pr[X = j] = \mathrm{e}^{-\lambda} \frac{\lambda^j}{j!} \tag{14.10}$$

と書けるとする．式 (14.10) の確率分布は**ポアソン分布**と呼ばれる．

14.3.4 一様分布

一様分布は，通常，標本空間が非可算個の標本点をもつ（可算集合ではない）非可算集合で定義される．ここでは，標本点が n 個で，各 $j \in \{1, 2, \cdots, n\}$ に対して $X = j$ となる確率が

$$\Pr[X = j] = \frac{1}{n} \tag{14.11}$$

である確率分布を**一様分布**という．

14.3.5 正規分布

正規分布は，標本空間が非可算個の標本点をもつ（可算集合ではない）非可算集合で定義されるが，離散アルゴリズムでも重要な役割を果たしているのでここで定義を与える．非可算集合では，**確率密度関数**を用いて確率空間が定義されている．実数集合 $\mathbf{R}$ の任意の点 x に対する確率密度関数がパラメーター μ, σ と自然対数の底 e を用いて

$$\Pr[X = x] = \frac{1}{\sigma\sqrt{2\pi}} \mathrm{e}^{-\frac{(x-\mu)^2}{2\sigma^2}} \tag{14.12}$$

と書ける確率分布を**正規分布**という．また，パラメーターが $\mu = 0, \sigma = 1$ であるような正規分布を**標準正規分布**という．すなわち，標準正規分布では，実数

集合 **R** の任意の点 x に対する確率密度関数が

$$\Pr[X=x] = \frac{1}{\sqrt{2\pi}} e^{-\frac{x^2}{2}} \qquad (14.13)$$

である.

14.4 期待値と分散

与えられた確率変数 X に対して, X の**期待値**を

$$\mathbf{E}[X] = \sum_{j=0}^{\infty} j \cdot \Pr[X=j] \qquad (14.14)$$

として定義する. すなわち, 期待値は一種の"平均値"である. なお, 和が発散するときには期待値は ∞ であるとする. さらに, 整数 $k \geq 2$ に対して,

$$\mathbf{E}\left[(X - \mathbf{E}[X])^k\right] = \sum_{j=0}^{\infty} \Pr[X=j](j - \mathbf{E}[X])^k \qquad (14.15)$$

を期待値のまわりの **k 次のモーメント**という. とくに, $k=2$ の 2 次のモーメント $\mathbf{E}\left[(X - \mathbf{E}[X])^2\right]$ を**分散**といい, $\mathbf{V}[X]$ と表記する. なお, $\mathbf{V}[X]$ は

$$\mathbf{V}[X] = \mathbf{E}[X^2] - (\mathbf{E}[X])^2 = \sum_{j=0}^{\infty} \Pr[X=j] j^2 - (\mathbf{E}[X])^2 \qquad (14.16)$$

と書ける. 分散の平方根 $\sqrt{V[X]}$ を**標準偏差**という.

例題 14.2 各目 i ($i=1,2,\cdots,6$) が $1/6$ の確率で出る公平なサイコロ転がしでの期待値と分散を求めよ.

解答: X が $\{1,2,\cdots,n\}$ の各値を確率 $1/n$ でとるとする. すると,

$$\mathbf{E}[X] = \frac{1}{n} \cdot 1 + \frac{1}{n} \cdot 2 + \cdots + \frac{1}{n} \cdot n = \frac{1}{n} \sum_{j=1}^{n} j = \frac{n+1}{2},$$

$$\mathbf{V}[X] = \frac{1}{n} \sum_{j=1}^{n} \left(j - \frac{n+1}{2}\right)^2 = \frac{n^2-1}{12}$$

となる. したがって, 公平なサイコロ転がしでは $n=6$ であるので, 期待値は $7/2$ で, 分散は $35/12$ である. □

例題 14.3 確率 $p > 0$ で表が出て，確率 $1-p$ で裏の出るコインがあり，そのコインでコイン投げをするベルヌーイ試行を考える．初めて表が出るまでのコイン投げの試行回数の期待値と分散を求めよ．

解答： 表が初めて出るまでの試行回数を表す確率変数を X とする．すると，X は幾何分布となる．式 (14.9) でも示したように，$X = j$ である（j 回目で初めて表が出る）確率は，最初の $j-1$ 回のコイン投げで裏が出て，j 回目のコイン投げで表が出る確率であるので，$\Pr[X = j] = (1-p)^{j-1}p$ である．したがって，期待値と分散は

$$\mathbf{E}[X] = \sum_{j=0}^{\infty} j \cdot \Pr[X=j] = \sum_{j=1}^{\infty} j(1-p)^{j-1}p = \frac{1}{p},$$

$$\mathbf{V}[X] = \sum_{j=0}^{\infty} \left(j - \frac{1}{p}\right)^2 \Pr[X=j] = \sum_{j=1}^{\infty} \left(j - \frac{1}{p}\right)^2 (1-p)^{j-1}p = \frac{1-p}{p^2}$$

となる． □

表が出ることを成功と考えて，これから以下の定理が得られる．

定理 14.4（試行回数の期待値） 各試行が確率 $p > 0$ で成功するベルヌーイ試行において，初めて成功するまでの試行回数の期待値は $1/p$ である． □

14.4.1 期待値の線形性

加法定理では，与えられた事象をより単純な排反事象の和事象に書き下し，これらの単純な事象の確率に基づいて元の事象の確率を計算する方法を議論した．これは，確率変数の期待値を扱うときにも適用できる強力な技法である．以下の**期待値の線形性**が成立するからである．証明は演習問題 14.4 の解答で与える．

定理 14.5（期待値の線形性） 同一の確率空間上で定義された確率変数 X, Y に対して，確率変数 $X + Y$ を任意の標本点 ω で $X(\omega) + Y(\omega)$ として定義する．すると，

$$\mathbf{E}[X + Y] = \mathbf{E}[X] + \mathbf{E}[Y]$$

が成立する． □

定理 14.5 は n 個の確率変数 $X_1, X_2, \cdots, X_n$ に対しても一般化できる．

定理 14.6（**期待値の線形性**） 同一の確率空間上で定義された n 個の確率変数 $X_1, X_2, \cdots, X_n$ に対して，確率変数 $X_1 + X_2 + \cdots + X_n$ を任意の標本点 ω で $X_1(\omega) + X_2(\omega) + \cdots + X_n(\omega)$ として定義する．すると，

$$\mathbf{E}[X_1 + X_2 + \cdots + X_n] = \mathbf{E}[X_1] + \mathbf{E}[X_2] + \cdots + \mathbf{E}[X_n]$$

が成立する． □

証明は演習問題 14.5 とする．定理 14.6 は，任意の確率変数の和に対して適用できるもので，制限する仮定は何もない点から，非常に強力なものである．したがって，複雑な確率変数 X の期待値は，より単純な確率変数の和として $X = X_1 + X_2 + \cdots + X_n$ のように書き下し，各 $\mathbf{E}[X_i]$ を計算して，そして $\mathbf{E}[X] = \sum_{i=1}^{n} \mathbf{E}[X_i]$ と決定できることになる．そこで，この原理に基づいて，いくつかの例で実際に期待値を計算してみよう．

14.4.2　**期待値の計算：期待値の線形性の応用**

14.4.2.1　カード当て

トランプのカード当てを例にとり考える．52 枚の山のトランプのカードをよくきって，一度に 1 枚ずつ取り出して表を出していくとする．表を出す前にそのカードが何であるかを当てていくものとする．これに対する戦略を考えて，その戦略のもとでカードが当たる回数を計算したい．

より一般的な枠組みで議論しよう．ある戦略のもとで，n 枚の異なるカードの山に対して，予言の当たる回数を表す確率変数を X とする．**無記憶カード当て戦略**と**有記憶カード当て戦略**の 2 通りの戦略を考える．すなわち，カードを当てながらカードをめくっていくが，めくられたカードを全く記憶しておくことができないときの戦略（無記憶カード当て戦略）とめくられたカードをすべて記憶しておくことができるときの戦略（有記憶カード当て戦略）の 2 通りの戦略である．したがって，次のカードを予言するとき，無記憶カード当て戦略では，n 枚のカードから一様にランダムに選んで当てることにする．有記憶カード当て戦略では，次のカードを予言するとき，まだめくられていないカードから一様にランダムに選んで当てることにする．これらの 2 通りのそれぞれの戦略のもとでカードが当たる回数 X の期待値を求める．

無記憶カード当て戦略で当たる回数 X の期待値の計算

各 $i = 1, 2, \cdots, n$ に対して，i 回目の予言が当たったとき 1 をとり，はずれたとき 0 をとる確率変数 X_i を考える．無記憶カード当て戦略で第 i 回目の予言が当たる確率 $\Pr[X_i = 1]$ は $\frac{1}{n}$ となるので，

$$\mathbf{E}[X_i] = 0 \cdot \Pr[X_i = 0] + 1 \cdot \Pr[X_i = 1] = \Pr[X_i = 1] = \frac{1}{n}$$

となる．さらに，$X = X_1 + X_2 + \cdots + X_n$ から，

$$\mathbf{E}[X] = \sum_{i=1}^{n} \mathbf{E}[X_i] = n\left(\frac{1}{n}\right) = 1$$

となる． □

有記憶カード当て戦略で当たる回数 X の期待値の計算

i 番目の予言が当たるとき値 1 をとり，はずれるとき値 0 をとる確率変数を X_i とする．i 回目の予言が当たるためには，残っている $n - i + 1$ 枚のカードから 1 枚を当てればよいので，

$$\mathbf{E}[X_i] = \Pr[X_i = 1] = \frac{1}{n - i + 1}$$

となり，

$$\mathbf{E}[X] = \sum_{i=1}^{n} \mathbf{E}[X_i] = \sum_{i=1}^{n} \frac{1}{n - i + 1} = \sum_{i=1}^{n} \frac{1}{i}$$

が得られる．最後の式 $\sum_{i=1}^{n} \frac{1}{i} = 1 + \frac{1}{2} + \cdots + \frac{1}{n}$ は**調和数** H_n であり，

$$\log_e(n + 1) < \mathrm{H}_n < 1 + \log_e n$$

である[47]．したがって，出てきたカードをすべて記憶できるときは，予言が当たる回数の期待値は，1 より極めて大きい値に増加することになる． □

14.4.2.2 クーポン収集問題

次のように定義される**クーポン収集問題**を考える．n 種類のクーポンがあり，有名ブランドのシリアルの各箱におまけとして 1 枚のクーポンが入れられている．このとき，このシリアルを利用している顧客が，すべての種類のクーポンを獲得するまでに購入する箱の個数の期待値を計算せよ．

解答： [解答の方針] X をすべての種類のクーポンを初めて獲得するまでに買う箱の個数を表す確率変数とする．これはかなり複雑な確率変数であるので，より単純な確率変数の和として書き下すことにする．そこで，j 種類のクーポンを獲得してから $j + 1$ 番目の種類のクーポンを獲得するまでの期間をフェーズ j ということにする．したがって，$j + 1$ 番目の種類のクーポンを獲得すると，フェーズ j は終了しフェーズ

$j+1$ が始まる．全体のプロセスはフェーズ 0 で出発し，フェーズ $n-1$ の終了とともに終了する．X_j をフェーズ j におけるステップ数（購入する箱の個数）を表す確率変数とする．すると，$X = X_0 + X_1 + \cdots + X_{n-1}$ であり，各 j に対して $\mathbf{E}[X_j]$ を計算できればよいことになる．$\mathbf{E}[X_j]$ が $\mathbf{E}[X_j] = \frac{n}{n-j}$ となることは，以下のようにして得られる．

まず，フェーズ j の各ステップにおいて，フェーズが終了することと，まだ獲得していない $n-j$ 種類のクーポンの一つを獲得することとは，等価であることに注意する．したがって，フェーズ j おいて，本当に待っている事象は，確率 $\frac{n-j}{n}$ で起こる事象であり，したがって，定理 14.4 より，フェーズ j の期待ステップ数（購入する箱の個数の期待値）は，$\mathbf{E}[X_j] = \frac{n}{n-j}$ となる．

これを用いて，全体の期待ステップ数 $\mathbf{E}[X]$ は，期待値の線形性から，

$$\mathbf{E}[X] = \sum_{j=0}^{n-1} \mathbf{E}[X_j] = \sum_{j=0}^{n-1} \frac{n}{n-j} = n \sum_{j=0}^{n-1} \frac{1}{n-j} = n \sum_{i=1}^{n} \frac{1}{i} = n\mathrm{H}_n$$

となる．すなわち，すべての種類のクーポンを獲得するまでに購入する箱の個数の期待値 $\mathbf{E}[X]$ は，$n\log_e(n+1) < \mathbf{E}[X] = n\mathrm{H}_n < n(1+\log_e n)$ である． □

14.5 マルコフの不等式とチェルノフ限界

14.4 節で，確率変数の期待値を形式的に定義し，その定義に基づいて，様々な議論をし，いくつかの結果を与えてきた．直観的には，確率変数が期待値の"近く"にいる確率はかなり高いだろうと思えるが，これがどの程度正しいことなのかについては議論してこなかった．この種の問題に対して，ある程度答える結果を示すことにする．その応用については次章で眺める．

非負の整数値をとる確率変数 X と正数 γ に対する不等式

$$\gamma \Pr[X \geq \gamma] \leq \mathbf{E}[X] \tag{14.17}$$

はマルコフ (A. Markov) の**不等式**と呼ばれる．なお，確率変数 X は非負の離散値をとると一般化してもマルコフの不等式は成立する．証明は基本的で期待値の定義から得られるので演習問題 14.7 とする．したがって，確率変数 X が γ 以上となる確率は，

$$\Pr[X \geq \gamma] \leq \frac{\mathbf{E}[X]}{\gamma} \tag{14.18}$$

と上から抑えられる．たとえば，$\gamma = 2\mathbf{E}[X]$ とすると，確率変数 X が期待値の 2 倍以上となる確率は $\frac{1}{2}$ 以下となることが得られる．

一方,チェビシェフ (P. Chebyshev) の**不等式**は,期待値から両側に離れる確率を抑えるもので,確率変数 X の標準偏差 $\sigma(X)$ と任意の正数 a に対して

$$\Pr[|X - \mathbf{E}[X]| \geq a] \leq \left(\frac{\sigma(X)}{a}\right)^2 \tag{14.19}$$

と書ける.これも証明は基本的であるので演習問題 14.8 とする.

チェビシェフの不等式は期待値から両側に離れる確率を抑えるものであるのに対して,**チェルノフ** (H. Chernoff) **限界**は期待値から片側に離れる確率を抑えるものである.それを以下で説明する.

0 と 1 の値をとる n 回の独立試行の各試行 $i = 1, 2, \cdots, n$ で,確率変数 X_i は,確率 p_i で値 1 をとり,確率 $1-p_i$ で値 0 をとるものとする.確率変数 X を $X = X_1 + X_2 + \cdots + X_n$ とする.すると,期待値の線形性より,$\mathbf{E}[X] = \sum_{i=1}^{n} p_i$ となる.直観的には,確率変数 $X_1, X_2, \cdots, X_n$ の独立性より,揺らぎは"打ち消し合う"ようになり,したがって,その和である X は期待値に近い値を高い確率でとることになると思われる.実際これは正しい.この結果を 2 通りの方法で具体的に述べることにする.一つは X が $\mathbf{E}[X]$ より大きいある値以上となる確率を抑えるものであり,もう一つは X が $\mathbf{E}[X]$ より小さいある値以下となる確率を抑えるものである.

定理 14.7(チェルノフ限界:しきい値より大きい値となる確率の上界)

$X, X_1, X_2, \cdots, X_n$ を上で定義したものとし,$\mu \geq \mathbf{E}[X]$ とする.すると,任意の $\delta > 0$ に対して

$$\Pr[X \geq (1+\delta)\mu] \leq \left[\frac{e^\delta}{(1+\delta)^{(1+\delta)}}\right]^\mu$$

が成立する.

証明: X が $(1+\delta)\mu$ より大きくなる確率を抑えるために,簡単な変換をいくつか行う.まずはじめに,任意の $t > 0$ に対して,関数 $f(x) = e^{tx}$ は x に関して単調増加であるので,

$$\Pr[X \geq (1+\delta)\mu] = \Pr\left[e^{tX} \geq e^{t(1+\delta)\mu}\right]$$

と書けることに注意する.後で t を適切に選んでこれを用いることにする.さらに,確率変数 Y に対するマルコフの不等式 $\Pr[Y \geq \gamma] \leq \frac{\mathbf{E}[Y]}{\gamma}$ から

$$\Pr[X \geq (1+\delta)\mu] = \Pr\left[e^{tX} \geq e^{t(1+\delta)\mu}\right] \leq e^{-t(1+\delta)\mu}\mathbf{E}\left[e^{tX}\right]$$

が得られる．そこで，期待値 $\mathbf{E}\left[\mathrm{e}^{tX}\right]$ を抑える．X は $X = \sum_{i=1}^{n} X_i$ と書けるので，期待値は

$$\mathbf{E}\left[\mathrm{e}^{tX}\right] = \mathbf{E}\left[\mathrm{e}^{t\sum_{i=1}^{n}X_i}\right] = \mathbf{E}\left[\prod_{i=1}^{n}\mathrm{e}^{tX_i}\right]$$

となる．二つの独立な確率変数 Y と Z に対して，積 YZ の期待値は $\mathbf{E}[YZ] = \mathbf{E}[Y]\mathbf{E}[Z]$ と書けることを用いる．確率変数 $X_1, X_2, \cdots, X_n$ は独立である（確率変数 $\mathrm{e}^{tX_1}, \mathrm{e}^{tX_2}, \cdots, \mathrm{e}^{tX_n}$ も独立である）ので，

$$\mathbf{E}\left[\prod_{i=1}^{n}\mathrm{e}^{tX_i}\right] = \prod_{i=1}^{n}\mathbf{E}\left[\mathrm{e}^{tX_i}\right]$$

が得られる．ここで，e^{tX_i} は確率 p_i で e^t であり，確率 $1-p_i$ で $\mathrm{e}^0 = 1$ である．したがって，その期待値は，

$$\mathbf{E}\left[\mathrm{e}^{tX_i}\right] = p_i\mathrm{e}^t + (1-p_i) = 1 + p_i(\mathrm{e}^t - 1) \leq \mathrm{e}^{p_i(\mathrm{e}^t-1)}$$

と上から抑えられる．なお，最後の不等式は，任意の $\alpha \geq 0$ で $1+\alpha \leq \mathrm{e}^\alpha$ が成立することから得られる．これらの不等式を組み合わせて，$\mathbf{E}[X] = \sum_{i=1}^{n} p_i \leq \mu$ より，

$$\begin{aligned}
\Pr[X \geq (1+\delta)\mu] &\leq \mathrm{e}^{-t(1+\delta)\mu}\mathbf{E}\left[\mathrm{e}^{tX}\right] = \mathrm{e}^{-t(1+\delta)\mu}\prod_{i=1}^{n}\mathbf{E}\left[\mathrm{e}^{tX_i}\right] \\
&\leq \mathrm{e}^{-t(1+\delta)\mu}\prod_{i=1}^{n}\mathrm{e}^{p_i(\mathrm{e}^t-1)} = \mathrm{e}^{-t(1+\delta)\mu}\mathrm{e}^{(\mathrm{e}^t-1)\sum_{i=1}^{n}p_i} \\
&\leq \mathrm{e}^{-t(1+\delta)\mu}\mathrm{e}^{\mu(\mathrm{e}^t-1)}
\end{aligned}$$

が得られる．したがって，$t = \log_e(1+\delta)$ を代入すれば命題の上界が得られる．□

定理 14.7 は，X がある上界より大きくなる（期待値より極めて大きくなる）可能性が小さくなることを与えているのに対して，次の定理 14.8 は X がある下界より小さくなる（期待値より極めて小さくなる）可能性が小さくなることを与えている．定理 14.8 の証明は演習問題 14.9 の解答で与える．

定理 14.8（チェルノフ限界：しきい値より小さい値となる確率の上界）

$X, X_1, X_2, \cdots, X_n$ および μ を上で定義したものとし，$\mu \leq \mathbf{E}[X]$ とする．すると，任意の $1 > \delta > 0$ に対して，

$$\Pr[X \leq (1-\delta)\mu] \leq \mathrm{e}^{-\mu\delta^2/2}$$

が成立する．   □

14.6 本章のまとめ

　本章では，ランダム化アルゴリズムの基礎となる有限確率空間の基本的な概念を説明した．とくに，和事象の直和限界と期待値の線形性について述べ，カード当てとクーポン収集問題に対して期待値の線形性に基づいて期待値を計算する例を示した．さらに，期待値から大きく離れる確率を抑えるマルコフの不等式とチェルノフ限界についても説明した．これらは，次章でランダム化戦略の解析に用いられることになる．
　なお，本章の内容は巻末の参考文献の本 [16] に基づいている．

演習問題

14.1 毎年4月に新4年生が研究室に5人配属になるので歓迎会を開催する．そのとき各4年生が自分の誕生月を教える．すると，たまたま誕生月の同じ4年生が2人いるときがある．同じ誕生月の人が複数いる確率を求めよ．ただし，どの人もある指定された月が誕生月となる確率は 1/12 であるものとする．何年間このような歓迎会を繰り返せば，同じ誕生月の4年生が同じ年度で複数いる事象が起こるか．その年数の期待値を求めよ．

14.2 3個以上の事象からなる集合が独立であることを確認するためには，単に二つの事象のすべての対で独立性を確認するだけでは不十分であることの例を挙げよ．

14.3 二項分布，幾何分布，ポアソン分布，一様分布および正規分布の確率変数の確率の総和が1であることを示せ．

14.4 定理 14.5 の証明を与えよ．すなわち，

$$\mathbf{E}[X+Y] = \mathbf{E}[X] + \mathbf{E}[Y]$$

が成立することを証明せよ．

14.5 定理 14.6 の期待値の線形性に対する証明を与えよ．すなわち，

$$\mathbf{E}[X_1 + X_2 + \cdots + X_n] = \mathbf{E}[X_1] + \mathbf{E}[X_2] + \cdots + \mathbf{E}[X_n]$$

が成立することを証明せよ．

14.6 確率変数 X の分散 $\mathbf{V}[X]$ は式 (14.16) のように書けることを示せ．

14.7 式 (14.17) のマルコフの不等式を証明せよ．

14.8 式 (14.19) のチェビシェフの不等式を証明せよ．

14.9 定理 14.8 の証明を与えよ．

第15章

確率的方法

本章の目標 ある指定された性質を満たす確率が正になることに基づいて，その性質を満たすものが存在することを示す技法は確率的方法と呼ばれる．本章では，この確率的方法について理解する．さらに，離散確率に基づくランダム化戦略がアルゴリズム理論の分野で有効であることを理解する．とくに，前章で述べた離散確率の応用として，競合の解消や負荷分散においてランダム化戦略の有効性を理解する．

本章のキーワード 充足可能性，ハイパーグラフ，彩色，彩色数，ラムゼー数，確率的方法，マルコフの不等式，チェルノフ限界

ウォーミングアップクイズ
(a) 赤と青の色を用いて，グラフの辺に色をつけるものとする．たとえば，6点の完全グラフ K_6 の辺を任意に赤あるいは青の色をつける．このとき，すべての辺に色がつけられると，赤色の辺からなる3点の完全グラフ K_3 あるいは青色の辺からなる3点の完全グラフ K_3 が存在することを確かめよ．
　　一方，K_5 の辺を任意に赤あるいは青の色をつけると，赤色の辺からなる3点の完全グラフ K_3 も青色の辺からなる3点の完全グラフ K_3 も存在しないことがあることを示せ．
(b) 6個の箱 B_i ($i=1,2,3,4,5,6$) に36個のボールを入れる．各ボールはサイコロを転がして出た目 i の箱 B_i に入れるものとする．サイコロは公正なものでどの目も等確率 $1/6$ で出るものとする．このとき，ボールが12個以上入るような箱が存在する確率はいくらか？また，ボールが高々3個しか入らないような箱の存在する確率はいくらか？

ウォーミングアップクイズの解説
(a) 次の図の K_6 と K_5 の彩色（赤は太い実線，青は太い点線）を考える．

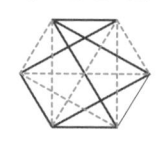

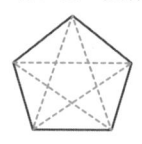

すると，左図の K_6 のまだ色をつけられていない辺に赤で彩色すると赤色の K_3 ができる．青で彩色すると青色の K_3 ができる．一般に，K_6 の辺をどのように彩色しても赤色の K_3 あるいは青色の K_3 ができることを示すことができ

る．右図の K_5 の彩色では赤色の K_3 も青色の K_3 も存在しない．

(b) まずはじめに，箱 B_i を固定して考える．箱 B_i に各ボールが入る確率は $1/6$ である．36 個のボールのうち B_i にちょうど k 個のボールが入る確率を求めるために，36 個のボールのうち，入ったボールを赤色と考え，入らなかったボールを青色と考えて区別する．すると，赤色のボール k 個と青色のボール $36-k$ の異なる順列は $\frac{36!}{k!(36-k)!}$ 個ある．各順列で赤色のボールになる確率が $\frac{1}{6}$ で，青色のボールになる確率が $\frac{5}{6}$ であるので，36 個のボールのうち B_i にちょうど k 個のボールが入る確率 p_{ik} は

$$p_{ik} = \frac{36!}{k!(36-k)!}\left(\frac{1}{6}\right)^k\left(\frac{5}{6}\right)^{36-k} = \frac{36!5^{36-k}}{k!(36-k)!6^{36}}$$

となる．異なる二つの非負整数 k, k' に対して 36 個のボールのうち B_i にちょうど k 個のボールが入る事象と 36 個のボールのうち B_i にちょうど k' 個のボールが入る事象は排反であるので，B_i に 12 個以上のボールが入る確率は

$$\sum_{k=12}^{36} p_{ik} = \sum_{k=12}^{36} \frac{36!5^{36-k}}{k!(36-k)!6^{36}}$$

となる．同様に，36 個のボールのうち B_i に 3 個以下のボールが入る確率は

$$\sum_{k=0}^{3} p_{ik} = \sum_{k=0}^{3} \frac{36!5^{36-k}}{k!(36-k)!6^{36}} = \left(\frac{5}{6}\right)^{36}\left(1 + \frac{36}{5} + \frac{36 \cdot 35}{2 \cdot 5^2} + \frac{36 \cdot 35 \cdot 34}{6 \cdot 5^3}\right)$$

となる．二つの異なる箱 B_i, B_j に対して，B_i に k_i 個のボール，B_j に k_j 個のボールが入る事象は排反ではないので，ボールが 12 個以上入るような箱が存在する確率やボールが高々3 個しか入らないような箱の存在する確率をきちんと求めることは極めて複雑になりうる．箱の個数は 6 個であるので，ボールが 12 個以上入るような箱が存在する確率は，$\sum_{k=12}^{36} p_{ik}$ 以上，$6\sum_{k=12}^{36} p_{ik}$ 以下であることは言える．同様に，ボールが高々3 個しか入らないような箱の存在する確率は，$\sum_{k=0}^{3} p_{ik}$ 以上，$6\sum_{k=0}^{3} p_{ik}$ 以下である． □

本章では，ウォーミングアップクイズに関連する問題を取り上げて，さらに詳細に議論する．とくにクイズ (b) の限界の見積もりは複雑であるので，より利用しやすい単純な限界であるチェルノフ限界を利用してみる．

15.1 確率的方法

エルデシュ (P. Erdös) によると言われている**確率的方法**は，ある指定された性質を満たす離散確率が正になることに基づいて，その性質を満たすものが存在することを示す技法である．たとえば，長さ 3 の閉路をもたないグラフで彩色数が k 以上のグラフが存在することを証明したいとする．これを数学的帰納

15.1 確率的方法

法や背理法で証明するのはかなり困難である.

そこで,適切に選んだ整数 n に対して,点数 n の単純グラフの集合を考える.より正確には,n 点の完全グラフ K_n の辺集合 $E(K_n)$ のべき集合 $2^{E(K_n)}$ を標本空間 Ω と見なし,K_n の各部分グラフ G ($E(G) \in 2^{E(K_n)}$) を標本点(根元事象)と考え,適切な確率 $\Pr(G)$ を与える.すると,離散確率空間 $(\Omega, \Pr)$ が得られる.この離散確率空間で,彩色数 $k-1$ 以下である事象(グラフの集合)の確率が $\frac{1}{2}$ 未満であり,長さ 3 の閉路をもつ事象(グラフの集合)の確率も $\frac{1}{2}$ 未満であることを示せたとする.すると,この離散確率空間で,彩色数 $k-1$ 以下であるかあるいは長さ 3 の閉路をもつかのいずれかが成立する事象(グラフの集合)の確率 p は 1 未満となる.一方,この余事象は,彩色数が k 以上でありかつ長さ 3 の閉路をもたない事象(グラフの集合)となる.余事象の確率は $1-p$ で p が 1 未満であることから正になる.したがって,この離散確率空間には,彩色数が k 以上でありかつ長さ 3 の閉路をもたない事象(グラフの集合)が存在することになる.

このように,確率的方法の基本的な枠組みは以下のように書ける.

(a) ある性質 π を満たす対象物の存在を示したいとき,その対象物を含む集合が部分集合となる対象物集合 Ω(たとえば,上記の例では n 点の完全グラフの部分グラフからなる集合)を定める.

(b) 対象物集合 Ω を標本空間と見なし,離散確率 $\Pr$ を導入する.

(c) この離散確率空間 $(\Omega, \Pr)$ で性質 π を満たす事象の確率が正である(あるいは満たさない事象の確率が 1 未満である)ことを示して,性質 π を満たす事象(対象物)が Ω に存在することを示す.

確率的方法は,グラフ理論や整数論を含む離散数学において,従来の手法では解決することのできなかった重要な定理に対して強力な新しい証明法として注目を浴びてきている.本節では,具体例を上げて確率的方法の有用性を示す.

15.1.1 充足可能性問題

はじめに,情報科学の代表的な問題である充足可能性問題を用いて確率的方法を説明する.9.5 節でも述べたように,**充足可能性問題**は,n 個のブール変数 $x_1, x_2, \cdots, x_n$ 上で定義される m 個の論理和 $C_1, C_2, \cdots, C_m$ の論理積で表される(すなわち,論理積標準形の)論理式 $P(x_1, x_2, \cdots, x_n) = C_1 \wedge C_2 \wedge \cdots \wedge C_m$

が充足可能であるかどうかを判定する問題である．すなわち，論理積標準形の $P(x_1, x_2, \cdots, x_n)$ の値を 1 にする真偽割当てが存在するかどうかを判定する問題が充足可能性問題である（**SAT** とも呼ばれる）．なお，$x_1, x_2, \cdots, x_n$ とそれらの否定 $\overline{x}_1, \overline{x}_2, \cdots, \overline{x}_n$ は，リテラルと呼ばれる．論理式 $P(x_1, x_2, \cdots, x_n) = C_1 \wedge C_2 \wedge \cdots \wedge C_m$ の各 C_j $(j = 1, 2, \cdots, m)$ がちょうど k 個のリテラルからなるような入力に限定された充足可能性問題は **k-SAT** あるいは **k-充足可能性問題**と呼ばれる．たとえば，$C_1 = x_1 \vee x_2 \vee x_3$, $C_2 = \overline{x}_1 \vee \overline{x}_2 \vee \overline{x}_3$, $C_3 = x_1 \vee x_2 \vee \overline{x}_3$ からなる $P(x_1, x_2, x_3) = C_1 \wedge C_2 \wedge C_3$ などは 3-SAT の入力と見なせる．

充足可能性問題に対して以下のランダム化戦略を考える．

> **ランダム真偽割当て戦略**：ブール変数 $x_1, x_2, \cdots, x_n$ に対して，各変数 x_i を独立に確率 p_i で 1 に設定する（これは確率 $1 - p_i$ で 0 に設定することも意味する）．

上記の戦略で得られる真偽割当てを $(x_1^r, x_2^r, \cdots, x_n^r) = (p_1, p_2, \cdots, p_n)$ と表記し，**ランダム真偽割当て**という．したがって，公正なコイン投げに基づいて各変数 x_i を独立に確率 $\frac{1}{2}$ で 1 に設定するランダム真偽割当ては $(x_1^r, x_2^r, \cdots, x_n^r) = (\frac{1}{2}, \frac{1}{2}, \cdots, \frac{1}{2})$ と書ける．これは 14.2.3 項で説明したように，公正なコイン投げに基づく n 回の独立試行からなるベルヌーイ試行である．

例題 15.1 3 個の論理和 $C_1 = x_1 \vee x_2 \vee x_3$, $C_2 = \overline{x}_1 \vee \overline{x}_2 \vee \overline{x}_3$, $C_3 = x_1 \vee x_2 \vee \overline{x}_3$ からなる 3-SAT の入力 $P(x_1, x_2, x_3) = C_1 \wedge C_2 \wedge C_3$ に対して上記の公正なコイン投げに基づくランダム化戦略を適用して，$P(x_1, x_2, x_3) = C_1 \wedge C_2 \wedge C_3$ が充足可能であることを説明せよ．

解答： 各 C_j $(j = 1, 2, 3)$ が充足されない確率 $\Pr[C_j = 0]$ は $\Pr[C_j = 0] = \frac{1}{8}$ となる．これは，C_j に含まれる 3 個のリテラルがすべて 0 となる（この確率は $\left(\frac{1}{2}\right)^3 = \frac{1}{8}$ である）ときそしてそのときのみ $C_j = 0$ となることから明らかである．したがって，C_1, C_2, C_3 のいずれかが充足されない確率 $\Pr[(C_1 = 0) \cup (C_2 = 0) \cup (C_3 = 0)]$ は，定理 14.3 の直和限界を用いて，

$$\Pr[(C_1 = 0) \cup (C_2 = 0) \cup (C_3 = 0)]$$
$$\leq \Pr[C_1 = 0] + \Pr[C_2 = 0] + \Pr[C_3 = 0] = \frac{3}{8}$$

を満たすことが得られる．これから，$P(x_1, x_2, x_3) = C_1 \wedge C_2 \wedge C_3 = 1$ となる確率，すなわち，C_1, C_2, C_3 のすべてが充足される確率 $\Pr[(C_1 = 1) \cap (C_2 = 1) \cap (C_3 = 1)]$

は $1 - \frac{3}{8} = \frac{5}{8}$ 以上であることが得られる．したがって，$P(x_1, x_2, x_3) = 1$ となるような真偽割当てが存在する．実際，$x_1 = x_2 = 1, x_3 = 0$ のとき $P(x_1, x_2, x_3) = 1$ となることは容易に確かめられる．なお，標本空間 Ω は

$$\Omega = \{(0,0,0), (0,0,1), (0,1,0), (0,1,1), (1,0,0), (1,0,1), (1,1,0), (1,1,1)\}$$

であり，どの標本点 $x \in \Omega$ も確率は $\Pr(x) = \frac{1}{8}$ である．事象 $C_1 = 0$ は $\{(0,0,0)\}$，事象 $C_2 = 0$ は $\{(1,1,1)\}$，事象 $C_3 = 0$ は $\{(0,0,1)\}$ となる．したがって，事象 $C_1 \wedge C_2 \wedge C_3 = 1$ は事象 $(C_1 = 0) \cup (C_2 = 0) \cup (C_3 = 0)$ の余事象 $(C_1 = 1) \cap (C_2 = 1) \cap (C_3 = 1)$ となり，

$$(C_1 \wedge C_2 \wedge C_3 = 1) = \{(0,1,0), (0,1,1), (1,0,0), (1,0,1), (1,1,0)\}$$

となる． □

これを一般化すると以下のように書ける．

命題 15.1 n 個のブール変数 $x_1, x_2, \cdots, x_n$ 上で定義される SAT の任意の入力 $P(x_1, x_2, \cdots, x_n)$ に対して，上記の公正なコイン投げに基づく n 回の独立試行からなるベルヌーイ試行の離散確率空間で，論理式 $P(x_1, x_2, \cdots, x_n)$ が 1 となる確率が正ならば，$P(x_1, x_2, \cdots, x_n) = 1$ となるような真偽割当てが存在する． □

注意： 論理式 $P(x_1, x_2, \cdots, x_n)$ が 1 となる確率が正であり，$P(x_1, x_2, \cdots, x_n)$ を充足する真偽割当ての存在することがわかっても，実際に $P(x_1, x_2, \cdots, x_n)$ を充足する真偽割当ては，通常は，簡単には得られないことが多い． □

論理式 $P(x_1, x_2, \cdots, x_n)$ が 1 となる確率が正であり，ある条件が成立するときには，$P(x_1, x_2, \cdots, x_n)$ を充足するような真偽割当て $(x_1^a, x_2^a, \cdots, x_n^a)$ を実際に（あるアルゴリズムで効率的に）得ることができる．これについては，後続の 15.4 節で取り上げる．以下の定理は，そのような条件の一つである．

定理 15.1 n 個のブール変数 $x_1, x_2, \cdots, x_n$ 上で定義される k-SAT の任意の入力 $P(x_1, x_2, \cdots, x_n)$ は，論理和の個数 m が $2^k - 1$ 以下ならば充足可能であり，充足する真偽割当ても効率的に求めることができる． □

注意： 定理 15.1 において，論理和の個数 m が $2^k - 1$ 以下であるという条件を弱めることはできない．$m \geq 2^k$ のときには $P(x_1, x_2, \cdots, x_n)$ が充足不可能となる例が作れる．たとえば，$k = 2$ のときは以下の $4 = 2^2$ 個の論理和

$$x_1 \vee x_2, \quad x_1 \vee \overline{x}_2, \quad \overline{x}_1 \vee x_2, \quad \overline{x}_1 \vee \overline{x}_2$$

の論理積 $P(x_1, x_2) = (x_1 \vee x_2) \wedge (x_1 \vee \overline{x}_2) \wedge (\overline{x}_1 \vee x_2) \wedge (\overline{x}_1 \vee \overline{x}_2)$ は充足不可能である．一般に，$n = k$ のとき k 個の異なる変数のリテラルからなる 2^k 個の異なる論理和（すなわち，すべての可能な論理和）の論理積である $P(x_1, x_2, \cdots, x_n)$ が充足不可能であることも容易に確かめられる． □

同様に，一般の SAT に関しても確率的方法で以下の定理が得られる．

定理 15.2 n 個のブール変数 $x_1, x_2, \cdots, x_n$ 上で定義される m 個の論理和 $C_1, C_2, \cdots, C_m$ の各 C_j に含まれるリテラルの個数を j_k とする．このとき，これらの論理積 $P(x_1, x_2, \cdots, x_n) = C_1 \wedge C_2 \wedge \cdots \wedge C_m$ は，$\sum_{j=1}^{m} 2^{-j_k} < 1$ ならば充足可能であり，充足する真偽割当ても効率的に求めることができる． □

15.1.2 ハイパーグラフの 2-彩色問題

ここでは，SAT と密接に関係するハイパーグラフの 2-彩色問題を取り上げる．2.4 節でも述べたように，有限集合 U と U の部分集合の族 $\mathcal{S} = \{S_1, S_2, \cdots, S_m\}$ の対 $H = (U, \mathcal{S})$ を**ハイパーグラフ**という（ハイパーグラフはグラフの一般化でもあり，**集合システム**とも呼ばれる）．一般には，$\mathcal{S}$ は多重集合であるが，本節では $S_i \in \mathcal{S}$ はすべて**異なり**，$\mathcal{S} = \{S_1, S_2, \cdots, S_m\}$ は**通常の集合**であるとする．さらに，すべての $S_i \in \mathcal{S}$ が k 個の要素からなり $|S_i| = k$ であるとする．このようなハイパーグラフは ***k*-ハイパーグラフ**と呼ばれる．どの $S_i \in \mathcal{S}$ も $|S_i| = 2$ である 2-ハイパーグラフ $H = (U, \mathcal{S})$ は点集合 U で辺集合 $\mathcal{S}$ の単純グラフである．したがって，ハイパーグラフ $H = (U, \mathcal{S})$ でも U は点集合，$\mathcal{S}$ は辺集合と呼ばれる．

11.1 節で単純グラフの点彩色の定義を与えたが，それを一般化する形で，ハイパーグラフの点彩色も定義できる．すなわち，ハイパーグラフ $H = (U, \mathcal{S})$ のどの辺 $S_i \in \mathcal{S}$ でも S_i に含まれる点の色が 2 色以上になるように H の点を彩色すること（H がグラフのときは，辺 S_i に含まれる点は 2 点でそれらは辺 S_i で結ばれていて異なる色になるように彩色することになる）を，H の**点彩色**という．H が k 色で彩色可能なとき，H は ***k*-彩色可能**であるという．

本節では，ハイパーグラフの 2-彩色可能性のみを取り上げる．もちろん，3 点からなる完全グラフ K_3 は 2-彩色不可能であるので，2-彩色不可能なハイパー

グラフは存在する．ここでは，一般の $k \geq 2$ における k-ハイパーグラフの 2-彩色可能性を議論する．まず k-SAT との関係から取り上げる．

例題 15.2 k-ハイパーグラフの 2-彩色可能性と k-SAT との関係を説明せよ．

解答： $H = (U, \mathcal{S})$ は $U = \{u_1, u_2, \cdots, u_n\}$ かつ $\mathcal{S} = \{S_1, S_2, \cdots, S_m\}$ の k-ハイパーグラフであるとする．各 $u_i \in U$ をブール変数 x_i に対応させ，H の各辺 $S_j = \{u_{j_1}, u_{j_2}, \cdots, u_{j_k}\}$ に対して二つの論理和 $C_j = x_{j_1} \lor x_{j_2} \lor \cdots \lor x_{j_k}$ と $D_j = \overline{x_{j_1}} \lor \overline{x_{j_2}} \lor \cdots \lor \overline{x_{j_k}}$ を対応させる．そして論理式

$$P(x_1, x_2, \cdots, x_n) = C_1 \land D_1 \land C_2 \land D_2 \land \cdots \land C_m \land D_m$$

を考える．すると，k-ハイパーグラフ $H = (U, \mathcal{S})$ が（赤と青で）2-彩色されているとする．このとき，u_i が赤ならば $x_i = 1$ とし，u_i が青ならば $x_i = 0$ とすれば，$P(x_1, x_2, \cdots, x_n)$ は充足可能となる．実際，H の各辺 $S_j = \{u_{j_1}, u_{j_2}, \cdots, u_{j_k}\}$ の点の彩色には 2 色用いられているので，対称性より，u_{j_1} が赤で u_{j_2} が青で彩色されているとすると，$x_{j_1} = 1$ かつ $x_{j_2} = 0$ から $C_j = 1$ かつ $D_j = 1$ が得られるからである．逆に，$P(x_1, x_2, \cdots, x_n)$ が真偽割当て $(x_1^a, x_2^a, \cdots, x_n^a)$ で充足されるとき，各 $C_j = x_{j_1} \lor x_{j_2} \lor \cdots \lor x_{j_k}$ と $D_j = \overline{x_{j_1}} \lor \overline{x_{j_2}} \lor \cdots \lor \overline{x_{j_k}}$ も充足されるので，各 $x_{j_1}, x_{j_2}, \cdots, x_{j_k}$ には 1 であるものと 0 であるものが必ず存在する．そこで，各 x_i に対して，$x_i^a = 1$ ならば u_i を赤で，$x_i^a = 0$ ならば u_i を青で彩色する．すると，各 S_j は赤の点と青の点を必ず含み，したがって，k-ハイパーグラフ $H = (U, \mathcal{S})$ は 2-彩色可能となる． □

例題 15.2 より，定理 15.1 の k-SAT に対する確率的方法から以下が得られる．

定理 15.3 辺数が $2^{k-1} - 1$ 以下の k-ハイパーグラフは 2-彩色可能である． □

点集合 U が $|U| = 2k - 1$ で辺集合 $\mathcal{S}$ が U の k 個の要素からなるすべての部分集合の族，すなわち，$\mathcal{S} = \{S \subset U \mid |S| = k\}$ の k-ハイパーグラフ $H = (U, \mathcal{S})$ を $U_{2k-1, k}$ と表記する．すると，以下が成立する．

例題 15.3 $U_{2k-1, k}$ は 2-彩色不可能である．

解答： $U_{2k-1, k}$ の点に色 $0, 1$ をどのように割り当てても，点数の多い方の色の点数は k 以上である．そこで，対称性から，色 0 の点のほうが多かったとする．色 0 が割り当てられた点の集合を U_0 とする．すると，$|U_0| \geq k$ から $S \subseteq U_0$ かつ $|S| = k$ となる S が $U_{2k-1, k}$ に存在する．したがって，$U_{2k-1, k}$ は 2-彩色不可能である． □

2-彩色可能な k-ハイパーグラフ $H = (U, \mathcal{S})$ から任意に辺を除去して得られる k-ハイパーグラフ（すなわち，$\mathcal{S}$ の任意の部分集合 $\mathcal{S}' \subseteq \mathcal{S}$ を辺集合とする

k-ハイパーグラフ $H' = (U, \mathcal{S}')$) も 2-彩色可能である．一方，2-彩色不可能な k-ハイパーグラフに，任意に点数 k の辺を新しく加えて得られる k-ハイパーグラフも 2-彩色不可能である．そこで，2-彩色不可能な k-ハイパーグラフの辺数の最小値 $m(k)$ を明らかにしたい．定理 15.3 より，$m(k) \geq 2^{k-1}$ である．定理 15.3 をわずかに一般化して，$m(k) \geq 2^{k-1} + 1$ も簡単に得られる．一方，例題 15.3 より，$m(k) \leq {}_{2k-1}C_k$ である．しかし，

$$\frac{2^{2k-1}}{2k-1} \leq {}_{2k-1}C_k = \frac{(2k-1)!}{k!(k-1)!} \leq 2^{2k-2} \tag{15.1}$$

である[47]ので，これは $m(k)$ に対する良い上界とは言えない．実際には，k が十分に大きいときには，$m(k)$ に対する次の上界が確率的方法で得られている[2]．

定理 15.4 k が十分に大きいときには，辺数が $k^2 2^{k-1}$ の k-ハイパーグラフには 2-彩色不可能なものが存在するので，$m(k) \leq k^2 2^{k-1}$ である． □

15.1.3 ラムゼー数の下界と上界

これまでは，点に色を塗ることを考えてきたが，以下ではグラフの辺に色を塗ることを取り上げる．ウォーミングアップクイズ (a) で取り上げたように，点数 6 の完全グラフ K_6 の辺を赤と青で塗ると，赤色の辺からなる K_3 あるいは青色の辺からなる K_3 が存在する．これを一般化する．

任意の $k, \ell \geq 2$ に対して，点数 n の完全グラフ K_n の辺を赤と青で塗ると，赤色の辺からなる K_k あるいは青色の辺からなる K_ℓ が必ず存在するものとする．このような性質を満たす最小の n を $R(k, \ell)$ と表記し，**ラムゼー数**という．もちろん，定義から赤と青に関して対称的であるので，$R(k, \ell) = R(\ell, k)$ である．$k = \ell = 3$ のときには，ウォーミングアップクイズ (a) で取り上げたように，$R(3, 3) = 6$ である．また，$k = 2$ のときには以下が成立する．

定理 15.5 任意の整数 $\ell \geq 2$ に対して，$R(2, \ell) = R(\ell, 2) = \ell$ である．

証明: ℓ 点の完全グラフ K_ℓ の辺を赤と青で塗ると，赤色の辺からなる K_2 あるいは青色の辺からなる K_ℓ が存在する．これは明らかである．赤色のみを用いて辺を塗ると赤色の辺からなる K_ℓ が得られ，それ以外のときは，青色の辺からなる K_2 が得られるからである．また対称性から，青色のみを用いて辺を塗ると青色の辺からなる K_ℓ が得られ，それ以外のときは，赤色の辺からなる K_2 が得られる． □

15.1 確率的方法

一般のラムゼー数に対しても，以下の下界と上界が得られる．まず上界を示す．

定理 15.6 任意の整数 $k, \ell \geq 2$ で $R(k,\ell) = R(\ell,k) \leq {}_{k+\ell-2}\mathrm{C}_{k-1}$ である．

証明： $k+\ell \geq 4$ についての帰納法で証明する．定理 15.5 より，$k+\ell = 4$ のときは $k = \ell = 2$ であり，$R(2,2) = 2$ である．同様に，$k+\ell = 5$ のときは，対称性から $k \leq \ell$ と仮定でき，$k = 2, \ell = 3$ であり，$R(2,3) = 3$ である．${}_2\mathrm{C}_1 = 2$ かつ ${}_3\mathrm{C}_1 = 3$ であるので，$R(2,2) \leq {}_2\mathrm{C}_1$ かつ $R(2,3) \leq {}_3\mathrm{C}_1$ である．したがって，$k+\ell = 4, 5$ のときは，$R(k,\ell) = R(\ell,k) \leq {}_{k+\ell-2}\mathrm{C}_{k-1}$ が成立する．そこで，$k+\ell-1 \geq 5$ まで成立すると仮定して $k+\ell \geq 6$ のときを考える．なお，${}_{k+\ell-2}\mathrm{C}_{k-1}$ は，$k+\ell-2$ 個の異なる要素から $k-1$ 個選ぶ組合せの個数であるので，1 個の要素 x を固定すれば，x を必ず選んで $k-1$ 個選ぶ組合せの個数（これは $k+\ell-3$ 個の異なる要素から $k-2$ 個選ぶ組合せの個数 ${}_{k+\ell-3}\mathrm{C}_{k-2} = {}_{k+\ell-3}\mathrm{C}_{\ell-1}$ に等しい）と x を選ばずに $k-1$ 個選ぶ組合せの個数（これは $k+\ell-3$ 個の異なる要素から $k-1$ 個選ぶ組合せの個数 ${}_{k+\ell-3}\mathrm{C}_{k-1} = {}_{k+\ell-3}\mathrm{C}_{\ell-2}$ に等しい）の和になることに注意する．

$n = {}_{k+\ell-2}\mathrm{C}_{k-1}$ 点の完全グラフ K_n の辺を任意に赤と青で塗る．任意に 1 点を選び v とする．v に接続する辺の集合 $\delta(v)$ を，右の図のように，赤色の辺集合 $\delta_r(v)$ と青色の辺集合 $\delta_b(v)$ に分割する．$|\delta_r(v)| \leq {}_{k+\ell-3}\mathrm{C}_{k-2} - 1$ かつ $|\delta_b(v)| \leq {}_{k+\ell-3}\mathrm{C}_{k-1} - 1$ と仮定すると，

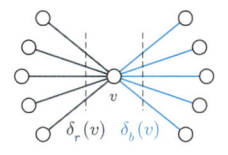

$$n-1 = |\delta_r(v)| + |\delta_b(v)| \leq {}_{k+\ell-3}\mathrm{C}_{k-2} + {}_{k+\ell-3}\mathrm{C}_{k-1} - 2 = {}_{k+\ell-2}\mathrm{C}_{k-1} - 2 = n-2$$

となり矛盾する．したがって，$|\delta_r(v)| \geq {}_{k+\ell-3}\mathrm{C}_{k-2}$ あるいは $|\delta_b(v)| \geq {}_{k+\ell-3}\mathrm{C}_{k-1}$ が成立する．$n_r = |\delta_r(v)|$，$n_b = |\delta_b(v)|$ とする．

$n_r = |\delta_r(v)| \geq {}_{k+\ell-3}\mathrm{C}_{k-2}$ の場合をさきに議論する．$R(k-1,\ell) \leq {}_{k+\ell-3}\mathrm{C}_{k-2}$ が帰納法の仮定から成立するので，$\delta_r(v)$ の各辺の v 以外の端点からなる完全グラフ K_{n_r} には，赤色の辺からなる完全グラフ K_{k-1} あるいは青色の辺からなる完全グラフ K_ℓ が存在する．したがって，v も考慮して，K_n には，赤色の辺からなる完全グラフ K_k あるいは青色の辺からなる完全グラフ K_ℓ が存在する．

次に，$|\delta_b(v)| \geq {}_{k+\ell-3}\mathrm{C}_{k-1}$ の場合を議論する．帰納法の仮定から $R(k,\ell-1) \leq {}_{k+\ell-3}\mathrm{C}_{k-1}$ であるので，$\delta_b(v)$ の各辺の v 以外の端点からなる完全グラフ K_{n_b} には，赤色の辺からなる完全グラフ K_k あるいは青色の辺からなる完全グラフ $K_{\ell-1}$ が存在する．したがって，v も考慮して，K_n には，赤色の辺からなる完全グラフ K_k あるいは青色の辺からなる完全グラフ K_ℓ が存在する．

したがって，いずれの場合も K_n には，赤色の辺からなる完全グラフ K_k あるいは青色の辺からなる完全グラフ K_ℓ が存在することが得られた． □

定理 15.6 より，$k = \ell$ のときのラムゼー数 $R(k,k)$ の上界が得られる．

系 15.1 2 以上の整数 k に対してラムゼー数 $R(k,k)$ は

を満たす（したがって，$R(3,3) \leq {}_4C_2 = 6$ である）． □

さらに，前節のハイパーグラフの 2-彩色問題での式 (15.1) から，

$$\frac{2^{2k-1}k}{(2k-1)^2} \leq {}_{2k-2}C_{k-1} = {}_{2k-1}C_k \frac{k}{2k-1} \leq 2^{2k-2}\frac{k}{2k-1} \tag{15.2}$$

である．確率的方法を用いると以下の下界も得られる．

定理 15.7 2 以上の任意の整数 k に対して $R(k,k) \geq 2^{\frac{k}{2}}$ である． □

これを証明するために整数 $n \geq k \geq 2$ に対して成立する次の補題を用いる．

補題 15.1 ${}_nC_k < 2^{\frac{k(k-1)}{2}-1}$ ならば，$R(k,k) > n$ である．

証明： n 点の完全グラフ K_n の各辺を独立に確率 $p = \frac{1}{2}$ で選ぶ．選ばれた辺は赤色で塗るものとし，選ばれなかった辺は青色で塗るものとする．このようにして選ばれた辺からなるグラフ G は，K_n の全点（n 点）を含む部分グラフである．G の k 個の点の任意の集合を X とする．X が完全グラフ K_k となる確率は，X の 2 点を結ぶすべての辺が選ばれる確率であるので，$p^{\frac{k(k-1)}{2}}$ である．一方，X が完全グラフ K_k の補グラフとなる確率は，X の 2 点を結ぶどの辺も選ばれない確率であるので，$(1-p)^{\frac{k(k-1)}{2}}$ である．n 個の点から k 個の点を選ぶ組合せの個数は ${}_nC_k$ である．すなわち，${}_nC_k$ 個の異なる X の選び方が存在する．したがって，G が完全グラフ K_k を含む確率は，${}_nC_k p^{\frac{k(k-1)}{2}}$ である．同様に，G が完全グラフ K_k の補グラフを含む確率は，${}_nC_k(1-p)^{\frac{k(k-1)}{2}}$ である．したがって，G が完全グラフ K_k あるいは完全グラフ K_k の補グラフを含む確率は，${}_nC_k p^{\frac{k(k-1)}{2}} + {}_nC_k(1-p)^{\frac{k(k-1)}{2}}$ 以下である．$p = \frac{1}{2}$ であるので，この値は $2{}_nC_k 2^{-\frac{k(k-1)}{2}}$ となる．ここで，$2{}_nC_k 2^{-\frac{k(k-1)}{2}} < 1$ ならば，G が完全グラフ K_k も完全グラフ K_k の補グラフも含まない確率は正になる．したがって，確率的方法により，$2{}_nC_k 2^{-\frac{k(k-1)}{2}} < 1$ ならば，完全グラフ K_k（赤色の完全グラフ K_k）も完全グラフ K_k の補グラフ（青色の完全グラフ K_k）も含まない n 点のグラフ（完全グラフ K_n の辺に対する赤と青の割当て）が存在することになる．すなわち，${}_nC_k < 2^{\frac{k(k-1)}{2}-1}$ ならば，$R(k,k) > n$ であることが得られた． □

定理 15.7 の証明 $k = 2$ のとき $R(2,2) = 2 \geq 2^{\frac{k}{2}} = 2$ は明らかに成立する．また $k = 3$ のときも $R(3,3) = 6 \geq 2^{\frac{3}{2}} = 2\sqrt{2}$ は明らかに成立する．そこで以下では，4 以上の整数 k に対して $n = \lfloor 2^{\frac{k}{2}} \rfloor$ とする．すると，$n \geq k$ と $\frac{2^{\frac{k}{2}}}{k!} < \frac{1}{2}$ が成立するこ

とは容易に確かめられる．したがって，

$$_n\mathrm{C}_k = \frac{\lfloor 2^{\frac{k}{2}} \rfloor (\lfloor 2^{\frac{k}{2}} \rfloor - 1) \cdots (\lfloor 2^{\frac{k}{2}} \rfloor - k + 1)}{k!} < \frac{2^{\frac{k}{2}}}{k!} 2^{\frac{k(k-1)}{2}} < 2^{\frac{k(k-1)}{2} - 1}$$

となり，補題 15.1 より，$R(k,k) \geq n+1 = \lfloor 2^{\frac{k}{2}} \rfloor + 1 \geq 2^{\frac{k}{2}}$ が得られる． □

15.1.4 短い閉路を含まないグラフの彩色数

3 以上の任意の整数 ℓ に対して，ℓ 以下の長さの閉路を含まないようなグラフで彩色数が k 以上のグラフの存在を示す以下の定理を証明する．

定理 15.8 任意の整数 $k \geq 2$, $\ell \geq 3$ に対して，長さ ℓ 以下の閉路を含まないようなグラフで彩色数が k 以上のグラフが存在する．

証明： $n = (12k^2)^\ell$ とおく．さらに，$p = n^{-\frac{\ell-1}{\ell}}$ とする．したがって，$np = n^{\frac{1}{\ell}} = 12k^2$ である．そして，n 個の点に $1, 2, \cdots, n$ とラベルをつける．2 点 i, j を結ぶ辺 (i, j) は確率 p で存在するものとする．このようにして，n 点の単純グラフの集合 Ω と任意のグラフ $G \in \Omega$ の確率 $\Pr$ の離散確率空間 $(\Omega, \Pr)$ が定義できる．

グラフ G の彩色数 $\chi(G)$ と最大独立集合のサイズ $\alpha(G)$ には $\chi(G)\alpha(G) \geq n$ という関係がある（演習問題 15.1）．したがって，独立集合のサイズ $\alpha(G)$ が小さければ必然的に $\chi(G)$ は大きくなる．そこで，$r = \frac{n}{2k} = \frac{(12k^2)^\ell}{2k} = 6k(12k^2)^{\ell-1}$ とおく．そして，サイズ r の独立集合をもつ確率を考える．ある指定された r 個の点からなる集合 S が独立集合になる確率は，どの 2 点 $x, y \in S$ に対しても辺 (x, y) が存在しない確率が $1 - p$ であることから，$(1-p)^{\frac{r(r-1)}{2}}$ となる．すなわち，集合 S が独立集合であるとき $X_S = 1$，独立集合でないとき $X_S = 0$ として確率変数 X_S を考える．すると，$X_S = 1$ となる確率 $\Pr[X_S = 1]$ は $(1-p)^{\frac{r(r-1)}{2}}$ である．サイズ r の独立集合の個数を表す確率変数 X は上記のような確率変数 X_S の和となり，S の選び方は ${}_n\mathrm{C}_r$ 通りあるので，その期待値 $\mathbf{E}(X)$ は，

$$_n\mathrm{C}_r (1-p)^{\frac{r(r-1)}{2}} = {}_n\mathrm{C}_r (1-p)^{\frac{1}{2} \frac{n}{2k}(\frac{n}{2k} - 1)}$$

となる．${}_n\mathrm{C}_r \leq 2^n$, $1 - p \leq \mathrm{e}^{-p}$, $pn = 12k^2$ かつ（$n \geq 6k$ で $\frac{n}{2k} - 1 \geq \frac{n}{3k}$ より）$r(r-1) = \frac{n}{2k}(\frac{n}{2k} - 1) \geq \frac{n}{2k}\frac{n}{3k}$ であるので，

$$_n\mathrm{C}_r (1-p)^{\frac{r(r-1)}{2}} \leq 2^n \mathrm{e}^{\frac{-pr(r-1)}{2}} \leq 2^n \mathrm{e}^{-\frac{pn^2}{12k^2}} = 2^n \mathrm{e}^{-n} = \left(\frac{2}{\mathrm{e}}\right)^n \leq (0.736)^n$$

である．$n \geq 12k^2 \geq 48$ であるので $\left(\frac{2}{\mathrm{e}}\right)^n < \frac{1}{2}$ は明らかである．式 (14.17) のマルコフの不等式より，サイズ r の独立集合が（1 個以上）存在する確率は

$$\Pr[X \geq 1] \leq \mathbf{E}(X) < \frac{1}{2}$$

となる．

次に，長さ $\ell \geq 3$ 以下の閉路の個数を考える．完全グラフ K_n の閉路 C に対して，C が存在するとき $Y_C = 1$，存在しないとき $Y_C = 0$ として確率変数 Y_C を考える．C が存在する確率は，C を構成するすべての辺が存在することであるので，$|C|$ を C の辺数とすれば $p^{|C|}$ となる．S を i 個の点からなる任意の集合とする．S の任意の円順列に対して S のすべての点からなる閉路 C が対応する．一方，S のすべての点からなる閉路 C に対して S の円順列が対応する．たどりかたを逆にした円順列もこの閉路 C に対応する．したがって，S の 2 個の円順列が 1 組になって S のすべての点からなる閉路 C に一対一対応し，S のすべての点からなる閉路 C は $\frac{(i-1)!}{2}$ 個存在する．長さ ℓ 以下の閉路の個数を表す確率変数 Y は，長さ ℓ 以下の閉路 C に対する確率変数 Y_C の和として書けるが，${}_n C_i \leq \frac{n^i}{i!}$ であるので，その期待値 $\mathbf{E}(Y)$ は，

$$\mathbf{E}(Y) = \sum_{i=3}^{\ell} {}_n C_i \frac{(i-1)!}{2} p^i \leq \sum_{i=3}^{\ell} \frac{n^i p^i}{2i} = \frac{(np)^3}{6} + \frac{(np)^4}{8} + \cdots + \frac{(np)^\ell}{2\ell}$$

となる．ここで，$np = n^{\frac{1}{\ell}} = 12k^2 \geq 48$，$\ell \geq 3$ であるので，

$$9\frac{(np)^3}{6} \leq \frac{(np)^4}{8}, \quad 9\frac{(np)^4}{8} \leq \frac{(np)^5}{10}, \quad \cdots, \quad 9\frac{(np)^{\ell-1}}{2(\ell-1)} \leq \frac{(np)^\ell}{2\ell}$$

が得られる．したがって，

$$\frac{(np)^3}{6} + \frac{(np)^4}{8} + \cdots + \frac{(np)^{\ell-1}}{2(\ell-1)} + \frac{(np)^\ell}{2\ell}$$
$$\leq \left(\left(\frac{1}{9}\right)^{\ell-3} + \left(\frac{1}{9}\right)^{\ell-4} + \cdots + \frac{1}{9} + 1\right) \frac{(np)^\ell}{2\ell} \leq \frac{9}{8} \frac{(np)^\ell}{2\ell}$$

となる．すなわち，

$$\mathbf{E}(Y) = \sum_{i=3}^{\ell} {}_n C_i \frac{(i-1)!}{2} p^i \leq \frac{9}{8} \frac{(np)^\ell}{2\ell} = \frac{9}{8} \frac{n}{2\ell}$$

が得られる．$\ell \geq 3$ より $\frac{9}{8} \frac{n}{2\ell} \leq \frac{3n}{16}$ であるので，この式は

$$\mathbf{E}(Y) = \sum_{i=3}^{\ell} {}_n C_i \frac{(i-1)!}{2} p^i \leq \frac{3n}{16}$$

となる．マルコフの不等式より，長さ ℓ 以下の閉路が $\frac{n}{2}$ 個以上存在する確率は

$$\Pr\left(Y \geq \frac{n}{2}\right) \leq \frac{\mathbf{E}(Y)}{\frac{n}{2}} \leq \frac{3n}{16} \frac{2}{n} = \frac{3}{8} < \frac{1}{2}$$

となる．

以上の議論から，サイズ r の独立集合が存在する事象が起こるかあるいは長さ ℓ 以下の閉路が $\frac{n}{2}$ 個以上存在する事象の起こる確率 p' は 1 未満であることが得られた．す

なわち，その余事象のサイズ r の独立集合が存在せず，長さ ℓ 以下の閉路が $\frac{n}{2}$ 個未満である事象の起こる確率は $1 - p' > 0$ であることになり，Ω にサイズ r の独立集合が存在せず，長さ ℓ 以下の閉路が $\frac{n}{2}$ 個未満であるグラフ G の存在することが得られた．G にサイズ r の独立集合が存在しないので，彩色数は $2k = \frac{n}{r}$ 以上となる．すなわち，G は彩色数が $2k = \frac{n}{r}$ 以上で，長さ ℓ 以下の閉路が $\frac{n}{2}$ 個未満である．G の長さ ℓ 以下の閉路を $C_1, C_2, \cdots, C_h$ $(h < \frac{n}{2})$ とする．各 C_i $(i = 1, 2, \cdots, h)$ から任意に 1 点選んで c_i とする．そして G から $\{c_1, c_2, \cdots, c_h\}$ を除去して得られるグラフを G' とする．すなわち，$G' = G - \{c_1, c_2, \cdots, c_h\}$ である．明らかに，G' に閉路 $C_1, C_2, \cdots, C_h$ は存在しない．また，G' の独立集合は G の独立集合でもあるので，G' にサイズ r の独立集合が存在しない．したがって，G' の彩色数は $\frac{n-h}{r} > \frac{n}{2} \frac{1}{r} = \frac{n}{2} \frac{2k}{n} = k$ 以上である．すなわち，G' は長さ ℓ 以下の閉路が存在せず，彩色数も k 以上である． □

15.2 競合の解消

文献 [16] に基づいて，本節では，分散システムにおける競合解消問題を取り上げ，ランダム化戦略で用いる解析の一般的な枠組みを説明することにする．

例題 15.4（競合の解消） 互いに全く通信できない n 個の分散プロセス $P_1, P_2, \cdots, P_n$ があり，一つの共有データベースへのアクセスで競合している次の状況を考える．

> 時間は離散的なラウンドで分割されている．データベースは，1 ラウンドでは高々 1 個のプロセスからのアクセスしか受け付けられないという性質をもっている．2 個以上のプロセスが同時にアクセスを試みると，そのラウンドではすべてのプロセスが"締め出される"．

このとき，目標は各プロセスができるだけ多くアクセスできるようにすることである．考えられる戦略を挙げよ． □

注意： この競合解消問題に対して，すべてのプロセスが毎ラウンドアクセスを試みるのは無意味である．実際そうするとどのプロセスも永遠に締め出されるからである．したがって，要求されることは，各プロセスが定期的にデータベースにアクセスできるように，プロセス間でアクセスできるラウンドを均等に配分し分割することである．プロセスが互いに通信できるならば，たとえば，輪番制でアクセスすることにより，競合を解消し，アクセスできるラウンドをほぼ均等にプロセスに配分することができる．
しかし，ここでの競合解消問題では，プロセスが互いに全く通信できないとしているので，この方法はとれない．そこで，プロセスが互いに全く通信できない状況で，

どのプロセスもデータベースにほぼ定期的にアクセスする "順番がくる" ようなプロトコルはどのようにしたら作り出せるか？ということが問題なのである． □

15.2.1 競合解消に対するランダム化戦略

ランダム化を用いれば，この問題に対する自然なプロトコルが得られる．それは，以下のように簡単に記述できる．

> 競合解消プロトコル：各プロセスは，毎ラウンド，他のプロセスの決断とは無関係に独立に，確率 p でデータベースにアクセスを試みる．

命題 15.2 この競合解消プロトコルの戦略のもとで，各プロセス P_i がラウンド t でアクセスに成功する確率は $p(1-p)^{n-1}$ である．この値は $p = \frac{1}{n}$ で最大値 $\frac{1}{n}\left(1 - \frac{1}{n}\right)^{n-1}$ となる．さらに，$\frac{1}{en} \leq \frac{1}{n}\left(1 - \frac{1}{n}\right)^{n-1} \leq \frac{1}{2n}$ である．

証明： $A[i,t]$ をラウンド t で P_i がデータベースにアクセスを試みる事象であるとする．各プロセスが毎ラウンド確率 p でアクセスを試みるということから，この事象の確率は，任意の i と t で，$\Pr[A[i,t]] = p$ である．一方，事象 $A[i,t]$ が起こらない余事象 $\overline{A[i,t]}$ は，P_i がラウンド t で確率

$$\Pr\left[\overline{A[i,t]}\right] = 1 - \Pr[A[i,t]] = 1 - p$$

でデータベースにアクセスしない事象となる．

プロセス P_i が与えられたラウンド t でデータベースへのアクセスに成功する事象を $S[i,t]$ とする．もちろん，プロセス P_i がラウンド t で成功するためには，P_i はアクセスを試みなければならない．実際には，P_i が成功することは以下と等価である．

> プロセス P_i がラウンド t でデータベースにアクセスを試み，他のどのプロセスもラウンド t でデータベースにアクセスを試みないことである．

したがって，$S[i,t]$ は，事象 $A[i,t]$ とすべての $j \neq i$ に対する余事象 $\overline{A[j,t]}$ を用いて

$$S[i,t] = A[i,t] \cap \left(\bigcap_{j \neq i} \overline{A[j,t]}\right)$$

と書ける．この積事象を構成するすべての事象は，上記の競合解消プロトコルの定義より，独立である．したがって，$S[i,t]$ の確率は，積事象を構成するすべての事象の確率の積として

$$\Pr[S[i,t]] = \Pr[A[i,t]] \cdot \prod_{j \neq i} \Pr\left[\overline{A[j,t]}\right] = p(1-p)^{n-1}$$

と書ける．あとは，$0 \leq p \leq 1$ で成功確率関数 $f(p) = p(1-p)^{n-1}$ の微分

$$f'(p) = (1-p)^{n-1} - (n-1)p(1-p)^{n-2}$$

15.2 競合の解消

が 0 になる p は唯一で $p = \frac{1}{n}$ であり,その $p = \frac{1}{n}$ で $f(p)$ が最大になることに注意すればよい.すなわち,成功確率は,$p = \frac{1}{n}$ とおくと $\Pr[S[i,t]] = \frac{1}{n}\left(1 - \frac{1}{n}\right)^{n-1}$ と最大化できる.さらに,n が 2 から ∞ まで増加するに従い,関数 $\left(1 - \frac{1}{n}\right)^{n-1}$ は $\frac{1}{2}$ から単調減少し $\frac{1}{e}$ に収束することが言える(文献 [47]).したがって,$\frac{1}{en} \leq \Pr[S[i,t]] \leq \frac{1}{2n}$ となる. □

例題 15.5(ある特定のプロセスが成功するまでに要するラウンド数)

例題 15.4 に対して,アクセス確率を最適値 $p = \frac{1}{n}$ に設定した上記のプロトコルについて考える.プロセス P_i が,データベースへのアクセスに少なくとも確率 $1 - \frac{1}{n}$ で少なくとも 1 回成功するまでに必要なラウンド数を求めよ.

解答: プロセス P_i がラウンド 1 から t までのどのラウンドでも成功しない失敗事象を $F[i,t]$ とする.その失敗事象の起こる確率が $\frac{1}{n}$ 以下であれば,プロセス P_i がラウンド 1 から t までに少なくとも 1 回は成功する確率が $1 - \frac{1}{n}$ 以上になる.そのような t として $t = \lceil en \cdot (c \log_e n) \rceil$ が挙げられる.

以下では,この解答の妥当性について議論する.上記のように,プロセス P_i がラウンド 1 から t までのどのラウンドでも成功しない失敗事象 $F[i,t]$ は,明らかに,各 $r = 1, 2, \cdots, t$ に対する成功事象の余事象 $\overline{S[i,r]}$ の積事象である.さらに,これらの事象は互いに独立であるので,$F[i,t]$ の確率は,それら確率の積として,

$$\Pr[F[i,t]] = \Pr\left[\bigcap_{r=1}^{t} \overline{S[i,r]}\right] = \prod_{r=1}^{t} \Pr\left[\overline{S[i,r]}\right] = \left[1 - \frac{1}{n}\left(1 - \frac{1}{n}\right)^{n-1}\right]^{t}$$

と書ける.ここで前述の $\frac{1}{en} \leq \frac{1}{n}\left(1 - \frac{1}{n}\right)^{n-1} \leq \frac{1}{2n}$ を代入すると

$$\Pr[F[i,t]] = \prod_{r=1}^{t} \Pr\left[\overline{S[i,r]}\right] \leq \left(1 - \frac{1}{en}\right)^{t}$$

が得られる.そこで,$t = \lceil en \log_e n \rceil$ とすれば,"関数 $\left(1 - \frac{1}{x}\right)^{x}$ は x が 2 から ∞ まで増加するに従い,$\frac{1}{4}$ から単調増加し $\frac{1}{e}$ に収束する"(文献 [47])ことから

$$\Pr[F[i,t]] \leq \left(1 - \frac{1}{en}\right)^{\lceil en \log_e n \rceil} \leq \left(1 - \frac{1}{en}\right)^{en \log_e n} \leq \left(\frac{1}{e}\right)^{\log_e n} = \frac{1}{n}$$

が得られる.すなわち,プロセス P_i がラウンド 1 から $t = \lceil en \log_e n \rceil$ までに少なくとも 1 回成功する確率は $1 - \frac{1}{n}$ 以上になる. □

例題 15.6(すべてのプロセスがアクセスに成功するまでに要するラウンド数)

例題 15.4 に対して,アクセス確率を最適値 $p = \frac{1}{n}$ に設定したプロトコルにおいて,すべてのプロセスが,データベースへのアクセスに少なくとも確率 $1 - \frac{1}{n}$ で少なくとも 1 回成功するまでに必要なラウンド数を求めよ. □

これに対する解答として，以下の定理が得られる．

定理 15.9（すべてのプロセスがアクセスに成功するまでの期待ラウンド数）
少なくとも $1 - \frac{1}{n}$ の確率で，すべてのプロセスが $t = \lceil 2en \log_e n \rceil$ ラウンドでデータベースへのアクセスに少なくとも 1 回成功する．

証明： あるプロセスが t 回のラウンドで一度もデータベースへのアクセスに成功しなかったとき，このプロトコルは，t ラウンドまで**失敗する**ということにする．プロトコルが t ラウンドまで失敗する事象を F_t と書くことにする．すると，事象 F_t が起こることと，あるプロセス P_i $(i = 1, 2, \cdots, n)$ がラウンド 1 から t までのどのラウンドでも成功しない失敗事象 $F[i,t]$ が起こることは等価である．したがって，

$$F_t = \bigcup_{i=1}^{n} F[i,t]$$

と書ける．この和事象の確率を定理 14.3 の単純な直和限界を用いて上から抑えると，

$$\Pr[F_t] \leq \sum_{i=1}^{n} \Pr[F[i,t]]$$

となる．右辺の式は，n 個の同じ値をもつ項の和である．そこで，$t = \lceil 2en \log_e n \rceil$ とすれば，前述の議論と同様の議論により，

$$\Pr[F[i,t]] \leq \left(1 - \frac{1}{en}\right)^{\lceil 2en \log_e n \rceil} \leq \left(1 - \frac{1}{en}\right)^{2en \log_e n} \leq \left(\frac{1}{e}\right)^{2 \log_e n} = \frac{1}{n^2}$$

となり，

$$\Pr[F_t] \leq \sum_{i=1}^{n} \Pr[F[i,t]] \leq n \cdot \frac{1}{n^2} = \frac{1}{n}$$

が得られる．したがって，少なくとも $1 - \frac{1}{n}$ の確率で，すべてのプロセスが $t = \lceil 2en \log_e n \rceil$ ラウンドでデータベースへのアクセスに少なくとも 1 回成功する． □

15.3 負荷均等化

前節では，プロセス間の通信が困難である分散システムを取り上げ，ランダム化がある程度，明示的な協調と同期化の代わりになることを示した．本節では，分散システムの状況での**負荷均等化問題**を取り上げ，別の形式のランダム化の例を示す．本節の説明も文献 [16] に基づいている．

例題 15.7（負荷均等化問題） 協調性も集中管理もできないような状況にある n 個のプロセッサーからなるシステムがあるとする．このシステムに m 個の

15.3 負荷均等化

ジョブが次々と入ってきて、それらをすぐに処理しなければならないとする。n 個のプロセッサーはいずれも同一でこれらのジョブの処理ができる。各ジョブをプロセッサーに割り当てるが、目標は、プロセッサーに割り当てられるジョブの負荷をできるだけ均等にする（すなわち、$\lceil m/n \rceil$ 個にする）ことである。考えられる戦略を挙げよ。さらに、その戦略の性能を解析せよ。 □

注意： 受け取った各ジョブをプロセッサーにラウンドロビン方式で手渡す集中管理の制御機能がシステムにあれば、各プロセッサーは高々 $\lceil m/n \rceil$ 個のジョブしか受け取らないことになり、最大の均等化が達成できることは自明である。

一方、ここでは、システムに協調性も集中管理もできないような状況でこれを実装するものとしていることに注意しよう。 □

15.3.1 ランダム配分戦略

このような状況のもとで、最も単純なアプローチは以下の戦略であろう。

ランダム配分戦略：各ジョブを一様ランダムに選んだプロセッサーに割り当てる。

このとき、例題 15.7 に対する解答例と見なせる以下の定理が成立する。

定理 15.10（ランダム配分戦略の性能） m 個のジョブと n 個のプロセッサーの負荷均等化問題に対するランダム配分戦略は以下を満たす。

(a) $m = n$ のとき、少なくとも $1 - \frac{1}{n}$ の確率で、どのプロセッサーの負荷も $\mathrm{e}\gamma(n)$ 個以下である。ただし、$\gamma(n)$ は $x^x = n$ を満たす x であり、$\frac{\mathrm{e}\log_2 n}{\log_2 \log_2 n} < \mathrm{e}\gamma(n) < \frac{2\mathrm{e}\log_2 n}{\log_2 \log_2 n}$ である。

(b) $m = 16n\log_\mathrm{e} n$ のとき、少なくとも $1 - \frac{1}{n}$ 以上の確率で、各プロセッサーの負荷は、平均の負荷の半分から 2 倍の範囲にある。

証明： 各 $i = 1, 2, \cdots, n$ に対してプロセッサー i に割り当てられたジョブの個数を表す確率変数を X_i とする。X_i の期待値は以下のように簡単に決定できる。プロセッサー i にジョブ j が割り当てられたとき 1 であり、そうでないとき 0 となる確率変数を Y_{ij} とする。すると、$X_i = \sum_{j=1}^{n} Y_{ij}$ と書ける。

最初に、$m = n$ のときの (a) の証明を行う。このときは、$\mathbf{E}[Y_{ij}] = \frac{1}{n}$ となるので、$\mathbf{E}[X_i] = \sum_{j=1}^{n} \mathbf{E}[Y_{ij}] = 1$ が得られる。さらに、$\mu = 1$ かつ $1 + \delta = c = \mathrm{e}\gamma(n)$ とし

て，定理 14.7 のチェルノフ限界を適用する．すると，

$$\Pr[X_i \geq c] \leq \left(\frac{e^{c-1}}{c^c}\right) < \left(\frac{e}{c}\right)^c = \left(\frac{1}{\gamma(n)}\right)^{e\gamma(n)} < \left(\frac{1}{\gamma(n)}\right)^{2\gamma(n)} = \frac{1}{n^2}$$

が得られる．したがって，$X_1, X_2, \cdots, X_n$ に対する上界 $c = e\gamma(n)$ を用いて定理 14.3 の直和限界を適用すると，$e\gamma(n)$ 個以上のジョブを受け取るプロセッサーのない確率は，少なくとも $1 - \frac{1}{n}$ であることが得られる．これで (a) の証明はできた（なお，$\frac{e \log_2 n}{\log_2 \log_2 n} < e\gamma(n) < \frac{2e \log_2 n}{\log_2 \log_2 n}$ の証明は演習問題 15.2 とする）．

次に，(b) の証明を行う．ジョブ数を $m = 16n \log_e n$ とする．すると，プロセッサーの平均負荷は $\mu = 16 \log_e n$ となる．$\delta = 1$ とおいて定理 14.7 を用いると，負荷が $2\mu = 32 \log_e n$ 以上となるプロセッサーが存在する確率は

$$\Pr[X_i \geq 2\mu] \leq \left(\frac{e}{4}\right)^{16 \log_e n} < \left(\frac{1}{e^2}\right)^{\log_e n} = \frac{1}{n^2}$$

であることがわかる．また，$\delta = \frac{1}{2}$ とおくと負荷が $\frac{1}{2}\mu = 8 \log_e n$ 以下のプロセッサーが存在する確率も

$$\Pr\left[X_i \leq \frac{1}{2}\mu\right] \leq e^{-\frac{1}{2}\left(\frac{1}{2}\right)^2 (16 \log_e n)} = e^{-2 \log_e n} = \frac{1}{n^2}$$

となる．したがって，直和限界を適用すると，少なくとも $1 - \frac{1}{n}$ 以上の確率で，各プロセッサーの負荷は，平均の負荷の半分から 2 倍の範囲にあることが得られる． □

15.4 充足する真偽割当てを求めるアルゴリズム

215 ページでの注意でも述べたように，論理式 $P(x_1, x_2, \cdots, x_n)$ が 1 となる確率が正であり，$P(x_1, x_2, \cdots, x_n)$ を充足する真偽割当ての存在することがわかっても，実際に $P(x_1, x_2, \cdots, x_n)$ を充足する真偽割当ては，通常は，簡単には得られないことが多い．しかし，ある条件が成立するときには，$P(x_1, x_2, \cdots, x_n)$ を充足するような真偽割当て $(x_1^a, x_2^a, \cdots, x_n^a)$ を実際に（あるアルゴリズムで効率的に）得ることができる．本節では，これについて取り上げる．イメージが湧くように以下の例題から始める．

例題 15.8 論理和 $C_1 = x_1 \vee x_2 \vee x_3$, $C_2 = \overline{x}_1 \vee \overline{x}_2 \vee \overline{x}_3$, $C_3 = x_1 \vee x_2 \vee \overline{x}_3$ からなる 3-SAT の入力 $P(x_1, x_2, x_3) = C_1 \wedge C_2 \wedge C_3$ を充足する真偽割当てを求める方法を議論せよ．

解答： 図 15.1 を参考にしながら説明する．214 ページの公正なコイン投げに基づくランダム真偽割当て $(x_1^r, x_2^r, x_3^r) = (p_1, p_2, p_3) = (\frac{1}{2}, \frac{1}{2}, \frac{1}{2})$ で充足される $P(x_1, x_2, x_3) =$

15.4 充足する真偽割当てを求めるアルゴリズム

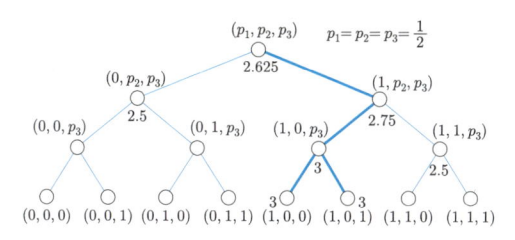

図 15.1 条件付き確率法

$C_1 \wedge C_2 \wedge C_3$ の論理和の個数の期待値は $\sum_{j=1}^{m} \Pr[C_j = 1] = 3 - \frac{3}{8} = 2 + \frac{5}{8} = 2.625$ である.ここで,確率 $\frac{1}{2}$ で x_2 と x_3 を 1 に設定することを保ちながら,確率 1 で x_1 を 1 と設定してみる.すると,ランダム真偽割当て $(1, \frac{1}{2}, \frac{1}{2})$ で充足される論理和の個数の期待値は $2 + \frac{3}{4} = 2.75$ となる($x_1 = 1$ であるので C_1 と C_3 はともに確率 1 で充足され,$C_2 = 0 \vee \overline{x}_2 \vee \overline{x}_3$ は確率 $1 - \frac{1}{4} = \frac{3}{4}$ で充足される).一方,確率 0 で x_1 を 1 (確率 1 で x_1 を 0)と設定してみる.すると,ランダム真偽割当て $(0, \frac{1}{2}, \frac{1}{2})$ で充足される論理和の個数の期待値は $1 + \frac{3}{2} = 2.5$ となる($x_1 = 0$ であるので C_2 は確率 1 で充足され,$C_1 = 0 \vee x_2 \vee x_3$ と $C_3 = 0 \vee x_2 \vee \overline{x}_3$ はともに確率 $1 - \frac{1}{4} = \frac{3}{4}$ で充足される).そこで,充足される論理和の個数の期待値の大きい $P(1, \frac{1}{2}, \frac{1}{2})$ に固定する.そして,確率 1 で x_1 を 1 と設定し,確率 $\frac{1}{2}$ で x_3 を 1 と設定することを保ちながら,確率 1 で x_2 を 1 と設定してみる.すると,ランダム真偽割当て $(1, 1, \frac{1}{2})$ で充足される論理和の個数の期待値は $2 + \frac{1}{2} = 2.5$ となる($x_1 = x_2 = 1$ であるので C_1 と C_3 はともに確率 1 で充足され,$C_2 = 0 \vee 0 \vee \overline{x}_3$ は確率 $1 - \frac{1}{2} = \frac{1}{2}$ で充足される).一方,確率 0 で x_2 を 1 (確率 1 で x_2 を 0)と設定してみる.すると,ランダム真偽割当て $(1, 0, \frac{1}{2})$ で充足される論理和の個数の期待値は 3 となる($x_1 = 1$ かつ $x_2 = 0$ であるので C_1, C_2, C_3 はすべて確率 1 で充足される).したがって,充足される論理和の個数の期待値の大きい $P(1, 0, \frac{1}{2})$ に固定する.すなわち,確率 1 で x_1 を 1 と設定し,確率 0 で x_2 を 1 と設定する.最後に,確率 1 で x_1 を 1 と設定し,確率 0 で x_2 を 1 と設定することを保ちながら,確率 1 で x_3 を 1 と設定するか,あるいは確率 0 で x_3 を 1 と設定してみる.いずれの場合も充足される論理和の個数の期待値は 3 となる.すなわち,真偽割当て $(1, 0, 1)$ と $(1, 0, 0)$ は,すべての論理和 C_1, C_2, C_3 を充足し,$P(1, 0, 1) = P(1, 0, 0) = 1$ となるので,$P(x_1, x_2, x_3) = C_1 \wedge C_2 \wedge C_3$ を充足する真偽割当てである. □

この例題から以下の定理が成立することが類推できる.

定理 15.11 論理式 $P(x_1, x_2, \cdots, x_n)$ は m 個の論理和 $C_1, C_2, \cdots, C_m$ の論理積として $P(x_1, x_2, \cdots, x_n) = C_1 \wedge C_2 \wedge \cdots \wedge C_m$ と表されているとする.さらに,各 C_j $(j = 1, 2, \cdots, m)$ は k 個のリテラル $y_{j_1}, y_{j_2}, \cdots, y_{j_k}$ を用いて

$C_j = y_{j_1} \lor y_{j_2} \lor \cdots \lor y_{j_k}$ と表されているとする．そして $m < 2^k$（これが上記のある条件）が成立するとする．このとき，$P(x_1, x_2, \cdots, x_n)$ を充足するような真偽割当て $(x_1^a, x_2^a, \cdots, x_n^a)$ は効率的に求めることができる．

証明： 公正なコイン投げに基づく n 回の独立試行からなるベルヌーイ試行の離散確率空間で，各 C_j が充足されない確率は $\frac{1}{2^k}$ である．したがって，少なくとも一つの C_j $(j = 1, 2, \cdots, m)$ が充足されない確率は $\frac{m}{2^k}$ 以下であり，すべての C_j $(j = 1, 2, \cdots, m)$ が充足される確率は $1 - \frac{m}{2^k}$ 以上である．$1 - \frac{m}{2^k} > 0$ であるので，$P(x_1, x_2, \cdots, x_n) = C_1 \land C_2 \land \cdots \land C_m$ が充足される確率は正である．一方，C_j が充足される確率は $\Pr[C_j = 1] = 1 - \frac{1}{2^k}$ である．したがって，m 個の論理和 $C_1, C_2, \cdots, C_m$ で充足される論理和の個数の期待値は $\sum_{j=1}^{m} \Pr[C_j = 1] = m\left(1 - \frac{1}{2^k}\right) = m - \frac{m}{2^k} > m - 1$ となる．ランダム真偽割当てのこの期待値は，対象としている真偽割当てに対する離散確率空間での平均であるので，期待値以上の値をもつ真偽割当てが存在する．そしてそのような真偽割当ては，図 15.1 に示したような**条件付き確率法**で得ることができる．すなわち，例題 15.8 で述べたように，ランダム真偽割当て $(x_1^r, x_2^r, \cdots, x_n^r)$ の各ブール変数 $x_1, x_2, \cdots, x_n$ を $i = 1, 2, \cdots, n$ の順番で，x_i 以外の $x_{i'}$ はそのままにして確率 1 で $x_i = 1$ あるいは $x_i = 0$ に設定してみて，充足される論理和の個数の期待値の大きいほうに x_i を固定しながら真偽割当てを求めていく．すると，期待値は単調増加する（等しいか大きくなる）ので，最初のランダム真偽割当て $(x_1^r, x_2^r, \cdots, x_n^r)$ で充足される論理和の個数の期待値以上の個数の論理和を充足する真偽割当てが得られる．すなわち，充足される論理和の個数の期待値が $m - 1$ より真に大きいときには，m 個のすべての論理和を充足する真偽割当てが得られる． □

15.5 本章のまとめ

本章では，ある構造の存在を示すための確率的方法について説明した．また，競合の解消と負荷均等化に対するランダム化戦略を前章の離散確率の概念を用いて解析した．いずれもチェルノフ限界を用いて解析できるが，競合の解消に対してはより素朴なアプローチを与えた．

なお，本章の内容は巻末の参考文献の本 [2, 16, 31, 43] に基づいている．

演習問題

15.1 n 点のグラフ G に対して $\chi(G)\alpha(G) \geq n$ であることを示せ．

15.2 5 以上の整数 n に対して，定理 15.10 の $x^x = n$ を満たす x の値である $\gamma(n)$ は $\frac{\log_2 n}{\log_2 \log_2 n} < \gamma(n) < \frac{2 \log_2 n}{\log_2 \log_2 n}$ を満たすことを示せ．

演習問題解答

第1章

1.1 図の $(a,d,e,f,g,h,i,j,k,l,c,g,j,d,c,b,a)$ などがオイラーツアーの例である．

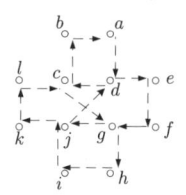

1.2 $B = (5,5,4,3,3,2)$ と $C = (5,5,4,3,2,2,1,1,1)$ は，以下のグラフからもわかるように，グラフ的である．$A = (5,5,5,5,3,3)$ はグラフ的でない．

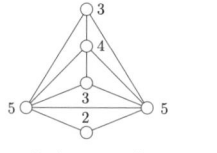

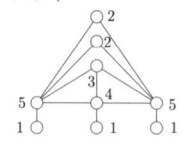

$B=(5,5,4,3,3,2)$ $C=(5,5,4,3,2,2,1,1,1)$

このような問題はグラフ次数列問題と呼ばれ，グラフの基本的な問題で古くから研究されていて，グラフ理論のほとんどの本で取り上げられている（参考：Takao Asano: An $O(n \log \log n)$ time algorithm for constructing a graph of maximum connectivity with prescribed degrees, *Journal of Computer and System Sciences*, 51 (1995), pp.503–511）．

1.3 (a) $D_1^+ = (1,3,2,2)$, $D_1^- = (3,2,1,2)$ を実現するグラフと
(b) $D_2^+ = (4,4,4,3,3,3)$, $D_2^- = (4,3,3,4,2,5)$ を実現するグラフ

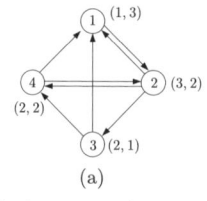

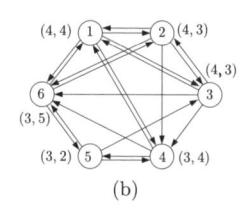

(a)　　　(b)

1.4 G の辺誘導部分グラフ $G' = G|(E(P_1) \cup E(P_2))$ は，$E(P_1) \cap E(P_2) = \emptyset$ ならばすべての点の次数が偶数となり，オイラーツアーをもつことになる．した

がって，1個以上の閉路の和集合として書ける．$E(P_1) \cap E(P_2) \neq \emptyset$ ならば，$E(P_1) \cap E(P_2)$ の各辺 e の二つのコピー e', e'' を考えて，e を二つの並列辺 e', e'' で置き換えて得られるグラフを G'' とする．G'' はすべての点の次数が偶数となる．したがって，G'' からこれらのコピーをすべて除去して得られるグラフ H' もすべての点の次数が偶数となる．H' から次数 0 の孤立点をすべて除去して得られるグラフを H とする．すると，H は辺集合 $E(P_1) \triangle E(P_2) \neq \emptyset$ で誘導される G かつ G' の辺誘導部分グラフになる．H の各連結成分はオイラーグラフでオイラーツアーをもつので，H は閉路を含む．したがって，G' も閉路を含む．

1.5 下図 (a) のグラフ G がハミルトン閉路 C をもつとする．4点からなる独立集合を図のように $U = \{1, 2, 3, 4\}$ とする．$G - U$ は，図 (b) のように，3個の連結成分 G_1, G_2, G_3 からなる．C は U の各点に接続する辺を2本含むが，U の2点間を結ぶ辺はないので，C は U とそれ以外の点を結ぶ辺を8本用いることになる．すなわち，C は G_1, G_2, G_3 の辺を2本用いることになる．対称性から，C は，図 (c) のように，辺 $(5,6)$ を含まず，辺 $(7,8), (9,10)$ を含むと仮定できる．したがって，C は辺 $(1,5), (2,5), (3,6), (4,6)$ を含むことになる．そこで，C が辺 $(1,7)$ を含むとする．すると，C は辺 $(3,7)$ を含まず辺 $(3,9)$ を含むことになる．したがって，C は辺 $(2,9)$ を含まず辺 $(2,8)$ を含むことになる．しかし，このとき C は閉路 $C' = (1, 5, 2, 8, 7, 1)$ を含むことになり，C がハミルトン閉路であると仮定したことに反する．同様に，C が辺 $(1,7)$ を含まないとしても矛盾が得られる．したがって，グラフ G がハミルトン閉路 C をもつとしたことが間違いであったことになり，ハミルトン閉路をもたないことが示された．

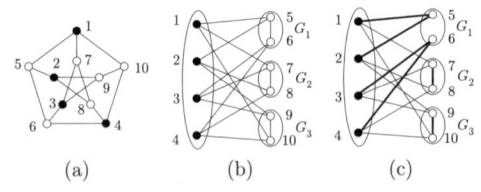

(a) (b) (c)

1.6 無向グラフに対するオイラーの定理と同様にできる．実際，すべての点の出次数と入次数が等しいときは，任意に1点 u を選び，u から出発して辺をたどりながらトレイル T を拡大していくが，新しく到達した点 x が $x = u$ でない限り，x から出ているまだたどっていない辺が存在して，トレイル T を確実に拡大できるからである．あとは定理 1.2 の証明と同様にできるので，詳細は省略する．

第 2 章

2.1 グラフ G において，$U \subseteq V(G)$ が点カバーであれば，任意の辺 $e = (u, v) \in E(G)$ に対して $u \in U$ あるいは $v \in U$ であるので，$V(G) - U$ の2点間には辺が存在しない．すなわち，$V(G) - U$ は独立集合である．逆に，$V(G) - U$ の2点間に辺が存在しないときは，任意の辺 $e = (u, v) \in E(G)$ に対して $u \in U$ あるいは $v \in U$ となるので，U は点カバーである．

2.2 次のようにラテン方陣を完成できる．もちろんほかにも多数の解がある．

$$L_1 = \begin{pmatrix} 1 & 2 & 3 & 4 & 5 \\ 4 & 5 & 2 & 3 & 1 \\ 5 & 4 & 1 & 2 & 3 \\ 3 & 1 & 4 & 5 & 2 \\ 2 & 3 & 5 & 1 & 4 \end{pmatrix} \qquad L_2 = \begin{pmatrix} 1 & 2 & 3 & 4 & 5 \\ 5 & 3 & 4 & 2 & 1 \\ 4 & 1 & 5 & 3 & 2 \\ 2 & 4 & 1 & 5 & 3 \\ 3 & 5 & 2 & 1 & 4 \end{pmatrix}$$

2.3 次の図 (a) のような水平線分と垂直線分からなる多角形領域 P を長方形の集合に分割するとき，(b) は2個の長方形への分割であるのに対して，(c) は3個の長方形への分割である．(b) は最小個数の長方形への分割である．

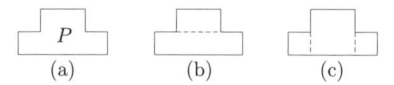

次の図の (a) の多角形領域 Q では，互いに交差しないような水平・垂直線分を2個用いて図の (b) のように分割し，最後に残った（内角が 270 度の）凹点から境界上の辺（あるいはすでに引いた線分）に水平線分を引いて図の (c) のような4個の長方形への分割が得られる．実は，これが最小個数の長方形分割になっている．

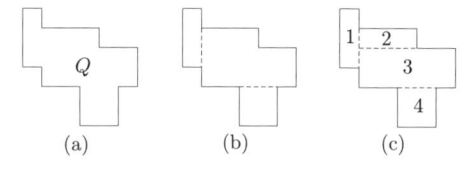

このように，多角形領域を最小個数の長方形に分割する問題は，領域の内部の凹点と凹点を結ぶ水平・垂直線分の集合から互いに交差しないような最大本数の線分集合を求める問題に帰着できる．そして，互いに交差しないような最大本数の線分集合は，二部グラフの最大独立集合を求める問題となるので，最大マッチングを経由して本文で述べた方法で得ることができる（詳細は文献 [46]）．

第3章

3.1 n 点の木 G の次数 k の点の個数を n_k とする．補題 3.1 より G は $n-1$ 本の辺からなり，握手定理の定理 1.1 より $2|E(G)| = \sum_{v \in V(G)} \deg(v)$ であるので，

$$2|E(G)| = 2n - 2 = \sum_{k=1}^{n-1} k n_k = n_1 + 2n_2 + \cdots + (n-1)n_{n-1} \geq n_1 + 2(n - n_1)$$

が成立する．したがって，$n_1 \geq 2$（すなわち次数1の点が2個以上）が得られる．

3.2 p 個の連結成分はいずれも木になる．そこで各連結成分 T_i の点数を n_i，辺数を m_i とおけば，補題 3.1 より，$m_i = n_i - 1$ となる．さらに，$n = n_1 + n_2 + \cdots + n_p$ かつ $m = m_1 + m_2 + \cdots + m_p$ であるので，$n = m + p$ が得られる．

3.3 有向グラフ G が有向閉路 C をもつときは，G の無向基礎グラフも無向閉路 C をもつ．逆に，有向グラフ G の無向基礎グラフが無向閉路 C をもつとする．G の部分グラフ C 上で点の出次数の総和と入次数の総和は C の辺数（長さ）に等しい．したがって，G のどの点も入次数が1以下ならば，C 上で点 v の出次

数と入次数はともに 1 になり，C は有向閉路である．実際，C 上で入次数 0 の点があれば，C 上のどこかの点での入次数が 2 となってしまうからである．

3.4 n 個のノードの完全二分木の深さを d とすると，深さ $i = 0, 1, \cdots, d-1$ のノードは 2^i 個あり，深さ d のノードは 1 個以上 2^d 個以下であるので，$2^d = 2^0 + 2^1 + \cdots + 2^{d-1} + 1 \leq n \leq 2^0 + 2^1 + \cdots + 2^{d-1} + 2^d = 2^{d+1} - 1$ となり，$d \leq \log_2 n < d+1$ となる．d は整数であるので $d = \lfloor \log_2 n \rfloor$ となる．

3.5 (a) から (b)〜(f) が得られることは補題 3.1 で証明済みである．

(f)⇒(d)⇒(e) および (e)⇒(d) は明らかである．

(e)⇒(b)⇒(c): (e) より G は連結となり，木となるので (e)⇒(a) が得られる．(a)⇒(b) から (e)⇒(b) が得られる．n 個の点，m 本の辺，p 個の連結成分からなる森では $n = m + p$ が成立する（演習問題 3.2）ので (b)⇒(c) が得られる．

(c)⇒(a): G を $n-1$ 本の辺からなる連結グラフとする．G に閉路があるかぎり，連結性を維持しながら閉路上の辺を 1 本除去できる．そこで k 本の辺を除去して得られるグラフ G' が連結であり閉路をもたないとする．すると，G' は木であり，$n-1-k = n-1$ 本の辺をもつので，$k = 0$ ($G' = G$) が得られる．

3.6 補題 3.2 より，(a) から (b)〜(f) はすぐに得られる．

(b)⇒(c): 有向森の定義より，G の無向基礎グラフは無閉路であり，さらに，定理 3.1 より，$n-1$ 本の辺をもつ無閉路グラフは木であるので，G は有向木となる．したがって，補題 3.2 より，任意の v に対して，r-v-パスが存在する．

(c) より G の無向基礎グラフは木となる．したがって，定理 3.1(d) から (c)⇒(d) が得られる．

(d)⇒(e): $\deg^-(r) \geq 1$ かつ $e = (u, r)$ を r に入る辺とする．すると，すべての v に対して G に r-v-パスが存在するので，$G - \{e\}$ でもすべての v に対して r-v-パスが存在することになり，(d) に反する．したがって，$\deg^-(r) = 0$ である．さらに，ある v に対して P と Q の二つの r-v-パスが存在したとする．そこで，対称性より，$e \in Q$ に属さない P の最後の辺とする．すると，e を除去してもどの点も r から到達可能であることになる．これは (d) に反する．すなわち，任意の v に対して，r-v-パスが G に唯一存在する．

(e)⇒(f): (e) よりすべての点 $v \neq r$ へは r からの有向パス $P(r, v)$ が唯一存在するので，$P(r, v)$ の v に入る最後の辺 $e_v = (u, v)$ が存在する．したがって，$\deg^-(v) \geq 1$ である．$\deg^-(v) \geq 2$ となるような点 v が存在したとする．すると，e_v 以外の辺で v に入るような辺 $e'_v = (u', v)$ が存在する．さらに，G は r から u' への有向パス $P(r, u')$ をもつので，$P(u', v)$ と辺 e'_v を用いた r から v への有向パスが存在することになる．このパスは $P(u, v)$ と異なるので，r からの v への有向パスが 2 本存在することになる．これは (e) に反する．すなわち，$\deg^-(v) \geq 2$ となる点 v は存在せず，すべての点 $v \neq r$ は $\deg^-(v) = 1$ である．

(f)⇒(a): (f) より G は $n-1$ 本の辺をもち G の無向基礎グラフは木となる．

3.7 $(U, \mathcal{F})$ がクロスフリーであるとする．このとき，$\mathcal{F}'$ がラミナーでなかったとする．すると，$X_1 \cap X_2 \neq \emptyset$, $X_1 - X_2 \neq \emptyset$, $X_2 - X_1 \neq \emptyset$ となる $X_1, X_2 \in \mathcal{F}'$

が存在する. $\overline{X} = U - X$ とおく. $X_1, X_2 \in \{X \in \mathcal{F} \mid r \notin X\}$ とすると, $X_1 \cup X_2 \subseteq U - \{r\}$ となり, $(U, \mathcal{F})$ がクロスフリーであることに反する. $X_1, X_2 \in \{U - X \mid X \in \mathcal{F}, r \in X\}$ のときも, $r \in \overline{X}_1 \cap \overline{X}_2$, $\overline{X}_1 \cup \overline{X}_2 = U - (X_1 \cap X_2) \neq U$, $\overline{X}_2 - \overline{X}_1 = X_1 - X_2 \neq \emptyset$, $\overline{X}_1 - \overline{X}_2 = X_2 - X_1 \neq \emptyset$ より, 同様の矛盾が得られる. したがって, 対称性から, $X_1 \in \{X \in \mathcal{F} \mid r \notin X\}$ かつ $X_2 \in \{U - X \mid X \in \mathcal{F}, r \in X\}$ と仮定できる. $X_1 \cup \overline{X}_2 = U$ とすると $X_1 \supseteq X_2$ となり $X_2 - X_1 \neq \emptyset$ に矛盾するので, $X_1 \cup \overline{X}_2 \neq U$ である. 一方, $X_1 \cap \overline{X}_2 = X_1 - X_2 \neq \emptyset$, $X_1 - \overline{X}_2 = X_1 \cap X_2 \neq \emptyset$, $r \in \overline{X}_2 - X_1 \neq \emptyset$ となり, このときも, $(U, \mathcal{F})$ がクロスフリーであることに反する. したがって, $\mathcal{F}'$ はラミナーであることが得られた.

$\mathcal{F}'$ がラミナーのとき, $(U, \mathcal{F})$ がクロスフリーであることも同様に得られる.

3.8 (T, φ) を $(U, \mathcal{F})$ の木表現とする. T の任意の異なる有向辺を $e = (v, w)$ と $f = (x, y)$ とする. v と x を結ぶ T の (辺の向きを無視した) 無向 v-x-パス P に対して以下の四つのケース: (a) $w, y \notin V(P)$, (b) $w \notin V(P)$ かつ $y \in V(P)$, (c) $y \notin V(P)$ かつ $w \in V(P)$, (d) $w, y \in V(P)$, に分けて考える.

(a) ならば (T は閉路を含まないので) $S_e \cap S_f = \emptyset$ である. (b) ならば $S_e \subseteq S_f$ である. (c) ならば $S_f \subseteq S_e$ である. (d) ならば $S_e \cup S_f = U$ である. したがって, $(U, \mathcal{F})$ はクロスフリーである. T が有向木ならば最後のケース (d) は起きない (そうでないとすると P の少なくとも 1 点が入ってくる辺を 2 本以上もってしまうことになる) ので, $\mathcal{F}$ はラミナーである.

逆を示そう. まず $\mathcal{F}$ をラミナー族であるとする. $V(T)$ を $V(T) = \mathcal{F} \cup \{r\}$ とし, $E' \subseteq \mathcal{F} \times \mathcal{F}$ を

$E' = \{(X, Y) \mid X \supsetneq Y \neq \emptyset$ かつ $X \supsetneq Z \supsetneq Y$ となる $Z \in \mathcal{F}$ が存在しない $\}$

として, $E(T) = E' \cup \{(r, X) \mid X$ は $\mathcal{F}$ の極大要素 $\}$ と定義する. さらに, $\emptyset \in \mathcal{F}$ かつ $\mathcal{F} \neq \{\emptyset\}$ ならば, $\mathcal{F} - \{\emptyset\}$ の極小要素 X を任意に一つ選び, $E(T)$ に辺 $(X, \emptyset)$ を付加するものとする. すると, $\mathcal{F}$ がラミナーであるので, r 以外の T の各点には有向辺がちょうど 1 本入り, r に入る有向辺はない. さらに, T は連結であることも言えるので, T は r を根とする有向木である. 各 $x \in U$ に対して, x を含む $\mathcal{F}$ の極小集合 X を用いて $\varphi(x) = X$ とし, x を含む $\mathcal{F}$ の集合がないときは $\varphi(x) = r$ として $\varphi : U \to V(T)$ を定義する. すると, (T, φ) は $\mathcal{F}$ の木表現になる.

次に $\mathcal{F}$ を U の部分集合のクロスフリー族とする. $r \in U$ とする. すると, $\mathcal{F}' = \{X \in \mathcal{F} \mid r \notin X\} \cup \{U - X \mid X \in \mathcal{F}, r \in X\}$ はラミナーとなるので, $(U, \mathcal{F}')$ の木表現を (T, φ) とする. 各有向辺 $e = (x, y) \in E(T)$ に対して $S_e \in \mathcal{F}'$ であるので, (a) $S_e \in \mathcal{F}$ かつ $U - S_e \in \mathcal{F}$, (b) $S_e \notin \mathcal{F}$ かつ $U - S_e \in \mathcal{F}$, (c) $S_e \in \mathcal{F}$ かつ $U - S_e \notin \mathcal{F}$, の三つのケースが存在する.

(a) ならば辺 $e = (x, y)$ を二つの辺 $(x, z), (y, z)$ で置き換える (z は新しい点). (b) ならば辺 $e = (x, y)$ を (y, x) で置き換える. (c) ならば何もしない. T' をこのようにして得られるグラフとすると, (T', φ) は $(U, \mathcal{F})$ の木表現になる.

第 4 章

4.1 入次数 0 の点が存在しないとすると, 任意の点 v から出発してその点に入る辺を逆にたどり, 同一の点が出現しない限りこれを繰り返すことができるので, 点数が有限であることに注意すれば, いつかは前に出現した点に到達することになる. したがって, 有向閉路が存在してしまうことになり, 有向無閉路グラフであることに反する.

4.2 始点 1 から全点への最長パスを表現する有向木と最短パスを表現する有向木がそれぞれ図 4.2(b) と図 4.2(c) になることは容易に確認できる.

4.3 ネットワーク N_1 の始点 s からすべての点への最長パスを表現する有向木と始点 s からすべての点への最短パスを表現する有向木を, それぞれ下図の (a) と (b) に太線で示している.

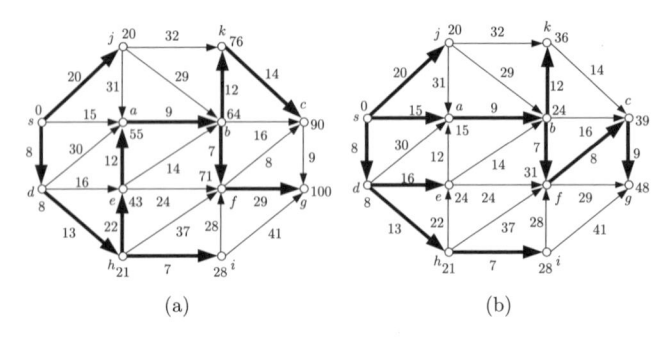

第 5 章

5.1 $M^k = (m_{ij}^{(k)})$ の ij 要素 $m_{ij}^{(k)}$ が, 点 v_i から点 v_j への長さ k のウォークの個数に等しいことを k についての帰納法で証明する. $k=1$ のときは M の定義から明らかである. そこで $k \geq 1$ まで成立すると仮定して, $k+1$ のときの $M^{k+1} = (m_{ij}^{(k+1)})$ の $m_{ij}^{(k+1)}$ を考える.

点 v_i から点 v_j への長さ $k+1$ の各ウォーク W の最後の辺を考える. W の最後の辺を $a = (v_h, v_j)$ とすると, 最後の辺を除いた v_h までの W の長さ k のウォーク W' に辺 a を加えて W ができていることになる. したがって, 点 v_i から点 v_j への長さ $k+1$ のウォーク W の個数は, このような辺 $a = (v_h, v_j) \in \delta^-(v_j)$ の始点の v_h をすべて考えて, 点 v_i から点 v_h への長さ k のウォークに辺 (v_h, v_j) を加えて得られるウォークの個数の和となる. 点 v_i から点 v_h への長さ k のウォークの個数は帰納法の仮定から $m_{ih}^{(k)}$ であるので, 点 v_i から点 v_j への長さ $k+1$ のウォーク W の個数は $\sum_{h=1}^{n} m_{ih}^{(k)} m_{hj}$ となる. 一方, $M^{k+1} = M^k M$ から, $m_{ij}^{(k+1)} = \sum_{h=1}^{n} m_{ih}^{(k)} m_{hj}$ である. したがって, $m_{ij}^{(k+1)}$ は, 点 v_i から点 v_j への長さ $k+1$ のウォークの個数となり, $k+1$ でも成立することが得られる.

5.2 G の点数を n とし, $k = |F|$ とする. 縮約の操作は連結性を保存し, T は G の連結な全点部分グラフであり, $F \subseteq E(T)$ であるので, T/F は F を縮約して

演習問題解答   **237**

得られる縮約グラフ G/F の連結な全点部分グラフである. さらに, G/F の点数は $n'=n-k$ であり, T/F の辺数は $|E(T)|-|F|=n-1-k=n'-1$ である. したがって, 定理 3.1 より, T/F は閉路を含まず, G/F の全点木である.

5.3 右の図の 5 点の完全グラフ K_5 で考えてみる. 辺には図に示したような向きがつけられているとする. するとこの有向グラフの既約接続行列 $A^{(r)}$ は

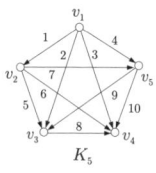

$$A^{(r)} = \begin{array}{c} \\ 1 \\ 2 \\ 3 \\ 4 \end{array}\begin{pmatrix} 1 & 2 & 3 & 4 & 5 & 6 & 7 & 8 & 9 & 10 \\ 1 & 1 & 1 & 1 & 0 & 0 & 0 & 0 & 0 & 0 \\ -1 & 0 & 0 & 0 & 1 & 1 & 1 & 0 & 0 & 0 \\ 0 & -1 & 0 & 0 & -1 & 0 & 0 & 1 & -1 & 0 \\ 0 & 0 & -1 & 0 & 0 & -1 & 0 & -1 & 0 & -1 \end{pmatrix}$$

となる. したがって,

$$A^{(r)}(A^{(r)})^{\mathrm{T}} = \begin{pmatrix} 4 & -1 & -1 & -1 \\ -1 & 4 & -1 & -1 \\ -1 & -1 & 4 & -1 \\ -1 & -1 & -1 & 4 \end{pmatrix}$$

である. 行 2,3,4 をすべて行 1 に加えると下の左の行列になる. さらに, その行列で行 1 を行 2,3,4 に加えると下の右の行列になる.

$$\begin{pmatrix} 1 & 1 & 1 & 1 \\ -1 & 4 & -1 & -1 \\ -1 & -1 & 4 & -1 \\ -1 & -1 & -1 & 4 \end{pmatrix} \qquad \begin{pmatrix} 1 & 1 & 1 & 1 \\ 0 & 5 & 0 & 0 \\ 0 & 0 & 5 & 0 \\ 0 & 0 & 0 & 5 \end{pmatrix}$$

したがって, $\det(A^{(r)}(A^{(r)})^{\mathrm{T}}) = 5^3$ が得られる.

一般に, n 点の完全グラフ K_n の各辺に向きをつけて得られる有向グラフの既約接続行列 $A^{(r)}$ に対する $A^{(r)}(A^{(r)})^{\mathrm{T}}$ は対角要素が $n-1$ で残りの要素はすべて -1 である. したがって, 上記の方法を一般化して, $\det(A^{(r)}(A^{(r)})^{\mathrm{T}}) = n^{n-2}$ が得られる. すなわち, K_n に含まれる異なる全点木は n^{n-2} 個である.

5.4 T に関する基本閉路行列 $C=(c_{ij})$ と基本カットセット行列 $D=(d_{ij})$ は,

$$C = \begin{array}{c} \\ 1 \\ 6 \\ 8 \\ 9 \end{array}\begin{pmatrix} 1 & 6 & 8 & 9 & 2 & 3 & 4 & 5 & 7 \\ 1 & 0 & 0 & 0 & -1 & -1 & 1 & 0 & 0 \\ 0 & 1 & 0 & 0 & 1 & 0 & 0 & 1 & 0 \\ 0 & 0 & 1 & 0 & 0 & 1 & 0 & 0 & 1 \\ 0 & 0 & 0 & 1 & -1 & 0 & 1 & -1 & 1 \end{pmatrix}$$

$$D = \begin{array}{c} \\ 2 \\ 3 \\ 4 \\ 5 \\ 7 \end{array}\begin{pmatrix} 1 & 6 & 8 & 9 & 2 & 3 & 4 & 5 & 7 \\ 1 & -1 & 0 & 1 & 1 & 0 & 0 & 0 & 0 \\ 1 & 0 & -1 & 0 & 0 & 1 & 0 & 0 & 0 \\ -1 & 0 & 0 & -1 & 0 & 0 & 1 & 0 & 0 \\ 0 & -1 & 0 & 0 & 0 & 0 & 0 & 1 & 0 \\ 0 & 0 & -1 & -1 & 0 & 0 & 0 & 0 & 1 \end{pmatrix}$$

である. したがって, $CD^{\mathrm{T}} = 0_{4,5}$ であることが容易に得られる.

5.5 T に関する基本閉路行列 $C=(c_{ij})$ と基本カットセット行列 $D=(d_{ij})$ は,

$$C = \begin{array}{c} \\ 2 \\ 3 \\ 6 \end{array}\begin{pmatrix} 2 & 3 & 6 & 1 & 4 & 5 & 7 \\ 1 & 0 & 0 & 0 & 1 & 1 & 0 \\ 0 & 1 & 0 & 1 & 0 & 1 & 1 \\ 0 & 0 & 1 & 0 & 1 & 0 & 1 \end{pmatrix}, \quad D = \begin{array}{c} \\ 1 \\ 4 \\ 5 \\ 7 \end{array}\begin{pmatrix} 2 & 3 & 6 & 1 & 4 & 5 & 7 \\ 0 & 1 & 0 & 1 & 0 & 0 & 0 \\ 1 & 0 & 1 & 0 & 1 & 0 & 0 \\ 1 & 1 & 0 & 0 & 0 & 1 & 0 \\ 0 & 1 & 1 & 0 & 0 & 0 & 1 \end{pmatrix}$$

である．したがって，mod 2 の演算のもとで $CD^{\mathrm{T}} = 0_{3,4}$ である．

5.6 グラフ G の任意の点 v_i に接続する辺の集合 $\delta(v_i)$ は v_i と $V(G) - \{v_i\}$ の点を結ぶカットであり，カットセットの直和で表せる．さらに，カットセット（に対応する行ベクトル）は，閉路（に対応する行ベクトル）に直交するので，$\delta(v_i)$ に対応する G の接続行列の第 i 行は，閉路ベクトルと直交する．すなわち，既約接続行列と基本閉路行列は直交する．

5.7 右の図を参照して定理 5.6(a) と同様の証明を与える．
$\delta(X) = A + B + C + D$,
$\delta(Y) = B + D + F + H$ であるので，

$|\delta(X)| + |\delta(Y)| = |A| + 2|B| + |C| + 2|D| + |F| + |H|$

である．一方，$\delta(X \cup Y) = A + B + F$,
$\delta(X \cap Y) = B + C + H$,
$E(X,Y) = E(Y,X) = D$ であるので，

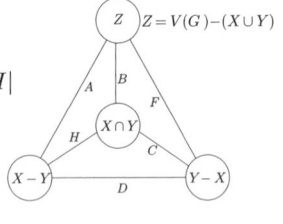

$|\delta(X \cup Y)| + |\delta(X \cap Y)| + 2|E(X,Y)| = |A| + 2|B| + |C| + 2|D| + |F| + |H|$

である．したがって，定理 5.6(c) が得られた．

5.8 (a) グラフ G の閉トレイルは，一筆書きであるので，閉路の直和集合で書ける．

(b) 連結なグラフ $G = (V, E)$ の任意のカットを F とする．$F = \delta(X) = E(X, V - X)$ であるとする．$G - F$ の連結成分を $G_1 = (V_1, E_1), G_2 = (V_2, E_2), \cdots, G_k = (V_k, E_k)$ とする．$k \geq 2$ についての帰納法で証明する．$k = 2$ のとき F はカットセットである（1 個のカットセットの直和集合である）．k 未満のとき F はカットセットの直和集合で書けると仮定して $k \geq 3$ のときを考える．このとき，各 V_i は，$V_i \subseteq X$ あるいは $V_i \cap X = \emptyset$（すなわち，$V_i \subseteq V - X$）である．対称性から，$V_1 \subset X$, $V_2 \subset X$ かつ $V_k \subseteq V - X$ と仮定できる．$F_1 = \delta(V_1) = E(V_1, V - V_1)$ とする．もちろん，$F_1 \subset F$ であり，$F - F_1 \neq \emptyset$ である．F_1 と $F - F_1$ は G のカットである．さらに，$G - F_1$ の連結成分の個数と $G - (F - F_1)$ の連結成分の個数は，ともに $G - F$ の連結成分の個数 k より真に小さくなる．したがって，帰納法の仮定より，F_1 は G のカットセットの直和集合として書ける．同様に，$F - F_1$ も G のカットセットの直和集合として書ける．したがって，$F = F_1 + (F - F_1)$ は G のカットセットの直和集合として書ける．

5.9 カットセット（に対応する行ベクトル）は，閉路（に対応する行ベクトル）に直交するので，基本カットセット行列 D と基本閉路行列 C は直交する．したがって，$CD^{\mathrm{T}} = F'^{\mathrm{T}} + F = 0_{|\overline{T}|,|T|}$ となり，無向グラフでは $F' = F^{\mathrm{T}}$ が，有向グラフでは $F' = -F^{\mathrm{T}}$ が得られる．

第 6 章

6.1 (a) ⇒ (b)：連結なグラフ G に辺 e を含む閉路が存在したとすると，$G - \{e\}$ も連結である．したがって，e が連結なグラフ G の橋ならば，橋の定義より，G

に e を含む閉路は存在しない．

(b) $\Rightarrow$ (c)：連結なグラフ G の辺 $e = (u,w)$ に対して，u と w を結ぶパス P が $G - \{e\}$ に存在したとすると，P に e を加えて G の閉路ができてしまい，G が閉路をもたないことに反する．したがって，$G - \{e\}$ に u と w を結ぶパスは存在しないので，連結なグラフ G の u と w を結ぶパスは必ず e を通る．

(c) $\Rightarrow$ (d)：u と w を結ぶ G のどのパスも必ず e を通るとする．すると，$G - \{e\}$ に u と w を結ぶパスは存在しなくなる．したがって，$G - \{e\}$ は非連結である．そこで，u を含む $G - \{e\}$ の連結成分を C_1 とし，w を含む $G - \{e\}$ の連結成分を C_2 とする（$G - \{e\}$ に C_1, C_2 以外の連結成分があるとすると，辺 e を加えて得られる G は非連結グラフになってしまうので，$G - \{e\}$ の連結成分は C_1 と C_2 のみである）．C_1 の点集合を U とし，C_2 の点集合を W とする．すると，$u \in U \neq \emptyset, w \in W \neq \emptyset, U \cap W = \emptyset, U \cup W = V(G)$ となる．さらに，任意の $u' \in U$ と任意の $w' \in W$ に対して，$G - \{e\}$ には u' と w' を結ぶパスがなく，連結な G の u' と w' を結ぶパスは必ず e を通ることになる．

(d) $\Rightarrow$ (a)：$U \neq \emptyset, W \neq \emptyset, U \cap W = \emptyset, U \cup W = V(G)$ であり，任意の $u \in U$ と任意の $w \in W$ に対して，u と w を結ぶ連結グラフ G のパスが必ず e を通るとする．すると，$G - \{e\}$ には u と w を結ぶパスがなくなるので，$G - \{e\}$ は非連結である．したがって，e は G の橋である．

6.2 (a) $\Leftrightarrow$ (g) の証明は本文で与えているので，以下 (a) と (g) は同一であると考える．

(g) $\Rightarrow$ (f)：任意の 3 点 u, v, w に対して，u と w を結ぶ G のパスを P とする．さらに，点 v からパス P への距離 $d_P(v)$ を v から P 上の点への辺数最小のパスの長さ（含まれる辺数）とする．もちろん，v が P 上にあれば $d_P(v) = 0$ であり，逆も成立する（すなわち，$d_P(v) = 0$ ならば v は P 上にある）．そこで，以下では，u と w を結ぶ G のパス P のうちで，$d_P(v)$ が最小となるものを改めて
$$P = (u = u_0, u_1, \cdots, u_p = w)$$
として選ぶ．すると，$d_P(v) = 0$ となることを示す．

$d_P(v) \neq 0$ と仮定して，v から P への辺数最小のパスを
$$Q = (v = v_0, v_1, \cdots, v_k)$$
とし，v_k が P 上の点 u_ℓ であるとする．したがって，$d_P(v) = k$ である．対称性より，$v_k \neq w$ と仮定できる．v から w への v_k を含まない G のパスを
$$R = (v = v'_0, v'_1, \cdots, v'_h = w)$$
とする．v'_i を P 上にある R の最初の点とする．すなわち，v'_i は P 上の点 u_f で，任意の $i' < i$ に対して $v'_{i'} \in R$ は P 上の点ではないとする．さらに，v'_j を R で v'_i よりも前にある Q 上の最後の点とする（$v'_0 = v$ は Q 上の点でもあるので，$0 \leq j < i$ である）．そこで，$v'_j = v_{k'}$ とする．すると，R は v_k を含まないので $k' < k$ である．さらに，R の v'_j から v'_i の部分パスの

$$R(v'_j, v'_i) = (v'_j, v'_{j+1}, \cdots, v'_i)$$

は，両端点を除いてどの点も P にも Q にも含まれない．そこで，P から v'_i と v_k を結ぶパス P'' (P'' は $f < \ell$ ならば $P'' = P(v'_i, v_k) = P(u_f, u_\ell)$ であり，$f > \ell$ ならば $P'' = P(v_k, v'_i) = P(u_\ell, u_f)$ である) を除いて得られる部分 (二つのパスからなる) を P' とし，Q から v'_j と v を結ぶパス Q'' を除いて得られるパスを $Q' = (v_{k'}, v_{k'+1}, \cdots, v_k)$ とする．すると，P' と Q' と $R(v'_j, v'_i)$ を合わせて，u と w を結ぶパス S が得られる．このパス S に対して，$Q'' = (v = v_0, v_1, \cdots, v_{k'} = v'_j)$ であるので，$d_S(v) \leq k' < k$ となり，パス P を u と w を結ぶ G の $d_P(v)$ が最小となるものとして選んだことに反する．したがって，$d_P(v) = 0$ が得られた．すなわち，v は u と w を結ぶ P 上にあることが得られた．

(f) $\Rightarrow$ (g)：任意の 3 点 u, v, w に対して，u と w を結ぶ G のパスで v を含むものを P とする．すると，2 点 u, v に対して，u から v までの P の部分パス $P(u, v)$ は w を含まない．したがって，対称性から，(f) ならば (g) が得られる．

以上より，(g) $\Leftrightarrow$ (f) が得られたので，以前の (g) $\Leftrightarrow$ (a) と合わせて，以下，(a) と (f) と (g) とは同一であると考える．

(f) $\Rightarrow$ (c)：任意の点 v と任意の辺 $e = (u, w)$ に対して，(f) より，u と w を結ぶパスで v を含むパス P が存在する．したがって，$v \neq u, w$ ならば辺 e と P を合わせて v と e を含む閉路が得られる．また，$v = u$ あるいは $v = w$ ならば，(f) より，u, v, w 以外の点 x を含む u と w を結ぶパス Q が存在し，辺 e と Q を合わせて v と e を含む閉路が得られる．

(c) $\Rightarrow$ (b)：任意の 2 点 u, v に対して，u を端点とする辺を $e = (u, w)$ とする．すると，(c) より，点 v と辺 $e = (u, w)$ を含む閉路 C が存在する．したがって，C は 2 点 u, v を含む．

(b) $\Rightarrow$ (g)：任意の 3 点 u, v, w に対して，(b) より，u と v を含む閉路 C が存在する．C を u から v の部分のパス $C_1 = C(u, v)$ と，v から u の部分のパス $C_2 = C(v, u)$ に分割する．すると，パス C_1 とパス C_2 のいずれかは w を含まない．

以上より，(f) $\Rightarrow$ (c)，(c) $\Rightarrow$ (b)，(b) $\Rightarrow$ (g) が得られたので，以前の (a) と (f) と (g) とは同一であることと合わせて，以下，(a), (b), (c), (f), (g) は同一であると考える．さらに，(h) $\Rightarrow$ (g) および (b) $\Rightarrow$ (h) は自明であるので，(a), (b), (c), (f), (g), (h) は同一であると考える．

(e) $\Rightarrow$ (d)：辺 f を $f = (u, v)$ とする．すると，(e) より，辺 e を含む点 u と点 v を結ぶパス P が存在する．したがって，f と P を合わせて，辺 e と辺 f を含む閉路が得られる．

(d) $\Rightarrow$ (c)：v に接続する辺を $f = (u, v)$ とする．すると，(d) より，辺 e と f を含む閉路 C が存在する．したがって，辺 e と点 v を含む閉路 C が存在する．

(c) $\Rightarrow$ (e)：u, v を任意の 2 点とし，辺 e を $e = (x, y)$ とする．

まずはじめに，$\{u, v\} \cap \{x, y\} \neq \emptyset$ とする．すると，対称性より，$u = x$ と

仮定できる．(c) より，v と $e = (x, y)$ を含む閉路が存在するので，点 u, v と辺 $e = (x, y)$ を含む閉路が存在し，辺 $e = (x, y)$ を含む点 u と点 v を結ぶパスが存在する．

そこで以下では，$\{u, v\} \cap \{x, y\} = \emptyset$ とする．点 u と辺 $e = (x, y)$ を含む閉路 $C(u, e) = (u = u_0, u_1, \cdots, u_k = x, u_{k+1} = y, u_{k+2}, \cdots, u_\ell = u)$ と点 v と辺 $e = (x, y)$ を含む閉路 $C(v, e) = (v = v_0, v_1, \cdots, v_i = x, v_{i+1} = y, v_{i+2}, \cdots, v_p = v)$ を考える．点 u と辺 $e = (x, y)$ を含む閉路 $C(u, e)$ の u から $u_k = x$ までの部分 $C_1(u, u_k) = (u = u_0, u_1, \cdots, u_k = x)$ と $u_{k+1} = y$ から $u_\ell = u$ までの部分を反転した $C_1^r(u, u_{k+1}) = (u = u_\ell, u_{\ell-1}, \cdots, u_{k+2}, u_{k+1} = y)$ を考える．同様に，閉路 $C(v, e)$ の v から $v_i = x$ までの部分 $C_2(v, v_i) = (v = v_0, v_1, \cdots, v_i = x)$ と $v_{i+1} = y$ から $v_p = v$ までの部分を反転した $C_2^r(v, v_{i+1}) = (v = v_p, v_{p-1}, \cdots, v_{i+2}, v_{i+1} = y)$ を考える．

$C_1(u, u_k) \cap C_2^r(v, v_{i+1}) = \emptyset$ ならば，$C_1(u, u_k)$ と $e = (x, y)$ と $C_2^r(v, v_{i+1})$ を合わせて，辺 $e = (x, y)$ を含む点 u と点 v を結ぶパスが得られる．同様に，$C_1^r(u, u_{k+1}) \cap C_2(v, v_i) = \emptyset$ ならば，$C_1^r(u, u_{k+1})$ と $e = (x, y)$ と $C_2(v, v_i)$ を合わせて，辺 $e = (x, y)$ を含む点 u と点 v を結ぶパスが得られる．そこで，$C_1(u, u_k) \cap C_2^r(v, v_{i+1}) \neq \emptyset$ かつ $C_1^r(u, u_{k+1}) \cap C_2(v, v_i) \neq \emptyset$ とする．$C_1(u, u_k) = (u = u_0, u_1, \cdots, u_k = x)$ の点で $C_2(v, v_i) = (v = v_0, v_1, \cdots, v_i = x)$ あるいは $C_2^r(v, v_{i+1}) = (v = v_p, v_{p-1}, \cdots, v_{i+2}, v_{i+1} = y)$ の点となる最初の点を u_j とする．$u_j = v_h$ とする．$h \leq i$ ならば，$C_1(u, u_k)$ で u から u_j までのパス $C_1(u, u_j) = (u = u_0, u_1, \cdots, u_j)$ と閉路 $C(v, e)$ の v_h から $v_p = v$ までのパス $C_2(v_h, v) = (v_h, v_{h+1}, \cdots, v_i = x, v_{i+1} = y, v_{i+2}, \cdots, v_p = v)$ を合わせて得られるパス $C_1(u, u_j) + C_2(v_h, v) = (u = u_0, u_1, \cdots, u_j = v_h, v_{h+1}, \cdots, v_i = x, v_{i+1} = y, v_{i+2}, \cdots, v_p = v)$ は辺 $e = (x, y)$ を含む点 u と点 v を結ぶパスとなる．$h > i$ ならば，$C_1(u, u_k)$ で u から u_j までのパス $C_1(u, u_j) = (u = u_0, u_1, \cdots, u_j)$ と閉路 $C(v, e)$ の $v = v_0$ から v_h までのパスを反転した $C_2^r(v, v_h) = (v_h, v_{h-1}, \cdots, v_{i+1} = y, v_i = x, v_{i-1}, \cdots, v_0 = v)$ を合わせて得られるパス $C_1(u, u_j) + C_2^r(v, v_h) = (u = u_0, u_1, \cdots, u_j = v_h, v_{h-1}, \cdots, v_{i+1} = y, v_i = x, v_{i-1}, \cdots, v_0 = v)$ は辺 $e = (x, y)$ を含む点 u と点 v を結ぶパスとなる．

以上より，(e) ⇒ (d)，(d) ⇒ (c)，(c) ⇒ (e) が得られ，(c) と (d) と (e) の等価性が得られた．

6.3 (a) ⇔ (b) は，2-辺連結グラフの定義そのものである．

(c) ⇒ (b)：任意の 2 点間に辺素なパスが 2 本以上あるので，どの辺 e を除去しても連結である．すなわち，e は橋ではない．

(b) ⇒ (c)：メンガーの定理（定理 6.8）あるいはホイットニーの定理（系 6.1）の証明を $k = 2$ に特殊化すれば得られる．

第 7 章

7.1 任意の点 x に対して x と x を結ぶ長さ 0 のパスが存在するので，$x \sim x$ であ

る（反射律）．任意の $x, y \in V$ に対して，x と y を結ぶパスは y と x を結ぶパスでもあるので，$x \sim y$ ならば $y \sim x$ である（対称律）．任意の $x, y, z \in V$ に対して，x と y を結ぶパス P_{xy} および y と z を結ぶパス P_{yz} があれば，それらをつないで得られるウォーク $W_{xz} = P_{xy} P_{yz}$ に x と z を結ぶパスが含まれる．すなわち，$x \sim y$ かつ $y \sim z$ ならば $x \sim z$ である（推移律）．したがって，$\sim$ は V 上の同値関係であることが得られた．x を含む同値類 V_x は，

$$V_x = \{y \in V \mid x \text{ と } y \text{ を結ぶパスが存在する}\}$$

となる．そこで $E_x = \{(y,z) \in E \mid y, z \in V_x\}$ とすると，$G_x = (V_x, E_x)$ は x を含む G の連結成分になる．すなわち，同値関係 $\sim$ による点集合の分割は，連結成分への分割に一致すると見なせる．

7.2 任意の点 x に対して x から x への長さ 0 のパスが存在するので，$x \sim x$ である（反射律）．任意の $x, y \in V$ に対して，x から y への有向パスと y から x への有向パスが存在するならば，当然 y から x への有向パスと x から y への有向パスが存在するので，$x \sim y$ ならば $y \sim x$ である（対称律）．任意の $x, y, z \in V$ に対して，x から y への有向パス P_{xy} と y から x への有向パス P_{yx}，および y から z への有向パス P_{yz} と z から y への有向パス P_{zy} が存在すれば，それらをつないで得られる有向ウォーク $W_{xz} = P_{xy} P_{yz}$ と $W_{zx} = P_{zy} P_{yx}$ に，それぞれ，x から z への有向パス P_{xz} と z から x への有向パス P_{zx} が含まれる．すなわち，$x \sim y$ かつ $y \sim z$ ならば $x \sim z$ である（推移律）．したがって，$\sim$ は V 上の同値関係であることが得られた．x を含む同値類 V_x は，

$$V_x = \{y \in V \mid x \text{ から } y \text{ への有向パスと } y \text{ から } x \text{ への有向パスが存在する}\}$$

となる．そこで $E_x = \{(y,z) \in E \mid y, z \in V_x\}$ とすると，$G_x = (V_x, E_x)$ は x を含む G の強連結成分になる．すなわち，同値関係 $\sim$ による点集合の分割は，強連結成分による点集合 V の分割となる．

7.3 任意の辺 $e \in E$ に対して $e = e$ であるので，$e \sim e$ である（反射律）．任意の $e, f \in E$ に対して，$e = f$ あるいは e と f を含む閉路が存在するとき $f = e$ あるいは f と e を含む閉路が存在するので，$e \sim f$ ならば $f \sim e$ である（対称律）．任意の $e, f, g \subset E$ に対して，$e = f$ あるいは e と f を含む閉路が存在し，かつ $f = g$ あるいは f と g を含む閉路が存在するときを四つの場合に分けて考える．(a) $e = f$ かつ $f = g$ ならば $e = g$ である．(b) $e = f$ かつ f と g を含む閉路が存在するならば e と g を含む閉路が存在する．(c) e と f を含む閉路が存在し，かつ $f = g$ ならば，e と g を含む閉路が存在する．(d) e と f を含む閉路が存在し，かつ f と g を含む閉路が存在するならば，e と g を含む閉路が存在することが，少し複雑になるが示せる．したがって，推移律も成立し，$\sim$ は E 上の同値関係であることが得られる．

辺 $e \in E$ を含む同値類 E_e は，$E_e = \{e\}$ であるか $E_e = \{f \in E \mid f = e$ あるいは e と f を含む閉路が G に存在する $\}$ となる．したがって，E_e で誘導される辺誘導部分グラフ $G|E_e$ は G の e を含む 2-連結成分となる．

演習問題解答

7.4 正整数 n の約数全体の集合を X とする．任意の $x \in X$ に対して，x は x の約数であるので $x \preceq x$ が成立する．また，任意の $x, y \in X$ に対して，x が y の約数であり，かつ y が x の約数であるならば，$x = y$ となるので，$x \preceq y$ かつ $y \preceq x$ ならば $x = y$ が成立する．さらに，任意の $x, y, z \in X$ に対して，x が y の約数であり，かつ y が z の約数であるならば，x は z の約数となるので，$x \preceq y$ かつ $y \preceq z$ ならば $x \preceq z$ が成立する．したがって，反射律，反対称律，推移律が成立し，二項関係 $\preceq$ は半順序であることが得られた．

7.5 右の図を参考にする．
$\{(a, d, g), (b, c), (e, f)\}$ は最小チェーンカバーであり，ツアー a, d, g を 1 人のガイドが，ツアー b, c をもう 1 人のガイドが，ツアー e, f を最後の 1 人のガイドが担当すれば，3 人の最小数のガイドですべてのツアーを実行できる．

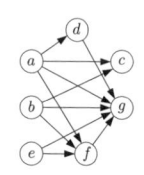

7.6 どのチェーンも 1 個の要素からなる $C_0 = \{\{x\} \mid x \in X\}$ は明らかに $(X, \preceq)$ のチェーンカバーである．そこで，二部グラフ $G = (V_1, V_2, E)$ のマッチング M に対して，$(a, b') \in M$ ならば $\{a, b\}$ は $(X, \preceq)$ のチェーンになり，$C_1 = \{\{x\} \mid x \in X - \{a, b\}\} \cup \{\{a, b\}\}$ は $(X, \preceq)$ のチェーンカバーになる．また，$(a, b'), (b, c') \in M$ ならば $\{a, b, c\}$ は $(X, \preceq)$ のチェーンになり，
$$C_2 = \{\{x\} \mid x \in X - \{a, b, c\}\} \cup \{\{a, b, c\}\}$$
は $(X, \preceq)$ のチェーンカバーになる．これを一般化すると，G の辺数 k のマッチング M からサイズ $|X| - |M| = n - k$ の $(X, \preceq)$ のチェーンカバー C_k が得られる．逆に，チェーンカバー C の各チェーン S から辺数 $|S| - 1$ のマッチングが得られるので，サイズ $n - k$ のチェーンカバーから辺数 $|M| = k = n - (n - k)$ のマッチングが得られる．したがって，半順序集合 $(X, \preceq)$ の最小チェーンカバーを求める問題は二部グラフ G の最大マッチングを求める問題と等価である．

第 8 章

8.1 x の補元を y と z とする．すなわち，$x \vee y = x \vee z = I$ かつ $x \wedge y = x \wedge z = O$ とする．すると，分配律を用いて
$$y = y \wedge I = y \wedge (x \vee z) = (y \wedge x) \vee (y \wedge z) = O \vee (y \wedge z) = y \wedge z$$
$$z = z \wedge I = z \wedge (x \vee y) = (z \wedge x) \vee (z \wedge y) = O \vee (z \wedge y) = z \wedge y$$
が得られ，$y = z$ が得られる．

8.2 $t = y$ と仮定する．すると，$t = y \wedge z$ より $v = x \vee (y \wedge z) = x \vee y = s$ となる．さらに，$t = y \wedge z = y$ より，$y \preceq z$ である．一方，$x \preceq z$ であるので，$(x \vee y) \preceq z$ となり，$u = (x \vee y) \wedge z = x \vee y = s$ となる．これから $u = v$ となり式 (8.2) に対する矛盾が得られる．したがって，$y \wedge z = t \prec y$ が得られた．

同様に議論する．$x \vee y = s = y$ と仮定する．すると，$u = (x \vee y) \wedge z = y \wedge z = t$ となる．さらに，$x \preceq y$ となり，$x \preceq z$ より $x \preceq (y \wedge z)$ となり，

$v = x \vee (y \wedge z) = y \wedge z = t$ となる．これから $u = v$ となり式 (8.2) に対する矛盾が得られる．したがって，$y \prec s = x \vee y$ が得られた．

$u = s$ と仮定する．すなわち，$(x \vee y) \wedge z = x \vee y$ と仮定する．すると，$(x \vee y) \preceq z$ となり，$y \preceq z$ が得られる．したがって，$y \wedge z = y$ となり $v = x \vee (y \wedge z) = x \vee y = s$ となる．これから $u = v$ となり式 (8.2) に対する矛盾が得られる．したがって，$u \prec s$ が得られた．

$v = t$ と仮定する．すなわち，$x \vee (y \wedge z) = y \wedge z$ と仮定する．すると，$x \preceq y \wedge z \preceq y$ となり，$x \preceq y$ が得られる．したがって，$u = (x \vee y) \wedge z = y \wedge z = t$ となる．これから $u = v$ となり式 (8.2) に対する矛盾が得られる．したがって，$t \prec v$ が得られた．

8.3 (f)$\Rightarrow$(f'): (f) から

$$(x \vee y) \wedge (y \vee z) \wedge (z \vee x) = ((x \vee y) \wedge (y \vee z) \wedge z) \vee ((x \vee y) \wedge (y \vee z) \wedge x)$$
$$= ((x \vee y) \wedge z) \vee ((y \vee z) \wedge x)$$
$$= (x \wedge z) \vee (y \wedge z) \vee (y \wedge x) \vee (z \wedge x)$$
$$= (x \wedge y) \vee (y \wedge z) \vee (z \wedge x)$$

が得られる．なお，途中で吸収律を用いた．

(f')$\Rightarrow$(f): $x \preceq z$ のとき，$z \vee x = z$, $(x \vee y) \wedge (z \vee y) = x \vee y$, $(x \wedge y) \vee (y \wedge z) = y \wedge z$, $z \wedge x = x$ より

$$(x \vee y) \wedge (y \vee z) \wedge (z \vee x) = (x \vee y) \wedge z$$
$$(x \wedge y) \vee (y \wedge z) \vee (z \wedge x) = (y \wedge z) \vee x$$

となり，(f') より $(x \vee y) \wedge z = x \vee (y \wedge z)$ が成立する．すなわち，モジュラー律が成立する．$x \preceq x \vee y$, $x \wedge y \preceq x$, $z \wedge x \preceq x$ およびモジュラー律を用いて

$$x \wedge ((x \vee y) \wedge (y \vee z) \wedge (z \vee x)) = x \wedge (y \vee z)$$
$$x \wedge ((x \wedge y) \vee ((y \wedge z) \vee (z \wedge x))) = (x \wedge y) \vee (x \wedge ((y \wedge z) \vee (z \wedge x)))$$
$$= (x \wedge y) \vee ((z \wedge x) \vee (x \wedge (y \wedge z)))$$
$$= (x \wedge y) \vee (z \wedge x)$$

となるので，$x \wedge (y \vee z) = (x \wedge y) \vee (x \wedge z)$ が得られる．

8.4 サイエンス社 Web (http://www.saiensu.co.jp) に掲載．

8.5 束 $(L, \vee, \wedge)$ の $x \preceq y$ を満たす $x, y \in L$ に対して，区間 $[x, y]$ は L の部分束となる．実際，任意の $z, z' \in [x, y]$ に対して $x \preceq z \wedge z' \preceq y$ かつ $x \preceq z \vee z' \preceq y$ であるので $z \wedge z', z \vee z \in [x, y]$ となり，区間 $[x, y]$ は L の部分束である．

8.6 モジュラー束 $(X, \vee, \wedge)$ において，x と y が $x \wedge y$ をカバーするとする．このとき，$x \vee y$ は x と y をカバーすることを示す．

そこで，$x \vee y$ が x をカバーしないと仮定する．すると，$x \prec z \prec x \vee y$ となる $z \in X$ が存在する．したがって，$z = (x \vee y) \wedge z$ である．さらに，$x \wedge y \preceq z \wedge y \preceq y$

演習問題解答 **245**

である. y は $x \wedge y$ をカバーするので, $x \wedge y = z \wedge y$ あるいは $z \wedge y = y$ である. そこで, まず $x \wedge y = z \wedge y$ と仮定してみる. すると, $x \vee (y \wedge z) = x \vee (x \wedge y) = x \neq z = (x \vee y) \wedge z$ となり, $x \vee (y \wedge z) \neq (x \vee y) \wedge z$ が得られ, $x \prec z$ であることから, $(X, \vee, \wedge)$ がモジュラー束であることに反することになる. したがって, $z \wedge y = y$ となり, $y \preceq z$ である. これから, $x \vee y \preceq x \vee z = z$ となる. しかし, これは $x \prec x \vee y$ に反する. 以上より, $x \vee y$ が x をカバーすることが言えた. 対称性から, $x \vee y$ が y をカバーすることも得られる.

8.7〜8.9 サイエンス社 Web (http://www.saiensu.co.jp) に掲載.

第 9 章

9.1 $\forall x(x^2 - 2x - 3 \leq 0)$ の否定は $\exists x(x^2 - 2x - 3 > 0)$ である.

9.2 $\forall x \exists y(-x^2 + y \leq 0)$ の否定は $\exists x \forall y(-x^2 + y > 0)$ である. 同様に, $\exists y \forall x(-x^2 + y \leq 0)$ の否定は $\forall y \exists x(-x^2 + y > 0)$ である.

第 10 章

10.1 $n \geq 3$ 点の極大平面グラフの面はすべて長さが 3 の閉路であり, どの辺も二つの面の境界上にあるので, $3f = 2m$ が成立する. これをオイラーの公式 $n - m + f = 2$ に代入すると, $n - m + \frac{2}{3}m = 2$, $n - \frac{3}{2}f + f = 2$ となり, $m = 3n - 6$, $f = 2n - 4$ が得られる. 3-連結性は文献 [3] を参照されたい.

10.2 (a) $n \geq 3$ 点の平面グラフは, 辺を加えることにより n 点の極大平面グラフにできるので, $m \leq 3n - 6$ および $f \leq 2n - 4$ が成立する.

(b) 長さ 3 の閉路がなければ辺を加えてどの面も長さ 4 以上の閉路からなるようにできるので, $4f \leq 2m$ が成立する. これをオイラーの公式 $n - m + f = 2$ に代入して $m \leq 2n - 4$ が得られる.

(c) n 点の平面グラフ G のすべての点の次数が 6 以上であるとすると, 握手定理の定理 1.1 より $m \geq 3n$ となり, G が平面グラフのとき $m \leq 3n - 6$ であることに反する. 同様に, 次数が 5 以下の点が 1 個としても矛盾が得られるので, 平面グラフでは次数 5 以下の点が 2 点以上存在する.

10.3 6 点以上の 3-連結なグラフが K_5 に位相同形な部分グラフをもつときには必ず $K_{3,3}$ に位相同形な部分グラフをもつことが言える. これは容易に確かめられる.

10.4 以下のように 2-同形変換を施すと図 10.3 の (a) から (c) が得られる.

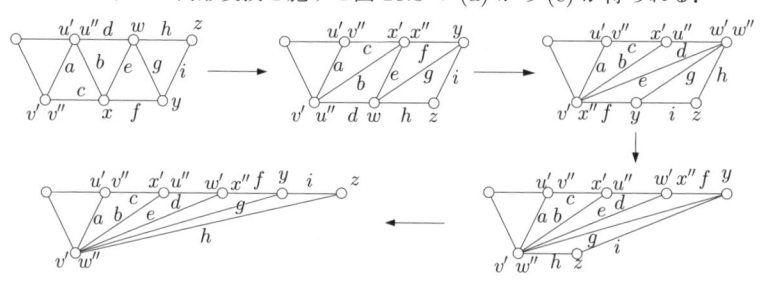

10.5 例題 10.1 の図の (a) の平面グラフ G と (c) の G の平面的双対グラフ G^* の平面的双対グラフ $(G^*)^*$ は，前の問題で示したように，2-同形である．

10.6 平面的グラフ G の閉路 C の辺集合 $E(C)$ は，平面的双対グラフ G^* のカットセット $E(C)^* = \{e^* \mid e \in E(C)\}$ となる．同様に，G のカットセット D は，平面的双対グラフ G^* の閉路の辺集合 $D^* = \{e^* \mid e \in D\}$ となる．したがって，平面的グラフ G がオイラーグラフ（すなわち，すべてのカットセットの辺数が偶数）であるとき，そしてそのときのみ，その平面的双対グラフ G^* は二部グラフ（すなわち，すべての閉路の長さが偶数）である．

10.7 正多面体を構成する面を正 k 角形とし，各頂点は r 個の面（辺）でできているものとする．すると，$rn = 2m = kf$ が成立する．したがって，ある正数 a を用いて $n = ka$, $m = \frac{kra}{2}$, $f = ra$ と書ける．これを $n - m + f = 2$ に代入すると，$((k-2)(r-2) - 4)a + 4 = 0$ から，$(k-2)(r-2) - 4 = -\frac{4}{a} < 0$ が得られる．k, r は $k, r \geq 3$ となる整数であるので，$(k, r) = (3, 3), (3, 4), (3, 5), (4, 3), (5, 3)$ となる．

$(k, r) = (3, 3)$ のときは，$a = \frac{4}{3}$, $n = ka = 4$, $f = ra = 4$, $m = \frac{rka}{2} = 6$ となり，正四面体に対応する．

$(k, r) = (3, 4)$ のときは，$a = 2$, $n = ka = 6$, $f = ra = 8$, $m = \frac{rka}{2} = 12$ となり，正八面体に対応する．

$(k, r) = (3, 5)$ のときは，$a = 4$, $n = ka = 12$, $f = ra = 20$, $m = \frac{rka}{2} = 30$ となり，正 20 面体に対応する．

$(k, r) = (4, 3)$ のときは，$a = 2$, $n = ka = 8$, $f = ra = 6$, $m = \frac{rka}{2} = 12$ となり，正六面体に対応する．

$(k, r) = (5, 3)$ のときは，$a = 4$, $n = ka = 20$, $f = ra = 12$, $m = \frac{rka}{2} = 30$ となり，正 12 面体に対応する．

実際，それらの正多面体は存在するので，正多面体は，正四面体，正六面体（立方体），正八面体，正 12 面体，正 20 面体の 5 種類である．

正多面体グラフに対して以下が簡単に確かめられる．正多面体グラフはいずれも 3-連結である．したがって，それらの平面描画はそれぞれ唯一に定まる．またそれらの双対グラフもそれぞれ唯一に定まり，正四面体グラフの双対グラフは正四面体グラフになり，正六面体グラフの双対グラフは正八面体グラフになり，正 12 面体グラフの双対グラフは正 20 面体グラフになる．

10.8 点数 $n \geq 3$ の極大外平面グラフ G では，外面がハミルトン閉路になる．したがって，外面の n 角形を適切な $n - 3$ 本の対角線を引いて $n - 2$ 個の三角形に分割すると，G から極大平面グラフ G' が得られる．G の辺数 m と面数 f と G' の辺数 m' と面数 f' は，$m' = m + n - 3$ と $f' = f + n - 3$ を満たす．したがって，$m' = 3n - 6$ と $f' = 2n - 4$ より，$m = 2n - 3$, $f = n - 1$ が得られる．

任意の外平面的グラフ G は，辺を加えて極大外平面的グラフにできるので，G の点数 n と辺数 m では，$m \leq 2n - 3$ が成立する．

K_4 と $K_{2,3}$ が外平面的グラフでないことは明らかである．

演習問題解答 **247**

第 11 章
11.1 式 (11.2) の最大値を達成する最小の i を i^* とする．すると，
$$k = \min\{i^*, \deg(v_{i^*})+1\}, \quad k > \min\{i^*-1, \deg(v_{i^*-1})+1\} \quad (A.1)$$
である．さらに，
$$\min\{1, \deg(v_1)+1\} = 1, \quad \min\{2, \deg(v_2)+1\} = 2$$
から，$k \geq 2$ かつ $i^* \geq 2$ である．ここで，$i^* \leq \deg(v_{i^*})+1$ であることに注意する．そうでなかったとして $i^* > \deg(v_{i^*})+1$ と仮定してみると，i^* の定義と式 (A.1) より，
$$i^*-1 \geq k = \deg(v_{i^*})+1 > \min\{i^*-1, \deg(v_{i^*-1})+1\} = \deg(v_{i^*-1})+1$$
となり，$\deg(v_{i^*}) > \deg(v_{i^*-1})$ となって式 (11.1) に矛盾するからである．

もちろん，$v_1, v_2, \cdots, v_k$ まではグリーディ k-彩色アルゴリズムで k 色で彩色できる．そこで，この彩色アルゴリズムで $v_{k+1}, v_{k+2}, \cdots, v_n$ の彩色を考える．$i^* \leq \deg(v_{i^*})+1$ であるので，$k = i^*$ である．さらに，
$$k = i^* \geq \min\{i^*+1, \deg(v_{i^*+1})+1\} = \deg(v_{i^*+1})+1$$
および式 (11.1) から，各 $i = k+1, k+2, \cdots, n$ で v_i の次数が $\deg(v_i) \leq k-1$ となるので，補題 11.4 より，G は k 色で彩色可能である．

11.2 外平面的グラフは次数 2 以下の点を必ず含む．したがって，簡単な帰納法で，外平面的グラフが 3 色で彩色可能であることが得られる．

11.3 最小個数の色を用いての点彩色

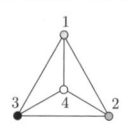

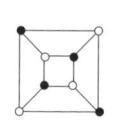

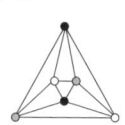

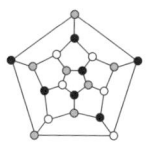

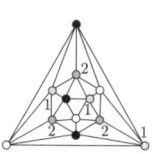

最小個数の色を用いての面彩色

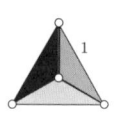

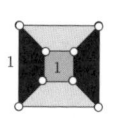

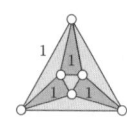

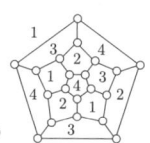

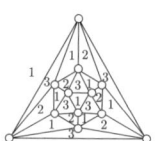

最小個数の色を用いての辺彩色

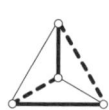

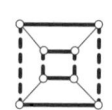

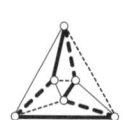

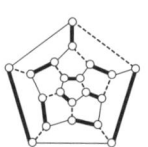

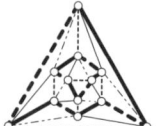

11.4 整数 C に対して，C 個の点 $u_1, u_2, \cdots, u_C$ からなる左端点集合 V_1，C^C 個の点 $v_1, v_2, \cdots, v_{C^C}$ からなる右端点集合 V_2 の完全二部グラフ K_{C,C^C} を考える．各左端点 u_i に C 個の可能な色の集合 $U_i = \{C(i-1)+1, C(i-1)+2, \cdots, Ci\}$ を割り当てる．また，$U_1, U_2, \cdots, U_C$ の各 U_i から 1 個ずつ選ぶ異なる組合せは C^C 個あるが，それらをそれぞれ異なる右端点に C 個の可能な色の集合として割り当てる．すると，このグラフはリスト彩色不可能になる．したがって，$\chi_\ell(K_{C,C^C}) > C$ である．

　たとえば，$C = 2$ ならば，完全二部グラフ $K_{2,4}$ を考える．そして可能な色の集合として左端点の u_1 に $U_1 = \{1,2\}$，u_2 に $U_2 = \{3,4\}$，右端点の v_1 に $\{1,3\}$，v_2 に $\{1,4\}$，v_3 に $\{2,3\}$，v_4 に $\{2,4\}$ を割り当てる．このとき，u_1 に 1，u_2 に 3 を選ぶと，v_1 に選べる色がなくなる．左端点 u_1 と u_2 に可能な色集合からどのように色を選んでも，いずれかの右端点に選べる色がなくなることが確かめられる．したがって，このグラフ $K_{2,4}$ はリスト彩色不可能であり，$\chi_\ell(K_{2,4}) > 2$ である．

11.5 安定マッチングを求めるアルゴリズムで得られたマッチング M が実際に安定マッチングであることを示す．$(v,w) \in E$ がマッチング M に含まれていなかったとする．すると，男性 v は w にプロポーズしなかったか，プロポーズしたが断られたことになる．v が w にプロポーズしなかったときには，v は w より好きな女性 w' とマッチング M で結ばれていることになる．一方，v が w にプロポーズしたが断られたときには，w は v より好きな男性 v' とマッチング M で結ばれていることになる．したがって，安定マッチングの定義より，M は安定マッチングになる．

11.6 グラフ G に対する k-彩色アルゴリズムで得られる各色の点集合（独立集合となる）を $V_1, V_2, \cdots, V_k$ とする．$1 \leq i < j \leq k$ の各対 i, j に対して $V_i \cup V_j$ で誘導される G の部分グラフを G_{ij} とする（V_i が左端点集合，V_j が右端点集合であると考える）．そして，最大マッチングアルゴリズムを用いて G_{ij} の最大独立集合 I_{ij} を求める．I をこのような $\{I_{ij}\}$ のうちで点数最大の独立集合とする．すると G の最大独立集合 I^* に対して $\frac{|I|}{|I^*|} \geq \frac{2}{k}$ となる．これは以下のことから言える．$I_i^* = V_i \cap I^*$ とする．対称性から，$|I_1^*| \geq |I_2^*| \geq \cdots \geq |I_k^*|$ と仮定できる．$I_1^* \cup I_2^*$ は G_{12} の独立集合であり，$|I_1^* \cup I_2^*| = |I_1^*| + |I_2^*| \geq \frac{2}{k}|I^*|$ である．一方，I_{12} は G_{12} の最大独立集合であるので，$|I_{12}| \geq |I_1^* \cup I_2^*|$ である．I は $1 \leq i < j \leq k$ の各対 i, j に対して $V_i \cup V_j$ で誘導される G_{ij} の最大独立集合 $\{I_{ij}\}$ のうちで点数最大の独立集合であるので，$|I| \geq |I_{12}| \geq |I_1^* \cup I_2^*|$ である．したがって，$|I| \geq \frac{2}{k}|I^*|$ である．

11.7 サイエンス社 Web (http://www.saiensu.co.jp) に掲載．

第 12 章

12.1 二つのラテン方陣の $A = (a_{ij})$ と $B = (b_{ij})$ が直交するとき，そしてそのときのみ，A と B のジョイン $C = A \vee B = (c_{ij})$ のどの要素も異なり，$c_{ij} = a_{ij}b_{ij}$ を 10 進数の $n(a_{ij}-1) + b_{ij}$ と見なすとすべての要素が異なる．したがって，

演習問題解答   249

各行 i の要素の和は, $\sum_{j=1}^{n}(n(a_{ij}-1)+b_{ij}) = -n^2 + n\sum_{j=1}^{n}a_{ij} + \sum_{j=1}^{n}b_{ij} = -n^2 + \frac{n^2(n+1)}{2} + \frac{n(n+1)}{2} = \frac{n(n^2+1)}{2}$ となる. 同様に, 各列 j の要素の和も $\frac{n(n^2+1)}{2}$ となる. したがって, C は魔方陣である.

12.2 ガロア体 $\mathrm{GF}(p^k)$ の $n=p^k$ 個の異なる要素を $\lambda_1, \lambda_2, \cdots, \lambda_n$ とする. 対称性より, $\lambda_n = 0$ とする. このとき, $A_\ell = (a_{ij}^{(\ell)})$ を

$$a_{ij}^{(\ell)} = \lambda_i \lambda_\ell + \lambda_j$$

として定義する. そして, $\lambda_1, \lambda_2, \cdots, \lambda_n$ を $1, 2, \cdots, n$ に一対一対応させるものとする. すると, $A_\ell = (a_{ij}^{(\ell)})$ は位数 n のラテン方陣であり, さらに, $n-1$ 個のラテン方陣 $\{A_1, A_2, \cdots, A_{n-1}\}$ は互いに直交することを証明する.

はじめに, A_ℓ $(\ell=1,2,\cdots,n-1)$ がラテン方陣であることを示す. $a_{ij}^{(\ell)} = a_{ij'}^{(\ell)}$ とする. すると,

$$a_{ij}^{(\ell)} - a_{ij'}^{(\ell)} = \lambda_i\lambda_\ell + \lambda_j - (\lambda_i\lambda_\ell + \lambda_{j'}) = \lambda_j - \lambda_{j'} = 0$$

から $\lambda_j = \lambda_{j'}$ となり, $j=j'$ が得られる. 一方, $a_{ij}^{(\ell)} = a_{i'j}^{(\ell)}$ とすると,

$$a_{ij}^{(\ell)} - a_{i'j}^{(\ell)} = \lambda_i\lambda_\ell + \lambda_j - (\lambda_{i'}\lambda_\ell + \lambda_j) = (\lambda_i - \lambda_{i'})\lambda_\ell = 0$$

となり, $\lambda_\ell \neq 0$ から λ_ℓ^{-1} が存在するのでそれを式 $(\lambda_i - \lambda_{i'})\lambda_\ell = 0$ の両辺にかけて $\lambda_i = \lambda_{i'}$ が得られる.

次に, $A_\ell \vee A_{\ell'}$ $(\ell \neq \ell')$ が直交することを証明する. $a_{ij}^{(\ell)}a_{ij}^{(\ell')} = a_{i'j'}^{(\ell)}a_{i'j'}^{(\ell')}$ とする. すなわち, $a_{ij}^{(\ell)} = a_{i'j'}^{(\ell)}$ かつ $a_{ij}^{(\ell')} = a_{i'j'}^{(\ell')}$ とする. すると,

$$a_{ij}^{(\ell)} - a_{i'j'}^{(\ell)} = \lambda_i\lambda_\ell + \lambda_j - (\lambda_{i'}\lambda_\ell + \lambda_{j'}) = (\lambda_i - \lambda_{i'})\lambda_\ell + (\lambda_j - \lambda_{j'}) = 0$$

$$a_{ij}^{(\ell')} - a_{i'j'}^{(\ell')} = \lambda_i\lambda_{\ell'} + \lambda_j - (\lambda_{i'}\lambda_{\ell'} + \lambda_{j'}) = (\lambda_i - \lambda_{i'})\lambda_{\ell'} + (\lambda_j - \lambda_{j'}) = 0$$

となる. したがって, $(\lambda_i - \lambda_{i'})(\lambda_\ell - \lambda_{\ell'}) = 0$ となり, $\lambda_\ell \neq \lambda_{\ell'}$ から $\lambda_i = \lambda_{i'}$ が得られる. これを上の二つの式に代入すると, $\lambda_j - \lambda_{j'} = 0$ となり, $\lambda_j = \lambda_{j'}$ も得られる. すなわち, $(i,j) \neq (i',j')$ ならば $a_{ij}^{(\ell)}a_{ij}^{(\ell')} \neq a_{i'j'}^{(\ell)}a_{i'j'}^{(\ell')}$ となり, $A_\ell \vee A_{\ell'}$ $(\ell \neq \ell')$ は互いに直交することが得られた.

12.3 位数 4 の直交する三つのラテン方陣が

$$A = \begin{pmatrix} 1 & 2 & 3 & 4 \\ 2 & 1 & 4 & 3 \\ 3 & 4 & 1 & 2 \\ 4 & 3 & 2 & 1 \end{pmatrix}, \quad B = \begin{pmatrix} 1 & 2 & 3 & 4 \\ 4 & 3 & 2 & 1 \\ 2 & 1 & 4 & 3 \\ 3 & 4 & 1 & 2 \end{pmatrix}, \quad C = \begin{pmatrix} 1 & 2 & 3 & 4 \\ 3 & 4 & 1 & 2 \\ 4 & 3 & 2 & 1 \\ 2 & 1 & 4 & 3 \end{pmatrix}$$

のときは

$$A \vee B \vee C = \begin{array}{c} \\ 1 \\ 2 \\ 3 \\ 4 \end{array} \begin{pmatrix} 1 & 2 & 3 & 4 \\ 111 & 222 & 333 & 444 \\ 243 & 134 & 421 & 312 \\ 324 & 413 & 142 & 231 \\ 432 & 341 & 214 & 123 \end{pmatrix}$$

から以下のスケジュールが得られる.

1回目　$(x_1^{(b)}, x_1^{(g)})$ と $(y_1^{(b)}, y_1^{(g)})$,　$(x_2^{(b)}, x_2^{(g)})$ と $(y_4^{(b)}, y_3^{(g)})$,
$\qquad$ $(x_3^{(b)}, x_3^{(g)})$ と $(y_2^{(b)}, y_4^{(g)})$,　$(x_4^{(b)}, x_4^{(g)})$ と $(y_3^{(b)}, y_2^{(g)})$

2回目　$(x_1^{(b)}, x_2^{(g)})$ と $(y_2^{(b)}, y_2^{(g)})$,　$(x_2^{(b)}, x_1^{(g)})$ と $(y_3^{(b)}, y_4^{(g)})$,
$\qquad$ $(x_3^{(b)}, x_4^{(g)})$ と $(y_1^{(b)}, y_3^{(g)})$,　$(x_4^{(b)}, x_3^{(g)})$ と $(y_4^{(b)}, y_1^{(g)})$

3回目　$(x_1^{(b)}, x_3^{(g)})$ と $(y_3^{(b)}, y_3^{(g)})$,　$(x_2^{(b)}, x_4^{(g)})$ と $(y_2^{(b)}, y_1^{(g)})$,
$\qquad$ $(x_3^{(b)}, x_1^{(g)})$ と $(y_4^{(b)}, y_2^{(g)})$,　$(x_4^{(b)}, x_2^{(g)})$ と $(y_1^{(b)}, y_4^{(g)})$

4回目　$(x_1^{(b)}, x_4^{(g)})$ と $(y_4^{(b)}, y_4^{(g)})$,　$(x_2^{(b)}, x_3^{(g)})$ と $(y_1^{(b)}, y_2^{(g)})$,
$\qquad$ $(x_3^{(b)}, x_2^{(g)})$ と $(y_5^{(b)}, y_1^{(g)})$,　$(x_4^{(b)}, x_1^{(g)})$ と $(y_2^{(b)}, y_3^{(g)})$

12.4 位数 5 の直交する四つのラテン方陣が

$$A = \begin{pmatrix} 1 & 2 & 3 & 4 & 5 \\ 2 & 3 & 4 & 5 & 1 \\ 3 & 4 & 5 & 1 & 2 \\ 4 & 5 & 1 & 2 & 3 \\ 5 & 1 & 2 & 3 & 4 \end{pmatrix}, \quad B = \begin{pmatrix} 1 & 2 & 3 & 4 & 5 \\ 3 & 4 & 5 & 1 & 2 \\ 5 & 1 & 2 & 3 & 4 \\ 2 & 3 & 4 & 5 & 1 \\ 4 & 5 & 1 & 2 & 3 \end{pmatrix},$$

$$C = \begin{pmatrix} 1 & 2 & 3 & 4 & 5 \\ 4 & 5 & 1 & 2 & 3 \\ 2 & 3 & 4 & 5 & 1 \\ 5 & 1 & 2 & 3 & 4 \\ 3 & 4 & 5 & 1 & 2 \end{pmatrix}, \quad D = \begin{pmatrix} 1 & 2 & 3 & 4 & 5 \\ 5 & 1 & 2 & 3 & 4 \\ 4 & 5 & 1 & 2 & 3 \\ 3 & 4 & 5 & 1 & 2 \\ 2 & 3 & 4 & 5 & 1 \end{pmatrix}$$

のときは

$$A \vee B \vee C \vee D = \begin{array}{c} \\ 1 \\ 2 \\ 3 \\ 4 \\ 5 \end{array} \begin{pmatrix} 1 & 2 & 3 & 4 & 5 \\ 1111 & 2222 & 3333 & 4444 & 5555 \\ 2345 & 3451 & 4512 & 5123 & 1234 \\ 3524 & 4135 & 5241 & 1352 & 2413 \\ 4253 & 5314 & 1425 & 2531 & 3142 \\ 5432 & 1543 & 2154 & 3215 & 4321 \end{pmatrix}$$

からコート i ($i = 1, 2, 3, 4, 5$) を Ci とすると,以下のスケジュールが得られる.

1回目　$C1$ で $(x_1^{(b)}, x_1^{(g)})$ と $(y_1^{(b)}, y_1^{(g)})$,　$C5$ で $(x_2^{(b)}, x_2^{(g)})$ と $(y_3^{(b)}, y_4^{(g)})$,
$\qquad$ $C4$ で $(x_3^{(b)}, x_3^{(g)})$ と $(y_5^{(b)}, y_2^{(g)})$,　$C3$ で $(x_4^{(b)}, x_4^{(g)})$ と $(y_2^{(b)}, y_5^{(g)})$,
$\qquad$ $C2$ で $(x_5^{(b)}, x_5^{(g)})$ と $(y_4^{(b)}, y_3^{(g)})$

2回目　$C2$ で $(x_1^{(b)}, x_2^{(g)})$ と $(y_2^{(b)}, y_2^{(g)})$,　$C1$ で $(x_2^{(b)}, x_3^{(g)})$ と $(y_4^{(b)}, y_5^{(g)})$,
$\qquad$ $C5$ で $(x_3^{(b)}, x_4^{(g)})$ と $(y_1^{(b)}, y_3^{(g)})$,　$C4$ で $(x_4^{(b)}, x_5^{(g)})$ と $(y_3^{(b)}, y_1^{(g)})$,
$\qquad$ $C3$ で $(x_5^{(b)}, x_1^{(g)})$ と $(y_5^{(b)}, y_4^{(g)})$

3回目　$C3$ で $(x_1^{(b)}, x_3^{(g)})$ と $(y_3^{(b)}, y_3^{(g)})$,　$C2$ で $(x_2^{(b)}, x_4^{(g)})$ と $(y_5^{(b)}, y_1^{(g)})$,
$\qquad$ $C1$ で $(x_3^{(b)}, x_5^{(g)})$ と $(y_2^{(b)}, y_4^{(g)})$,　$C5$ で $(x_4^{(b)}, x_1^{(g)})$ と $(y_4^{(b)}, y_2^{(g)})$,
$\qquad$ $C4$ で $(x_5^{(b)}, x_2^{(g)})$ と $(y_1^{(b)}, y_5^{(g)})$

4回目　$C4$ で $(x_1^{(b)}, x_4^{(g)})$ と $(y_4^{(b)}, y_4^{(g)})$,　$C3$ で $(x_2^{(b)}, x_5^{(g)})$ と $(y_1^{(b)}, y_2^{(g)})$,
$\qquad$ $C2$ で $(x_3^{(b)}, x_1^{(g)})$ と $(y_3^{(b)}, y_5^{(g)})$,　$C1$ で $(x_4^{(b)}, x_2^{(g)})$ と $(y_5^{(b)}, y_3^{(g)})$,
$\qquad$ $C5$ で $(x_5^{(b)}, x_3^{(g)})$ と $(y_2^{(b)}, y_1^{(g)})$

5回目　$C5$ で $(x_1^{(b)}, x_5^{(g)})$ と $(y_5^{(b)}, y_5^{(g)})$,　$C4$ で $(x_2^{(b)}, x_1^{(g)})$ と $(y_2^{(b)}, y_3^{(g)})$,
$\qquad$ $C3$ で $(x_3^{(b)}, x_2^{(g)})$ と $(y_4^{(b)}, y_1^{(g)})$,　$C2$ で $(x_4^{(b)}, x_3^{(g)})$ と $(y_1^{(b)}, y_4^{(g)})$,
$\qquad$ $C1$ で $(x_5^{(b)}, x_4^{(g)})$ と $(y_3^{(b)}, y_2^{(g)})$

演習問題解答   **251**

第 13 章

13.1 以下の表に，図 13.7 の (a) から (f) の各グラフに対して，コーダルグラフ，比較可能グラフ，置換グラフ，スプリットグラフの各行に，当てはまるときに○を，そうでないとき×をつけて表示している．

	(a)	(b)	(c)	(d)	(e)	(f)
コーダルグラフ	×	○	○	×	○	○
比較可能グラフ	○	○	○	○	○	×
置換グラフ	○	○	○	○	×	×
スプリットグラフ	×	○	×	×	×	○

13.2 n 点の区間グラフ G が長さ 4 の閉路グラフ C_4 を誘導部分グラフとして含むとする．G を実現する区間の集合を $\{I_1, I_2, \cdots, I_n\}$ とし，点 $v_i \in V(G)$ が区間 I_i に対応するとする．対称性より，C_4 は $(v_1, v_2, v_3, v_4, v_1)$ であるとする．したがって，$E(C_4) = \{e_1 = (v_1, v_2), e_2 = (v_2, v_3), e_3 = (v_3, v_4), e_4 = (v_4, v_1)\}$ が C_4 の辺集合である．すなわち，$(v_1, v_3), (v_2, v_4) \notin E(C_4)$ であるので，$I_1 \cap I_3 = \emptyset$，$I_2 \cap I_4 = \emptyset$ である．対称性より，$I_1 = [a_1, b_1]$ は $I_3 = [a_3, b_3]$ より左にあると仮定できる．すると，$e_1 = (v_1, v_2), e_2 = (v_2, v_3) \in E(C_4)$ より，$I_2 = [a_2, b_2]$ は $I_2 \cap I_1 \ne \emptyset$ かつ $I_2 \cap I_3 \ne \emptyset$ となる．したがって，$a_2 \le b_1$ かつ $a_3 \le b_2$ である．$a_2 \le a_1$ とすると $I_1 \subseteq I_2$ となるが，このとき $e_4 \in E(C_4)$ より $I_1 \cap I_4 \ne \emptyset$ となり，$I_2 \cap I_4 \ne \emptyset$ となって矛盾する．したがって，$a_1 < a_2$ である．同様に，$b_2 < b_3$ である．したがって，$a_1 < a_2 \le b_1 < a_3 \le b_2 < b_3$ である．一方，$e_3 = (v_3, v_4), e_4 = (v_1, v_4) \in E(C_4)$ より，$I_4 = [a_4, b_4]$ に対しても上記の $I_2 = [a_2, b_2]$ と同様のことが言える．すなわち，$a_1 < a_4 \le b_1 < a_3 \le b_4 < b_3$ が得られる．しかし，このとき，$b_1, a_3 \in I_2 \cap I_4$ となってしまい，$I_2 \cap I_4 = \emptyset$ に反してしまう．したがって，区間グラフ G は長さ 4 の閉路グラフ C_4 を誘導部分グラフとして含まないことが得られた．

第 14 章

14.1 5 人の新 4 年生の誕生月が異なる確率は，
$$\frac{12 \cdot 11 \cdot 10 \cdot 9 \cdot 8}{12 \cdot 12 \cdot 12 \cdot 12 \cdot 12} = \frac{55}{144}$$
である．したがって，その余事象の同じ誕生月の 4 年生が同じ年度で複数いる事象が起こる確率 p は $p = \frac{89}{144}$ となる．また，同じ誕生月の 4 年生が同じ年度で複数いる事象が起こる年数の期待値は $\frac{1}{p} = \frac{144}{89}$ となる．

14.2 たとえば，以下のような 3 回の公正なコイン投げを考えてみればよい．$\mathcal{E}_i$ を i 番目のコイン投げで表が出る事象とする．すると，$\mathcal{E}_1, \mathcal{E}_2, \mathcal{E}_3$ の確率はいずれも $1/2$ となる．そこで，A を 1 番目と 2 番目のコイン投げで同じ値になる事象とする．B を 2 番目と 3 番目のコイン投げで同じ値になる事象とする．C を 1 番目と 3 番目のコイン投げで異なる値になる事象とする．これらの事象は，いずれも，確率 $1/2$ をもち，いずれの二つの積事象も，確率 $1/4$ をもつことが容易

に確認できる.したがって,事象 A, B, C のいずれの二つも独立である.しかし,$\Pr[A \cap B \cap C] = 0 \neq \Pr[A] \cdot \Pr[B] \cdot \Pr[C] = 1/8$ であるので,三つの事象 A, B, C は独立ではない.

14.3 二項分布の確率変数の確率の総和は以下のように 1 である.
$$\sum_{j=0}^{n} \Pr[X=j] = \sum_{j=0}^{n} {}_nC_j p^j (1-p)^{n-j} = (p+(1-p))^n = 1$$

幾何分布の確率変数の確率の総和は以下のように 1 である.
$$\sum_{j=1}^{\infty} \Pr[X=j] = \sum_{j=1}^{\infty} (1-p)^{j-1} p = p \frac{1}{1-(1-p)} = 1$$

ポアソン分布の確率変数の確率の総和は以下のように 1 である.
$$\sum_{j=0}^{\infty} \Pr[X=j] = \sum_{j=0}^{\infty} e^{-\lambda} \frac{\lambda^j}{j!} = e^{-\lambda} \sum_{j=0}^{\infty} \frac{\lambda^j}{j!} = e^{-\lambda} e^{\lambda} = 1$$

一様分布の確率変数の確率の総和は以下のように 1 である.
$$\sum_{j=1}^{n} \Pr[X=j] = \sum_{j=1}^{n} \frac{1}{n} = 1$$

標準正規分布の確率密度関数の積分は以下のように 1 である.
$$\int_{-\infty}^{\infty} \Pr[X=x] dx = \int_{-\infty}^{\infty} \frac{1}{\sqrt{2\pi}} e^{-\frac{x^2}{2}} dx = \sqrt{\frac{4}{2\pi} \int_0^{\infty} \int_0^{\infty} e^{-\frac{x^2+y^2}{2}} dxdy}$$
$$= \sqrt{\frac{2}{\pi} \int_0^{\frac{\pi}{2}} \left(\int_0^{\infty} e^{-\frac{r^2}{2}} r dr \right) d\theta} = 1$$

14.4 確率空間 $(\Omega, \Pr)$ の Ω から非負整数 $\mathbf{Z}_+$ への関数である確率変数 X の期待値 $\mathbf{E}[X] = \sum_{j=0}^{\infty} j \Pr[X=j] = \sum_{j=0}^{\infty} j \Pr[X^{-1}(j)]$ は,$\Pr[X=j] = \Pr[X^{-1}(j)] = \sum_{\omega \in \Omega : X(\omega)=j} \Pr(\omega)$ であるので,

$$\mathbf{E}[X] = \sum_{j=0}^{\infty} j \Pr[X^{-1}(j)] = \sum_{j=0}^{\infty} j \sum_{\omega \in \Omega : X(\omega)=j} \Pr(\omega) = \sum_{\omega \in \Omega} X(\omega) \Pr(\omega)$$

と書ける.したがって,$X+Y$ の期待値 $\mathbf{E}[X+Y]$ は
$$\mathbf{E}[X+Y] = \sum_{\omega \in \Omega} (X(\omega) + Y(\omega)) \Pr(\omega)$$
$$= \sum_{\omega \in \Omega} X(\omega) \Pr(\omega) + \sum_{\omega \in \Omega} Y(\omega) \Pr(\omega)$$
$$= \mathbf{E}[X] + \mathbf{E}[Y]$$

と書ける.

14.5 前問と同様に示せる．$X_1 + X_2 + \cdots + X_n$ の期待値は，

$$\mathbf{E}[X_1 + X_2 + \cdots + X_n]$$
$$= \sum_{\omega \in \Omega} (X_1(\omega) + X_2(\omega) + \cdots + X_n(\omega)) \Pr(\omega)$$
$$= \sum_{\omega \in \Omega} X_1(\omega)\Pr(\omega) + \sum_{\omega \in \Omega} X_2(\omega)\Pr(\omega) + \cdots + \sum_{\omega \in \Omega} X_n(\omega)\Pr(\omega)$$
$$= \mathbf{E}[X_1] + \mathbf{E}[X_2] + \cdots + \mathbf{E}[X_n]$$

と書ける．

14.6 以下のように得られる．

$$\mathbf{E}\left[(X - \mathbf{E}[X])^2\right] = \sum_{j=0}^{\infty} \Pr[X = j] (j - \mathbf{E}[X])^2$$
$$= \sum_{j=0}^{\infty} \Pr[X = j] (j^2 - 2j\mathbf{E}[X] + \mathbf{E}[X]^2)$$
$$= \sum_{j=0}^{\infty} \Pr[X = j] j^2 - 2\mathbf{E}[X] \sum_{j=0}^{\infty} \Pr[X = j] j + \mathbf{E}[X]^2 \sum_{j=0}^{\infty} \Pr[X = j]$$
$$= \mathbf{E}[X^2] - 2\mathbf{E}[X]^2 + \mathbf{E}[X]^2 = \mathbf{E}[X^2] - \mathbf{E}[X]^2$$

14.7 非負の整数値をとる確率変数 X と正数 γ に対して，

$$\mathbf{E}[X] = \sum_{j=0}^{\infty} j\Pr[X = j] \geq \sum_{j=\lceil\gamma\rceil}^{\infty} j\Pr[X = j]$$
$$\geq \sum_{j=\lceil\gamma\rceil}^{\infty} \gamma\Pr[X = j] = \gamma\Pr[X \geq \gamma]$$

であるので，マルコフの不等式 $\Pr[X \geq \gamma] \leq \frac{\mathbf{E}[X]}{\gamma}$ が得られる．なお，非負の離散値をとる確率変数 X と正数 γ に対しても上記の結論が同様に得られる．

14.8 $\Pr[|X - \mathbf{E}[X]| \geq a] = \Pr[(X - \mathbf{E}[X])^2 \geq a^2]$ にマルコフの不等式を適用すると $\Pr[(X - \mathbf{E}[X])^2 \geq a^2] \leq \frac{\mathbf{E}[(X - \mathbf{E}[X])^2]}{a^2}$ となり，チェビシェフの不等式が得られる．

14.9 証明は定理 14.7 の証明とほぼ同様にできる．まずはじめに $t < 0$ とする．後で t を適切に選んでそれを用いることにする．関数 $f(x) = \mathrm{e}^{tx}$ は x に関して単調減少であるので，

$$\Pr[X \leq (1-\delta)\mu] = \Pr\left[\mathrm{e}^{tX} \geq \mathrm{e}^{t(1-\delta)\mu}\right]$$

と書ける．したがって，$t < 0$ である点を除けば前と同一の理由で，不等式

$$\Pr[X \leq (1-\delta)\mu] = \Pr\left[\mathrm{e}^{tX} \geq \mathrm{e}^{t(1-\delta)\mu}\right] \leq \mathrm{e}^{-t(1-\delta)\mu} \mathbf{E}\left[\mathrm{e}^{tX}\right]$$

が得られる．さらに，$X = \sum_{i=1}^{n} X_i$ に対して，期待値は

$$\mathbf{E}\left[e^{tX}\right] = \mathbf{E}\left[e^{t\sum_{i=1}^{n} X_i}\right] = \mathbf{E}\left[\prod_{i=1}^{n} e^{tX_i}\right] = \prod_{i=1}^{n} \mathbf{E}\left[e^{tX_i}\right]$$

となる．また，e^{tX_i} は確率 p_i で e^t であり，確率 $1 - p_i$ で $e^0 = 1$ であるので，その期待値は，

$$\mathbf{E}\left[e^{tX_i}\right] = p_i e^t + (1 - p_i) = 1 + p_i(e^t - 1) \leq e^{p_i(e^t - 1)}$$

と上から抑えられる．なお，$e^t - 1 < 0$ であるが，任意の $\alpha < 0$ でも $1 + \alpha \leq e^{\alpha}$ が成立するので，最後の不等式が得られる．これらの不等式を組み合わせて，$\mathbf{E}[X] = \sum_{i=1}^{n} p_i \geq \mu$ より，

$$\Pr[X \leq (1-\delta)\mu] \leq e^{-t(1-\delta)\mu} \mathbf{E}\left[e^{tX}\right] = e^{-t(1-\delta)\mu} \prod_{i=1}^{n} \mathbf{E}\left[e^{tX_i}\right]$$

$$\leq e^{-t(1-\delta)\mu} \prod_{i=1}^{n} e^{p_i(e^t - 1)} = e^{-t(1-\delta)\mu} e^{(e^t - 1)\sum_{i=1}^{n} p_i}$$

$$\leq e^{-t(1-\delta)\mu} e^{\mu(e^t - 1)}$$

が得られる．命題で主張している上界を得るには，単に $t = \log_e(1 - \delta)$ を代入すればよい．実際，$t = \log_e(1 - \delta)$ を代入すると，

$$\Pr[X \leq (1-\delta)\mu] \leq e^{-t(1-\delta)\mu} e^{\mu(e^t - 1)} = e^{-\mu((1-\delta)\log_e(1-\delta) - (1-\delta) + 1)}$$

$$= e^{-\mu((1-\delta)\log_e(1-\delta) + \delta)} < e^{-\mu\delta^2/2}$$

が得られる．なお，最後の不等式は $0 \leq \delta < 1$ で $(1 - \delta)\log_e(1 - \delta) + \delta \geq \delta^2/2$ であることから得られる．実際，それは以下のように示せる．

$$f(\delta) = \delta + (1 - \delta)\log_e(1 - \delta)$$

とおいて，$\log_e(1 - \delta)$ のテイラー展開を用いて $\log_e(1 - \delta) = -\sum_{k=1}^{\infty} \frac{\delta^k}{k}$ を代入すると，

$$f(\delta) = \delta - (1 - \delta)\sum_{k=1}^{\infty} \frac{\delta^k}{k} = \delta - \sum_{k=1}^{\infty} \frac{\delta^k}{k} + \sum_{k=1}^{\infty} \frac{\delta^{k+1}}{k}$$

$$= \delta - \delta + \delta^2 - \frac{\delta^2}{2} - \sum_{k=3}^{\infty} \frac{\delta^k}{k} + \sum_{k=2}^{\infty} \frac{\delta^{k+1}}{k}$$

$$= \frac{\delta^2}{2} + \sum_{k=3}^{\infty} \left(\frac{1}{k-1} - \frac{1}{k}\right)\delta^k \geq \frac{\delta^2}{2}$$

が得られるからである．

第15章

15.1 G の $k = \chi(G)$ 個の色 $\{1, 2, \cdots, k\}$ での彩色で各 $i = 1, 2, \cdots, k$ の色の点集合を V_i とする．すると，V_i は独立集合で $|V_i| \leq \alpha(G)$ であり，$V(G) = V_1 + V_2 + \cdots + V_k$ である．したがって，$n = |V(G)| = |V_1| + |V_2| + \cdots + |V_k| \leq k\alpha(G) = \chi(G)\alpha(G)$ が成立する．

15.2 $x^x = n \geq 5$ に対して対数をとると，$x \log_2 x = \log_2 n$ となる．さらに対数をとると，$\log_2 x + \log_2 \log_2 x = \log_2 \log_2 n$ となる．したがって，

$$2\log_2 x > \log_2 x + \log_2 \log_2 x = \log_2 \log_2 n > \log_2 x$$

が得られる（$x > 2$ より $\log_2 \log_2 x > 0$ であることは容易に確かめられる）．この不等式を用いて等式 $x \log_2 x = \log_2 n$ との比をとると，

$$\frac{1}{2} x < \frac{\log_2 n}{\log_2 \log_2 n} < x = \gamma(n)$$

が得られる．

参考文献

本書を執筆する際に全面的に参考にした代表的な文献を 3 件挙げる.
[1] M. Aigner and G.M. Ziegler: *Proofs from THE BOOK* (4th edition), Springer, 2009 （日本語訳：蟹江幸博：『天書の証明』（原書第 2 版の日本語版），シュプリンガー・フェアラーク東京，2002）
[2] N. Alon and J.H. Spencer: *The Probabilistic Methods* (3rd edition), John Wiley and Sons, 2008
[3] R. Diestel: *Graph Theory* (3rd edition), Springer, 2005 （日本語訳：根上生也，太田克弘：『グラフ理論』（原書第 2 版の日本語版），シュプリンガー・フェアラーク東京，2000）

文献 [1] は，数学の世界における定理とその証明には全能の神のみが知りうる簡潔性が本来備わっているはずという信念に基づいて，代表的な定理とその証明に焦点を当てて解説している本である．本書の第 2 章のホールの定理とラテン方陣完成問題，第 3 章の全点木の個数，第 10 章のオイラーの公式，第 11 章の平面グラフの彩色とリスト彩色，第 15 章の確率的方法は，この文献を参考にしている．文献 [2] は，離散数学と情報科学における確率的方法の重要性を解説している本である．本書の第 15 章の確率的方法はおもにこの文献を参考にしている．文献 [3] は，斬新な構想に基づいて執筆された大学院レベルの標準的なテキストで，最新のグラフ理論のトピックなども取り上げている．本書のグラフ理論の章はおもにこの文献を参考にしている．したがって，本書から進んで離散数学の分野を学び研究する上では，上記の文献を参考にするのが最適であると言える．

さらに，日本におけるグラフ理論の研究は世界のトップクラスにあるが，その研究の発展に貢献した以下の日本語の文献も参考にした．
[4] 秋山 仁：『グラフ理論最前線』，朝倉書店，1998
[5] 榎本彦衛：『グラフ学入門』，日本評論社，1988
[6] 惠羅 博，土屋守正：『グラフ論』，産業図書，1996
[7] 加納幹雄：『情報科学のためのグラフ理論』，朝倉書店，2001
[8] 浜田隆資，秋山 仁：『グラフ論要説』，槙書店，1982

文献 [8] は，本書で取り上げたグラフ理論をほぼすべて網羅していると言える．さらに，平面的グラフの 4 色定理についての歴史も詳しく述べている．また，パーフェクトグラフと関連する交差グラフの記述も詳しい．文献 [6] も本書で取り上げたグラフ理論の多くを解説している．とくに，パーフェクトグラフについては本格的に取り上げている．文献 [5] は，グラフ理論の若い研究者の育成を念頭に置いて自身の研究と関連した話題を解説している．とくに，グラフの連結性に重点を置き証明法などを工夫している点が特徴である．文献 [4] もグラフ理論の若い研究者の育成を念頭に置いて，日本における（主として数学分野からの）グラフ理論の研究の発展の歴史とと

もに，グラフ理論の最前線の研究動向をわかりやすく紹介している．文献 [7] は，情報科学との関係からグラフ理論を解説している．

第7章から第9章の半順序集合，束，命題と論理では，以下の文献を参考にした．
[9] 茨木俊秀：『情報学のための離散数学』，昭晃堂，2004
[10] 伊理正夫，藤重 悟：『応用代数』，コロナ社，1988
[11] 牛島和夫，相 利民，朝廣雄一：『離散数学』，コロナ社，2006
[12] 斎藤伸自，西関隆夫，千葉則茂：『離散数学』，朝倉書店，1989
[13] 杉原厚吉，今井敏行：『工学のための応用代数』，共立出版，1999

文献 [10] は，グラフ理論以外の離散数学（応用代数）をすべて取り上げていると言える．的を射た例と注意（証明）を要所に織り込んで懇切丁寧に解説しているので，学術書も読みこなせるようになる実力の獲得が期待できる本である．本書の第8章の束の記述もこの本に大きく依存している．文献 [13] は，工学への応用の観点から，束を含む代数系をよりわかりやすく解説している．第2章で述べた二部グラフの最大マッチングと最小点カバーの線形システム解析への応用も取り上げている．文献 [12] は，グラフ理論も含めて離散数学の全般をわかりやすく解説している本である．本書の第7, 8, 9 章以外のグラフ理論の章でもこの本を参考にした．文献 [9, 11] も，数理論理に重点を置いて離散数学全般を解説している．

第12章のラテン方陣と有限幾何については，以下の文献を参考にした．
[14] I. Anderson: *A First Course in Discrete Mathematics*, Springer, 2001
[15] J. Matoušek and J. Nešetřil: *Invitation to Discrete Mathematics*, Oxford University Press, 2000 （日本語訳：根上生也，中本敦浩：『離散数学への招待（上，下）』，シュプリンガー・フェアラーク東京，2002）

文献 [14] は，離散数学のわかりやすい入門書である．本書の第12章の記述は，本質的にこの本に基づいている．文献 [15] も，離散数学の広範な話題を取り上げわかりやすく解説している本である．

第14章と第15章では以下の文献も参考にした．
[16] J. Kleinberg and E. Tardos: *Algorithm Design*, Addison-Wesley, 2005 （日本語訳：浅野孝夫，浅野泰仁，小野孝夫，平田富夫：『アルゴリズムデザイン』，共立出版，2008）
[17] S. Jukna: *Extremal Combinatorics with Application in Computer Science*, Springer, 2001
[18] M. Mitzenmacher and E. Upfal: *Probability and Computing: Randomized Algorithms and Probability Analysis*, Cambridge University Press, 2005 （日本語訳：小柴健史，河内亮周：『確率と計算：乱択アルゴリズムと確率的解析』，共立出版，2009）
[19] R. Motwani and P. Raghavan: *Randomized Algorithms*, Cambridge University Press, 1995
[20] 玉木久夫：『情報科学のための確率入門』，サイエンス社，2002
[21] 玉木久夫：『乱択アルゴリズム』，共立出版，2008

参考文献

　文献 [16] は，離散アルゴリズムのパラダイムをわかりやすく本格的に解説した本であり，ランダム化（乱択）アルゴリズムも取り上げている．そして，乱択アルゴリズムの設計や解析で必要となる離散確率を簡潔に解説するとともにその応用例を紹介している．文献 [20] は，アルゴリズムやシミュレーションへの応用に重点をおいて離散確率の基礎概念を解説している．文献 [18, 19] は，乱択アルゴリズムと確率的方法を本格的に解説している本である．確率的方法としてより広い応用をもつロバース (L. Lovász) の局所補題とその応用例も取り上げている．文献 [21] は乱択アルゴリズムを本格的に解説している日本人著者の初めての本である．文献 [17] は情報科学の観点からの離散数学を本格的に議論している．以下の文献からも多くのことを学んだ．

[22] M. Behzad, G. Chartrand and Lesniak-Foster: *Graphs and Digraphs*, Prindle, Weber & Schmidt, 1979 （日本語訳：秋山仁，西関隆夫：『グラフとダイグラフの理論』，共立出版，1981）

[23] K. Bogart, C. Stein, and R.L. Drysdale: *Discrete Mathematics for Computer Science*, Key College Publishing, 2006

[24] B. Bollobás: *Graph Theory: An Introductory Course*, Springer-Verlag, 1979 （日本語訳：斎藤伸自，西関隆夫：『グラフ理論入門』，培風館，1983）

[25] G. Chartrand and P. Zhang: *Chromatic Graph Theory*, CRC Press, 2009

[26] V. Chvátal: *Linear Programming*, Freeman, 1983 （日本語訳：阪田省二郎，藤野和建，田口東：『線形計画法（上，下）』，啓学出版，1986/1988）

[27] F. Chung and R.L. Graham: *Erdös on Graphs: His Legacy of Unsolved Problems*, A K Peters, 1998

[28] S. Fiorini and R.J. Wilson: *Edge-colourings of Graphs*, Pitman, 1977

[29] M.C. Golumbic: *Algorithmic Graph Theory and Perfect Graphs* (2nd edition), Elsevier, 2004.

[30] R.P. Grimaldi: *Discrete and Combinatorial Mathematics: An Applied Introduction* (4th edition), Addison-Wesley, 2000

[31] M. Habib, C. McDiarmid, J. Ramirez-Alfonsin, and B. Reed (eds.): *Probabilistic Methods for Algorithmic Discrete Mathematics*, Springer, 1998

[32] F. Harary: *Graph Theory*, Addison-Wesley, 1969 （日本語訳：池田貞雄：『グラフ理論』，共立出版，1971）

[33] J.M. Harris, J.L. Hirst, and M.J. Mossinghoff: *Combinatorics and Graph Theory*, Springer, 2000

[34] B. Korte and J. Vygen: *Combinatorial Optimization* (4th edition), Springer, 2007 （日本語訳：浅野孝夫，浅野泰仁，小野孝夫，平田富夫：『組合せ最適化第2版』，シュプリンガージャパン，2009）

[35] C.L. Liu: *Introduction to Combinatorial Mathematics*, McGraw-Hill, 1968 （日本語訳：伊理正夫，伊理由美：『組合せ数学入門 (I,II)』，共立出版，1972）

[36] C.L. Liu: *Elements of Discrete Mathematics* (2nd edition), McGraw-Hill, 1985 （日本語訳：成嶋弘，秋山仁：『コンピュータサイエンスのための離散数

学入門』，オーム社，1995)
- [37] L. Lovász: *Combinatorial Problems and Exercises* (2nd edition), North-Holland, 1993 (日本語訳:成嶋 弘，土屋守正，秋山 仁，榎本彦衛，他:『組合せ論演習 (1〜4)』(原書初版の日本語版)，東海大学出版会，1988)
- [38] L. Lovász J. Pelikán, and K. Vesztergombi: *Discrete Mathematics: Elementary and Beyond*, Springer, 2003
- [39] H. Nagamochi and T. Ibaraki: *Algorithmic Aspects of Graph Connectivity*, Cambridge University Press, 2008
- [40] T. Nishizeki and N. Chiba: *Planar Graphs: Theory and Algorithms*, Dover Publications, 2008
- [41] T. Nishizeki and M.S. Rahman: *Planar Graph Drawing*, World-Scientific, 2004
- [42] M. Stern: *Semimodular Lattices: Theory and Applications*, Cambridge University Press, 1999
- [43] V. Vazirani: *Approximation Algorithms*, Springer, 2001 (日本語訳:浅野孝夫:『近似アルゴリズム』，シュプリンガー・フェアラーク東京，2002)
- [44] R.J. Wilson: *Introduction to Graph Theory* (4th edition), Pearson Education, 1996 (日本語訳:西関隆夫，西関裕子:『グラフ理論入門』，近代科学社，2001)
- [45] 浅野孝夫:『情報の構造 (上，下)』，日本評論社，1994
- [46] 浅野孝夫，今井 浩:『計算とアルゴリズム』，オーム社，2000
- [47] 浅野孝夫:『情報数学:組合せと整数およびアルゴリズム解析の数学』，コロナ社，2009
- [48] 一森哲男:『グラフ理論』，共立出版，2002
- [49] 伊理正夫:『線形代数汎論』，朝倉書店，2009
- [50] 伊理正夫，白川 功，梶谷洋司，篠田庄司，他:『演習グラフ理論:基礎と応用』，コロナ社，1983
- [51] 大山達雄:『パワーアップ離散数学』，共立出版，1997
- [52] 大山口通夫，三橋一郎:『コンパイラの理論と作成技法』，サイエンス社，2010
- [53] 落合豊行:『グラフ理論入門:平面グラフへの応用』，日本評論社，2004
- [54] 尾畑伸明:『情報数理の基礎と応用』，サイエンス社，2008
- [55] 徳山 豪:『工学基礎 離散数学とその応用』，数理工学社，2003
- [56] 根上生也:『位相幾何学的グラフ理論入門』，横浜図書，2001
- [57] 野崎昭弘:『離散系の数学』，近代科学社，1980
- [58] 平田富夫:『データ構造の基礎』，サイエンス社，2007
- [59] 藤重 悟:『グラフ・ネットワーク・組合せ論』，共立出版，2002
- [60] 丸岡 章:『計算理論とオートマトン言語理論:コンピュータの原理を明かす』，サイエンス社，2005
- [61] 守屋悦朗:『離散数学入門』，サイエンス社，2006

索　引

欧　字

1-因子 (1-factor), 26, 37, 161
1-因子分解 (1-factorization), 162
2-辺連結グラフ (2-edge-connected graph), 83, 87
2-連結グラフ (2-connected graph), 83
2-連結成分 (2-connected component), 86
2-同形 (2-isomorphic), 139
4 色定理 (4-color theorem), 151
4 色予想 (4-color conjecture), 152

DAG (directed acyclic graph), 52

k-SAT (k-satisfiability problem), 214
k-彩色可能 (k-colorable), 147, 216
k 次のモーメント (k-th moment), 203
k-充足可能性問題 (k-satisfiability problem), 214
k-選択可能 (k-choosable), 162
k-ハイパーグラフ (k-hypergraph), 216
k 分木 (k-ary tree), 45
k-辺彩色可能 (k-edge colorable), 147
k-辺連結 (k-edge-connected), 87, 93
k-リスト彩色可能 (k-list-colorable), 162
k-リスト辺彩色可能 (k-list-edge-colorable), 163
k-連結 (k-connected), 87, 93

n 次元ベクトル (n-dimensional vector), 6

r-正則グラフ (r-regular graph), 32

SAT (satisfiability problem), 214

(v, k, λ)-デザイン ((v, k, λ)-design), 176

あ　行

握手定理 (shake hands theorem), 17
安定集合 (stable set), 188
安定マッチング (stable matching), 166

位数 (order), 7, 8
位相同形 (homeomorphic), 136
一様分布 (uniform distribution), 202
入次数 (in-degree), 17
入れ子構造 (nested), 47
入れ子構造族 (nested family), 47

ウォーク (walk), 12
裏 (reverse), 126, 128

円グラフ (circle graph), 194
円弧グラフ (circular-arc graph), 193
円順列 (circular permutation), 3

オイラーグラフ (Eulerian graph), 18, 141
オイラーツアー (Eulerian tour), 18
オイラートレイル (Eulerian trail), 18
オイラーの定理 (Euler's Theorem), 19, 21
横断集合 (transversal), 34
親 (parent), 43

か　行

カード当て (guessing cards), 205
階乗 (factorial), 4
階数 (rank), 7, 60
外点 (outer node), 44

索　引

外平面的グラフ (outer planar graph), 142
外面 (outer face), 133
下界 (lower bound), 111
可解 (resolvable), 179
可換 (commutative), 7
可換群 (commutative group), 7
核 (kernel), 165
確率 (probability), 196
確率的方法 (probabilistic method), 212
確率分布 (probability distribution), 201
確率密度関数 (probabilistic density function), 202
下限 (greatest lower bound), 111
カタラン数 (Catalan number), 45
カット (cut), 68
カットセット (cutset), 72, 141
仮定 (hypothesis), 126
カバー (cover), 114
加法定理 (addition theorem), 198
含意 (implication), 126, 128
関数 (function), 3
関節点 (articulation vertex), 81
完全 k 分木 (complete k-ary tree), 45
完全グラフ (complete graph), 11
完全二部グラフ (complete bipartite graph), 24
完全二分木 (complete binary tree), 45
完全マッチング (perfect matching), 26, 161
完全ユニモジュラー行列 (totally unimodular matrix), 65

偽 (false), 126
木 (tree), 40, 43
幾何分布 (geometrical distribution), 202
奇数連結成分 (odd component), 37
期待値 (expectation), 203, 207, 227
期待値の線形性 (linearity of expectation), 204

奇置換 (odd permutation), 4
木表現 (tree-representation), 48, 49
木辺 (tree edge), 73
基本カットセット (fundamental cutset), 73
基本カットセット系 (system of fundamental cutsets), 73
基本閉路 (fundamental circuit), 73
基本閉路系 (system of fundamental circuits), 73
既約元 (reduced element), 119
既約接続行列 (reduced incidence matrix), 63, 66
逆 (converse), 126, 128
逆元 (inverse element), 7
逆像 (inverse image), 3
吸収律 (absorption), 111
行 (row), 6
競合解消に対するランダム化戦略 (Randomized Algorithm for Contention Resolution), 224
競合解消問題 (Contention Resolution Problem), 223
凝縮グラフ (condensed graph), 104
兄弟 (sibling), 44
共通事象 (intersection), 197
共通集合 (intersection), 2
強パーフェクトグラフ予想 (strong perfect graph conjecture), 190
行ベクトル (row vector), 6
行列 (matrix), 5
行列式 (determinant), 6
強連結 (strongly connected), 13, 80
強連結成分 (strongly connected component), 16, 81
極小 (minimal), 15
極小元 (minimal element), 101
極大 (maximal), 15
極大外平面的グラフ (maximal outer planar graph), 142
極大元 (maximal element), 101
極大平面グラフ (maximal plane graph),

135
極大平面的グラフ (maximal planar graph), 135

空事象 (empty event), 197
空集合 (empty set), 1
偶置換 (even permutation), 4
クーポン収集問題 (Collecting Coupons Problem), 206
区間 (interval), 123
区間グラフ (interval graph), 192
鎖 (chain), 105
組合せ (combination), 4
クラトフスキーの定理 (Kuratowski's Theorem), 137
グラフ (graph), 10
グラフ的 (graphical), 22
クリーク (clique), 188
クリークカバー (clique cover), 189
クロスフリー (cross-free), 47, 49
クロスフリー族 (cross-free family), 47
群 (group), 7

結合則 (associative law), 7
結合律 (associativity), 111
結論 (conclusion), 126
元 (element), 1
弦グラフ (chordal graph), 191
連結度 (connectivity), 88
原子元 (atom), 119
元数 (cardinality), 1
限量子 (quantifier), 129

子 (child), 44
交換則 (cummutative law), 7
交換律 (commutativity), 111
交互パス (alternating path), 27
交互閉路 (alternating cycle), 27
交差グラフ (intersection graph), 192
コーダルグラフ (chordal graph), 191
互換 (transposition), 3
異なる代表元の系 (system of distinct representatives), 33
孤立点 (isolated vertex), 17
根元事象 (atom), 196

さ 行

最小 (minimum), 15
最小クリークカバー (minimum clique cover), 189
最小元 (minimum element), 101
最小項 (minimum element), 130
最小彩色 (minimum coloring), 189
最小上界 (least upper bound), 111
最小チェーンカバー (minimum chain cover), 105
最小点カバー (minimum vertex cover), 27
最小反チェーンカバー (minimum antichain cover), 105
彩色 (coloring), 146, 189
彩色指数 (chromatic index), 147
彩色数 (chromatic number), 147, 189
サイズ (size), 105, 172
最大 (maximum), 15
最大下界 (greatest lower bound), 111
最大クリーク (maximum clique), 188
最大元 (maximum element), 101
最大多重度 (maximum multiplicity), 155
最大チェーン (maximum chain), 105
最大独立集合 (maximum independent set), 27, 188
最大反チェーン (maximum antichain), 105
最大マッチング (maximum matching), 26
最短パス (shortest path), 53
最長パス (longest path), 54
細分 (subdivision), 136
差集合 (difference), 2
三角化グラフ (triangulated graph), 191
三段論法 (modus ponens), 128

索　引　**263**

試行 (trial), 196
自己ループ (self-loop), 10
事象 (event), 196
次数 (degree), 17
次数列 (degree sequence), 21
子孫 (descendant), 44
実現 (realization), 192–194
失敗事象 (failure event), 225
始点 (tail), 10
写像 (mapping), 3
車輪グラフ (wheel), 95
集合関数 (set function), 71
集合システム (set system), 33, 47, 216
充足可能性問題 (satisfiability problem), 130, 213
終点 (head), 10
十分条件 (sufficient condition), 126
十分性 (sufficiency), 126
縮約 (contraction), 61
縮約グラフ (contraction), 62
種数 (genus), 143
シュタイナー 3 組システム (Steiner triple system), 176
述語 (predicate), 129
順序木 (ordered tree), 44
順列 (permutation), 3
ジョイン (join), 171
上界 (upper bound), 111
小行列式 (minor), 7
商系 (quotient system), 104
上限 (least upper bound), 111
条件付き確率 (conditional probability), 200
条件付き確率法 (conditional probability method), 230
剰余系 (residual system), 104
ジョルダン-デデキント チェーン条件 (Jordan-Dedekind chain condition), 123
順序なし木 (unordered tree), 44
真 (true), 126
真偽割当て (truth assignment), 131, 214
真部分グラフ (proper subgraph), 15
真部分集合 (proper subset), 2
真理値 (truth value), 126

推移的グラフ (transitive graph), 100, 192
推移律 (transitivity), 99
スターグラフ (star), 24
スプリットグラフ (split graph), 191

正規分布 (normal distribution), 202
正則 (regular), 6, 32
正則な二分木 (regular binary tree), 44
成分 (component), 6
正方行列 (square matrix), 6
積事象 (product event), 197
接続行列 (incidence matrix), 59, 177
接続している (incident), 14
切断点 (cut vertex), 81
セミモジュラー束 (semimodular lattice), 114
セミモジュラー律 (semimodularity), 114
零元 (zero element), 8
線グラフ (line graph), 147, 192
全事象 (universal event), 197
全射 (surjection), 3
全順序 (total order), 99
全称記号 (universal quantifier), 129
全体集合 (universal set), 2
選択数 (choice number), 162
全単射 (bijection), 3
全点 (spanning), 15
全点木 (spanning tree), 42

増加パス (augmenting path), 28
双対グラフ (dual graph), 138, 141
双対性 (duality), 111
相補束 (complementary lattice), 114
相補律 (complementarity), 114
束 (lattice), 111, 112

族 (family), 2
祖先 (ancestor), 44
存在記号 (existential quantifier), 129

た　行

体 (field), 8
対偶 (contraposition), 126, 128
対称差集合 (symmetric difference), 2
対称律 (symmetricity), 99
互いに素 (disjoint), 2
互いに直交 (mutual orthogonal), 172
多重グラフ (multi-graph), 11
多重度 (multiplicity), 155
多重辺 (multi-edges), 11
タットの定理 (Tutte's Theorem), 96
単位元 (identity element), 7, 8
単射 (injection), 3
単純 (simple), 11
単純グラフ (simple graph), 11
端点 (end vertex), 10

値域 (range), 3
チェーン (chain), 105
チェーンカバー (chain cover), 105
チェビシェフの不等式 (Chebyshev's inequality), 208
チェルノフ限界 (Chernoff bound), 208
置換 (permutation), 3
置換グラフ (permutation graph), 192
抽象的双対グラフ (abstract dual graph), 141
重複組合せ (repeated combination), 5
調和数 (harmonic number), 206
直後の元 (successor), 100, 114
直積集合 (product), 2
直接証明 (direct proof), 128
直接推論 (direct inference), 128
直前の元 (predecessor), 100, 114
直和限界 (union bound), 199, 226
直和集合 (disjoint sum), 2
直交 (orthogonal), 77, 171

釣合い型不完備ブロック計画 (balanced imcomplete block design), 176

定義域 (domain), 3
出次数 (out-degree), 17
デニッツの問題 (Dinits' Problem), 169
点 (vertex), 10
点カバー (vertex cover), 27
点連結度 (vertex-connectivity), 88
点彩色 (vertex coloring), 146, 216
点素 (vertex-disjoint), 83
転置行列 (transposed matrix), 6
点分割 (subdivision), 136

ド・モルガンの法則 (De Morgan law), 127
等価 (equivalence), 128
同形 (isomorphic), 7, 8, 139
同値関係 (equivalence relation), 99
同値類 (equivalence class), 101
動的計画法 (dynamic programming), 56
独立 (independent), 200
独立試行 (independent trials), 200
独立集合 (independent set), 24, 27, 188
独立性 (independence), 208
閉じている (closed), 12
凸多角形 (convex polygon), 46
トポロジカルソート (topological sort), 52
トレイル (trail), 13

な　行

内素 (internally disjoint), 83
内点 (inner node), 44
内面 (inner face), 133
長さ (length), 12, 53

二項関係 (binary relation), 98
二項係数 (binomial coefficient), 5
二項定理 (binomial theorem), 5
二項展開 (binomial expansion), 5

索　引

二項分布 (binomial distribution), 201
二部グラフ (bipartite graph), 24, 141

根 (root), 42, 43
根付き木 (rooted tree), 43
ネットワーク (network), 25, 53

ノード (node), 43

は　行

葉 (leaf), 44
ポアソン分布 (poisson distribution), 202
パーフェクトグラフ (perfect graph), 190
排他的論理和 (exclusive or), 128
ハイパーグラフ (hypergraph), 33, 47, 216
排反事象 (exclusive event), 198
背理法 (proof by contradiction), 128
橋 (bridge), 82
パス (path), 12
ハッセ図 (Hasse diagram), 100
ハミルトングラフ (Hamilton graph), 12
ハミルトンパス (Hamiltonian path), 12
ハミルトン閉路 (Hamiltonian circuit), 12
反鎖 (antichain), 105
反射律 (reflexivity), 99
半順序 (partial order), 99
半順序集合 (partially ordered set), 99
反対称律 (antisymmetricity), 99
反チェーン (antichain), 105
反チェーンカバー (antichain cover), 105
反復試行 (iterated trials), 201

比較可能 (comparable), 105
比較可能グラフ (comparability graph), 100, 192
比較可能律 (comparability), 99
比較不可能 (incomparable), 105
非巡回的グラフ (directed acyclic graph), 52

左の子 (left child), 44
必要十分条件 (necessary and sufficient condition, if and only if), 126
必要条件 (necessary condition), 126
必要性 (necessity), 126
否定 (not, negation), 127
ビネー-コーシーの公式 (Binet-Cauchy Formula), 65
非マッチ数 (deficiency), 31
標準正規分布 (standard normal distribution), 202
標準的描画 (standard embedding), 138
標準偏差 (standard deviation), 203
標本空間 (sample space), 196
標本点 (sample), 196
非連結 (disconnected), 12, 80

フィルイン (fill-in), 188, 191
ブール束 (Boolean lattice), 114
ブール変数 (Boolean variable), 126
フェーズ (phase), 206
負荷均等化問題 (Load Balancing Problem), 226
深さ (depth), 44
部分横断集合 (partial transversal), 34
部分グラフ (subgraph), 14
部分集合 (subset), 2
部分束 (sublattice), 116
部分ラテン方陣 (partial latin square), 35
普遍集合 (universal set), 2
ブロック (block), 86, 176
ブロック切断点グラフ (block cutvertex graph), 86
分割 (partition), 2
分散 (variance), 203
分配則 (distributive law), 8
分配束 (distributive lattice), 114
分配律 (distributivity), 114, 118
分離操作 (splitting), 94

平行 (parallel), 182

平衡真部分集合ブロックデザイン (balanced imcomplete block design), 176
べき等律 (idempotency), 111
閉包性 (closure property), 7
平面グラフ (plane graph), 133
平面的グラフ (planar graph), 133
平面的双対グラフ (planar dual graph), 138
並列辺 (parallel edges), 10
閉路 (circuit), 12, 141
べき集合 (power set), 2, 71
ベクトル (vector), 6
ベルヌーイ試行 (Bernoulli trials), 201
辺 (edge), 10
辺連結度 (edge-connectivity), 88
辺彩色 (edge coloring), 146
辺彩色数 (chromatic index), 147
辺素 (edge disjoint), 83
辺分離操作 (edge splitting), 94
辺誘導部分グラフ (edge induced subgraph), 15

包除原理 (inclusion-exclusion principle), 199
補木 (cotree), 72
補木辺 (cotree edge), 72
補グラフ (complement), 188
補元 (complement), 114
補集合 (complement), 2

ま 行

マーダーのリフティング定理 (Mader's Lifting Theorem), 95
マイナー (minor), 136
交わり (meet), 111
マッチング (matching), 26
マトロイド (matroid), 141
魔方陣 (magic square), 171
マルコフの不等式 (Markov's inequality), 207

右の子 (right child), 44

耳分解 (ear-decomposition), 84

無記憶カード当て (guessing cards without memory), 205
無限集合 (infinite set), 1
無向カット (undirected cut), 68
無向基礎グラフ (underlying undirected graph), 13, 40
無向グラフ (undirected graph), 10
無向全点木 (undirected spanning tree), 62
無向閉路 (undirected circuit), 62
無向辺 (undirected edge), 10
結び (join), 111

命題 (proposition), 126
面 (face), 133

モジュラー関数 (modular function), 71
モジュラー束 (modular lattice), 114
モジュラー律 (modularity), 114
森 (forest), 40

や 行

有記憶カード当て (guessing cards with memory), 205
有限アフィン平面 (finite affine plane), 181
有限確率空間 (finite probability space), 196
有限群 (finite group), 7
有限射影平面 (finite projective plane), 184
有限集合 (finite set), 1
有限束 (finite lattice), 113
有限体 (finite field), 8
有限半順序集合 (finite partially ordered set), 99
有向カット (directed cut), 68
有向カットセット (directed cutset), 72
有向木 (arborescence), 40, 43
有向グラフ (directed graph), 10

索　引　　**267**

有向辺 (directed edge), 10
有向無閉路グラフ (directed acyclic graph), 52
有向無閉路ネットワーク (directed acyclic network), 54
有向森 (branching), 40, 43
誘導部分グラフ (induced subgraph), 15
優モジュラー関数 (supermodular function), 71

ら 行

要素 (element), 1, 6
要素数 (cardinality), 1
余事象 (complementary event), 197

ラウンド (round), 223
ラテン長方形 (latin rectangle), 35
ラテン方陣 (latin square), 34
ラテン方陣完成問題 (latin square completion problem), 35
ラミナー (laminar), 47–49
ラミナー族 (laminar family), 47
ラムゼー数 (Ramsey number), 218
ランク (rank), 7, 60
ランダム真偽割当て (random assignment), 214
ランダム配分戦略 (random allocation strategy), 227
確率変数 (random variable), 201
乱列 (derangement), 3

リスト彩色 (list coloring), 162
リスト彩色指数 (list-chromatic index), 163
リスト彩色数 (list-chromatic number), 162
リスト辺彩色 (list edge-coloring), 163
リスト辺彩色数 (list-chromatic index), 163
理想グラフ (perfect graph), 190
リテラル (literal), 130, 214
隣接行列 (adjacency matrix), 58
隣接している (adjacent), 14
隣接点 (neighbor), 69
隣接点集合 (set of neighbors), 69

列 (column), 6
列ベクトル (column vector), 6
劣モジュラー関数 (submodular function), 71
劣モジュラー律 (submodularity), 123
連結 (connected), 12, 40, 80
連結成分 (connected component), 16, 80

論理関数 (logical function), 129
論理式 (logical formula), 129
論理積 (and, conjunction), 127
論理積標準形 (conjunctive normal form), 130
論理和 (or, disjunction), 127
論理和標準形 (disjunctive normal form), 130

わ 行

ワグナーの定理 (Wagner's Theorem), 137
和事象 (union), 197
和集合 (union), 2

著者略歴

浅野 孝夫 (あさの たかお)

1972 年	東北大学工学部通信工学科卒業
1974 年	東北大学大学院工学研究科修士課程（電気及通信工学専攻）修了
1977 年	東北大学大学院工学研究科博士課程（電気及通信工学専攻）修了 工学博士
1977 年	東北大学工学部（通信工学科）　助手
1980 年	東京大学工学部（計数工学科）　講師
1985 年	上智大学理工学部（機械工学科）　助教授
1992 年	中央大学理工学部（情報工学科）　教授 現在に至る

主要著訳書

情報の構造（上，下）（日本評論社）
情報数学：組合せと整数およびアルゴリズム解析の数学（コロナ社）
近似アルゴリズム（訳，シュプリンガー・ジャパン）

ライブラリ情報学コア・テキスト＝2

離散数学
―グラフ・束・デザイン・離散確率―

2010 年 7 月 25 日 ⓒ　　　初版発行

著　者　浅野孝夫　　　　発行者　木下敏孝
　　　　　　　　　　　　印刷者　小宮山恒敏

　発行所　　株式会社　サイエンス社

〒151-0051 東京都渋谷区千駄ヶ谷 1 丁目 3 番 25 号
営業 ☎ (03)5474-8500(代)　振替 00170-7-2387
編集 ☎ (03)5474-8600(代)　FAX ☎ (03)5474-8900

印刷・製本　小宮山印刷工業（株）

《検印省略》

本書の内容を無断で複写複製することは，著作者および
出版社の権利を侵害することがありますので，その場合
にはあらかじめ小社あて許諾をお求め下さい．

ISBN 978-4-7819-1256-1
PRINTED IN JAPAN

サイエンス社のホームページのご案内
http://www.saiensu.co.jp
ご意見・ご要望は
rikei@saiensu.co.jp　まで．